Linux
驱动开发入门与实战
（第3版）

郑 强 ◎ 编著

清华大学出版社
北京

内 容 简 介

本书是获得大量读者好评的"Linux 典藏大系"中的《Linux 驱动开发入门与实战》（第 3 版）。本书内容充实，重点突出，实例丰富，实用性强，涵盖 Linux 驱动开发从基础知识到核心原理，再到应用实例的大部分核心知识。**本书专门提供教学视频、源代码、思维导图、习题参考答案和教学 PPT 等超值配套资料，可以帮助读者高效、直观地学习。**

本书共 19 章，分为 3 篇。第 1 篇"基础知识"涵盖 Linux 驱动开发概述、嵌入式处理器和开发板、构建嵌入式驱动程序开发环境、构建嵌入式 Linux 操作系统、构建第一个驱动程序、简单的字符设备驱动程序等内容；第 2 篇"核心技术"涵盖设备驱动的并发控制、设备驱动的阻塞和同步机制、中断与时钟机制、内外存访问等内容；第 3 篇"应用实战"涵盖设备驱动模型、RTC 实时时钟驱动程序、看门狗驱动程序、IIC 设备驱动程序、LCD 设备驱动程序、触摸屏设备驱动程序、输入子系统设计、块设备驱动程序、USB 设备驱动程序等内容。

本书适合所有想系统学习 Linux 驱动开发的入门与进阶人员阅读，也适合从事驱动开发的工程师阅读，还适合高等院校相关专业的学生和培训机构的学员作为学习用书。

本书封面贴有清华大学出版社防伪标签，无标签者不得销售。
版权所有，侵权必究。举报：010-62782989，beiqinquan@tup.tsinghua.edu.cn。

图书在版编目（CIP）数据

Linux 驱动开发入门与实战 / 郑强编著．—3 版．—北京：清华大学出版社，2024.2
（Linux 典藏大系）
ISBN 978-7-302-65480-3

Ⅰ．①L… Ⅱ．①郑… Ⅲ．①Linux 操作系统 Ⅳ．①TP316.89

中国国家版本馆 CIP 数据核字（2024）第 043316 号

责任编辑：王中英
封面设计：欧振旭
责任校对：胡伟民
责任印制：沈　露

出版发行：清华大学出版社
网　　址：https://www.tup.com.cn, https://www.wqbook.com
地　　址：北京清华大学学研大厦 A 座　　邮　编：100084
社 总 机：010-83470000　　邮　购：010-62786544
投稿与读者服务：010-62776969, c-service@tup.tsinghua.edu.cn
质量反馈：010-62772015, zhiliang@tup.tsinghua.edu.cn
印 装 者：北京同文印刷有限责任公司
经　　销：全国新华书店
开　　本：185mm×260mm　　印　张：26　　字　数：655 千字
版　　次：2011 年 1 月第 1 版　　2024 年 3 月第 3 版　　印　次：2024 年 3 月第 1 次印刷
定　　价：109.00 元

产品编号：101191-01

前言

Linux 驱动程序开发一直是一个非常热门的话题，大多数基于 Linux 操作系统的嵌入式系统都需要编写驱动程序。随着嵌入式系统的广泛应用，出现了越来越多的硬件产品必须编写驱动程序，以便让设备在 Linux 操作系统上能正常工作。但是 Linux 驱动程序开发难度较高，高水平的开发人员也较少，这导致驱动程序开发跟不上硬件的发展速度。基于此原因，笔者编写了本书，希望能帮助那些学习 Linux 驱动开发的相关人员尤其是入门人员，让他们更容易理解相关知识，从而能系统、高效地掌握 Linux 驱动程序开发的核心技术。

本书是获得大量读者好评的"Linux 典藏大系"中的《Linux 驱动开发入门与实战》（第3 版）。本书在第 2 版的基础上进行了全面改版，升级了 Linux 系统的开发环境和内核版本，并对第 2 版中的一些疏漏进行了修订，也对书中的一些实例和代码重新进行了表述，从而更加易读。相信读者可以在第 3 版的引领下，轻松跨入 Linux 驱动开发的大门，最终成为一名驱动程序开发的高手。

关于"Linux 典藏大系"

"Linux 典藏大系"是专门为 Linux 技术爱好者推出的系列图书，涵盖 Linux 技术的方方面面，可以满足不同层次和各个领域的读者学习 Linux 的需求。该系列图书自 2010 年 1 月陆续出版，上市后深受广大读者的好评。2014 年 1 月，创作者对该系列图书进行了全面改版并增加了新品种。新版图书一上市就大受欢迎，各分册长期位居 Linux 图书销售排行榜前列。截至 2023 年 10 月底，该系列图书累计印数超过 30 万册。可以说，"Linux 典藏大系"是图书市场上的明星品牌，该系列中的一些图书多次被评为清华大学出版社"年度畅销书"，还曾获得"51CTO 读书频道"颁发的"最受读者喜爱的原创 IT 技术图书奖"，另有部分图书的中文繁体版在中国台湾出版发行。该系列图书的出版得到了国内 Linux 知名技术社区 ChinaUnix（简称 CU）的大力支持和帮助，读者与 CU 社区中的 Linux 技术爱好者进行了广泛的交流，取得了良好的学习效果。另外，该系列图书还被国内上百所高校和培训机构选为教材，得到了广大师生的一致好评。

关于第 3 版

随着技术的发展，本书第 2 版与当前 Linux 的几个流行版本有所脱节，这给读者的学习带来了不便。应广大读者的要求，笔者结合 Linux 技术的新近发展对第 2 版图书进行全面的升级改版，推出第 3 版。相比第 2 版图书，第 3 版在内容上的变化主要体现在以下几个方面：

- ❑ Linux 系统更新为 Ubuntu 22.04；
- ❑ Linux 内核版本由 Linux 2.6.34 更新为 Linux 5.15；
- ❑ 对一些函数及其形式进行了修改；
- ❑ 去除了一些弃用的函数；
- ❑ 新增对多队列 blk-mq 技术的讲解；
- ❑ 新增思维导图（提供电子版高清大图）和课后习题，以方便读者学习。

本书特色

1．配多媒体教学视频，学习效果好

本书重点内容提供大量的配套多媒体教学视频，可以帮助读者更加轻松、直观、高效地学习，取得更好的学习效果。

2．基于 Linux 5.15 内核讲解，内容新颖

本书基于 Linux 5.15 内核进行讲解。该内核是目前较为流行的 Linux 内核，它内置了大多数常用设备的驱动程序，便于读者学习和移植。

3．内容全面、系统、深入

本书全面、系统、深入地介绍 Linux 驱动开发的基础知识、核心技术和多个驱动程序开发案例，力求让读者通过一本书即可掌握 Linux 驱动开发的相关知识。

4．讲解由浅入深、循序渐进，适合各个层次的读者阅读

本书从 Linux 驱动程序开发的基础知识开始讲解，逐步深入 Linux 驱动开发的高级技术，内容安排从易到难，讲解由浅入深、循序渐进，适合各个层次的读者阅读。

5．贯穿多个典型实例和技巧，迅速提升开发水平

本书在讲解知识点时穿插多个典型的驱动程序开发实例，并给出大量的开发技巧，以便让读者更好地理解核心概念和知识点，并体验实际开发，从而迅速提高开发水平。

6．详解典型工程应用案例，有很强的实用性

本书详细介绍多个驱动开发典型应用案例。通过这些案例，可以提高读者的设备驱动开发水平，从而具备独立开发驱动程序的能力。

7．提供习题、源代码、思维导图和教学 PPT

本书特意在每章后提供多道习题，帮助读者巩固和自测该章的重要知识点，并提供源代码、思维导图和教学 PPT 等配套资源，以方便读者学习和老师教学。

本书内容

第1篇 基础知识

本篇涵盖第 1~6 章，主要内容包括 Linux 驱动开发概述、嵌入式处理器和开发板、构建嵌入式驱动程序开发环境、构建嵌入式 Linux 操作系统、构建第一个驱动程序、简单的字符设备驱动程序。通过学习本篇内容，读者可以掌握 Linux 驱动开发的基本概念、环境和注意事项等内容。

第2篇 核心技术

本篇涵盖第 7~10 章，主要内容包括设备驱动的并发控制、设备驱动的阻塞和同步机制、中断与时钟机制、内外存访问等。通过学习本篇内容，读者可以掌握 Linux 设备驱动开发的基础知识和核心技术。

第3篇 应用实战

本篇涵盖第 11~19 章，主要内容包括设备驱动模型、RTC 实时时钟驱动程序、看门狗驱动程序、IIC 设备驱动程序、LCD 设备驱动程序、触摸屏设备驱动程序、输入子系统设计、块设备驱动程序、USB 设备驱动程序等。通过学习本篇内容，读者可以掌握编写常见设备驱动程序的方法。

读者对象

- Linux 驱动开发入门人员；
- Linux 驱动程序专业开发人员；
- Linux 内核研究者；
- 嵌入式开发工程师；
- 大中专院校的学生；
- 技术培训机构的学员。

配书资源获取方式

本书涉及的配套资源如下：
- 配套教学视频；
- 程序源代码文件；
- 高清思维导图；
- 习题参考答案；
- 配套教学 PPT；
- 书中涉及的开发工具。

上述配套资源有以下 3 种获取方式：

- ❏ 关注微信公众号"方大卓越",然后回复数字"5",即可自动获取下载链接;
- ❏ 在清华大学出版社网站(www.tup.com.cn)上搜索到本书,然后在本书页面上找到"资源下载"栏目,单击"网络资源"按钮进行下载;
- ❏ 还可在本书技术论坛(www.wanjuanchina.net)上的 Linux 模块进行下载。

技术支持

虽然笔者对书中所述内容都尽量予以核实,并多次进行文字校对,但因时间所限,可能还存在疏漏和不足之处,恳请读者批评与指正。

读者在阅读本书时若有疑问,可以通过以下方式获得帮助:

- ❏ 加入本书 QQ 交流群(群号:302742131)进行提问;
- ❏ 在本书技术论坛(网址见上文)上留言,会有专人负责答疑;
- ❏ 发送电子邮件到 book@ wanjuanchina.net 或 bookservice2008@163.com 获得帮助。

编　者
2024 年 2 月

目录

第 1 篇　基础知识

第 1 章　Linux 驱动开发概述 2
1.1　Linux 设备驱动基础知识 2
1.1.1　设备驱动程序概述 2
1.1.2　设备驱动程序的作用 2
1.1.3　设备驱动的分类 3
1.2　Linux 操作系统与驱动的关系 4
1.3　Linux 驱动程序开发简介 4
1.3.1　用户态和内核态 5
1.3.2　模块机制 5
1.3.3　编写设备驱动程序需要了解的知识 6
1.4　编写设备驱动程序的注意事项 6
1.4.1　应用程序开发与驱动程序开发的差异 6
1.4.2　使用 GUN C 开发驱动程序 7
1.4.3　不能使用 C 函数库开发驱动程序 7
1.4.4　没有内存保护机制 8
1.4.5　小内核栈 8
1.4.6　重视可移植性 8
1.5　Linux 驱动的发展趋势 9
1.5.1　Linux 驱动的发展前景 9
1.5.2　驱动的应用 9
1.5.3　相关学习资源 9
1.6　小结 10
1.7　习题 10

第 2 章　嵌入式处理器和开发板 11
2.1　处理器 11
2.1.1　处理器简介 11
2.1.2　处理器的种类 11
2.2　ARM 处理器 12
2.2.1　ARM 处理器简介 12
2.2.2　ARM 处理器系列 13

2.2.3　ARM 处理器的应用 ·············· 14
　　2.2.4　ARM 处理器的选型 ·············· 15
　　2.2.5　ARM 处理器选型举例 ············ 18
2.3　S3C2440 开发板 ························· 19
　　2.3.1　S3C2440 开发板简介 ············ 19
　　2.3.2　S3C2440 开发板的特性 ·········· 19
　　2.3.3　其他开发板 ························ 21
2.4　小结 ·· 21
2.5　习题 ·· 21

第 3 章　构建嵌入式驱动程序开发环境 ······ 23
3.1　安装虚拟机和 Linux 系统 ·············· 23
　　3.1.1　在 Windows 上安装虚拟机 ······ 23
　　3.1.2　在虚拟机上安装 Linux 系统 ···· 27
　　3.1.3　设置共享目录 ····················· 29
3.2　代码阅读工具 Source Insight ········· 30
　　3.2.1　Source Insight 简介 ··············· 31
　　3.2.2　阅读源代码 ························ 31
3.3　小结 ·· 34
3.4　习题 ·· 35

第 4 章　构建嵌入式 Linux 操作系统 ········ 36
4.1　Linux 操作系统简介 ···················· 36
4.2　Linux 操作系统的优点 ················· 37
4.3　Linux 内核子系统 ······················· 38
　　4.3.1　进程管理 ···························· 38
　　4.3.2　内存管理 ···························· 39
　　4.3.3　文件系统 ···························· 39
　　4.3.4　设备管理 ···························· 40
　　4.3.5　网络管理 ···························· 40
4.4　Linux 源代码结构分析 ················· 40
　　4.4.1　arch 目录 ··························· 40
　　4.4.2　drivers 目录 ······················· 41
　　4.4.3　fs 目录 ······························ 41
　　4.4.4　其他目录 ···························· 42
4.5　内核配置选项 ···························· 43
　　4.5.1　配置编译过程 ····················· 43
　　4.5.2　常规配置 ···························· 44
　　4.5.3　模块配置 ···························· 46
　　4.5.4　块设备层配置 ····················· 47

目录

- 4.5.5 CPU 类型和特性配置 ... 47
- 4.5.6 电源管理配置 ... 48
- 4.5.7 总线配置 ... 49
- 4.5.8 网络配置 ... 49
- 4.5.9 设备驱动配置 ... 50
- 4.5.10 文件系统配置 ... 54
- 4.5.11 其他配置 ... 56
- 4.6 嵌入式文件系统简介 ... 56
  - 4.6.1 嵌入式系统的存储介质 ... 57
  - 4.6.2 JFFS 文件系统 ... 57
  - 4.6.3 YAFFS 文件系统 ... 58
- 4.7 构建根文件系统简介 ... 58
  - 4.7.1 Linux 根文件系统目录结构 ... 59
  - 4.7.2 使用 BusyBox 构建根文件系统 ... 60
- 4.8 小结 ... 65
- 4.9 习题 ... 65

第 5 章 构建第一个驱动程序 ... 67

- 5.1 升级内核 ... 67
  - 5.1.1 为什么要升级内核 ... 67
  - 5.1.2 升级内核的方式 ... 68
- 5.2 编写 Hello World 驱动程序 ... 70
  - 5.2.1 驱动模块的组成 ... 70
  - 5.2.2 编写 Hello World 模块 ... 71
  - 5.2.3 编译 Hello World 模块 ... 72
  - 5.2.4 模块的操作命令 ... 74
  - 5.2.5 Hello World 模块对文件系统的影响 ... 75
- 5.3 模块参数和模块之间的通信 ... 76
  - 5.3.1 模块参数 ... 76
  - 5.3.2 模块使用的文件格式 ELF ... 76
  - 5.3.3 模块之间的通信 ... 77
  - 5.3.4 模块之间的通信实例 ... 78
- 5.4 将模块加入内核 ... 81
  - 5.4.1 向内核添加模块 ... 81
  - 5.4.2 Kconfig 文件 ... 81
  - 5.4.3 Kconfig 文件的语法 ... 83
  - 5.4.4 应用实例：在内核中增加 add_sub 模块 ... 86
  - 5.4.5 对 add_sub 模块进行配置 ... 87
- 5.5 小结 ... 89
- 5.6 习题 ... 89

· VII ·

第 6 章　简单的字符设备驱动程序 ... 91

6.1　字符设备驱动程序框架 ... 91
- 6.1.1　字符设备和块设备 ... 91
- 6.1.2　主设备号和次设备号 ... 92
- 6.1.3　申请和释放设备号 ... 94

6.2　初识 cdev 结构体 ... 95
- 6.2.1　cdev 结构体简介 ... 95
- 6.2.2　file_operations 结构体简介 ... 96
- 6.2.3　cdev 和 file_operations 结构体的关系 ... 97
- 6.2.4　inode 结构体简介 ... 98

6.3　字符设备驱动程序的组成 ... 99
- 6.3.1　字符设备驱动程序的加载和卸载函数 ... 99
- 6.3.2　file_operations 结构体成员函数 ... 100
- 6.3.3　驱动程序与应用程序的数据交换 ... 100
- 6.3.4　字符设备驱动程序组成小结 ... 101

6.4　VirtualDisk 字符设备驱动程序 ... 101
- 6.4.1　VirtualDisk 的头文件、宏和设备结构体 ... 102
- 6.4.2　加载和卸载驱动程序 ... 102
- 6.4.3　初始化和注册 cdev ... 104
- 6.4.4　打开和释放函数 ... 104
- 6.4.5　读写函数 ... 105
- 6.4.6　seek()函数 ... 106

6.5　小结 ... 108
6.6　习题 ... 108

第 2 篇　核心技术

第 7 章　设备驱动的并发控制 ... 110

7.1　并发与竞争 ... 110
7.2　原子变量操作 ... 110
- 7.2.1　定义原子变量 ... 110
- 7.2.2　原子整型操作 ... 111
- 7.2.3　原子位操作 ... 113

7.3　自旋锁 ... 114
- 7.3.1　自旋锁的操作方法 ... 114
- 7.3.2　自旋锁的注意事项 ... 115

7.4　信号量 ... 116
- 7.4.1　信号量的实现 ... 116
- 7.4.2　信号量的操作方法 ... 117

		7.4.3 自旋锁与信号量的对比	119
7.5	完成量		119
	7.5.1	完成量的实现	120
	7.5.2	完成量的操作方法	120
7.6	小结		122
7.7	习题		122

第8章 设备驱动的阻塞和同步机制 … 123

8.1	阻塞和非阻塞	123
8.2	等待队列	123
	8.2.1 等待队列的实现	123
	8.2.2 等待队列操作方法	124
8.3	同步机制实验	126
	8.3.1 同步机制设计	126
	8.3.2 同步机制验证	129
8.4	小结	131
8.5	习题	131

第9章 中断与时钟机制 … 133

9.1	中断简述	133
	9.1.1 中断的概念	133
	9.1.2 中断的宏观分类	134
	9.1.3 中断产生的位置分类	134
	9.1.4 同步和异步中断	135
9.2	中断的实现过程	135
	9.2.1 中断信号线	136
	9.2.2 中断控制器	136
	9.2.3 中断处理过程	136
	9.2.4 中断的安装与释放	137
9.3	按键中断实例	138
	9.3.1 按键设备原理图	138
	9.3.2 有寄存器设备和无寄存器设备	139
	9.3.3 G端口控制寄存器	139
9.4	按键驱动程序实例分析	141
	9.4.1 初始化函数 s3c2440_buttons_init()	142
	9.4.2 中断处理函数 isr_button()	143
	9.4.3 退出函数 s3c2440_buttons_exit()	144
9.5	时钟机制	144
	9.5.1 时间度量	144
	9.5.2 延时	145

9.6 小结 ... 146
9.7 习题 ... 146

第10章 内外存访问 ... 147

10.1 内存分配 ... 147
    10.1.1 kmalloc()函数 ... 147
    10.1.2 vmalloc()函数 ... 148
    10.1.3 后备高速缓存 ... 150

10.2 页面分配 ... 151
    10.2.1 内存分配 ... 151
    10.2.2 物理地址和虚拟地址之间的转换 ... 154

10.3 设备 I/O 端口的访问 ... 155
    10.3.1 Linux I/O 端口读写函数 ... 155
    10.3.2 I/O 内存读写 ... 155
    10.3.3 使用 I/O 端口 ... 157

10.4 小结 ... 159
10.5 习题 ... 159

第3篇　应用实战

第11章 设备驱动模型 ... 162

11.1 设备驱动模型概述 ... 162
    11.1.1 设备驱动模型的功能 ... 162
    11.1.2 sysfs 文件系统 ... 163
    11.1.3 sysfs 文件系统的目录结构 ... 164

11.2 设备驱动模型的核心数据结构 ... 166
    11.2.1 kobject 结构体 ... 166
    11.2.2 设备属性 kobj_type ... 170

11.3 kobject 对象的应用 ... 173
    11.3.1 设备驱动模型结构 ... 173
    11.3.2 kset 集合 ... 174
    11.3.3 kset 与 kobject 的关系 ... 176
    11.3.4 kset 的相关操作函数 ... 176
    11.3.5 注册 kobject 到 sysfs 实例 ... 177
    11.3.6 实例测试 ... 181

11.4 设备驱动模型的三大组件 ... 182
    11.4.1 总线 ... 182
    11.4.2 总线属性和总线方法 ... 186
    11.4.3 设备 ... 187
    11.4.4 驱动 ... 188

目录

11.5 小结 191
11.6 习题 192

第 12 章 实时时钟驱动程序 193
12.1 RTC 实时时钟的硬件原理 193
12.1.1 实时时钟简介 193
12.1.2 RTC 实时时钟的功能 193
12.1.3 RTC 实时时钟的工作原理 195
12.2 RTC 实时时钟架构 199
12.2.1 注册和卸载平台设备驱动 199
12.2.2 RTC 实时时钟的平台设备驱动 200
12.2.3 RTC 驱动探测函数 201
12.2.4 RTC 设备注册函数 devm_rtc_device_register() 204
12.3 RTC 文件系统接口 204
12.3.1 文件系统接口 rtc_class_ops 205
12.3.2 RTC 实时时钟获得时间函数 s3c_rtc_gettime() 206
12.3.3 RTC 实时时钟设置时间函数 s3c_rtc_settime() 207
12.3.4 RTC 驱动探测函数 s3c_rtc_getalarm() 208
12.3.5 RTC 实时时钟设置报警时间函数 s3c_rtc_setalarm() 209
12.4 小结 210
12.5 习题 211

第 13 章 看门狗驱动程序 212
13.1 看门狗概述 212
13.1.1 看门狗的功能 212
13.1.2 看门狗的工作原理 212
13.2 设备模型 214
13.2.1 平台设备模型 214
13.2.2 平台设备 215
13.2.3 平台设备驱动 217
13.2.4 平台设备驱动的注册和注销 218
13.2.5 混杂设备 219
13.2.6 混杂设备的注册和注销 220
13.3 看门狗设备驱动程序分析 220
13.3.1 看门狗驱动程序的一些变量定义 220
13.3.2 注册和卸载看门狗驱动 221
13.3.3 看门狗驱动程序探测函数 221
13.3.4 设置看门狗复位时间函数 s3c2410wdt_set_heartbeat() 223
13.3.5 看门狗的开始函数 s3c2410wdt_start()和停止函数 s3c2410wdt_stop() 224
13.3.6 看门狗驱动程序移除函数 s3c2410wdt_remove() 225

13.3.7 平台设备驱动 s3c2410wdt_driver 中的其他重要函数 ... 226
13.3.8 看门狗中断处理函数 s3c2410wdt_irq() ... 227
13.4 小结 ... 227
13.5 习题 ... 227

第 14 章 IIC 设备驱动程序 ... 229

14.1 IIC 设备的总线及其协议 ... 229
 14.1.1 IIC 总线的特点 ... 229
 14.1.2 IIC 总线的信号类型 ... 230
 14.1.3 IIC 总线的数据传输 ... 230
14.2 IIC 设备的硬件结构 ... 230
14.3 IIC 设备驱动程序的层次结构 ... 232
 14.3.1 IIC 设备驱动概述 ... 232
 14.3.2 IIC 设备层 ... 233
 14.3.3 i2c_driver 和 i2c_client 的关系 ... 235
 14.3.4 IIC 总线层 ... 236
 14.3.5 IIC 设备层和总线层的关系 ... 237
 14.3.6 写 IIC 设备驱动的步骤 ... 238
14.4 IIC 子系统的初始化 ... 238
 14.4.1 IIC 子系统初始化函数 i2c_init() ... 238
 14.4.2 IIC 子系统退出函数 i2c_exit() ... 239
14.5 适配器驱动程序 ... 240
 14.5.1 S3C2440 对应的适配器结构体 ... 240
 14.5.2 IIC 适配器加载函数 i2c_add_adapter() ... 242
 14.5.3 IDR 机制 ... 242
 14.5.4 适配器卸载函数 i2c_del_adapter() ... 244
 14.5.5 IIC 总线通信方法 s3c24xx_i2c_algorithm 结构体 ... 244
 14.5.6 适配器的传输函数 s3c24xx_i2c_doxfer() ... 246
 14.5.7 适配器的中断处理函数 s3c24xx_i2c_irq() ... 249
 14.5.8 字节传输函数 i2c_s3c_irq_nextbyte() ... 251
 14.5.9 适配器传输停止函数 s3c24xx_i2c_stop() ... 253
 14.5.10 中断处理函数的一些辅助函数 ... 254
14.6 IIC 设备层驱动程序 ... 255
 14.6.1 加载和卸载 IIC 设备驱动模块 ... 255
 14.6.2 探测函数 s3c24xx_i2c_probe() ... 256
 14.6.3 移除函数 s3c24xx_i2c_remove() ... 258
 14.6.4 控制器初始化函数 s3c24xx_i2c_init() ... 259
 14.6.5 设置控制器数据发送频率函数 s3c24xx_i2c_clockrate() ... 259
14.7 小结 ... 261
14.8 习题 ... 262

第 15 章　LCD 设备驱动程序 · 263

15.1　FrameBuffer 概述 · 263
15.1.1　FrameBuffer 与应用程序的交互 · 264
15.1.2　FrameBuffer 的显示原理 · 264
15.1.3　LCD 显示原理 · 265

15.2　FrameBuffer 结构分析 · 265
15.2.1　FrameBuffer 架构 · 265
15.2.2　FrameBuffer 驱动程序的实现 · 266
15.2.3　FrameBuffer 驱动程序的组成 · 267

15.3　LCD 驱动程序分析 · 272
15.3.1　LCD 模块的加载和卸载函数 · 273
15.3.2　LCD 驱动程序的平台数据 · 274
15.3.3　LCD 模块的探测函数 · 275
15.3.4　移除函数 · 279

15.4　小结 · 280

15.5　习题 · 280

第 16 章　触摸屏设备驱动程序 · 282

16.1　触摸屏设备的工作原理 · 282
16.1.1　触摸屏设备简介 · 282
16.1.2　触摸屏设备类型 · 282
16.1.3　电阻式触摸屏 · 283

16.2　触摸屏设备的硬件结构 · 283
16.2.1　S3C2440 触摸屏接口简介 · 283
16.2.2　S3C2440 触摸屏接口的工作模式 · 284
16.2.3　S3C2440 触摸屏设备寄存器 · 284

16.3　触摸屏设备驱动程序分析 · 288
16.3.1　触摸屏设备驱动程序构成 · 288
16.3.2　S3C2440 触摸屏设备驱动程序的注册和卸载 · 289
16.3.3　S3C2440 触摸屏驱动模块探测函数 · 289
16.3.4　触摸屏设备驱动程序中断处理函数 · 292
16.3.5　S3C2440 触摸屏设备驱动模块的 remove() 函数 · 293

16.4　测试触摸屏设备驱动程序 · 294

16.5　小结 · 295

16.6　习题 · 295

第 17 章　输入子系统设计 · 297

17.1　input 子系统入门 · 297
17.1.1　简单的实例 · 297
17.1.2　注册函数 input_register_device() · 299

17.1.3 向子系统报告事件 ... 303
17.2 Handler 处理器注册分析 ... 308
17.2.1 输入子系统的构成 ... 308
17.2.2 input_handler 结构体 ... 308
17.2.3 注册 input_handler ... 309
17.2.4 input_handle 结构体 ... 310
17.2.5 注册 input_handle ... 311
17.3 input 子系统 ... 312
17.4 evdev 输入事件驱动程序分析 ... 313
17.4.1 evdev 的初始化 ... 313
17.4.2 打开 evdev 设备 ... 315
17.5 小结 ... 318
17.6 习题 ... 318

第 18 章 块设备驱动程序 ... 319

18.1 块设备概述 ... 319
18.1.1 块设备简介 ... 319
18.1.2 块设备的结构 ... 320
18.2 块设备驱动程序架构 ... 322
18.2.1 块设备的加载过程 ... 322
18.2.2 块设备的卸载过程 ... 323
18.3 通用块层 ... 323
18.3.1 通用块层简介 ... 323
18.3.2 blk_alloc_disk()函数对应的 gendisk 结构体 ... 324
18.3.3 块设备的注册和注销 ... 326
18.3.4 请求队列 ... 327
18.3.5 设置 gendisk 属性中的 block_device_operations 结构体 ... 327
18.4 I/O 调度器 ... 328
18.4.1 数据从内存到磁盘的过程 ... 329
18.4.2 块 I/O 请求 ... 329
18.4.3 请求结构 ... 331
18.4.4 请求队列 ... 333
18.4.5 请求队列、请求结构和 bio 的关系 ... 334
18.4.6 四种调度算法 ... 335
18.5 编写块设备驱动程序 ... 337
18.5.1 宏定义和全局变量 ... 337
18.5.2 加载函数 ... 339
18.5.3 卸载函数 ... 341
18.5.4 自定义请求处理函数 ... 341
18.5.5 驱动测试 ... 342

18.6	小结	345
18.7	习题	345

第 19 章 USB 设备驱动程序 ... 346

19.1	USB 概述	346
	19.1.1 USB 的发展版本	346
	19.1.2 USB 的特点	347
	19.1.3 USB 总线拓扑结构	348
	19.1.4 USB 驱动总体架构	348
19.2	USB 设备驱动模型	352
	19.2.1 USB 设备驱动初探	352
	19.2.2 USB 设备驱动模型实现原理	355
	19.2.3 USB 设备驱动结构 usb_driver	357
19.3	USB 设备驱动程序	362
	19.3.1 USB 设备驱动程序加载和卸载函数	362
	19.3.2 探测函数 probe()的参数 usb_interface	363
	19.3.3 USB 协议中的设备	363
	19.3.4 端点的传输方式	369
	19.3.5 设置	370
	19.3.6 探测函数 storage_probe()	372
19.4	获得 USB 设备信息	375
	19.4.1 设备关联函数 associate_dev()	375
	19.4.2 获得设备信息函数 get_device_info()	377
	19.4.3 获得传输协议函数 get_transport()	378
	19.4.4 获得协议信息函数 get_protocol()	379
	19.4.5 获得管道信息函数 get_pipes()	379
19.5	资源初始化	382
	19.5.1 storage_probe()函数的调用过程	382
	19.5.2 资源获取函数 usb_stor_acquire_resources()	382
	19.5.3 USB 请求块	383
19.6	控制子线程	387
	19.6.1 控制线程	387
	19.6.2 扫描延迟工作函数 usb_stor_scan_dwork()	389
	19.6.3 获得 LUN 函数 usb_stor_Bulk_max_lun()	389
19.7	小结	396
19.8	习题	396

第 1 篇
基础知识

- 第 1 章　Linux 驱动开发概述
- 第 2 章　嵌入式处理器和开发板
- 第 3 章　构建嵌入式驱动程序开发环境
- 第 4 章　构建嵌入式 Linux 操作系统
- 第 5 章　构建第一个驱动程序
- 第 6 章　简单的字符设备驱动程序

第 1 章 Linux 驱动开发概述

设备驱动程序是计算机硬件与应用程序的接口，是软件系统与硬件系统沟通的桥梁。如果没有设备驱动程序，那么硬件设备就只是一堆废铁，没有什么功能。本章将对 Linux 驱动开发进行简要的介绍，让读者对一些常见的概念有所了解。

1.1 Linux 设备驱动基础知识

刚接触 Linux 设备驱动的读者可能会对 Linux 设备驱动中的一些基本概念不太理解，从而影响后续的学习，因此本节将集中讲解一些 Linux 设备驱动的基本概念，为进一步学习打下良好的基础。

1.1.1 设备驱动程序概述

设备驱动程序（Device Driver）简称驱动程序（Driver）或驱动。它是一个允许计算机软件（Computer Software）与硬件（Hardware）交互的程序。这种程序建立了一个硬件与硬件或硬件与软件沟通的界面。CPU 经由主板上的总线（Bus）或其他沟通子系统（Subsystem）与硬件形成连接，这样的连接使得硬件设备（Device）之间进行数据交换成为可能。

依据不同的计算机架构与操作系统平台差异，驱动程序可以是 8 位、16 位、32 位和 64 位。不同平台的操作系统需要不同的驱动程序。例如，32 位的 Windows 系统需要 32 位的驱动程序，64 位的 Windows 系统需要 64 位驱动程序；在 Windows 3.11 的 16 位操作系统盛行时期，大部分的驱动程序都是 16 位；到 32 位的 Windows XP，则大部分是使用 32 位驱动程序；至于 64 位的 Linux 或 Windows 7、Windows 8、Windows 10、Windows 11 平台，则必须使用 64 位驱动程序。

1.1.2 设备驱动程序的作用

设备驱动程序是一种可以使计算机与设备进行通信的特殊程序，相当于硬件的接口。操作系统只有通过这个接口才能控制硬件设备的工作。如果某个设备的驱动程序未能正确安装，那么该设备便不能正常工作。正因为这个原因，驱动程序在系统中的地位十分重要。一般，操作系统安装完毕后，首先便是安装硬件设备的驱动程序。并且，当设备驱动程序有更新的时候，新的驱动程序比旧的驱动程序性能更优。这是因为新的驱动程序对内存和 I/O 等进行了优化，使硬件能够发挥更好的优势。

大多数情况下并不需要安装所有硬件设备的驱动程序。例如磁盘、显示器、光驱、键盘和鼠标等就不需要安装驱动程序，而显卡、声卡、扫描仪、摄像头和 Modem 等就需要安装驱动程序。不需要安装驱动程序并不代表这些硬件不需要驱动程序，而是这些设备所需的驱动程序已经内置在操作系统中。另外，不同版本的操作系统对硬件设备的支持也是不同的，一般情况下，操作系统的版本越高，其支持的硬件设备也越多。

设备驱动程序用来将硬件本身的功能告诉操作系统（通过提供接口的方式），完成硬件设备电子信号与操作系统及软件的高级编程语言之间的互相翻译。当操作系统需要使用某个硬件时，如让声卡播放音乐，它会先发送相应指令到声卡的某个 I/O 端口，声卡驱动程序从该 I/O 端口接收到数据后，马上将其翻译成只有声卡才能听懂的电子信号命令，从而让声卡播放音乐。因此简单地说，驱动程序为硬件到操作系统提供了一个接口，并且负责协调二者之间的关系。因为驱动程序有如此重要的作用，所以有"驱动程序是硬件的灵魂、硬件的主宰"这种说法，同时，驱动程序也被形象地称为"硬件和系统之间的桥梁"。

1.1.3 设备驱动的分类

计算机系统的主要硬件由 CPU、存储器和外部设备组成。驱动程序的对象一般是存储器和外部设备。随着芯片制造工艺的提高，为了节约成本，通常将很多原属于外部设备的控制器嵌入 CPU 内部。例如，Intel 的酷睿 i5 3450 处理器就内置了 GPU 单元，配合"需要搭配内建 GPU 的处理器"的主板，就能够起到显卡的作用，相比独立显卡，其在性价比上有明显的优势。因此，目前的驱动程序基本都支持 CPU 中的嵌入控制器。Linux 将计算机硬件设备分为 3 大类，分别是字符设备、块设备和网络设备。

1. 字符设备

字符设备是指那些能一个字节一个字节读取数据的设备，如 LED 灯、键盘和鼠标等。字符设备一般需要在驱动层实现 open()、close()、read()、write()、ioctl()等函数。这些函数最终将被文件系统中的相关函数调用。内核会为字符设备提供专用的操作文件（如字符设备文件/dev/console）实现对字符设备的操作。对字符设备的操作可以通过字符设备文件/dev/console 来完成。这些字符设备文件与普通文件没有太大的差别，差别之处是字符设备一般不支持寻址，但在特殊情况下，有很多字符设备也是支持寻址的。寻址是对硬件中的一块寄存器进行随机访问。不支持寻址就是只能对硬件中的寄存器进行顺序读取，读取数据后，由驱动程序自己分析需要哪一部分数据。

2. 块设备

块设备与字符设备类似，一般是磁盘类设备。在块设备中还可以容纳文件系统并存贮大量的信息，如 U 盘、SD 卡。在 Linux 系统中进行块设备读写时，每次只能传输一个或者多个块。Linux 可以让应用程序像访问字符设备一样访问块设备，一次只读取一个字节。因此块设备从本质上看更像一个字符设备的扩展，它能完成很多工作，如传输一块数据。

综合来说，相比字符设备，块设备要求更复杂的数据结构，其内部实现也不一样。在 Linux 内核中，与字符设备驱动程序相比，块设备驱动程序具有完全不同的 API 接口。

3. 网络设备

计算机连接到互联网上需要一个网络设备，网络设备主要负责主机之间的数据交换。与字符设备和块设备完全不同，网络设备主要是面向数据包的接收和发送而设计的。网络设备在 Linux 操作系统中是一种非常特殊的设备，其没有实现类似块设备和字符设备的 read()、write()和 ioctl()等函数，而是实现了一种套接字接口，任何网络数据传输都可以通过套接字来完成。

1.2 Linux 操作系统与驱动的关系

Linux 操作系统与设备驱动之间的关系如图 1.1 所示。用户空间包括应用程序和系统调用两层。应用程序一般依赖于函数库，而函数库是由系统调用编写的，因此应用程序间接地依赖于系统调用。

系统调用层是内核空间和用户空间的接口层，就是操作系统提供给应用程序最底层的 API。通过这个系统调用层，应用程序不需要直接访问内核空间的程序，增加了内核的安全性。同时，应用程序也不能直接访问硬件设备，只能通过系统调用层来访问硬件设备。如果应用程序需要访问硬件设备，则先访问系统调用层，由系统调用层访问内核层的设备驱动程序。这样的设计保证了各个模块的功能独立性，也保证了系统的安全。

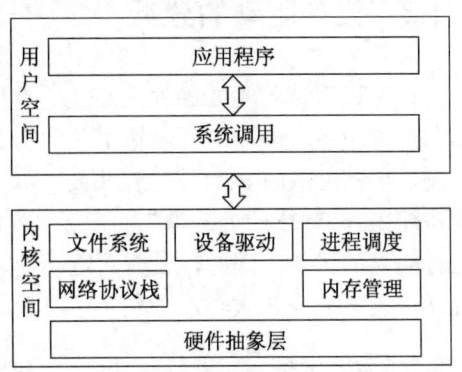

图 1.1 Linux 操作系统与设备驱动程序的关系

系统调用层依赖内核空间的各个模块来实现。在 Linux 内核中包含很多实现具体功能的模块，如文件系统、网络协议栈、设备驱动、进程调度和内存管理等，这些模块是在内核空间实现的。

最底层是硬件抽象层，这一层是实际硬件设备的抽象。设备驱动程序的功能就是驱动这一层的硬件。设备驱动程序可以工作在有操作系统的场景下，也可以工作在没有操作系统的场景下。如果只需要实现一些简单的控制设备操作，那么可以不使用操作系统。如果嵌入式系统完成的功能比较复杂，往往需要操作系统来帮忙。例如，单片机程序就不需要操作系统，因为其功能简单，内存、处理器能力弱，没有必要为其开发操作系统。

1.3 Linux 驱动程序开发简介

Linux 驱动程序的开发与应用程序的开发有很大的差别。这些差别导致编写 Linux 设备驱动程序与编写应用程序有本质的区别，因此对于应用程序的设计技巧很难直接应用在驱动程序开发上。最经典的例子是应用程序如果发生错误，可以通过 try catch 等方式避免程序崩溃，而驱动程序就没有这么方便的处理方法了。本节将对 Linux 驱动程序的开发进行简要的讲解。

1.3.1 用户态和内核态

Linux 操作系统分为用户态和内核态。用户态处理上层的软件工作；内核态用来管理用户态的程序，完成用户态请求的工作。驱动程序与底层的硬件交互，因此工作在内核态。

简单来说，内核态大部分时间在完成与硬件的交互，比如读取内存，将磁盘上的数据读取到内存中，调度内存中的程序到处理器中运行等。相对于内核态，用户态则自由得多，其实，用户态中的用户可以狭隘地理解为应用程序开发者，他们很少与硬件直接打交道，他们的工作一般是编写 Java 虚拟机中的应用程序，或者.NET 框架中的应用程序。即使他们的编程水平不高，经常出现程序异常，充其量也是使 Java 虚拟机崩溃，想让操作系统崩溃还是很难的。这一切都归功于内核态对操作系统有很强大的保护能力。

另一方面，Linux 操作系统分为两个状态的原因是为应用程序提供一个统一的计算机硬件抽象。工作在用户态的应用程序完全可以不考虑底层的硬件操作，这些操作由内核态程序来完成。这些内核态程序大部分是设备驱动程序。一个好的操作系统的驱动程序对用户态应用程序应该是透明的，也就是说，应用程序可以在不了解硬件工作原理的情况下很好地操作硬件设备，并且不会使硬件设备进入非法状态。Linux 操作系统很好地做到了这一点。在 Linux 编程中，程序员经常使用 open()方法读取磁盘中的数据，调用这个方法时，无须关心磁盘控制器怎么读取数据并将其传递到内存中。这些工作都是驱动程序完成的，这就是驱动程序的透明性。

值得注意是，工作在用户态的应用程序不能因为一些错误而破坏内核态的程序。现代处理器已经充分考虑了这个问题。处理器提供了一些指令，分为特权指令和普通指令。特权指令只有在内核态下才能使用；普通指令既可以在内核态下使用，也可以在用户态下使用。通过这种限制，用户态程序就不能执行只有在内核态下才能执行的程序了，从而起到保护的作用。

另外值得注意的是，用户态和内核态是可以互相转换的。每当应用程序执行系统调用或者被硬件中断挂起时，Linux 操作系统都会从用户态切换到内核态。当系统调用完成或者中断处理完成后，操作系统会从内核态返回用户态，继续执行应用程序。

1.3.2 模块机制

模块在运行时可以加入内核代码，这是 Linux 的一个很好的特性。这个特性使内核可以很容易地扩大或缩小，一方面扩大内核可以增加内核的功能，另一方面缩小内核可以减小内核的大小。

Linux 内核支持很多种模块，驱动程序就是其中最重要的一种，甚至文件系统也可以写成一个模块，然后加入内核。每一个模块由编译好的目标代码组成，可以使用 insmod（insert module 的缩写）命令将模块加入正在运行的内核，也可以使用 rmmod（remove module 的缩写）命令将一个未使用的模块从内核中删除。如果删除一个正在使用的模块，则是不允许的。对 Windows 熟悉的朋友，可以将模块理解为 DLL 文件。

模块在内核启动时装载称为静态装载，在内核已经运行时装载称为动态装载。模块可

以扩充内核所期望的任何功能,但通常用于实现设备驱动程序。一个模块的最基本框架代码如下:

```
#include <linux/kernel.h>
#include <linux/module.h>
#include <linux/init.h>

int __init xxx_init(void)
{
    /*这里是模块加载时的初始化工作*/
    return 0;
}

void __exit xxx_exit(void)
{
    /*这里是模块卸载时的销毁工作*/
}
module_init(xxx_init);              /*指定模块的初始化函数的宏*/
module_exit(xxx_exit);              /*指定模块的卸载函数的宏*/
```

1.3.3 编写设备驱动程序需要了解的知识

目前,Linux 操作系统有七八百万行代码,其中,驱动程序代码就占四分之三左右。所以对于驱动程序开发人员来说,学习和编写设备驱动程序都是一个漫长的过程。在这个过程中,应该掌握以下知识:

(1)驱动程序开发人员应该有良好的 C 语言基础,并能灵活地应用 C 语言的结构体、指针、宏等基本语言结构。另外,Linux 系统使用的 C 编译器是 GNU C 编译器,因此对 GNU C 标准的 C 语言也应该有所了解。

(2)驱动程序开发人员应该有良好的硬件基础。虽然不要求驱动开发人员具有设计电路的能力,但是应该对芯片手册上描述的接口设备非常了解。常用的设备有 SRAM、Flash、UART、IIC(也称 I2C)和 USB 等。

(3)驱动程序开发人员应该对 Linux 内核源代码有所了解,如一些重要的数据结构和函数等。

(4)驱动程序开发人员应该具有多任务程序设计的能力,并且会使用自旋锁、互斥锁等。本书的内容基本涵盖上述几方面,读者通过对本书的学习可以快速掌握这些知识。

1.4 编写设备驱动程序的注意事项

大部分程序员都比较熟悉应用程序的编写,但是对于驱动程序的编写可能不是很熟悉。关于应用程序的很多编程经验不能直接应用到驱动程序的编写中,下面给出编写驱动程序的一些注意事项,希望引起读者的注意。

1.4.1 应用程序开发与驱动程序开发的差异

Linux 中的程序开发一般分为两种,一种是内核及驱动程序开发,另一种是应用程序开发。这两种开发种类对应 Linux 的两种状态，分别是内核态和用户态。内核态管理用户态的程序，完成用户态请求的工作；用户态处理上层的软件工作。驱动程序与底层的硬件交互，因此工作在内核态。

大多数程序员致力于应用程序的开发，少数程序员则致力于内核及驱动程序的开发。相比于应用程序开发，内核及驱动程序开发有明显差别，主要包括以下几点：

- 在进行内核及驱动程序开发时必须使用 GNU C，因为 Linux 操作系统从一开始就使用的就是 GNU C，虽然也可以使用其他编译工具，但是需要对以前的代码做大量的修改。需要注意的是，32 位的机型和 64 位的机型在编译时也有一定的差异。
- 在进行内核及驱动程序开发时不能访问 C 库，因为 C 库是使用内核中的系统调用来实现的，而且是在用户空间实现的。驱动程序只能访问有限的系统调用或者汇编程序。
- 在进行内核及驱动程序开发时缺乏像用户空间这样的内存保护机制，稍不注意就可能读写其他程序的内存。
- 内核只有一个很小的定长堆栈。
- 在进行内核及驱动程序开发时要考虑可移植性，因为对于不同的平台，驱动程序是不兼容的。
- 内核支持异步中断、抢占和 SMP，因此在进行内核及驱动程序开发时必须时刻注意同步和并发。
- 在进行内核及驱动程序开发时浮点数很难使用，应该使用整型数。

1.4.2　使用 GUN C 开发驱动程序

GUN C 语言最早起源于一个 GUN 计划，GUN 的意思是 GUN is not UNIX。GUN 计划开始于 1984 年，这个计划的目的是开发一个类似 UNIX 并且软件自由的完整操作系统。这个计划一直在进行，到 Linus 开发 Linux 操作系统时，GNU 计划已经开发出来了很多高质量的自由软件，其中就有著名的 GCC 编译器，GCC 编译器能够编译 GUN C 语言。Linus 考虑到 GUN 计划的自由和免费，因此选择了 GCC 编译器来编写内核代码，之后的很多开发者也使用这个编译器，直到现在，驱动开发人员依旧使用 GUN C 语言来开发驱动程序。

1.4.3　不能使用 C 函数库开发驱动程序

与用户空间的应用程序不同，内核不能调用标准的 C 函数库，主要原因在于对于内核来说完整的 C 函数库太大了。一个编译的内核大小可以是 1MB 左右，而一个标准的 C 语言库大小可能操作 5MB。这对于存储容量较小的嵌入式设备来说，是不实用的。缺少标准 C 语言库，并不是说驱动程序就只能做很少的事情。因为标准 C 语言库是通过系统调用实现的，驱动也是通过系统调用等实现的，两者都有相同的底层，因此驱动程序不需要调用 C 语言库也能实现很多功能。

大部分常用的 C 库函数在内核中都已经实现了。例如，操作字符串的函数就位于内核文件 lib/string.c 中，只要包含<linux/string.h>，就可以使用它们；又如，内存分配的函数也包含在 include/linux/slab_def.h 中实现了。

> 注意：内核程序中包含的头文件是指内核代码树中的内核头文件，不是指开发应用程序时的外部头文件。在内核中实现的库函数的打印函数printk()，是C库函数printf()的内核版本。printk()函数和printf()函数的用法和功能基本相同。

1.4.4 没有内存保护机制

当一个用户应用程序由于编程错误，试图访问一个非法的内存空间时，操作系统内核会结束这个进程并返回错误码。应用程序可以在操作系统内核的帮助下恢复原状，而且应用程序并不会对操作系统内核有太大的影响。如果操作系统内核访问了一个非法内存，那么就有可能破坏内核的代码或者数据。这将导致内核处于未知状态，内核会通过oops错误给用户一些提示，但是这些提示都是不支持或者难以分析的。

在内核编程过程中，不应该访问非法内存，特别是空指针，否则内核会忽然"死掉"，没有任何机会向用户提示。对于不好的驱动程序，引起系统崩溃是很常见的，因此驱动开发人员应该重视对内存的正确访问。一个好的建议是，在申请内存后，应该对返回的地址进行检测。

1.4.5 小内核栈

用户空间的程序可以从栈上分配大量的空间来存放变量，甚至用栈存放大型的数据结构或者数组也没问题。之所以能这样做是因为应用程序内存是非常驻的，它们可以动态地申请和释放所有可用的内存空间。而内核要求使用固定常驻的内存空间，因此要求尽量少地占用常驻内存，应尽量多地留出内存提供给用户程序使用。因此内核栈的长度是固定大小且不可动态增长的，32位机的内核栈是8KB，64位机的内核栈是16KB。

由于内核栈比较小，所以编写程序时应该充分考虑小内核栈问题。尽量不要使用递归调用，在应用程序中，递归调用4000多次就有可能溢出，在内核中，递归调用的次数非常少，几乎不能完成程序的功能。另外，使用完内存空间后应该尽快地释放内存，以防止资源泄漏，引起内核崩溃。

1.4.6 重视可移植性

对于用户空间的应用程序来说，可移植性一直是一个重要的问题。一般，可移植性通过两种方式来实现。一种方式是定义一套可移植的API，然后对这套API在这两个需要移植的平台上分别实现。应用程序开发人员只要使用这套可移植的API，就可以写出可移植的程序。在嵌入式领域，比较常见的API套件是QT。另一种方式是使用类似Java、Actionscript等可移植到很多操作系统上的语言。这些语言一般通过虚拟机执行，因此可以移植到很多平台上。

对于驱动程序来说，可移植性需要注意以下几个问题：

- 考虑字节顺序，一些设备使用大端字节序，一些设备使用小端字节序。Linux内核提供了大小端字节序转换的函数，具体如下：

```
#define cpu_to_le16(val) (val)
#define cpu_to_le32(val) (val)
#define cpu_to_le64(val) (val)
#define le16_to_cpu(val) (val)
#define le32_to_cpu(val) (val)
#define le64_to_cpu(val) (val)
```

- 即使是同一种设备驱动程序，如果使用的芯片不同，也应该编写不同的驱动程序，但是应该给用户提供一个统一的编程接口。
- 尽量使用宏代替设备端口的物理地址，并且可以使用 ifdefine 宏确定版本等信息。
- 针对不同的处理器，应该使用相关的处理器函数。

1.5 Linux 驱动的发展趋势

随着嵌入式技术的发展，使用 Linux 的嵌入式设备也越来越多，特别是 Android 设备，相应的，工业上对 Linux 驱动开发也越来越重视。本节将对 Linux 驱动的发展进行简要的介绍。

1.5.1 Linux 驱动的发展前景

Linux 和嵌入式 Linux 软件在过去几年里已经被越来越多的 IT、半导体、嵌入式系统等公司认可和接受，它已经成为一个可以替代微软的 Windows 和众多传统的 RTOS 的重要的操作系统。Linux 内核和基本组件及工具已经非常成熟。面向行业、应用和设备的嵌入式 Linux 工具软件和嵌入式 Linux 操作系统平台是未来发展的必然趋势。符合标准，遵循开放是大势所趋，人心所向，嵌入式 Linux 也不例外。

使嵌入式 Linux 不断发展的一个核心条件是提供大量的稳定和可靠的驱动程序。每天都有大量的芯片被生产出来，芯片的设计和原理不一样，因此驱动程序就不一样。这样，就需要大量的驱动程序开发人员开发驱动程序，可以说，Linux 驱动程序的发展前景是很光明的。

1.5.2 驱动的应用

计算机系统已经融入各行各业和各个领域；计算机系统在电子产品中无处不在，从手机、游戏机、冰箱、电视、洗衣机，到汽车、轮船、火车、飞机等都有它的身影。这些产品都需要驱动程序使之运行，可以说驱动程序的运用前景是非常广泛的。每天都有很多驱动程序需要编写，因此驱动程序开发人员的前途是无比光明的。

1.5.3 相关学习资源

学习 Linux 设备驱动程序，只学习理论是不够的，还需要亲自动手编写各种设备的驱动程序。编写驱动程序不仅需要软件知识，还需要硬件知识。这里，笔者推荐一些国内外优秀的驱动开发网站，希望对读者的学习有所帮助。

- Linux 内核之旅网站：http://www.kerneltravel.net/；
- 知名博客：http://www.lupaworld.com/；
- 一个不错的 Linux 中文社区：https://linux.cn/；
- Linux 伊甸园：http://www.linuxeden.com/。

1.6 小　　结

本章首先对 Linux 设备驱动程序的基本概念进行了详细的讲述，并且讲述了设备驱动程序的作用；接着讲述了设备驱动程序的分类、特点及其与操作系统的关系等；然后讲述了驱动程序开发的一些重要知识和一些注意事项；最后讲述了 Linux 驱动程序的发展趋势。通过本章的学习，读者可以对 Linux 设备驱动程序的开发有一个大概的了解。

随着嵌入式设备的出现，有越来越多的驱动程序需要程序员去编写，因此学习驱动程序的开发对个人的发展是非常有帮助的。

1.7 习　　题

一、填空题

1．设备驱动程序简称_____。
2．用户空间包括_____和系统调用两层。
3．GUN C 语言最早起源于一个_____计划。

二、选择题

1．在驱动程序的分类中不包含（　　）。
　A．字符设备　　　　B．块设备　　　　C．网络设备　　　　D．输入设备
2．应用程序开发与驱动程序开发的差异不包含（　　）。
　A．在进行内核及驱动程序开发时不能访问 C 库。
　B．在进行内核及驱动程序开发时必须使用 GNU C。
　C．在进行内核及驱动程序开发时必须使用浮点数。
　D．在进行内核及驱动程序开发时要考虑可移植性。
3．将模块加入正在运行的内核的命令是（　　）。
　A．insert module　　B．insmod　　　　C．add　　　　　　D．insert

三、判断题

1．在处理器提供的指令中特权指令既可以在内核态下使用，也可以在用户态下使用。
　　　　　　　　　　　　　　　　　　　　　　　　　　　　　　　　　　（　　）
2．内核支持异步中断、抢占和 SMP。　　　　　　　　　　　　　　　　　（　　）
3．模块在内核启动时装载称为动态装载。　　　　　　　　　　　　　　　（　　）

第 2 章　嵌入式处理器和开发板

在实际的工程项目中，Linux 驱动程序一般是为嵌入式系统而写的。嵌入式系统因用途、功能和设计厂商不同，硬件之间存在很大的差异。这些差异，不能通过编写一个通用的驱动程序来解决，需要针对不同的设备编写不同的驱动程序。要编写驱动程序，必须了解处理器和开发板的相关信息，本章将对这些信息进行详细讲解。

2.1　处　理　器

处理器的内部控制器不一样，其驱动程序的开发也是不一样的。例如，Intel 和 ARM 的处理器，它们的驱动开发就不一样。本节将对处理器的概念进行简要的讲解，并介绍一些常用的处理器种类，以使读者对嵌入式系统的处理器有初步的认识。

2.1.1　处理器简介

处理器是解释并执行指令的功能部件。每个处理器都有一组独特的诸如 mov、add 或 sub 这样的操作命令集，这组操作集称为指令系统。在计算机诞生初期，设计者喜欢将计算机称为机器，因此该指令系统有时也称作机器指令系统。

处理器以惊人的速度执行指令指定的工作。一个称作时钟的计时器准确地发出定时电信号，该信号为处理器工作提供有规律的脉冲，通常叫时钟脉冲。测量计算机速度的术语引自电子工程领域，称作兆赫（MHz），兆赫意指每秒百万个时钟周期。在一个 8MHz 的处理器中，指定执行速度高达每秒 800 万次。这个概念相信读者并不陌生，衡量 CPU 的计算速度一般就是这个单位。

2.1.2　处理器的种类

处理器作为一种高科技产品，其技术含量非常高，因此处理器厂商也非常少。这些厂商主要有 Intel、AMD、ARM、中国威盛、Cyrix 和 IBM 等。目前，处理器在嵌入式领域的应用十分广泛，各大厂商都推出了自己的嵌入式处理器，主要有 ARM、MIPS、Power PC、Intel ATOM 等。了解这些嵌入式处理器的特性，是驱动开发人员必须要补的一课，下面对这些常用的处理器进行简要的介绍。

1. ARM处理器

ARM 处理器是英国 Acorn 有限公司设计的低功耗成本的第一款 RISC 微处理器，全称为 Advanced RISC Machine。对应此处理器的详细介绍可以参考 2.2 节。

2. MIPS处理器

MIPS 实际上是芯片设计商 MIPS Technologies 公司的名字。MIPS Technologies 公司并不生产芯片，它只是把设计许可给其他公司，由其他公司制造、生产。例如，NEC 就是其主要的合作厂商。NEC 是所有用于 Pocket PC 的 MIPS 处理器的制造商。所有 Pocket PC 上使用的 MIPS 处理器都是 64 位处理器。MIPS Vr4121 处理器内建 8KB 的高速数据缓存和 16KB 的高速代码缓存；MIPS Vr4122 处理器内建 16KB 的高速数据缓存和 32KB 的高速代码缓存；而 MIPS Vr4181 处理器内建 4KB 的高速数据缓存和 4KB 的高速代码缓存。因缓存的大小不同，价格也有所不同，应该根据需要选择合适的处理器类型。Pocket PC 上使用的 MIPS 处理器的时钟频率范围为 70～150MHz，其应用十分广泛。

3. Power PC

Power PC 架构的特点是可伸缩性好，方便灵活。Power PC 处理器的品种很多，既有通用的处理器，又有嵌入式控制器和内核，应用范围从高端的工作站、服务器到桌面计算机系统，从消费类电子产品到大型通信设备等各个方面，非常广泛。

目前，Power PC 独立微处理器与嵌入式微处理器的主频从 25～700MHz 不等，它们的能量消耗、大小、整合程度和价格差异悬殊，主要产品模块有主频为 350～700MHz 的 Power PC 750CX 和 750CXe，以及主频为 400MHz 的 Power PC 440G 等。

嵌入式的 Power PC 405（主频最高为 266MHz）和 Power PC 440（主频最高为 550MHz）处理器内核可以用在各种集成的系统芯片（SoC）设备上，在电信、金融和其他行业有广泛的应用。

4. Intel ATOM

ATOM 是 Intel 公司出品的凌动处理器，它是 Intel 公司历史上体积最小和功耗最小的处理器。ATOM 基于新的微处理架构，专门为小型和嵌入式系统而设计，和其他嵌入式处理器相比，它的最大优势是采用 X86 体系结构，可以运行 Windows 操作系统（也可以运行 Android 操作系统），能提供更好的通用性，因此在平板电脑等消费类电子产品中得到了广泛的应用。

2.2 ARM 处理器

在所有处理器中，ARM 处理器是应用最广泛的一种处理器。ARM 处理器价格便宜，功能相对较多，是目前流行的嵌入式处理器之一。ARM 处理器分为很多种类，适用于不同的应用，下面对其进行详细介绍。

2.2.1 ARM 处理器简介

1. 研发厂商ARM

ARM 是微处理器行业的一家知名企业，其设计了大量高性能、廉价、耗能低的 RISC

处理器。ARM 处理器具有性能高、成本低和功耗低的特点。其中，功耗低是其流行的主要原因之一。嵌入式设备一般使用电池，设备续航能力的高低主要取决于 CPU 的功耗。因为 ARM 处理器功耗低，所以适用于多个领域，如嵌入控制、消费/教育类多媒体、DSP 和移动式应用等。

ARM 公司将其技术授权给世界上许多著名的半导体、软件和 OEM 厂商。每个厂商得到的都是一套独一无二的 ARM 相关技术及服务。利用这种合作关系，ARM 很快成为许多 RISC 标准的缔造者。技术授权就是 ARM 公司为其他 CPU 生产商提供技术支持。

目前，总共有上百家半导体公司与 ARM 签订了硬件技术使用许可协议，其中包括 Intel、IBM、LG 半导体、NEC、SONY、菲利浦和国民半导体这样的大公司。至于软件系统的合伙人，则包括微软、IBM 和 MRI 等一系列知名公司。

2. ARM处理器的特点

ARM 处理器的优点很多，因此得到了广泛的使用，这些优点包括：
- 16/32 位双指令集，节省存储空间。
- 小体积、低功耗、低成本、高性能。
- 支持 DSP 指令集，支持复杂的算数运算，对多媒体处理非常有用。
- 使用 Jazelle 技术，对 Java 代码运行速度进行了优化。
- 全球众多的合作伙伴，ARM32 位体系结构被公认为业界领先的 32 位嵌入式 RISC 处理器结构，所有 ARM 处理器共享这一体系结构。这可确保开发者转向更高性能的 ARM 处理器时，由于所有产品均采用一个通用的软件体系，所以基本上可以在所有产品中运行，从而使开发者在软件开发上获得最大的回报。

2.2.2 ARM 处理器系列

ARM 处理器常用的有 6 个产品系列，分别是 ARM7、ARM9、ARM9E、ARM10、ARM11 和 SecurCore。一些产品来自于合作伙伴，如 Intel Xscale 微体系结构和 StrongARM 产品。ARM7、ARM9、ARM9E 和 ARM10 是 4 个通用的处理器系列，每个系列提供了一套特定的性能来满足设计者对功耗、性能、体积的需求。SecurCore 是第 5 个产品系列，是专门为安全设备而设计的。目前，我国市场应用较成熟的 ARM 处理器以 ARM7TDMI、ARM9 和 ARM11 核为主，主要的厂家有 SAMSUNG、ATMEL、OKI 等。下面对各系列处理器做简要的介绍。

1. ARM7系列

ARM7 系列包括 ARM7TDMI、ARM7TDMI-S、带有高速缓存处理器宏单元的 ARM720T 和扩充了 Jazelle 的 ARM7EJ-S。该系列处理器提供 Thumb 16 位压缩指令集和 EmbeddedICE JTAG 软件调试方式，适合应用于更大规模的 SoC 设计。其中，ARM720T 高速缓存处理宏单元还提供 8KB 缓存、读缓冲和具有内存管理功能的高性能处理器，支持 Linux、Symbian OS 和 Windows CE 等操作系统。

ARM7 系列处理器广泛应用于多媒体和嵌入式设备，包括 Internet 设备、网络和调制解调器设备及移动电话、PDA 等无线设备。无线信息设备领域的前景广阔，因此，ARM7

系列也瞄准了下一代智能化多媒体无线设备领域的应用。

2．ARM9系列

ARM9 系列有 ARM9TDMI、ARM920T 和带有高速缓存处理器宏单元的 ARM940T。所有的 ARM9 系列处理器都具有 Thumb 压缩指令集和基于 EmbeddedICE JTAG 的软件调试方式。ARM9 系列兼容 ARM7 系列，而且能够比 ARM7 进行更加灵活的设计。

ARM9 系列主要应用于引擎管理（如在自动挡汽车中的应用）、仪器仪表、安全系统、机顶盒、高端打印机、PDA、网络计算机及带有 MP3 音频和 MPEG4 视频多媒体格式的智能电话中。

3．ARM9E系列

ARM9E 系列为综合处理器，包括 ARM926EJ-S、带有高速缓存处理器宏单元的 ARM966E-S 和 ARM946E-S。该系列强化了数字信号的处理功能，可应用于需要 DSP 与微控制器结合使用的情况，将 Thumb 技术和 DSP 都扩展到 ARM 指令集中，并具有 EmbeddedICE-RT 逻辑（ARM 的基于 EmbeddedICE JTAG 软件调试的增强版本），更好地适应了实时系统开发的需要。同时，其内核在 ARM7 处理器内核的基础上使用了 Jazelle 增强技术，该技术支持一种新的 Java 操作状态，允许在硬件中执行 Java 字节码。

4．ARM10系列

ARM10 系列包括 ARM1020E 和 ARM1020E 微处理器核。其核心是使用向量浮点（VFP）单元 VFP10 提供的高性能浮点解决方案，极大提高了处理器的整型和浮点数据的运算能力，为用户界面的 2D 和 3D 图形引擎应用夯实了基础，如视频游戏机和高性能打印机等。

5．SecurCore系列

SecurCore 系列涵盖 SC100、SC110、SC200 和 SC210 处理器。该系列处理器主要针对新兴的安全市场，以一种全新的安全处理器设计为智能卡和其他安全 IC 设备开发提供独特的 32 位系统设计方案，并具有特定的反伪造方法，从而有助于防止对硬件和软件的盗版。

6．StrongARM系列和Xscale系列

StrongARM 处理器将 Intel 处理器技术和 ARM 体系结构融为一体，致力于为移动通信和消费电子类设备提供理想的解决方案。Intel Xscale 微体系结构则提供全性能、高性价比和低功耗的解决方案，支持 16 位 Thumb 指令和 DSP 指令。

2.2.3 ARM 处理器的应用

虽然 8 位微控制器仍然占据着低端嵌入式产品的大部分市场，但是随着应用的增加，ARM 处理器的应用也越来越广泛。这里将普遍的应用以一个表格列出，如表 2.1 所示。

表 2.1　ARM 处理器的应用

产　　品	主　要　应　用
无线产品	手机、PDA，目前80%以上的手机是基于ARM的产品
汽车产品	车上娱乐系统、车上安全装置和导航系统等
消费类娱乐产品	数字视频、Internet终端、交互电视、机顶盒和网络计算机等；数字音频播放器和数字音乐板；游戏机
数字影像产品	信息家电、数字照相机和数字系统打印机
工业产品	机器人控制、工程机械和冶金控制等
网络产品	PCI 网络接口卡、ADSL调制解调器、路由器和无线LAN访问点等
安全产品	电子付费终端、银行系统付费终端、智能卡和32位SIM卡等
存储产品	PCI 到Ultra2 SCSI 64位RAID控制器和磁盘控制器

2.2.4　ARM 处理器的选型

随着国内外嵌入式应用领域的发展，ARM 芯片必然会获得广泛的重视和应用。但是，由于 ARM 芯片有多达十几种的芯核结构，100 多家芯片生产厂家以及千变万化的内部功能配置组合，给开发人员在选择方案时带来了一定的困难。下面从应用角度介绍 ARM 芯片选择的一般原则。

1．ARM处理器核

如果希望使用 WinCE 或 Linux 等操作系统以减少软件开发时间，就需要选择ARM720T以上带 MMU（Memory Management Unit）功能的 ARM 处理器芯片。ARM720T、StrongARM、ARM920T、ARM922T 和 ARM946T 都带有 MMU 功能。而 ARM7TDMI 没有 MMU，不支持 Windows CE 和大部分的 Linux，但目前有 uCLinux 等少数几种 Linux 不需要 MMU 的支持。

2．系统时钟控制器

系统时钟决定了 ARM 芯片的处理速度。ARM7 的处理速度为 0.9MIPS/MHz，常见的 ARM7 芯片系统主时钟为 20～133MHz，ARM9 的处理速度为 1.1MIPS/MHz，常见的 ARM9 的系统主时钟为 100～233MHz，ARM10 最高可以达到 700MHz。不同芯片对时钟的处理不同，有的芯片只有一个主时钟频率，这样的芯片可能不能同时兼顾 UART 和音频时钟的准确性，如 Cirrus Logic 的 EP7312 等；有的芯片内部时钟控制器可以分别为 CPU 核和 USB、UART、DSP、音频等功能部件提供不同频率的时钟，如 PHILIPS 公司的 SAA7550 等芯片。

3．内部存储器容量

当不需要大容量存储器时，可以选择内部集成存储器的 ARM 处理器，这样可以有效地节省成本。包含存储器的芯片如表 2.2 所示，不过这类芯片的存储空间较少，使用上也有很多局限性。

表 2.2　内置存储器的芯片

芯片型号	生产商	Flash存储器容量	ROM存储器容量	SRAM存储器容量
AT91F40162	ATMEL	2MB		4KB
AT91FR4081	ATMEL	1MB		128KB
SAA7750	Philips	384KB		64KB
PUC3030A	Micronas	256KB	256KB	56KB
HMS30C7202	Hynix	192KB		
ML67Q4001	OKI	256KB		
LC67F500	Snayo	640KB		32KB

4．GPIO数量

在某些芯片供应商提供的说明书中，往往申明的是最大可能的 GPIO 数量，但是有许多引脚是和地址线、数据线、串口线等引脚复用的。这样在进行系统设计时需要计算实际可以使用的 GPIO 数量。

5．中断控制器

ARM 内核只提供快速中断（FIQ）和标准中断（IRQ）两个中断向量。但各个半导体厂家在设计芯片时加入了自己不同的中断控制器，以便支持诸如串行口、外部中断和时钟中断等硬件中断。

6．IIS接口

如果设计师想开发音频应用产品，则 IIS（Integrate Interface of Sound）总线接口是必备的，其支持音频输入和输出。

7．nWAIT信号

nWAIT 信号即外部总线速度控制信号。不是每个 ARM 芯片都提供这个信号引脚，利用这个信号与廉价的 GAL 芯片就可以实现与符合 PCMCIA 标准的 WLAN 卡和 Bluetooth 卡的接口，而不需要外加高成本的 PCMCIA 专用控制芯片。另外，当需要扩展外部的 DSP 协处理器时，此信号也是必需的。

8．RTC实时时钟

很多 ARM 芯片都提供了实时时钟的功能，但方式不同。例如，Cirrus Logic 公司的 EP7312 的 RTC（Real Time Clock）只是一个 32 位计数器，需要通过软件计算出年、月、日、时、分、秒；而 SAA7750 和 S3C2410 等芯片的 RTC 直接提供了年、月、日、时、分、秒格式。

9．LCD控制器

有些 ARM 芯片内置了 LCD 控制器，有的甚至内置了 64K 彩色 TFT LCD 控制器。在设计 PDA 和手持式显示记录设备时，选用内置 LCD 控制器的 ARM 芯片如 S1C2410 较为适宜。

10. PWM 输出

有些 ARM 芯片有 2~8 路 PWM 输出，可以用于电机控制或语音输出等场合。

11. ADC 和 DAC 模数转换

有些 ARM 芯片内置了 2~8 通道的 8~12 位通用的 ADC，可以用于电池检测、触摸屏和温度监测等。PHILIPS 的 SAA7750 更是内置了一个 16 位立体声音频 ADC 和 DAC，并且带耳机驱动。

12. 扩展总线

大部分 ARM 芯片具有外部 SDRAM 和 SRAM 扩展接口，不同的 ARM 芯片可以扩展的芯片数量即片选线数量不同，外部数据总线有 8 位、16 位或 32 位。某些特殊应用的 ARM 芯片如德国 Micronas 的 PUC3030A 则没有外部扩展功能。

13. UART 和 IrDA

几乎所有的 ARM 芯片都具有 1~2 个 UART 接口，可以用于和 PC 通信或用 Angel 进行调试。一般的 ARM 芯片通信波特率为 115 200bps，少数专为蓝牙技术应用设计的 ARM 芯片的 UART 通信波特率可以达到 920Kbps，如 Linkup 公司的 L7205。

14. DSP 协处理器

首先，需要了解一下什么是协处理器。协处理器是协助 CPU 完成相应功能的处理器，它除了与 CPU 通信之外，不会与其他部件进行通信。DSP 是协处理器中的一种，全称为数字信号处理器（Digital Signal Processor）。在进行图像处理和音频处理时，这种处理器用得很多。大多数 MP3 就使用 DSP 协处理器。常用的协处理器如表 2.3 所示。

表 2.3 常用的协处理器

芯片型号	生产商	DSP处理器核心	DSP MIPS	应用
TMS320DSC2X	TI	16bits C5000	500	Digital Camera
Dragonball MX1	Motorola	24bits 56000		CD-MP3
SAA7750	Philips	24bits EPIC	73	CD-MP3
VWS22100	Philips	16bits OAK	52	GSM
STLC1502	ST	D950		VOIP
GMS30C3201	Hynix	16bits Piccolo		STB
AT75C220	ATMEL	16bits OAK	40	IA
AT75C310	ATMEL	16bits OAK	40x2	IA
AT75C320	ATMEL	16bits OAK	60X2	IA
L7205	Linkup	16bits Piccolo		Wireless
L7210	Linkup	16bits Piccolo		wireless
Quatro	OAK	16bits OAK		Digital Image

15. 内置FPGA

有些ARM芯片内置有FPGA，适合于通信等领域。常用的FPGA芯片如表2.4所示。

表2.4 常用的FPGA芯片

芯 片 型 号	供 应 商	ARM芯片核心	FPGA门数	引 脚 数
EPXA1	Altera	ARM922T	100×2^{10}	484
EPXA4	Altera	ARM922T	400×2^{10}	672
EPXA10	Altera	ARM922T	1000×2^{10}	1020
TA7S20系列	Triscend	ARM7TDMI	多种	多种

16. 时钟计数器和看门狗

一般，ARM芯片都具有2~4个16位或32位时钟计数器，以及一个看门狗计数器。

17. 电源管理功能

ARM芯片的耗电量与工作频率成正比，ARM芯片一般有3种模式，分别是低功耗模式、睡眠模式和关闭模式。

18. DMA控制器

有些ARM芯片内部集成有DMA，可以和磁盘等外部设备高速交换数据，并且可以减少数据交换时对CPU资源的占用。另外，还可以选择的内部功能部件有HDLC、SDLC、CD-ROM Decoder、Ethernet MAC、VGA controller、DC-DC，可以选择的内置接口有IIC、SPDIF、CAN、SPI、PCI和PCMCIA。最后需要说明的是封装问题。ARM芯片现在主要的封装有QFP、TQFP、PQFP、LQFP、BGA和LBGA等形式，BGA封装具有芯片面积小的特点，可以减少PCB板的面积，但是需要专用的焊接设备，无法手工焊接。另外，一般BGA封装的ARM芯片无法用双面板完成PCB布线，需要多层PCB板布线。

2.2.5 ARM处理器选型举例

在选择处理器的过程中，应该选择合适的处理器。所谓合适，就是在能够满足功能的前提下选择价格尽量便宜的处理器，这样开发出来的产品更具有市场竞争力。消费者也可以从合适的搭配中找到性价比高的产品。这里列出了一些常用的选择方案供读者参考，如表2.5所示。

表2.5 处理器应用方案

应 用	方 案 1	方 案 2	说 明
高档PDA	S3C2440	Dragon ball MX1	
便携式CD/MP3播放器	SAA7750		USB和CD-ROM解码器
Flash MP3播放器	SAA7750	PUC3030A	内置USB和Flash
WLAN和BT应用产品	L7205，L7210	Dragon ball MX1	高速串口和PCMCIA接口
Voice Over IP	STLC1502		

续表

应 用	方 案 1	方 案 2	说 明
数字式照相机	TMS320DSC24	TMS320DSC21	内置高速图像处理DSP
便携式语音email机	AT75C320	AT75C310	内置双DSP，可以分别处理MODEM和语音
GSM 手机	VWS22100	AD20MSP430	专为GSM手机开发
ADSL Modem	S5N8946	MTK-20141	
电视机顶盒		GMS30C3201	VGA控制器
3G 移动电话机	MSM6000	OMAP1510	
10G 光纤通信	MinSpeed公司系列ARM芯片	多ARM核+多DSP核	

2.3 S3C2440 开发板

S3C2440 开发板上集成了一块 S3C2440 处理器。S3C2440 处理器是 ARM 处理器中的一款，广泛使用在无线通信、工业控制和消费电子领域。本节将对 S3C2440 开发板进行详细介绍，当然，如果你手上有任何一款开发板，本书的内容也是通用的。

2.3.1 S3C2440 开发板简介

目前大多数拥有 ARM 处理的开发板都是基于 S3C2440 处理器的。基于 S3C2440 的开发板由于资料全面、扩展功能好、性能稳定 3 大特点，深受广大嵌入式学习者和嵌入式开发工程师的喜爱。这种开发板由于性能较高，一般可以应用于车载手持、GIS 平台、Data Servers、VOIP、网络终端、工业控制、检测设备、仪器仪表、智能终端、医疗器械和安全监控等产品中。

2.3.2 S3C2440 开发板的特性

基于 S3C2440 开发板包含许多实用的特性，这些特性都是驱动开发人员练习驱动开发的好"材料"。下面对这些开发板的一般特性进行介绍。

1. CPU处理器

Samsung S3C2440A，主频 400MHz，最高 533MHz。

2. SDRAM内存

- 主板 64MB SDRAM。
- 32B 数据总线。
- SDRAM 时钟频率高达 100MHz。

3. Flash 存储

- 主板 64MB Nand Flash，掉电非易失。
- 主板 2M Nor Flash，掉电非易失，已经安装 BIOS。

4. LCD 显示

- 板上集成 4 线电阻式触摸屏接口，可以直接连接四线电阻触摸屏。
- 支持黑白、4 级灰度、16 级灰度、256 色、4096 色 STN 液晶屏，尺寸从 3.5 英寸到 12.1 英寸，屏幕分辨率可以达到 1024×768 像素。
- 支持黑白、4 级灰度、16 级灰度、256 色、$64×2^{10}$ 色、真彩色 TFT 液晶屏，尺寸从 3.5 英寸到 12.1 英寸，屏幕分辨率可以达到 1024×768 像素。
- 标准配置为 NEC $256×2^{10}$ 色，分辨率为 240×320，尺寸为 3.5 英寸的 TFT 液晶显示屏，带触摸屏。
- 板上引出一个 12V 的电源接口，可以为大尺寸 TFT 液晶的 12V CCFL 背光模块（Inverting）供电。

5. 接口和资源

- 1 个 100M 以太网 RJ-45 接口（采用 DM9000 网络芯片）。
- 3 个串行口。
- 1 个 USB Host。
- 1 个 USB Slave B 型接口。
- 1 个 SD 卡存储接口。
- 1 路立体声音频输出接口，一路麦克风接口。
- 1 个 2.0mm 间距 10 针的 JTAG 接口。
- 4USER Leds。
- 6USER buttons（带引出座）。
- 1 个 PWM 控制蜂鸣器。
- 1 个可调电阻，用于 AD 模数转换测试。
- 1 个 I^2C 总线 AT24C08 芯片，用于 I^2C 总线测试。
- 1 个 2.0 mm 间距 20pin 摄像头接口。
- 板载实时时钟电池。
- 电源接口（5V），带电源开关和指示灯。

6. 系统时钟源

- 12MHz 无源晶振。

7. 实时时钟

- 内部实时时钟（带后备锂电池）。

8. 扩展接口

- 1 个 34 pin 2.0mmGPIO 接口。
- 1 个 40 pin 2.0mm 系统总线接口。

9. 操作系统支持

- Linux 2.6.x 及以上的版本。
- Windows CE.NET。
- Android。

2.3.3 其他开发板

也许读者手中有不同种类的开发板,这并不是说本书的内容就不适合你。读者只需要找到开发板对应的芯片手册,就能够使用本书介绍的方法来学习驱动程序的开发。

2.4 小　　结

本章简单介绍了驱动开发人员必备的处理器知识,详细介绍了 S3C2440 处理器构建的开发板。对驱动开发人员来说,重要的是处理器选型问题。本章不仅给出了详细的处理器选型准则,而且对常见应用的选型进行了举例,相信读者通过本章的学习会有所收获。

2.5 习　　题

一、填空题

1. 处理器是解释并执行＿＿＿＿的功能部件。
2. ARM 内核只提供＿＿＿＿中断和标准中断两个中断向量。
3. 系统时钟决定了 ARM 芯片的＿＿＿＿速度。

二、选择题

1. 测量计算机速度的术语是（　　）。
   A. 赫兹　　　　　　　B. m/s　　　　　　C. 兆赫　　　　　　　D. 兆
2. ARM 芯片选择的一般原则不包含（　　）。
   A. ARM 处理器核　　　　　　　　　　B. 系统时钟控制器
   C. 内部存储器容量　　　　　　　　　　D. LCD 显示
3. ARM 处理器的特点不包含（　　）。
   A. 16/32 位双指令集　　　　　　　　　B. 支持 DSP 指令集
   C. Jazelle 技术　　　　　　　　　　　　D. 大体积、低功耗

三、判断题

1. ARM7TDMI 有 MMU。（   ）
2. ATOM 是 Intel 公司出品的凌动处理器。（   ）
3. S3C2440 开发板有 2 个 2.0mm 间距 10 针的 JTAG 接口。（   ）

第 3 章 构建嵌入式驱动程序开发环境

在编写驱动程序之前，需要构建一个合适的开发环境。这个环境包括合适的 Linux 操作系统、网络、交叉编译工具及 NFS 服务等。为了使读者顺利地完成开发环境的构建，本章将对这些主要内容进行讲解。

3.1 安装虚拟机和 Linux 系统

由于驱动开发需要涉及不同操作系统的功能，所以需要安装不同的操作系统。开发者习惯在 Windows 系统上安装虚拟机，然后在虚拟机上安装 Linux 系统。这种方式，可以使一台主机模拟多台主机的功能，从而提高开发效率。下面介绍安装虚拟机的方法。

3.1.1 在 Windows 上安装虚拟机

在 Window 上安装虚拟机可以有多种选择。目前流行的虚拟机软件有 VMware 和 Virtual PC，它们都能在 Windows 系统上虚拟出多个计算机，用于安装 Linux、OS/2、FreeBSD 等其他操作系统。微软在 2003 年 2 月份收购 Connectix 后，很快发布了 Microsoft Virtual PC。但出于种种考虑，新发布的 Microsoft Virtual PC 不再明确支持 Linux、FreeBSD、NetWare、Solaris 等操作系统，只保留了 OS/2，如果要虚拟一台 Linux 计算机，只能自己手工设置。

相比而言，VMware 不论在多操作系统的支持上还是在执行效率上，都比 Virtual PC 明显高出一筹，因此本书选择 VMware 虚拟机构建驱动程序开发环境。从 VMware 的官方网站 http://www.vmware.com/cn/ 上可以下载 VMware 工具，根据提示安装该软件。

建立一个虚拟机，需要指定 CPU、磁盘、内存、网络和光驱等。在 VMware 中可以选择实际的物理磁盘，也可以用文件来模拟磁盘。在 VMware 安装过程中，有一些特殊的地方需要注意，否则可能会造成虚拟机无法使用。下面对安装过程进行详细讲解。

（1）启动 VMware Workstation，如图 3.1 所示。单击"主页"的"创建新的虚拟机"图标，建立一台新的虚拟机。

（2）在弹出的"新建虚拟机向导"对话框中，选择"自定义（高级）"选项。这一步是对虚拟机进行自定义配置，如图 3.2 所示。单击"下一步"按钮，进入下一步。

（3）在弹出的对话框中，从"硬件兼容性"下拉列表框中选择 Workstation 15.x 选项，单击"下一步"按钮，如图 3.3 所示。

（4）此时将弹出如图 3.4 所示对话框，选择"稍后安装操作系统（S）"单选按钮，单击"下一步"按钮，进入下一步。

第1篇 基础知识

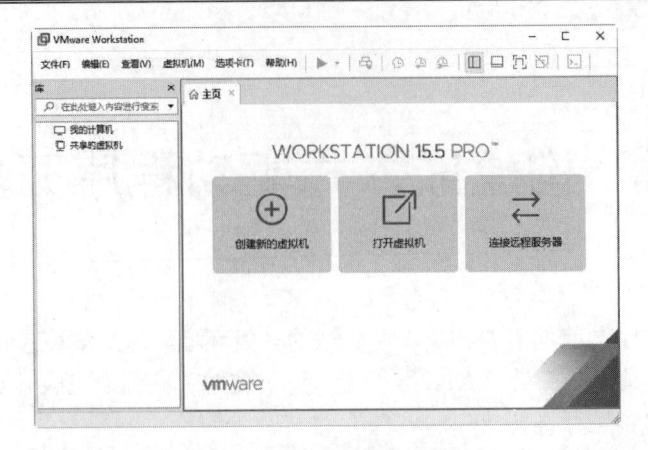

图 3.1 启动 Vmware

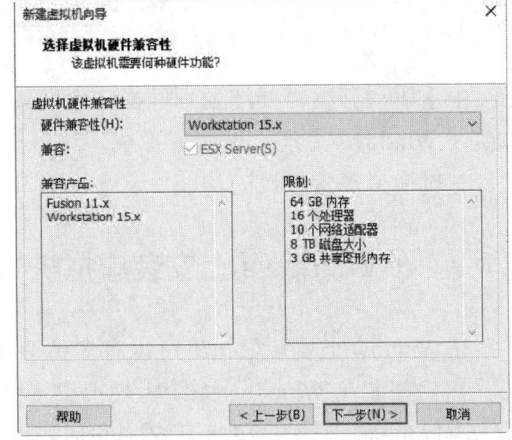

图 3.2 虚拟机配置选项

图 3.3 硬件兼容性选项

（5）在弹出的对话框中选择 Linux 选项，表示将在此虚拟机上安装 Linux 操作系统。在"版本"下拉列表框中选择"Ubuntu 64 位"选项，表示安装 64 位的 Linux 系统，如图 3.5 所示。

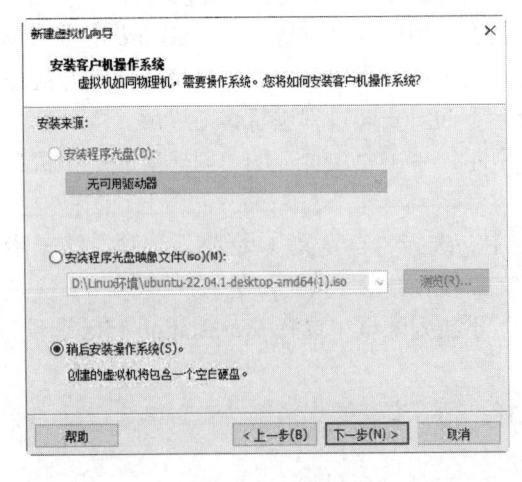

图 3.4 安装源选择

图 3.5 选择版本

第 3 章 构建嵌入式驱动程序开发环境

（6）单击"下一步"按钮，在弹出的对话框中设置虚拟机的名称和存储位置，如图 3.6 所示。

（7）单击"下一步"按钮，进入处理器的配置阶段，选择一个处理器。因为对于嵌入式系统来说资源比较有限，一般只有一个处理器，所以这里选择一个，如图 3.7 所示。

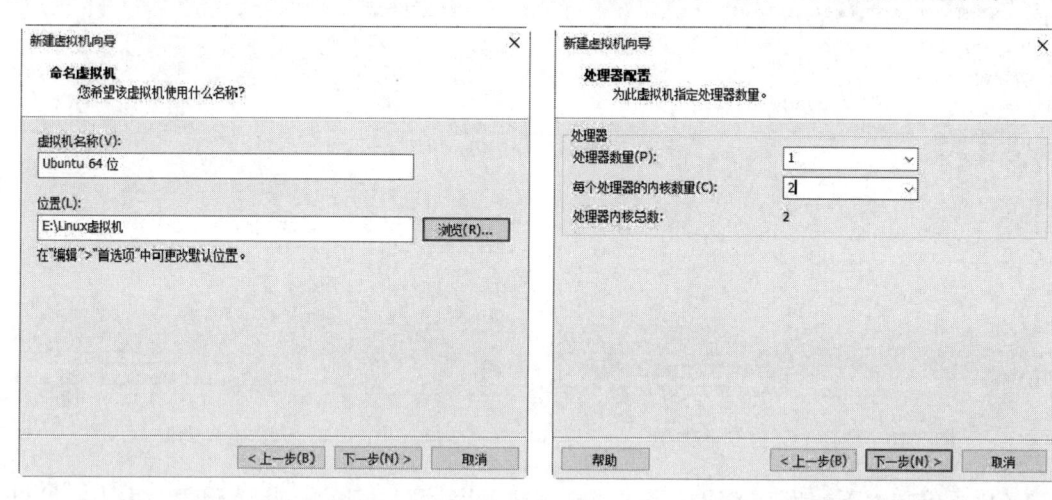

图 3.6　选择虚拟机的名称和存储位置　　　　图 3.7　处理器个数选择

（8）单击"下一步"按钮，弹出选择内存大小对话框。VMware 将会从实际的物理内存中分配指定的虚拟机内存，如图 3.8 所示。

（9）单击"下一步"按钮，弹出指定虚拟机的网络连接方式对话框。这里选择"使用网络地址转换（NAT）"方式，如图 3.9 所示。具体的网络配置将在后面讲述。

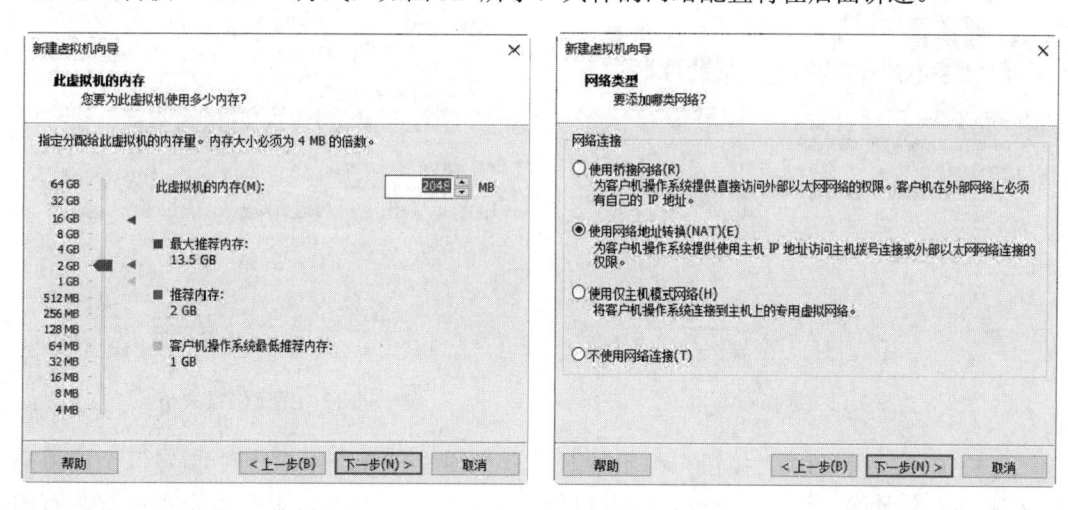

图 3.8　内存选择　　　　图 3.9　网络连接类型

（10）单击"下一步"按钮，弹出"选择 I/O 控制器类型"对话框，如图 3.10 所示，在其中选择 LSI Logic 选项。

（11）单击"下一步"按钮，弹出"选择磁盘类型"对话框，如图 3.11 所示，选择其中的 SCSI 选项。

· 25 ·

（12）单击"下一步"按钮，弹出"选择磁盘"对话框，如图 3.12 所示，在其中选择"创建新虚拟磁盘"单选按钮。

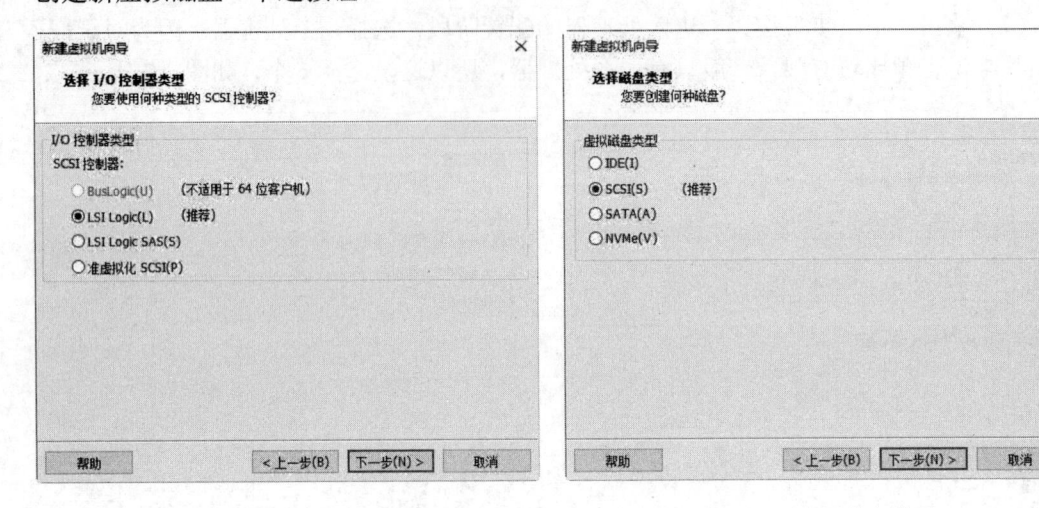

图 3.10　选择 I/O 控制器类型　　　　　　图 3.11　选择磁盘类型

（13）单击"下一步"按钮，弹出"指定磁盘容量"对话框，指定磁盘的大小，这里选择 30GB，因为 Linux 开发需要的空间较大。在图 3.13 中还需要选择"将虚拟磁盘拆分成多个文件"选项。

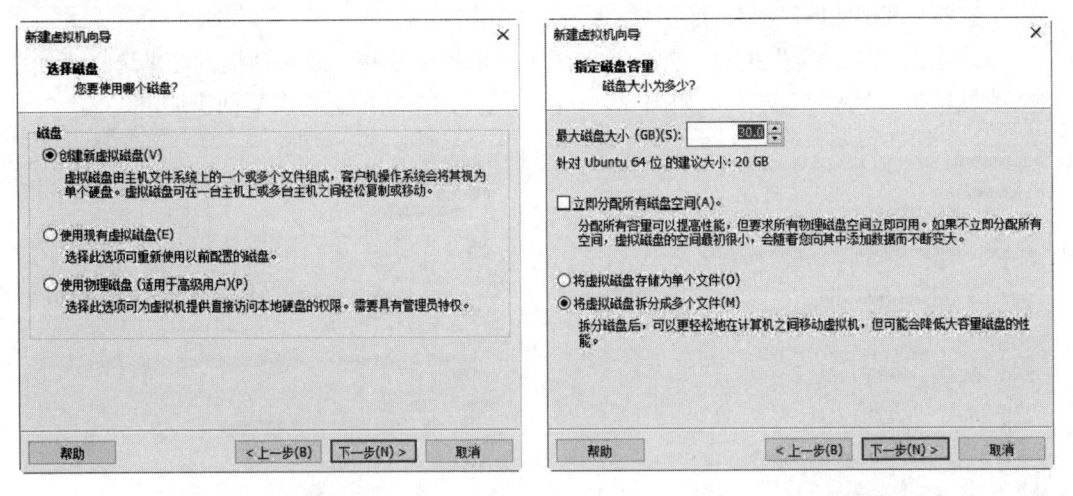

图 3.12　选择磁盘　　　　　　图 3.13　指定磁盘大小

（14）单击"下一步"按钮，弹出的对话框如图 3.14 所示。在其中指定每个虚拟磁盘文件的基本名称。因为一个虚拟磁盘可能由多个文件组成，这里是每个文件都共有的名字。

（15）单击"下一步"按钮，在弹出的对话框中直接单击"完成"按钮，就创建了一个虚拟机。此时在"我的计算机"列表中将出现当前创建的虚拟机的名称。

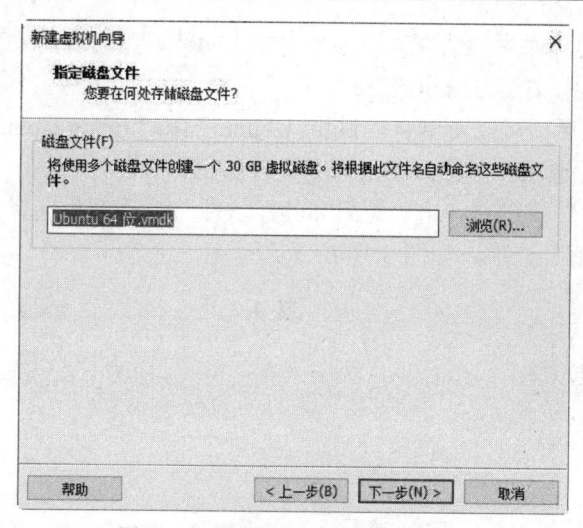

图 3.14　指定虚拟磁盘的基本名称

3.1.2　在虚拟机上安装 Linux 系统

本节介绍怎样在虚拟机上安装 Ubuntu 22.04，并详细介绍如何建立 Linux 开发环境。下面对安装步骤进行详细说明。

（1）在"此电脑"列表中右击创建的虚拟机名称，在弹出的快捷菜单中选择"设置"命令，弹出"虚拟机设置"对话框。在该对话框中选择"CD/DVD(SATA)"选项，在右侧的面板中，将"连接"下方的"使用 ISO 映像文件"复选框选中，在文本框中输入下载的 ubuntu-22.04.1-desktop-amd64.iso 文件的地址。设置完毕后，单击"确定"按钮。

（2）在"此电脑"列表中右击创建的虚拟机名称。在弹出的快捷菜单中选择"电源"|"启动客户机"命令，屏幕上出现"欢迎"界面，如图 3.15 所示。

图 3.15　"欢迎"界面

在图 3.15 所示的界面中,选择语言为"中文(简体)",之后的安装程序和安装完成后的系统都会使用简体中文作为操作语言。

(3)选择好语言后,可以看到有"试用 Ubuntu"和"安装 Ubuntu"两个选项,这里选择"安装 Ubuntu"选项,弹出"键盘布局"对话框。

(4)单击"继续"按钮,弹出"更新和其他软件"对话框,选择"正常安装"和"安装 Ubuntu 时下载更新"选项,如图 3.16 所示。

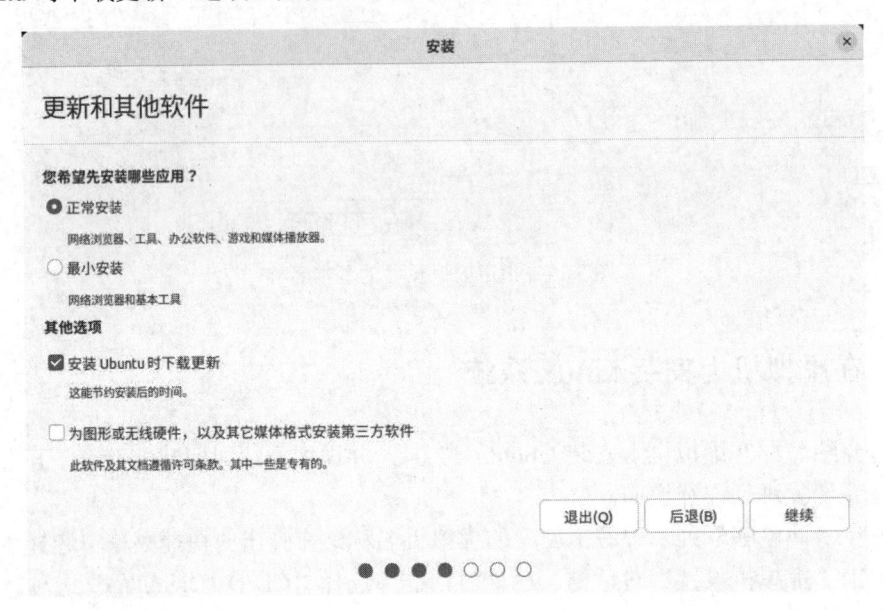

图 3.16 "更新和其他软件"对话框

(5)单击"继续"按钮,弹出"安装类型"对话框,选择"清除整个磁盘并安装 Ubuntu"选项,如图 3.17 所示。

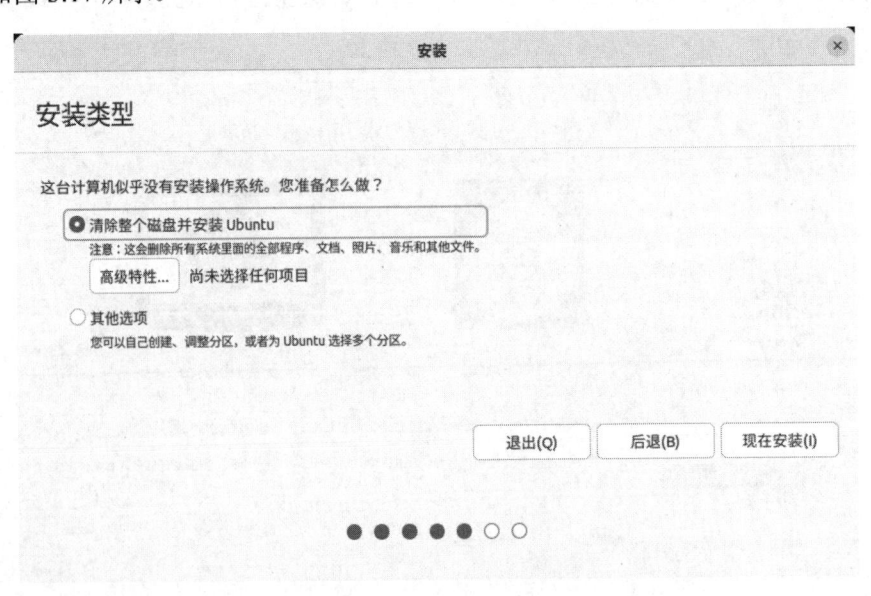

图 3.17 "安装类型"对话框

（6）单击"现在安装"按钮，弹出"将改动写入磁盘吗？"对话框。

（7）单击"继续"按钮，弹出"您在什么地方？"对话框，选择中国地图，默认在上海。

（8）单击"继续"按钮，弹出"您是谁？"对话框，如图 3.18 所示。在其中设置姓名、计算机名、用户名和密码。所有设置都可以自定义，单击"继续"按钮，等待安装完成。

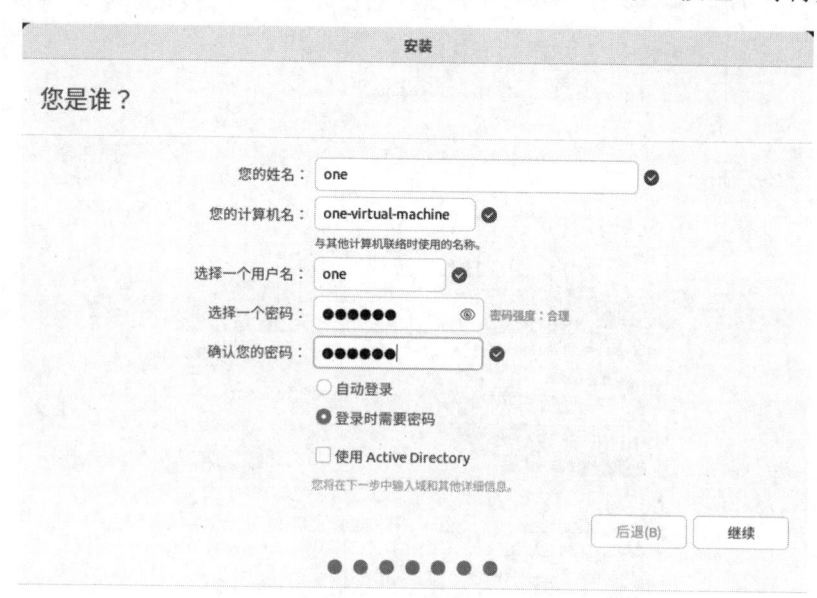

图 3.18　"您是谁？"对话框

（9）安装完毕后，系统将提示重新启动。这时取出光盘，单击"现在重启"按钮，重新启动计算机。

（10）重新启动后，计算机会进入 Ubuntu 系统登录界面，输入之前设置的密码就可以进入 Ubuntu 系统界面了。至此，一个全新的 Ubuntu 系统就安装完毕。

3.1.3　设置共享目录

在网络连接畅通的情况下，虚拟机和 Windows 之间可以通过共享文件夹完成两个系统之间的通信。具体过程如下：

（1）在 Windows 系统中创建一个 share 文件夹。

（2）右击我的计算机列表中创建的虚拟机名称，在弹出的快捷菜单中选择"设置"命令，打开"虚拟机设置"对话框。

（3）选择"选项"选项，打开"选项"面板，如图 3.19 所示。

（4）选择"共享文件夹"，在右侧选项"总是启动"选项。单击"添加"按钮，弹出"添加共享文件夹向导"对话框。

（5）单击"下一步"按钮，弹出"命名共享文件夹"对话框，在其中设置"主机路径"及名称，如图 3.20 所示。

（6）单击"下一步"按钮，弹出"指定共享文件夹属性"对话框，这里选择"启动此共享"选项，如图 3.21 所示。

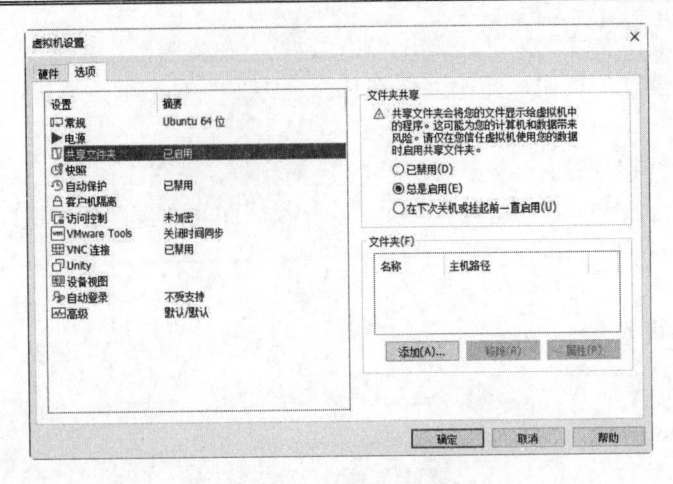

图 3.19 "选项"面板

图 3.20 "命名共享文件夹"对话框

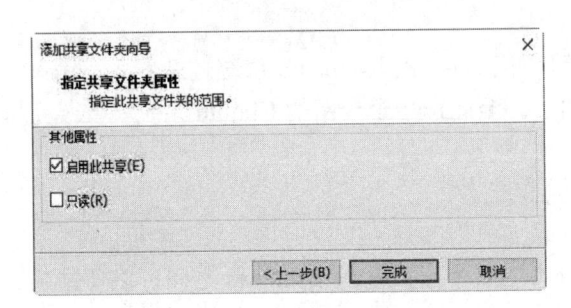

图 3.21 "指定共享文件夹属性"对话框

（7）单击"完成"按钮，退出"指定共享文件夹属性"对话框，回到"选项"面板，单击"确定"按钮，此时就实现了共享文件夹的功能。读者可以在 Ubuntu 中的/mnt/hgfs下看到共享的文件夹。

3.2 代码阅读工具 Source Insight

单独用一节来讲解代码阅读工具是否值得？答案是值得。因为 Linux 内核有 800 多万行代码，其中，驱动程序占 2/3 以上。阅读和理解这些代码，对编写设备驱动程序来说是非常有帮助的，所以本节将介绍怎样有效地使用代码阅读工具阅读代码。

3.2.1　Source Insight 简介

Source Insight 是一个非常好的代码阅读、编辑和分析工具。Source Insight 支持目前大多数流行的编程语言，如 C、C++、ASM、PAS、ASP 和 HTML 等。这个软件还支持关键字定义，对开发人员来说是非常有用的。Source Insight 不但能够编写程序，有代码自动提示的功能，而且还能够显示引用树、类图结构和调用关系等。

在分析 Linux 内核源代码时，使用这个软件可以很轻松地在代码之间跳转，并且捕获代码之间的关系。在程序员编写代码的时候，利用该软件可以立刻分析源代码的信息并显示给程序员。读者可以在 http://www.sourceinsight.com 上下载一个试用版本，这个版本可以使用 30 天。下面以分析 Linux 内核源代码为例，详细讲解 Source Insight 的使用。

3.2.2　阅读源代码

1．建立Source Insight工程

Source Insight 默认情况下只支持*.c 和*.h 文件，而在 Linux 源代码中有很多以".S"结尾的汇编语言文件，因此需要设置一下 Source Insight 软件，使其支持".S"文件。

（1）启动 Source Insight，选择 Options|File Type Options 命令，打开 File Type Options 对话框，如图 3.22 所示。在 File Type 下拉列表框中选择 C Source File 选项，打开 C Source File 面板，在 File filter 文本框中添加"*.S"类型，使其支持汇编语言文件。

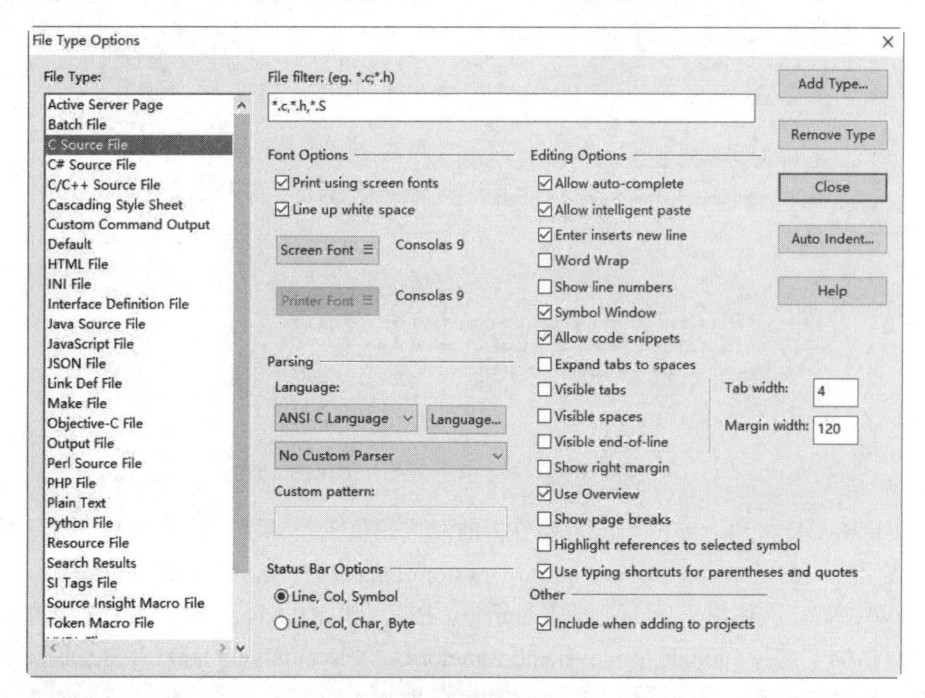

图 3.22　文件类型设置

（2）建立一个新工程并将代码添加到工程中。首先选择菜单 Project|New Project 命令，建立一个新工程，如图 3.23 所示。

（3）在弹出的对话框中，输入工程的名称和工程数据文件的存放位置。例如，在本例中，工程的名称是 Linux5.15.10，数据文件存放在 C:\Users\admin\Documents\Source Insight 4.0\Projects\Linux5.15.10 目录下，如图 3.24 所示。

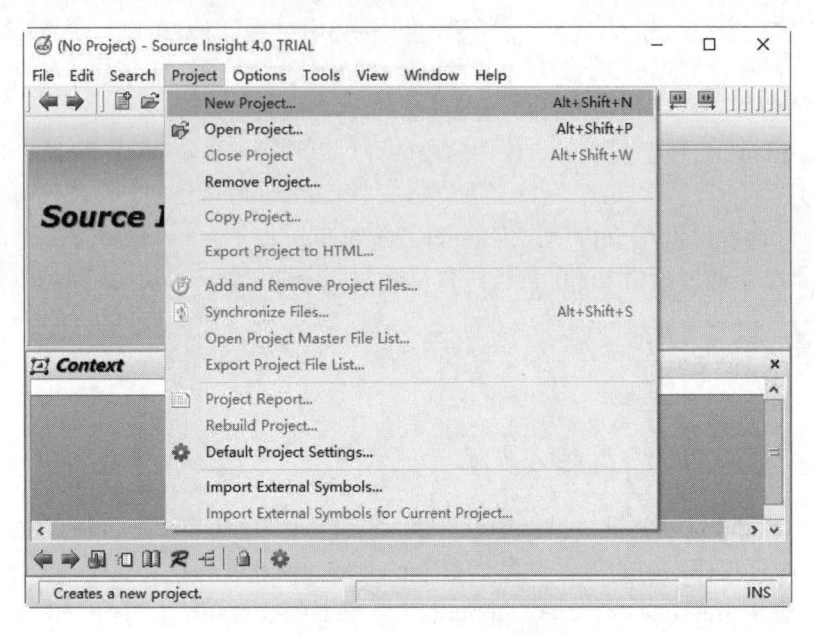

图 3.23　新建一个工程

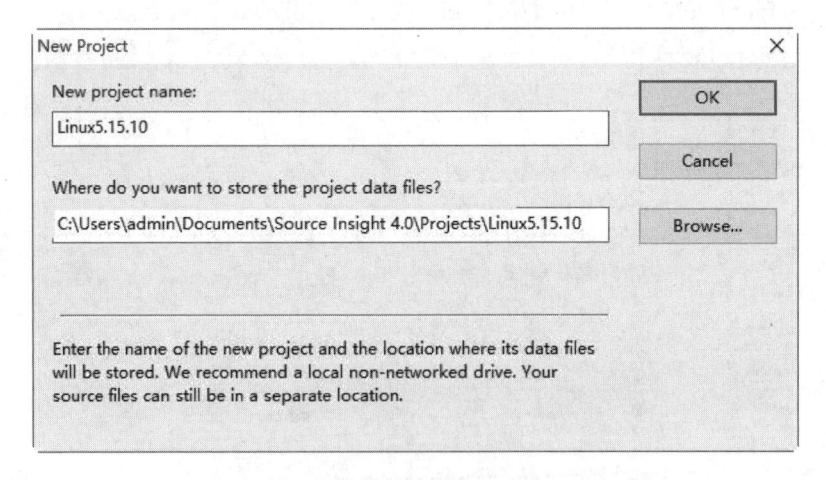

图 3.24　设置工程名称和存放位置

（4）单击 OK 按钮，弹出指定需要分析的源代码位置对话框，如图 3.25 所示。在本例中，内核源代码的目录是 C:\Users\admin\Desktop\linux-5.15.10，指定这个目录。

（5）单击 OK 按钮进入下一个设置对话框，在其中单击 Add All 按钮，在弹出的 Add to Project 对话框中选择 Include top level sub-directories 和 Recursively add lower sub-directories 复选框，表示加入第一层子目录中的文件和递归地加入所有子目录中的文件，如图 3.26 所示。然后单击 OK 按钮将代码加入工程中，这样 Source Insight 工程就建立好了。

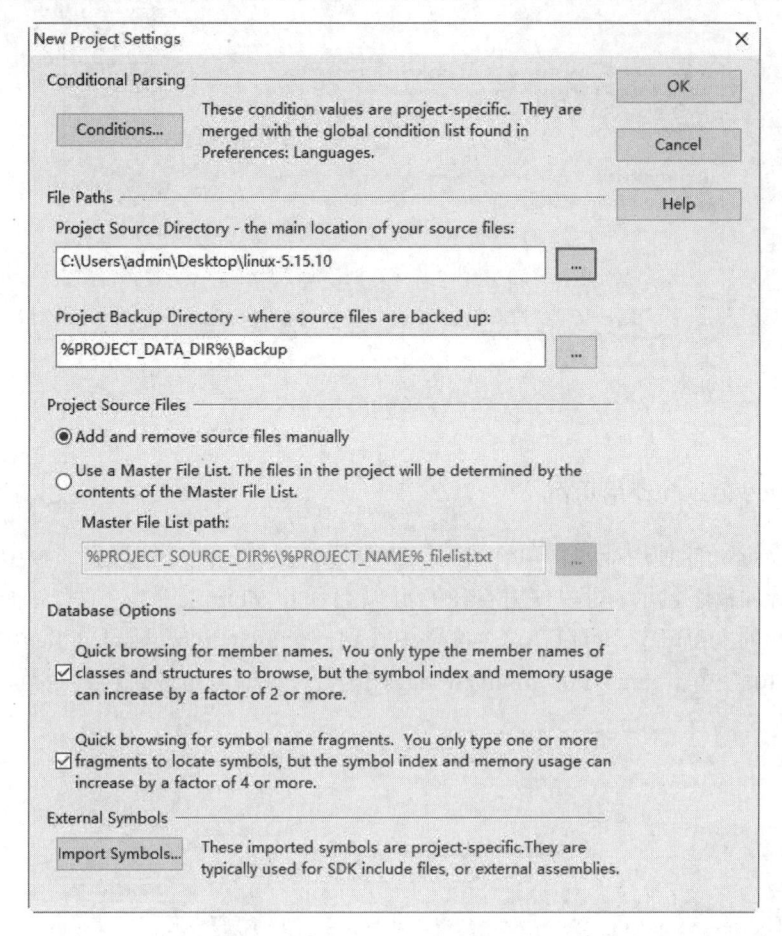

图 3.25　指定待分析的内核代码位置

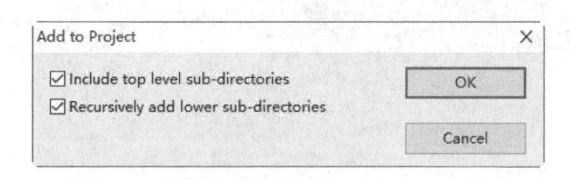

图 3.26　添加待分析文件到工程中

2．更新数据库

Source Insight 的好处是可以对所有源文件中的各个变量、函数建立关系。这些关系存储在工程对应的数据库中。对于小型的工程，数据文件会自动建立。对于大型的工程，也就是像 Linux 内核源代码这样的工程，在使用时不能自动建立数据库。这个数据库较大，需要手动建立。

选择菜单 Project|Synchronize Files，打开 Synchronize Files 对话框。在其中选择 Force all files to be re-parsed 复选框，表示强制分析所有文件，为所有文件建立数据库，如图 3.27 所示。

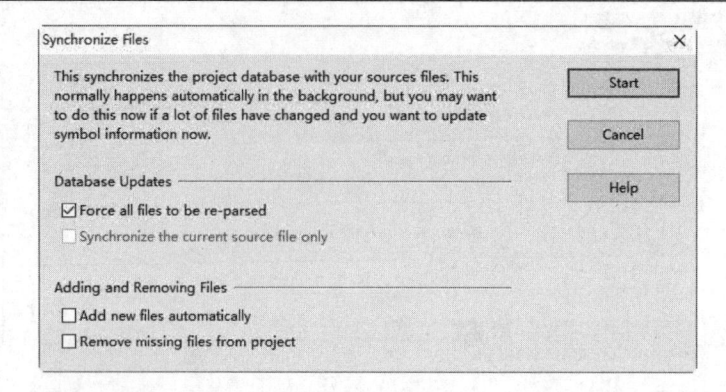

图 3.27　更新数据库

3. Source Insight使用示例

Source Insight 的使用非常简单。如图 3.28 所示，在右侧的文件选择面板中打开一个文件（文件选择面板不显示，可以使用 Ctrl+O 让其显示），如 irqflags.h 文件，这个文件的内容将显示在中间的主窗口中。可以在这个文件中找到一个 arch_irqs_disabled_flags()函数，在主窗口中按 Ctrl 键并单击 arch_irqs_disabled_flags()函数，此时就可以跳转到函数定义的位置。

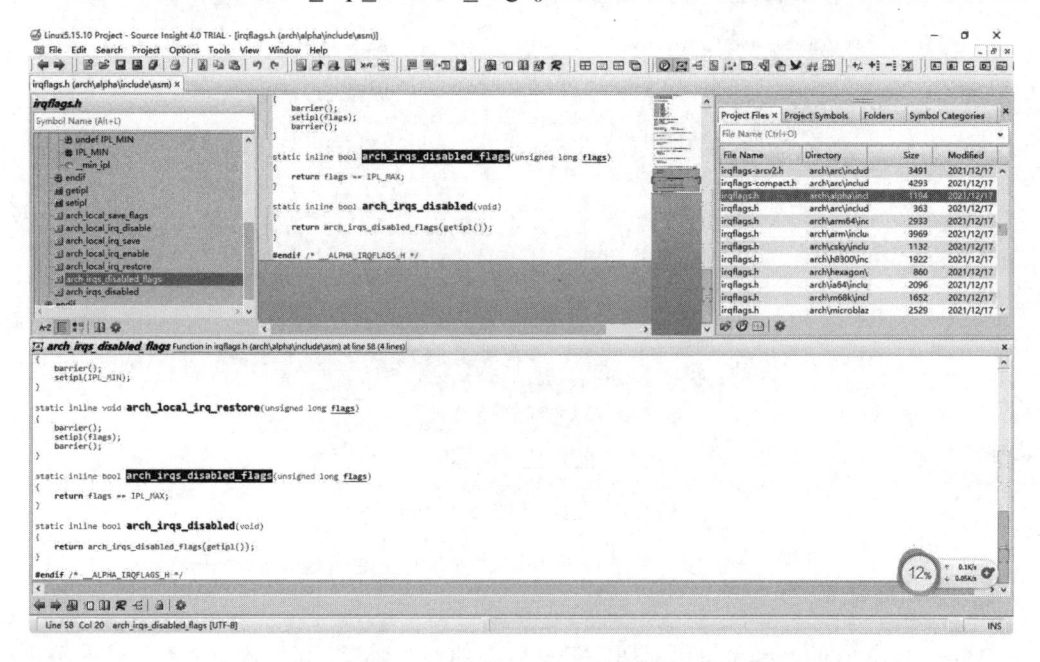

图 3.28　Source Insight 使用示例

3.3　小　　结

本章简要介绍了驱动程序开发的一般环境，以及虚拟机和 Linux 操作系统的安装方法。另外，在驱动程序开发过程中，Windows 系统和 Linux 操作系统之间的数据传输也非常重要，本章也介绍了文件共享的方法。最后，本章还介绍了一个分析和阅读源代码的工具，这个工具非常实用。

3.4 习　　题

一、填空题

1. 微软在 2003 年 2 月份收购_____。
2. 目前流行的虚拟机软件有_____和 Virtual PC。
3. 虚拟机和 Windows 之间的通信可以通过_____实现。

二、选择题

1. Source Insight 默认情况下不支持（　　）。
   A．*.c　　　　　B．*.h　　　　　C．*.S　　　　　D．其他
2. 在"选择 I/O 控制器类型"对话框中推荐实现的选项是（　　）。
   A．BusLogic　　B．LSI Logic　　C．LSI Logic SAS　　D．其他
3. 在 Ubuntu 中的共享文件夹的路径是（　　）。
   A．/mnt/hgfs/共享文件夹名称　　　B．/mnt/共享文件夹名称
   C．Home/共享文件夹名称　　　　　D．其他

三、判断题

1. 新发布的 Virtual PC 明确支持 Linux。　　　　　　　　　　　　（　　）
2. Source Insight 支持 C、C++、ASM、PAS、ASP 和 HTML 等语言。（　　）
3. Source Insight 对于大型的工程，在使用时自动建立数据库。　　（　　）

第 4 章 构建嵌入式 Linux 操作系统

目前流行的嵌入式操作系统有 Linux、WinCE 和 VxWorks 等。Linux 作为一种免费的类 UNIX 操作系统，由于其功能强大，在嵌入式产品的应用中非常广泛。本章将对 Linux 操作系统进行简单的介绍，并简述怎么构建一个可以运行的 Linux 操作系统。笔者相信，当读者自己构建出一个操作系统时，会觉得非常愉悦并且很有成就感。

4.1 Linux 操作系统简介

Linux 操作系统是一个类 UNIX 操作系统。Linux 操作系统内核的名字也是 Linux。Linux 这个词本身只表示 Linux 内核，但在实际中人们已经习惯了用 Linux 形容整个基于 Linux 内核的操作系统。Linux 的最初版本由 Linus Torvalds 开发，此后得到互联网上很多计算机"高手"的支持，使 Linux 发展迅速。目前，Linux 的最新版本已经到了 6.3，已经是一个非常成熟稳定的操作系统。下面从不同方面对 Linux 操作系统进行简要的介绍。

1. Linux的诞生

Linux 诞生于一位名叫 Linus Torvalds 的计算机业余爱好者，当时他是芬兰赫尔辛基大学的学生。他开发 Linux 的最初目的是想设计一个代替 Minix（Minix 是由一位名叫 Andrew Tannebaum 的计算机教授编写的一个操作系统教学程序）的操作系统。Minix 这个操作系统可用于 386、486 或奔腾处理器的个人计算机上，并且具有 UNIX 操作系统的大部分功能。由于 Andrew Tannebaum 教授并不允许开发人员对 Minix 进行扩展，所以 Linus Torvalds 决定开发一个新的类似于 Minix 的操作系统，但相比 Minix 有更多的功能。Andrew Tannebaum 教授并不允许开发人员对 Minix 进行扩展的原因是，他想维持 Minix 的简单性，使其更利于教学，有很多学生从中受益，当然反过来，这个限制也局限了 Minix 的发展。

2. Linux与GNU计划

Linux 的发展与 GNU 计划密切相关。1983 年，Richard Stallman 创立了 GNU 计划（GNU Project）。这个计划的目标是开发一个完全免费、自由的类 UNIX 的操作系统。自 1990 年发起这个计划以来，GNU 开始大量收集和开发类 UNIX 系统所必备的元件，如函数库（Libraries）、编译器（Compilers）、调试工具（Debuggers）、文字编辑器（Text Editors）、网页服务器（Web Server），以及一个 UNIX 的用户接口（Unix Shell），但是一个好的内核核心一直没有出现。

1990 年，GNU 计划开始在 Mach microkernel 的架构之上开发内核核心，也就是所谓的 GNU Hurd 计划，但是这个基于 Mach 的设计异常复杂，发展进度相对缓慢，并没有取得太大的成效。恰好此时（大约是1991年4月），Linus Torvalds开发的Linux 0.01版被他发布到互联网上，引起了很多程序员的关注。

Linus Torvalds宣布这是一个免费的系统，主要在x86计算机上使用。Linus Torvalds希望大家一起来完善它，并将源代码放到了芬兰的FTP站点上免费下载。本来他想把这个系统称为Freax，意思是自由（Free）和奇异（Freak）的结合，并且附上了X这个常用的字母，以配合所谓的类UNIX（UNIX-like）的系统。可是FTP的工作人员认为这是Linus的新操作系统，觉得原来的命名（Freax）不好听，就用Linux这个子目录来存放源代码文件，于是大家就将它称为Linux。这时的Linux只有内核程序，仅有10 000行代码，仍必须执行于Minix操作系统之上，并且必须使用磁盘开机，还不能称作完整的操作系统。随后在1991年10月份，Linux的第二个版本（0.02版）发布，许多专业程序员自愿地开发它的应用程序，并借助Internet拿出来让大家一起修改。在很短的一段时间内，Linux的应用程序越来越多，由此Linux逐渐发展、壮大起来。到目前为止，最新的内核主版本已经是6.3了。

4.2 Linux操作系统的优点

Linux操作系统有很多优点，并且有丰富的应用功能，这些功能特别适用于嵌入式系统。Linux操作系统的优点如下。

1. 价格低廉

Linux操作系统使用了大量的GNU软件，包括Shell程序、工具集、程序库和编译器等。这些程序都可以免费或者以极低的价格得到，因此Linux操作系统是一个价格低廉的操作系统。基于这个原因，Linux常常被应用于嵌入式系统中，如机顶盒、移动电话甚至机器人等。此外，还有不少硬件式的网络防火墙及路由器，其内部使用的都是Linux操作系统，并且执行效率和安全性非常高。

2. 高效性和灵活性

Linux以它的高效性和灵活性著称。Linux操作系统是一个非常高效的系统，广泛应用于对效率要求较高的服务器上。另外，Linux操作系统的灵活性也是其他操作系统无法比拟的。Linux操作系统可以根据用户的需要来配置内核，用户可以增加或者减少相应的功能。通过这种方式，Linux操作系统几乎支持目前所有的常用硬件，就算有不支持的硬件，驱动开发人员也可以在很短的时间内开发出相应的驱动程序。

3. 广泛性

Linux操作系统可以应用于目前大多数处理器架构上，其应用非常广泛。据统计，目前全世界运行最快的500台超级计算机全部使用的是Linux操作系统。对于嵌入式系统，处理器的选择非常广泛，幸运的是，Linux几乎支持所有的主流处理器，最典型的就是ARM处理器。嵌入式系统开发人员可以直接移植Linux操作系统，并选择一些可靠的自由软件就可以组装一个有用的嵌入式系统，极大地减少了开发时间。

4．强大的功能

全世界每天都有很多开发人员在对 Linux 操作系统进行开发，因此每天都有新的功能被添加到 Linux 中。目前为止，Linux 已经发展成了一个遵循 POSIX 标准的操作系统。

- Linux 可以兼容大部分的 UNIX 系统，很多 UNIX 的程序不需要改动，或者只需要进行很少的改动就可以运行于 Linux 环境中。
- 内置了 TCP/IP，可以直接连入 Internet，作为服务器或者终端使用。
- 内置了 Java 解释器，可直接运行 Java 源代码。
- 具备程序语言开发、文字编辑和排版、数据库处理等能力。
- 提供 X Window 的图形界面。
- 主要应用于 x86 系列的个人计算机，支持其他不同硬件平台的版本，支持现在流行的所有硬件设备。

就性能来说，Linux 并不弱于 Windows 甚至 UNIX，而且靠仿真程序还可以运行 Windows 应用程序。Linux 有成千上万的各类应用软件，并不低于 Windows 的应用软件数量，其中也有商业公司开发的赢利性的软件。

4.3 Linux 内核子系统

编写设备驱动程序，涉及 Linux 内核的许多子系统，了解这些子系统对于了解 Linux 操作系统和编写设备驱动程序都非常有用。这些主要的子系统包括进程管理、内存管理、文件管理、设备管理和网络管理。下面对这些主要的子系统分别介绍。

4.3.1 进程管理

进程是操作系统中一个很重要的概念。进程是操作系统分配资源的基本单位，也是 CPU 调度的基本单位。可以给进程这样定义：进程是程序运行的一个实例，是操作系统分配资源和调度的一个基本单位。Linux 将进程分为就绪状态、执行状态和阻塞状态 3 种。Linux 内核负责对这 3 种状态进行管理。下面对这 3 种状态的基本概念介绍如下。

- 就绪状态：在这种状态下，进程具有处理器之外的其他资源，进程不运行。当处理器空闲时，进程就被调度运行。
- 执行状态：进程获得处理器资源后，从就绪状态进入执行状态，此时程序正在运行。
- 阻塞状态：进程因为等待某些事件的发生而暂时不能运行。这些事件如设备中断、其他进程的信号等。这 3 种状态的转换如图 4.1 所示。

如图 4.1 所示，系统分配资源并创建一个进程后，进程就进入就绪状态。在调度程序分配了处理器资源后，进程便进入执行状态。相应地，在处理器资源用完后，进程又进入就绪状态。在执行状态下，因发生某些事件而使进程不能运行时，则进程进入阻塞状态。在阻塞状态下，当外部事件得到满足时，进程就进入就绪状态。进行调度看上去似乎很复杂，但本质上是进程争夺 CPU 的过程。这就像在售票窗口买火车票一样，买票之前必须排队,这就是就绪状态。售票员给你卖票就是执行状态。如果在卖票的过程中,你的身份证和钱没有拿出来,售票员会告之你准备好再来买票,这个时候你相当于阻塞状态。在你把钱和身份证都准备好后,就可以继续排队买票,这样你又进入了就绪状态。

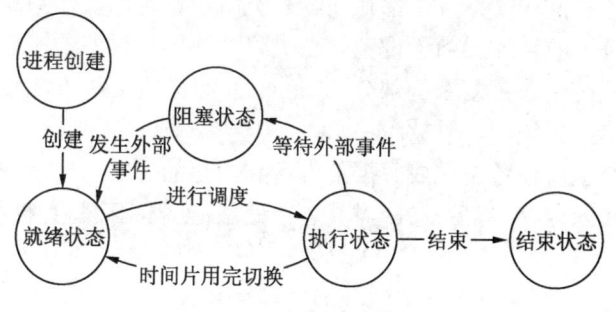

图 4.1 进程的状态转换

4.3.2 内存管理

内存是计算机的主要资源之一,可以将内存理解为一个线性的存储结构。用来管理内存的策略是决定系统性能的主要因素。内核在有限的资源上为每一个进程创建一个虚拟的地址空间,并对虚拟的地址空间进行管理。为了方便内存的管理,内核提供了一些重要的函数,这些函数包括 kmalloc()和 kfree()等。另外,设备驱动程序需要使用内存分配,不同的分配方式对驱动程序的影响不同,因此需要对内存分配有清晰的了解。

4.3.3 文件系统

在 Linux 操作系统中,文件系统是用来组织、管理和存放文件的一套管理机制。Linux 文件系统的一大优点是,它几乎可以支持所有的文件格式。任何一种新的文件格式都可以容易地写出相应的支持代码,并无缝地添加到内核中。虽然不同文件格式的文件以不同的存储方式存放在磁盘设备中,但是文件总以树形结构显示给用户。这种树形结构如图 4.2 所示。

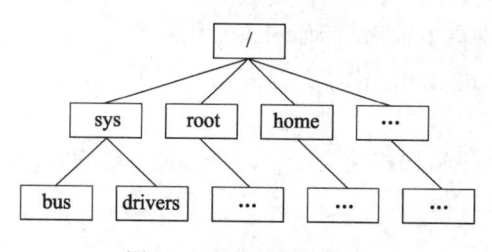

图 4.2 文件的树形结构

另一方面,在 Linux 中,几乎每一个对象都可以当作文件来看待,最常见的就是设备文件。设备文件将设备当作文件来看待,这样就可以像操作文件一样操作设备,也就是可以使用 read()和 write()等函数来读取数据。

4.3.4 设备管理

无论桌面系统还是嵌入式系统，都存在各种类型的设备。操作系统的一个重要功能就是对这些设备进行统一的管理。由于设备的种类繁多，不同设备的操作方法都不一样，使管理设备成为操作系统中非常复杂的部分。Linux 系统通过某种方式较好地解决了这个问题，使设备的管理得到了统一。

设备管理的一个主要任务是完成数据从设备到内存的传输。一个完整的数据传输过程是数据首先从设备传入内存，然后 CPU 对其进行处理，处理完后将数据传入内存或设备中。

4.3.5 网络管理

网络管理也由操作系统来完成。大部分的网络操作与用户进程都是分离的，数据包的接收和发送操作都是由相应的驱动程序来完成，与用户进程无关。进程处理数据之前，驱动程序必须先收集、标识和发送数据或重组数据。当数据准备好时，系统负责用户进程和网络接口之间的数据传送。另外，内核也负责实现网络通信协议。

4.4 Linux 源代码结构分析

了解 Linux 源代码结构对理解 Linux 如何实现各项功能是非常重要的，对驱动程序的编写也非常重要。这样，驱动开发人员知道应该在何处找到相关的驱动程序，一方面可以对其进行修改、移植，另一个方面可以模仿以往的驱动程序写出新的驱动程序。Linux 源代码以目录的方式存储，每一个目录中都有相关的内核代码。下面对主要目录进行介绍。

4.4.1 arch 目录

随着 Linux 操作系统的广泛应用，特别是 Linux 在嵌入式领域的发展，越来越多的人开始投身到 Linux 驱动开发中。面对日益庞大的 Linux 内核源代码，驱动开发者在完成自己的内核代码后将面临同样的问题，即如何将源代码融入 Linux 内核，增加相应的 Linux 配置选项，并最终被编译进 Linux 内核。这就需要对 Linux 源代码结构进行详细的介绍，首先介绍 arch 目录。

arch 目录中包含与体系结构相关的代码，每一种平台都有一种相应的目录，常见的目录如表 4.1 所示。

表 4.1 arch目录

一级目录	二级目录	说　明
arch	alpha	康柏的Alpha体系结构计算机
	arm	基于Arm32处理的体系结构，此目录中包含支持ARM32处理器的代码
	arm64	基于Arm64处理的体系结构，此目录中包含支持ARM64处理器的代码
	x86	IBM的PC体系结构计算机

4.4.2 drivers 目录

drivers 目录中包含 Linux 内核支持的大部分驱动程序。每种驱动程序占用一个子目录，目录中包含驱动的大部分代码，这些目录和目录的功能如表 4.2 所示。

表 4.2 drivers 目录

一级目录	二级目录	说明
drivers	cdrom	光驱驱动
	char	字符设备驱动程序
	misc	杂项设备驱动
	net	网卡驱动
	pci	PCI总线驱动
	scsi	SCSI设备驱动
	usb	usb串行总线驱动
	video	视频卡设备驱动
	block	块设备驱动

4.4.3 fs 目录

fs 目录中包含 Linux 支持的所有文件系统相关的代码。每个子目录中都有一种文件系统，如 Coda 和 Ext 2。Linux 几乎支持目前所有的文件系统，如果发现一种没有支持的新文件系统，那么可以很方便地在 fs 目录中添加一个新的文件系统目录，并实现一种文件系统。fs 目录的详细内容如表 4.3 所示。

表 4.3 fs 目录

一级目录	二级目录	说明
fs	adfs	Acorn磁盘填充文件系统
	affs	Amiga快速文件系统（FFS）
	autofs	支持自动装载文件系统的代码
	coda	Coda网络文件系统
	devpts	/dev/pts虚拟文件系统
	efs	SGIIRIX公司的EFS文件系统
	ext2	Linux支持的Ext 2文件系统
	fat	Windows支持的Fat文件系统
	hfs	苹果的Macintosh文件系统
	hpfs	IBM的OS/2文件系统
	isofs	ISO9660文件系统（光盘文件系统）
	minix	Minix文件系统，Minix系统的文件系统
	nfs	一种网络文件系统
	ntfs	微软的Windows NT文件
	proc	/proc文件系统
	romfs	只读文件系统，只存在于内存中
	smbfs_common	微软的SMB服务器文件系统
	ufs	Linux的一种文件系统

4.4.4 其他目录

除了上面介绍的目录外，在内核中还有一些重要的目录和文件。每一个目录和文件都有自己特殊的功能，下面对这些目录和文件进行简要介绍，如表4.4所示。

表4.4 其他目录

目录或者文件	说 明
include	该目录包含编译内核需要的大部分头文件。在其子目录/include/linux中，包含与平台无关的头文件，与平台有关的头文件放在各自的单独目录中
init	内核的初始化代码，包含系统启动的main()函数
ipc	该目录包含进程间通信的代码
kernel	内核最核心的代码，包括进程调度、内存管理等
lib	该目录包含库模块代码
mm	该目录包含独立于CPU体系结构的内存管理代码。不同平台的代码在该目录下有相应的目录
net	包含各种网络协议
scripts	包含一些脚本文件，内核配置相关的文件
security	一个SELinux模块
sound	常用的音频设备驱动程序
usr	用户打包和压缩内核的实现源码
block	块设备驱动程序
certs	存储了认证和签名的相关代码
crypto	常用的加密和压缩算法
Documentation	内核部分功能的解释文档
LICENSES	通用公共许可证版本
samples	包含程序示例和正在编写的模块代码
tools	包含和内核交互的工具
virt	包含虚拟化代码，它允许用户一次运行多个操作系统
COPYING	GPL版权声明文件
CREDITS	内核开发者列表，包含对Linux做出很大贡献的人的信息
Kbuild	用来编译内核的脚本
Kconfig	在开发人员配置内核的时候会用到
MAINTAINERS	维护人员列表
Makefile	第一个Makefile文件，用来组织内核的各个模块，记录了各个模块相互之间的联系。编译器根据这个文件来编译内核
README	内核及编译方法的介绍

Linux内核源代码的学习是一个长期的过程，在以后的深入学习中，相信读者能够对内核源代码有更深的理解。

4.5 内核配置选项

自己构建嵌入式 Linux 操作系统，首先需要对内核源代码进行相应的配置，这些配置决定了嵌入式 Linux 操作系统支持的功能。为了理解编译程序怎样通过配置文件配置系统，下面对配置编译过程进行详细讲解。

4.5.1 配置编译过程

面对日益庞大的 Linux 内核源代码，要手动地编译内核是十分困难的。幸好 Linux 提供了一套优秀的机制，简化了内核源代码的编译。这套机制由以下几方面组成。

- Makefile 文件：它的作用是根据配置的情况，构造出需要编译的源文件列表，然后分别编译，并把目标代码链接到一起，最终形成 Linux 内核二进制文件。由于 Linux 内核源代码是按照树形结构组织的，所以 Makefile 也被分布在目录树中。
- Kconfig 文件：它的作用是为用户提供一个层次化的配置选项集。make menuconfig 命令通过分布在各个子目录中的 Kconfig 文件构建配置用户界面。
- 配置文件（.config）：当用户配置完时，将配置信息保存在.config 文件中。
- 配置工具：包括配置命令解释器（对配置脚本中使用的配置命令进行解释）和配置用户界面（提供基于字符界面、基于 Ncurses 图形界面及基于 Xwindows 图形界面的用户配置界面，各自对应于 Make config、Make menuconfig 和 make xconfig）。

这套机制在目录中的位置如图 4.3 所示。

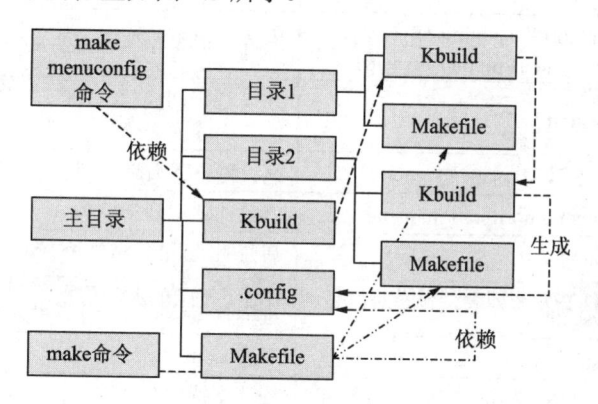

图 4.3 配置文件的组织关系和编译过程

从图 4.3 中可知，主目录中包含很多子目录，同时包含 Kbulid 和 Makefile 文件。各子目录中也包含其他子目录及 Kbuild 文件和 Makefile 文件,只是在图 4.3 中不方便展示出来。当执行 menuconfig 命令时，配置程序会依次从目录中由浅入深地查找每一个 Kbuild 文件，依照这个文件中的数据生成一个配置菜单。从这个意义上来说，Kbuild 像是一个分布在各个目录中的配置数据库，通过这个数据库可以生成配置菜单。在配置菜单中根据需要完成配置后会在主目录下生成一个.config 文件，此文件中保存的是配置信息。

当执行 make 命令时，系统会依赖生成的.config 文件，以确定哪些功能将编译入内核，哪些功能不编译入内核，然后递归地进入每一个目录，寻找 Makefile 文件并编译相应的代码。这个过程如图 4.3 所示。

4.5.2 常规配置

常规配置包含与内核相关的大量配置，这些配置包含代码成熟度、版本信息和模块配置等，下面分别介绍。

1．常规配置选项

常规配置包含一些通用配置，主要与进程相关，如进程的通信和进程的统计等。在常规配置中常用配置的详细信息如表 4.5 所示。

表 4.5　常规配置选项

第一级配置选项	第二级配置选项	说　　明
64-bit kernel		编译64位的内核
General setup	Compile also drivers which will not load	在其他平台编译以便测试驱动程序编译流程，通常不需要
	Local version - append to kernel release	在内核版本字符串后面加上一个自定义的版本字符串（小于64字符），可以用"uname –a"命令看到这个字符串
	Automatically append version information to the version string	是否在版本字符串后面添加版本信息，编译时需要有Perl及Git库的支持
	Kernel compression mode (ZSTD)	选择内核压缩方式
	Support for paging of anonymous memory (swap)	允许虚拟内存使用交换文件或者交换分区
	System V IPC	允许进程间通信（IPC），大多数程序需要这个功能，因此为必选
	POSIX Message Queues	支持POSIX消息队列
	General notification queue	内核的通用通知队列
	Enable process_vm_readv/writev syscalls	启用此选项会添加系统调用process_vm_readv和process_vm_writev，这些调用允许具有正确权限的进程直接读写另一个进程的地址空间
	uselib syscall	启用uselib syscall
	Auditing support	统计支持，对某些内核模块进行统计
	IRQ subsystem	中断请求子系统
	Timers subsystem	定时器子系统
	CPU/Task time and stats accounting	CPU/任务时间和统计核算，属于跟踪过程
	RCU Subsystem	高性能的同步锁机制RCU
	Kernel .config support	把内核的配置信息静态编译进内核，以后可以通过scripts/extract-ikconfig脚本提取这些信息
	Kernel log buffer size	内核日志缓冲区

续表

第一级配置选项	第二级配置选项	说　明
General setup	CPU kernel log buffer size contribution	CPU内核日志缓冲区大小
	Temporary per-CPU printk log buffer size	Linux每个CPU的printk日志缓冲区（log缓冲区）大小
	Namespaces support	命名空间支持，允许服务器为不同的用户信息提供不同的用户名空间服务
	Automatic process group scheduling	自动进程组调度
	Kernel->user space relay support (formerly relayfs)	在某些文件系统上（如debugfs）提供从内核空间向用户空间传递大量数据的接口
	Initial RAM filesystem and RAM disk (initramfs/initrd) support	初始内存文件系统和内存盘
	Initramfs source file(s)	输入根文件系统的所在目录，使用Initramfs的内核启动参数
	Support initial ramdisk/ramfs compressed using gzip	支持使用Gzip压缩初始化内存/ramfs
	Support initial ramdisk/ramfs compressed using bzip2	支持使用Bzip2压缩初始化内存/ramfs
	Support initial ramdisk/ramfs compressed using LZMA	支持使用LZMA压缩初始化内存/ramfs
	Support initial ramdisk/ramfs compressed using XZ	支持使用XZ压缩初始化内存/ramfs
	Support initial ramdisk/ramfs compressed using LZO	支持使用LZO压缩初始化内存/ramfs
	Support initial ramdisk/ramfs compressed using LZ4	支持使用LZ4压缩初始化内存/ramfs
	Support initial ramdisk/ramfs compressed using ZSTD	支持使用ZSTD压缩初始化内存/ramfs
	Configure standard kernel features (expert users)	让内核的基本选项和设置无效或者扭曲。这是用于特定环境中的，它允许"非标准"内核，如引导盘系统。配置标准的内核特性（为小型系统）
	Embedded system	如果是为嵌入式系统编译内核，可以开启此选项，这样一些高级选项就会显示出来。单独选中此项本身对内核并无任何改变
	PC/104 support	PC/104支持
	Kernel Performance Events And Counters	与性能相关的事件和计数器支持
	Disable heap randomization	禁用堆随机化（Heap Randomization）功能
	Choose SLAB allocator (SLUB (Unqueued Allocator))	选择内存分配管理器（强烈推荐使用SLUB）
	Allow slab caches to be merged	允许slab缓存合并
	SLUB per cpu partial cache	CPU缓存加速局部对象的分配和释放
	Profiling support	启用扩展分析支持

2. 版本信息

表 4.5 中的 Local version - append to kernel release 选项用来配置版本信息，Linux 的版本信息格式如图 4.4 所示。

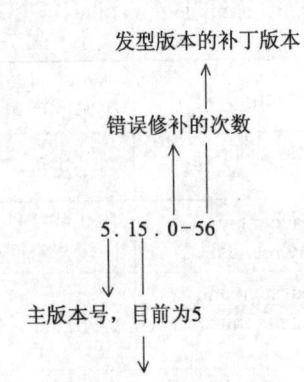

```
           发型版本的补丁版本
                ↑
           错误修补的次数
                ↑
            5.15.0-56
            ↑        
     主版本号，目前为5
                ↓
次版本号，从0开始，表示内核的较大进步。奇数
表示开发测试版本，偶数表示稳定版本，目前为15
```

图 4.4　版本信息

> **注意**：除了如上的版本号外，还有多种形式如 5.15.0-56-generic 和 generic 也表示当前内核版本为通用版本。

4.5.3　模块配置

模块是非常重要的 Linux 组件，有很多参数和功能可以配置，其常用配置的含义如表 4.6 所示。

表 4.6　模块配置

第一级配置选项	第二级配置选项	说　　明
Enabled Loadable module support	Enable loadable module support	允许动态地向内核添加模块，可以使用命令 insmod 加载模块，使用 rmmod 命令卸载模块
	Module unloading	允许卸载模块，但必须在模块没有被引用的情况下
	Forced module unloading	强制卸载模块，允许强制卸载正在使用中的模块（比较危险）
	Module versioning support	允许使用其他内核版本的模块（可能会出问题），一般加载不成功
	Source checksum for all modules	为所有的模块校验源码，保证安全性，如果不是自己编写内核模块就不需要它
	Module signature verification	模块签名认证
	Require modules to be validly signed	要求模块有效签名
	Automatically sign all modules	自动签署所有模块
	Module compression mode	模块压缩模式
	Trim unused exported kernel symbols	修剪未使用的导出的内核符号

4.5.4 块设备层配置

块设备层用于对系统使用的块设备进行配置，主要包含调度器的配置和磁盘设备的配置，详细的常用配置信息如表 4.7 所示。

表 4.7 块设备层配置

第一级配置选项	第二级配置选项	说明
Enable Block layer	Enable the block layer	允许使用块设备，使用磁盘、USB、SCSI设备者需要此项支持
	Block layer SG support v4 helper lib	不需要手动开启此选项。如果有其他模块需要使用，则会自动开启
	Block layer data integrity support	某些块设备可以通过存储/读取额外的信息来保障端到端的数据完整性。为文件系统提供了相应的钩子函数来使用这个特性。如果设备支持T10/SCSIData Integrity Field 或者T13/ATA External Path Protection 特性，那么可以开启此选项，否则建议关闭
	Block layer bio throttling support	设置Bio Throttling支持，允许限制每个控制组群对特定设备的I/O速率
	Enable inline encryption support in block layer	在块设备中启用在线加密支持
	Block layer debugging information in debugfs	在debugfs中阻止块设备调试信息
	Partition Types	分区类型

4.5.5 CPU 类型和特性配置

Linux 内核几乎支持所有体系结构上的 CPU。内核不能自动识别相应的 CPU 类型和一些相关的特性，需要在配置内核时根据实际情况进行相应的配置，常用的配置选项如表 4.8 所示。

表 4.8 CPU 类型和特性配置

第一级配置选项	第二级配置选项	说明
Processor type and features	Symmetric multi-processing support	对称多处理器支持，如果有多个CPU或者使用的是多核CPU就选上
	Support x2apic	x2apic支持
	Enable MPS table	让多核/多CPU系统支持ACPI，属于可选项
	Support for extended (non-PC) x86 platforms	支持非标准的PC平台
	Numascale NumaChip	Numascale NumaChip平台支持
	ScaleMP vSMP	ScaleMP vSMP平台支持
	SGI Ultraviolet	SGI Ultraviolet平台支持
	Intel Low Power Subsystem Support	为Intel Lynx Point PCH或更高级别芯片组中的Intel Low Power Subsystem技术提供支持。Lynx Point PCH芯片组主要为采用LGA1150的Haswell处理器提供支持

续表

第一级配置选项	第二级配置选项	说　明
Processor type and features	AMD ACPI2Platform devices support	为AMD Carrizo及后继架构的IIC、UART和GPIO提供支持
	Intel SoC IOSF Sideband support for SoC platforms	为低功耗的Intel So平台CPU开启Sideband寄存器访问支持
	Linux guest support	启用对内核在虚拟机中运行的支持
	Processor family	处理器系列选择
	Multi-core scheduler support	针对多核CPU进行调度策略优化
	Reroute for broken boot IRQs	防止同时收到多个boot IRQ（中断）时引发系统混乱
	Machine Check / overheating reporting	CPU检测到系统故障时通知内核，以便内核采取相应的措施
	Intel MCE features	Intel MCE特性的支持
	AMD MCE features	AMD MCE特性的支持
	Enable vsyscall emulation	对过时的vsyscall页提供仿真支持
	CPU microcode loading support	CPU的微代码更新支持
	Intel microcode loading support	Intel CPU微代码支持
	AMD microcode loading support	AMD CPU微代码支持
	/dev/cpu/*/msr - Model-specific register support	允许用户空间的特权进程（使用rdmsr与wrmsr指令）访问x86的MSR寄存器（Model-Specific Register），以便访问CPU的很多重要的参数
	/dev/cpu/*/cpuid - CPU information support	允许用户空间的特权进程使用CPUID指令获得详细的CPU信息

4.5.6　电源管理配置

电源管理是操作系统中一个非常重要的模块，随着硬件设备节能能力的增强，该模块越来越重要。在嵌入式系统中，由于一般以电池供电，有低功耗的要求，所以在为嵌入式系统配置内核时，需要对相应的硬件配置电源管理模块，常用的电源管理配置选项如表4.9所示。

表4.9　电源管理配置选项

第一级配置选项	第二级配置选项	说　明
Power management and ACPI options	Suspend to RAM and standby	待机时内存供电，即内存供电，暂时关闭磁盘等外设
	Hibernation (aka 'suspend to disk')	休眠，即把内存中的内容保存在交换分区后关闭计算机
	User space wakeup sources interface	允许用户空间的程序通过sys文件系统接口创建/激活/撤销系统的"唤醒源"
	Power Management Debug Support	允许进行电源管理代码调试
	Extra PM attributes in sysfs for low-level debugging/test	方便内核开发人员在用户空间对电源管理进行调试

续表

第一级配置选项	第二级配置选项	说　明
Power management and ACPI options	Test suspend/resume and wakealarm during bootup	允许在开机过程中暂停，后期重新唤醒
	Suspend/resume event tracing	追踪引起电源管理的事件
	CPU Frequency scaling	允许在运行中进行CPU频率调节

4.5.7　总线配置

在嵌入式系统中可能包含很多总线，常见的总线有PCI总线、ISA总线和MCA总线等。不同的嵌入式系统包含不同的总线，需要对其支持的总线进行设置，这些设置选项如表4.10所示。

表 4.10　总线配置选项

第一级配置选项	第二级配置选项	说　明
Bus options	Support mmconfig PCI config space access	允许通过MMConfig方式访问PCI Config Space。这种访问方式比传统的I/O方式速度更快
	Read CNB20LE Host Bridge Windows	支持CNB20LE芯片组PCI热插拔
	ISA bus support on modern systems	支持ISA总线
	ISA-style DMA support	支持ISA-style DMA控制器

4.5.8　网络配置

网络是嵌入式系统与外部通信的主要方式。目前，许多嵌入式设备都具有网络功能，为了使内核支持网络功能，需要对其做一些特殊的配置，常用的网络配置选项如表4.11所示。

表 4.11　网络配置选项

第一级配置选项	第二级配置选项	说　明
Networking support	Networking support	网络支持
	Networking options	网络选项
	Amateur Radio support	业余无线电支持，供无线电爱好者进行自我训练、相互通信或技术研究
	CAN bus subsystem support	支持CAN总线子系统
	Bluetooth subsystem support	支持蓝牙
Networking	RxRPC session sockets	支持RxRPC会话套接字
	IPv6 support for RxRPC	为RxRPC添加IPv6支持
	RxRPC dynamic debugging	RxRPC动态调试
	Wireless	支持无线网络
	RF switch subsystem support	支持RF转换子系统

第一级配置选项	第二级配置选项	说　明
Networking	Plan 9 Resource Sharing Support (9P2000)	支持实验性的Plan 9的9P2000协议
	NFC subsystem support	支持NFC（近场通信）子系统，用于智能手机之类的嵌入式领域
	Network light weight tunnels	为MPLS（多协议标签交换）之类的轻量级隧道提供基础结构支持

4.5.9　设备驱动配置

Linux内核实现了一些常用的驱动程序，如鼠标、键盘和常见的U盘驱动等。这些驱动非常繁多，许多驱动对于嵌入式系统来说并不需要。在实际应用中，为了使配置的内核高效和小巧，只需要配置一些主要的驱动程序即可，这些驱动程序的配置选项如下。

1．通用驱动配置

通用驱动配置包含一些主要的驱动程序，这些配置选项如表4.12所示。

表4.12　通用驱动配置选项

第二级配置选项	第三级配置选项	说　明
Generic Driver Options（驱动程序通用选项）	Support for uevent helper	针对早期内核（切换到基于Netlink机制之前），当发生Uevent事件（通常是热插拔）时，需要调用用户空间程序来完成对Uevent事件的处理。此选项就是用于开启这个功能
	path to uevent helper	针对早期内核（切换到基于Netlink机制之前），当发生Uevent事件（通常是热插拔）时，需要调用用户空间程序来对完成Uevent事件的处理。此选项用于设定这个帮助程序的路径
Generic Driver Options（驱动程序通用选项）	Maintain a devtmpfs filesystem to mount at /dev	维护devtmpfs文件系统，以便在/dev/处装载。devtmpfs是一种基于CONFIG_TMPFS的文件系统。在系统启动过程中，随着各个设备的初始化完成，内核将会自动在devtmpfs中创建相应的设备节点并赋予正确的主次设备号。更进一步，在系统运行过程中，随着各种设备插入和拔出，内核也同样会自动在devtmpfs中创建和删除的相应的设备节点并赋予正确的主次设备号。如果将devtmpfs挂载到"/dev"目录（通常是系统启动脚本），那么便拥有了一个全自动且全功能的"/dev"目录，而且用户空间程序（通常是udevd）还可以对其中的内容进行修改
	Automount devtmpfs at /dev, after the kernel mounted the rootfs	在内核挂载根文件系统的同时，立即自动将devtmpfs挂载到/dev目录下
	Select only drivers that don't need compile-time external firmware	只显示编译时不需要额外固件支持的驱动程序
	Firmware loader	固件加载器

续表

第二级配置选项	第三级配置选项	说　　明
Generic Driver Options（驱动程序通用选项）	Allow device coredump	为驱动程序开启核心转储机制，仅供调试时使用
	Driver Core verbose debug messages	让驱动程序核心在系统日志中产生更多的调试信息，仅供调试
	Managed device resources verbose debug messages	为内核添加一个devres.log引导参数。当该参数被设为非0值时，将会打印出设备资源管理驱动（devres）的调试信息。该选项仅供调试使用。推荐设置为N
	Test driver remove calls during probe (UNSTABLE)	如果希望驱动程序核心通过调用probe、remove、probe来测试驱动程序移除函数，则启用该项
	Build kernel module to test asynchronous driver probing	启用此选项会生成一个内核模块，该模块允许通过设备内核测试异步驱动程序
	Enable verbose DMA_FENCE_TRACE messages	启用DMA_FENCE_TRACE打印，这将在控制台日志中添加额外的信息，但由此更容易诊断多个设备共享的DMA缓冲区的锁定相关问题

2．字符设备配置

字符设备驱动程序是一种常见的驱动程序，为了支持这种驱动程序，内核提供了一些配置选项，常用的字符设备配置选项如表4.13所示。

表4.13　字符设备配置

第二级配置选项	第三级配置选项	说　　明
Character devices	Enable TTY	启动TTY
	Virtual terminal	虚拟终端。除非是嵌入式系统，否则必选
	Enable character translations in console	在虚拟控制台（console）上支持字体映射和Unicode转换
	Support for console on virtual terminal	内核将一个虚拟终端用作系统控制台（将诸如模块错误、内核错误、启动信息之类的警告信息发送到这里，通常是第一个虚拟终端）。除非是嵌入式系统，否则必选
	Support for binding and unbinding console drivers	虚拟终端是通过控制台驱动程序与物理终端相结合的，但在某些系统中可以使用多个控制台驱动程序（如Framebuffer控制台驱动程序），该选项使用户可以在多个控制台驱动程序中选择其中一种
	Unix98 PTY support	伪终端（PTY）可以模拟一个终端，它是由slave（等价于一个物理终端）和master（被一个如xterms之类的进程用来读写slave设备）两部分组成的软设备。使用Telnet或SSH远程登录者必选
	Legacy (BSD) PTY support	使用过时的BSD风格的/dev/ptyxx作为master，/dev/ttyxx作为slave，这个方案有一些安全问题，建议不选
	Serial drivers	串口驱动。该选项支持老式串口连接
	Non-standard serial port support	非标准串口支持。这样的设备很少见
	Parallel printer support	并口打印机

续表

第二级配置选项	第三级配置选项	说 明
Character devices	Support for console on line printer	允许将内核信息输出到并口，这样就可以打印出来
	Support for user-space parallel port device drivers	/dev/parport设备支持，如deviceid之类的程序需要使用它，大部分使用者可以关闭该选项
Character devices	Virtio console	Virtio虚拟控制台设备驱动
	Generate a panic event to all BMCs on a panic	当内核发生紧急情况时，IPMI消息处理器将会向每一个已注册的底板管理控制器（BMC）接口生成一个描述该情况的IPMI事件，这些事件可以引发日志记录、报警、重启或关机等动作
	Device interface for IPMI	为IPMI消息处理器提供一个IOCTL接口，以便用户空间进程也可以使用IPMI
	IPMI System Interface handler	向系统提供接口（KCS,SMIC），建议选Y
	IPMI SMBus handler (SSIF)	使用IIC总线上的SMBus接口访问BMC（而不是标准接口），建议选N
	IPMI Watchdog Timer	启用IPMI Watchdog定时器
	IPMI Poweroff	允许通过IPMI消息处理器关闭机器
	Hardware Random Number Generator Core support	设置操作系统是否对硬件随机数生成器原生支持。硬件随机数生成器用于生成随机数
	Applicom intelligent fieldbus card support	Applicom international公司生产的用于现场总线（fieldbus）的连接卡，不确定的选N
	PCMCIA character devices	PCMCIA接口的字符设备
	HPET - High Precision Event Timer	高精度事件定时器（HPET Timer），也称为Multimedia Timer。它是一种取代传统ACPI Timer（CONFIG_X86_PM_TIMER）的硬件时钟发生器
	Allow mmap of HPET	允许对HPET寄存器进行映射，以提高访问速度
	Enable HPET MMAP access by default	默认开启HPET寄存器映射

3．多媒体设备驱动配置

如果嵌入式系统需要多媒体功能，如音乐和视频等功能，则必须配置多媒体驱动，常用的多媒体设备驱动配置如表4.14所示。

表4.14 多媒体设备驱动配置

第二级配置选项	第三级配置选项	说 明
Multimedia devices（多媒体设备）	Multimedia support	多媒体设备支持
	Filter media drivers	过滤媒体驱动程序
	Autoselect ancillary drivers (tuners, sensors, i2c, frontends)	为多媒体设备驱动自动选择所有相关的辅助驱动
	Media device types	多媒体设备类型
	Video4Linux options	Video4Linux选项
	Media controller options	多媒体控制器选项

续表

第二级配置选项	第三级配置选项	说　　明
Multimedia devices（多媒体设备）	Digital TV options	数字电视选项
	Media drivers	多媒体驱动
	Media ancillary drivers	多媒体辅助驱动程序

4．USB设备驱动配置

在嵌入式系统中，有些设备是通过 USB 总线来连接的，这时就需要 USB 设备驱动程序。Linux 内核实现了 USB 驱动的一个框架，驱动开发人员利用这个框架可以容易地写出 USB 驱动程序。对于是否包含 USB 设备驱动，内核也可以进行配置，常用的 USB 设备驱动配置选项如表 4.15 所示。

表 4.15　USB设备驱动配置选项

第二级配置选项	第三级配置选项	说　　明
USB support（USB支持）	USB support	USB支持
	USB ULPI PHY interface support	ULPI（UTMI+ Low Pin Interface）是一种2005年开始兴起的通用USB 2.0 PHY接口，可有效地减少主机、外设、On-The-Go（OTG）USB收发器的针脚数量，仅用于嵌入式设备
	Support for Host-side USB	主机端（Host-side）USB支持。通用串行总线（USB）是一个串行总线子系统规范，它比传统的串口速度更快并且功能更丰富（供电、热插拔、最多可接127个设备等），有望将来统一PC外设接口。USB的Host（主机）被称为根（也可以理解为主板上的USB控制器），外部设备被称为叶子，而内部的节点则称为hub（集线器）。基本上只要想使用任何USB设备，都必须选中此项。另外，还需要至少选中一个Host Controller Driver（HCD），如适用于USB 1.1的UHCI HCD support或OHCI HCD support，适用于USB 2.0的EHCI HCD（USB 2.0）support。如果不确定，把它们全部选中一般也不会出现问题。如果系统有设备端的USB接口（也就是你的系统可以作为"叶子"使用），请到USB Gadget中进行选择
	USB announce new devices	新设备插入时，通过Syslog通知用户
	Enable USB persist by default	USB电源持久性配置支持
	USB Monitor	捕获USB流量，可用于USB监控，用于监视复制（拷入和拷出）的数据
	USB Printer support	USB打印机
	USB Mass Storage support	USB存储设备（U盘、USB硬盘、USB软盘、USB CD-ROM、USB磁带、记忆卡、数码相机、读卡器等）。该选项依赖于SCSI Device Support，并且大部分情况下还依赖于SCSI Disk Support（如U盘或USB硬盘）
	USB Wireless Device Management support	为符合CDC（Communication Device Class）和WMC（Wireless Mobile Communication）标准的手机提供WMC设备管理支持

4.5.10 文件系统配置

文件系统是操作系统的主要组成部分。Linux 支持很多文件系统，为了内核的高效和小巧性，支持哪些文件系统都是可以配置的，常用的文件系统配置选项如表 4.16 所示。

表 4.16 文件系统配置

第一级配置选项	第二级配置选项	说 明
File systems	Second extended fs support	Ext 2文件系统是Linux的标准文件系统，擅长处理稀疏文件
	Ext2 extended attributes	Ext 2文件系统扩展属性（与inode关联的name:value对）支持
	The Extended 3 (ext3) filesystem	Ext 3日志型文件系统
	The Extended 4 (ext4) filesystem	Ext 4日志型文件系统
	Ext4 POSIX Access Control Lists	POSIX ACL（访问控制列表）支持
	Ext4 Security Labels	允许选择不同安全模块（如SELinux）实现的访问控制模型。如果没有使用需要扩展属性的安全模块，可以选N
	Ext4 debugging support	Ext 4调试支持
	JBD2 (ext4) debugging support	JDB2调试支持
	Reiserfs support	ReiserFS支持
	Enable reiserfs debug mode	启用ReiserFS调试模式，仅供开发者使用
	Stats in /proc/fs/reiserfs	在/proc/fs/reiserfs文件中显示ReiserFS文件系统的状态，仅供开发者使用
	ReiserFS extended attributes	ReiserFS文件系统扩展属性（与inode关联的name:value对）支持
	ReiserFS POSIX Access Control Lists	POSIX ACL（访问控制列表）支持，可以更精细地对每个用户进行访问控制，需要外部库和程序的支持
	ReiserFS Security Labels	安全标签允许选择使用不同的安全模型实现（如SELinux）的访问控制模型，如果没有使用需要扩展属性的安全模型就不用选了
	JFS filesystem support	IBM的JFS文件系统
	XFS filesystem support	XFS日志型文件系统支持，XFS日志型文件系统是一个高性能的文件系统
	XFS Quota support	XFS的磁盘配额支持
	XFS POSIX ACL support	POSIX ACL（访问控制列表）支持，可以更精细地针对每个用户进行访问控制，需要外部库和程序的支持
	XFS Realtime subvolume support	实时子卷是专门存储文件数据的卷，允许将日志与数据放在不同的磁盘上
	XFS Verbose Warnings	XFS详细警告
	XFS Debugging support	XFS调试支持
	GFS2 file system support	一种用于集群的文件系统

续表

第一级配置选项	第二级配置选项	说　　明
File systems	OCFS2 file system support	一种用于集群的文件系统
	OCFS2 Userspace Clustering	为用户空间的集群服务提供支持，目的是配合CONFIG_DLM模块一起使用
	OCFS2 statistics	允许对OCFS2的使用状况进行一些统计。开启后会增加内存占用
	OCFS2 logging support	以性能为代价提供了存储一致性检测，仅供调试使用
	Btrfs filesystem support	BTRFS文件系统支持。BTRFS是由Oracle于2007年宣布的支持写时复制（COW）的文件系统
	NILFS2 file system support	NILFS2文件系统支持。它将底层设备当作一种只能追加写的设备，文件系统的任何修改只能以顺序追加的方式写入磁盘而是不覆盖旧数据，从而避免耗时的寻道（Seek）操作，大幅提升了写入性能
	F2FS filesystem support	F2FS文件系统支持。它是针对基于NAND闪存的存储设备进行的特别设计，使之更加适应新的存储介质
	Quota support	磁盘配额支持，限制某个用户或者某组用户的磁盘占用空间，Ext 2、Ext 3、ReiserFS都支持它
	Report quota messages through netlink interface	通过Netlink接口报告QUOTA的警告信息
	Print quota warnings to console (OBSOLETE)	将QUOTA的警告信息直接显示在控制台上
	Additional quota sanity checks	对QUOTA内部结构进行额外的完整性检查，主要用于调试目的
	Old quota format support	老旧的v1版配额格式（Linux-2.4.22之前使用的格式）支持，选N
	Quota format vfsv0 and vfsv1 support	vfsv0、vfsv1配额格式支持。两者都支持32位的UID、GID，而vfsv1还支持64位的inode、block配额。建议开启
	FUSE (Filesystem in Userspace) support	FUSE支持。FUSE允许在用户空间实现一个全功能的文件系统，还有一个与之对应的libfuse2库和相关工具
	Character device in Userspace support	FUSE扩展，用于在用户空间实现字符设备支持
	Overlay filesystem support	Overlay文件系统支持，以层叠的方式组合上下两个文件系统层，常和容器技术配合使用
	Caches	文件系统缓存
	CD-ROM/DVD Filesystems	CD-ROM、DVD光盘文件系统
	DOS/FAT/EXFAT/NT Filesystems	DOS、FAT、EXFAT、NTFS文件系统
	Pseudo filesystems	伪文件系统
	Miscellaneous filesystems	各种非主流的杂项文件系统
	Network File Systems	网络文件系统

续表

第一级配置选项	第二级配置选项	说明
File systems	Native language support	本地语言支持。仅在使用FAT、NTFS、JOLIET文件系统的情况下才需要这个选项
	Distributed Lock Manager （DLM）	通用的分布式锁管理器（DLM）。用于为各种分布式文件系统提供通用的锁定支持

4.5.11 其他配置

上面介绍的是主要一些配置。其他配置介绍如表 4.17 所示。

表 4.17 其他配置

第一级配置选项	说明
Binary Emulations	二进制模拟器
Virtualization	虚拟化
General architecture-dependent options	一般架构相关选项
IO Schedulers	I/O调度器，I/O是输入、输出带宽控制，主要针对磁盘，该选项是必选项
Executable file formats	可执行文件格式
Memory Management options	内存管理选项
Security options	安全模块选项
Cryptographic API	加密API，这部分选项会根据此前的优化自动调整，默认即可
Library routines	库例程，这部分选项会根据此前的优化自动调整，默认即可
Kernel hacking	内核调试选项

4.6 嵌入式文件系统简介

对于嵌入式系统来说，除了一个嵌入式内核之外，还需要一个嵌入式文件系统来管理和存储数据与程序。Linux 支持多种文件系统，包括 Ext 2、NTFS、JFFS、ROMFS、CRAMFS 和 NFS 等，为了对各类文件系统进行统一管理，Linux 引入了虚拟文件系统 VFS（Virtual File System），为各类文件系统提供一个统一的操作界面和应用编程接口。Linux 文件系统的结构如图 4.5 所示。

Linux 文件系统结构由 4 层组成，分别是用户层、内核层、驱动层和硬件层。用户层为用户提供一个操作接口，内核层实现了各种文件系统，驱动层存储的是块设备的驱动程序，硬

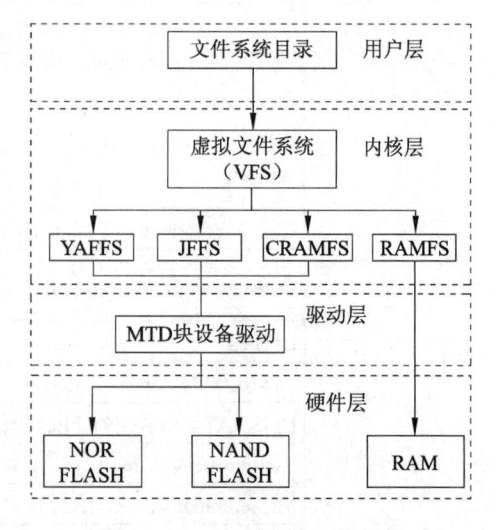

图 4.5 Linux 的文件系统结构

件层是嵌入式系统使用的几种存储器。

在 Linux 文件系统结构中，内核层的文件系统实现是必须的。Linux 启动时，第一个必须挂载的是根文件系统；如果系统不能从指定设备上挂载根文件系统，则系统会出错，退出启动状态。当根文件系统挂载成功时，才可以自动或手动挂载其他的文件系统。因此，在一个系统中可以同时存在不同的文件系统。

不同的文件系统类型有不同的特点，因而根据存储设备的硬件特性和系统需求等有不同的应用场合。在嵌入式 Linux 应用中，主要的存储设备为 RAM（DRAM，SDRAM）和 ROM（常采用 FLASH 存储器），常用的基于 FLASH 存储设备的文件系统类型包括 JFFS 2、YAFFS、CRAMFS、ROMFS、RAMDisk、RAMFS 和 TMPFS 等。

4.6.1 嵌入式系统的存储介质

Linux 操作系统支持大量的文件系统，在嵌入式领域，使用哪一种文件系统需要根据存储芯片的类型来决定。目前，市场上嵌入式系统主流的两种存储介质是 NOR 和 NAND Flash。Intel 公司于 1988 年首先开发了 NOR Flash 存储器。NOR Flash 的特点是芯片内执行（XIP，eXecute In Place），这样应用程序可以直接在 Flash 闪存内运行，不必再把代码读到系统 RAM 中。NOR 的传输效率很高，在 1～4MB 的小容量时具有很高的成本效益，但缺点是写入和擦除速度很慢，对性能有较大的影响。

1989 年，东芝公司开发出了 NAND Flash 存储器。NAND Flash 与 NOR Flash 相比，NAND Flash 能提供极高的单元密度，可以达到高存储密度，并且写入和擦除的速度也很快。这两种存储器的比较如表 4.18 所示。

表 4.18 NOR Flash 与 NAND Flash 的比较

比 较 项	NOR Flash	NAND Flash
读速度	NOR 的读速度快	NAND 的读速度慢
写速度	NOR 的写速度慢很多	NAND 的写速度快很多
擦除速度	NOR 的擦除速度慢很多	NAND 的擦除速度快很多
擦除单元	NOR 的擦除单元大一些，擦除电路更多一些	NAND 的擦除单元更小，擦除电路更少一些
容量	较小，主要用于存放代码	较大，适用于存放大量的数据
成本	较高	较低
寿命	擦写 10 万次	擦写 100 万次

总体来说，NOR Flash 比较适合存储代码，其容量较小（一般小于 32MB），而且价格较高。NAND Flash 容量较大，可达 1GB 以上，价格也相对便宜，比较适合存放数据。一般来说，128MB 以下的 NAND Flash 芯片的一页大小为 528B，另外每一页有 16B 的备用空间，用来存储 ECC 校验码或者坏块标志等信息。若干页组成一块，一块的大小通常为 32KB。

4.6.2 JFFS 文件系统

瑞典的 Axis Communications 公司基于 Linux 2.0 的内核，为嵌入式操作系统开发出了 JFFS 文件系统。其升级版 JFFS 2 是 RedHat 公司基于 JFFS 开发的闪存文件系统，最初是针对 RedHat 公司的嵌入式产品 eCos 开发的嵌入式文件系统,因此 JFFS 2 也可以用在 Linux 和 μCLinux 等操作系统中。JFFS 的全称是日志闪存文件系统。

JFFS 文件系统主要用于 NOR 型 Flash 存储器,其基于 MTD 驱动层。JFFS 文件系统的优点是可读写、支持数据压缩、基于哈希表的日志型文件系统,并提供了崩溃或掉电安全保护,提供"写平衡"支持等;JFFS 文件系统的缺点是当文件系统已满或接近满时,由于垃圾收集的原因,使 JFFS 2 的运行速度大大变慢。

关于 JFFS 系列文件系统的详细使用文档,可参考 MTD 补丁包中的 mtd-jffs-HOWTO.txt 文件。

JFFS 文件系统不适合用于 NAND 型 Flash 存储器,主要是因为 NAND 闪存的容量一般较大,这样会导致 JFFS 为维护日志节点所占用的内存空间迅速增大。另外,JFFS 文件系统在挂载时需要扫描整个 FLASH 的内容,以找出所有的日志节点并建立文件结构,这对于大容量的 NAND 闪存会耗费大量时间。

4.6.3 YAFFS 文件系统

YAFFS 是第一个专门为 NAND Flash 存储器设计的嵌入式文件系统,适用于大容量的存储设备,并且它是在 GPL(General Public License)协议下发布的,可在其网站上免费获得源代码。YAFFS 文件系统有 4 个优点,分别是速度快、占用内存少、不支持压缩和只支持 NAND Flash 存储器。

在 YAFFS 文件系统中,文件是以固定大小的数据块形式进行存储的。块的大小可以是 512B、1024B 或者 2048B。每个文件(包括目录)都由一个数据块头和数据组成。数据块头中保存了 ECC 校验码和文件系统的组织信息,用于错误检测和坏块处理。YAFFS 文件系统充分考虑了 NAND Flash 的特点,把每个文件的数据块头存储在 NAND Flash 的 16B 备用空间中。

当文件系统被挂载时,只需要扫描存储器的备用空间就能将文件系统信息读入内存并且驻留在内存中,这样不仅加快了文件系统的加载速度,也提高了文件的访问速度,缺点是增加了内存的消耗。

选择哪一种文件系统,需要根据 Flash 存储器的类型来确定。Flash 存储器类型主要有 NOR 和 NAND Flash 两种。其中,NOR Flash 存储器比较适用于 JFFS,NAND Flash 存储器比较适用于 YAFFS。

4.7 构建根文件系统简介

当内核启动时,第一件要做的事情就是在存储设备上寻找根文件系统。

根文件系统是 Linux 操作系统运行需要的一个文件系统。根文件系统被存储在 Flash 存储器中,存储器被分为多个分区,如分区 1、分区 2 和分区 3 等,如图 4.6 所示。分区 1 一般存储 Linux 内核映像文件,在 Linux 操作系统中,内核映像文件一般存储在单独的分区中。分区 2 存放根文件系统,根文件系统中存放着系统启动时必备的文件和程序。这些文件和程序包括提供用户界面的 Shell 程序、应用程序依赖的库和配置文件等。

其他分区用于存放普通的文件系统，也就是一些数据文件。操作系统的运行并不依赖于这些普通的文件。内核启动后运行的第一个程序是 init，其将启动根文件系中的 Shell 程序，给用户提供一个友好的操作界面。这样系统就能够按照用户的需求正确地运行了。

嵌入式系统的一个比较典型的应用是开发一个图像界面程序，然后通过脚本自动启动这个程序，这样嵌入式系统一开机，显示的就是定制的图形界面了。

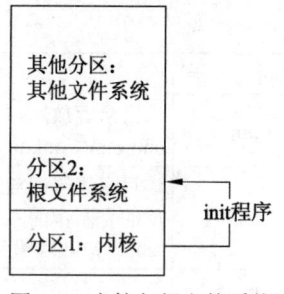

图 4.6　内核与根文件系统

4.7.1　Linux 根文件系统目录结构

根文件系统以树形结构来组织目录和文件的结构。系统启动后，根文件系统被挂接到根目录"/"下，这时根目录下就包含根文件系统的各个目录和文件，如/bin、/sbin 和/mnt 等。根文件系统应该包含的目录和文件遵循 FHS 标准（Filesystem Hierarchy Standard，文件系统层次标准）。这个标准规定了根文件系统中至少应该包含哪些目录和文件，以及这些目录和文件的组织原则。其中，FHS 标准定义的根文件系统的顶层目录如图 4.7 所示，根文件系统的目录结构如表 4.19 所示。

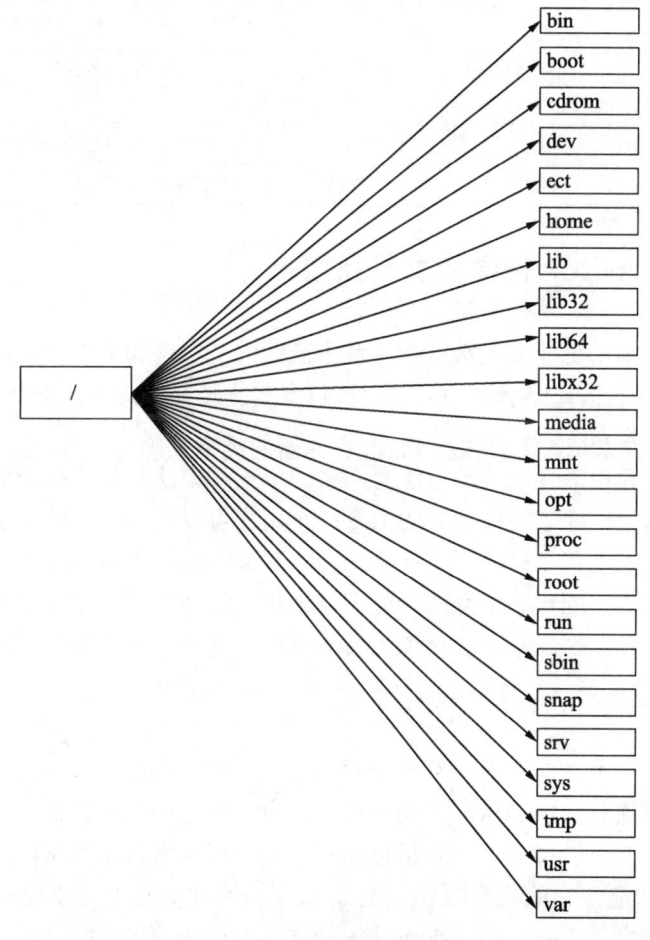

图 4.7　根文件系统的顶层目录

表 4.19 根文件系统的目录结构

目录	说明
bin	该目录存放用户可以使用的基本命令。该目录下常用的命令有cat、chmod、cp、ls、kill、mount、unmount、mkdir、mknod和test等
sbin	该目录用于存放必要的系统管理员命令，这些命令只有系统管理员才能使用。sbin目录下存放的是基本的系统命令，它们用于启动系统、修复系统。sbin目录下常用的命令有shutdown、reboot、fdisk和fsck等
boot	该目录下包含引导加载程序使用的静态文件
root	根用户（root用户）的目录，与此对应，普通用户的目录是/home下的一个子目录
home	用户目录。对于每一个普通用户，在/home目录下都有一个与用户名同名的子目录，用于存放用户相关的配置文件和私有文件
etc	该目录用于存放各种系统配置文件。该目录中的文件或者子目录依赖于系统拥有的应用程序，很多应用程序需要配置文件
dev	该目录用于存放设备文件和一些特殊文件。常见的设备文件包括字符设备文件和块设备文件
opt	该目录包含附加的软件
mnt	临时文件系统的挂接目录，用来挂接暂时需要使用的文件系统，如挂接光盘、U盘和磁盘
lib	该目录用于存放共享库和一些驱动程序模块。共享库用于对/bin和/sbin中的程序提供支持
proc	该目录是一个空目录，作为proc文件系统的挂接点。proc文件系统是一个虚拟的文件系统，它存在于内存中。proc文件系统中的目录和文件都是内核临时生成的，用于了解系统目前的运行状态
tmp	该目录通常是一个空目录，用于存放临时文件。一些需要存放临时文件的程序会用到/tmp目录，因此该目录必须存在
usr	该目录用于存放共享、只读的文件和程序。该目录中的文件可以被多个用户共享
var	该目录用于存放可变的文件，如日志文件、log文件和临时文件等

4.7.2 使用 BusyBox 构建根文件系统

要使 Linux 操作系统能够正常运行，至少需要一个内核和根文件系统。根文件系统除了应该以 FHS 标准的格式组织之外，还应该包含一些必要的命令，这些命令供用户使用，使用户能方便地操作系统。

一般来说，构建根文件系统的方法有两种。第一种方法是下载相应的命令源码并移植到处理器架构平台上，除了一些必要的命令外，用户可以定制一些非必要的命令。第二种方法是使用一些开源的工具构建根文件系统，如 BusyBox、TinyLogin 和 Embutils。需要注意的是，这些工具都有配置菜单来选择处理器架构，这样编译出来的命令才能够在指定的架构中运行。BusyBox 是最常用的一个工具，下面对这个工具进行简要的介绍。

1. BusyBox简介

BusyBox 是一个用来构建根文件系统的工具。这个工具最初于 1996 年开始开发，当时嵌入式系统并没有流行。BushBox 最初的目的是自动构建一个能够在软盘上运行的命令系统。因为当时还没有可以移动的大容量可擦写存储介质，软盘是最常用的存储介质。使用过软盘的读者都知道，它的容量很小，对于现今的计算机来说几乎没有什么用武之地。BusyBox 可以把常见的 Linux 命令打包并编译成一个单一的可执行文件。通过建立链接，用户可以像使用传统的命令一样使用 BusyBox。

在台式 PC 上，Linux 操作系统的每一个命令都是一个单独的二进制文件。在嵌入式系统中，如果每个命令都是一个单独的文件，则会增加整个根文件系统的大小，并且使加载命令的速度变慢。这对于存储要求比较严格的嵌入式系统来说是不满意的。BusyBox 解决了这个问题，它能够以一个极小的应用程序提供整个命令集的功能，而且需要哪些命令、不需要哪些命令是可以配置的。减少多余的命令，可以节省嵌入式系统宝贵的存储空间。

BusyBox 的出现是基于 Linux 共享库。对于大多数 Linux 工具来说，不同的命令可以共享许多信息。例如查找文件的命令 grep 和 find，虽然二者的功能不完全相同，但是这两个命令都会用到从文件系统中搜索文件的功能，这部分代码是相同的。BusyBox 的优点是把不同工具的代码及公用的代码都集成在一起，大大减小了可执行文件占用的空间。

BusyBox 实现了许多命令，这些命令包括 ar、cat、chgrp、chmod、chown、chroot、cpio、cp、date、df、dd、dmesg、du、echo、env、expr、find、grep、gunzip、gzip、halt、id、ifconfig、init、insmod、kill、killall、ln、ls、lsmod、mkdir、mknod、modprobe、more、mount、mv、ping、ps、pwd、reboot、renice、rm、rmdir、rmmod、route、sed、sync、syslogd、tail、tar、telnet、tfp、touch、traceroute、umount、vi、wc、which 和 whoami 等。

2. 解压 BusyBox

可以从 http://www.busybox.net/downloads 上下载 BusyBox 的相应版本。这里选择的是 BusyBox 1.32.1 版，读者也可以选择其他版本。安装 BusyBox 有 3 个步骤，分别是解压 BusyBox、配置 BusyBox 和编译安装 BusyBox。

使用如下命令可以得到解压后的 BusyBox 目录，该目录中包含 BusyBox 的所有源码。

```
# tar jxvf busybox-1.32.1.tar.bz2
```

3. BusyBox 的配置选项

BusyBox 中包含几百个系统命令，在嵌入式系统中一般不需要全部使用。可以通过配置 BusyBox 来定制一些需要的命令，从而减少根文件系统的大小。也可以配置 BusyBox 的链接方式是动态链接还是静态链接。动态链接需要其他库文件的支持，静态链接只需要将所需的库文件放入最终的应用程序，不需要其他库文件就能运行。进入 BusyBox 源代码所在的目录，执行 make menuconfig 命令可以对 BusyBox 进行配置，命令如下：

```
# make menuconfig
```

进入配置界面，根据需要选择所需的设置和命令，这里选择如下几项：

```
Settings --->
        Build Options --->
            [*] Build static binary (no shared libs) (NEW)
        Library Tuning --->
            [*] vi-style line editing commands
            [*] Fancy shell prompts
Linux Module Utilities --->
        [ ] Simplified modutils
        [*] insmod
        [*] rmmod
        [*] lsmod
        [*] modprobe
        [*] depmod
```

选择好需要的配置后,退出并保存配置。从上面的代码中可以看到,BusyBox 的配置界面与内核的配置界面相同,方法也大同小异。在构建根文件系统时经常需要进行 BusyBox 配置,这里对 BusyBox 的主要配置选项进行简要的介绍,如表 4.20 所示。

表 4.20 BusyBox配置选项

一级配置项目	二级及以上配置项目	说明
Settings	Build Options	链接、编译选项。例如,使用静态库还是动态库,是否需要对大于2GB的文件提供支持
	Debugging Options	调试选项,使用BusyBox时会打印一些调试信息,在调试BusyBox时需要加上,一般不选
	Installation Options	指定BusyBox的安装路径
	Library Tuning	BusyBox的性能微调
Archival Utilities		各种压缩、解压缩命令,如ar、bzip2和gzip等
Coreutils		常用的核心命令,如cat、chmod、chown、chroot和date等
Console Utilities		控制台的相关命令,如clear、reset和resize等
Debian Utilities		Debian命令。Debian是一种Linux操作系统,包含一些特殊的命令和功能支持
Editors		编辑命令,如Vi编辑器
Finding Utilities		查找命令,一般不使用
Init Utilities		初始化程序init的配置选项,可以配置init程序需要完成的功能。例如,是否读取inittab文件,是否允许在init中写syslog日志文件等
Login/Password Management Utilities		登录、用户账户、密码等命令
Linux Ext2 FS Progs		Ext 2文件系统的一些工具,如磁盘检查命令fsck
Linux Module Utilities		加载和卸载模块的命令
Linux System Utilities		Linux文件系统相关的命令。例如,创建文件系统的mkfs命令,显示文件的more命令
Miscellaneous Utilities		一些不好分类的命令
Networking Utilities		网络通信方面的命令,如telnet、ping和tfp命令
Process Utilities		进程相关的命令。例如,查看进程状态的ps命令、杀死进程的kill命令、显示系统信息的top命令等
Shells		配置各种Shell程序,根据需要可以选择各种Shell程序
System Logging Utilities		系统日志方面的命令
Load an Alternate Configuration file		加载一个配置文件
save Configuration to an Alternate File		保存一个配置文件

4. BusyBox的常用配置

前面介绍的是一些基本配置,根据不同的需要,BusyBox 的配置也有所不同,这里对 BusyBox 的几种常用配置进行介绍。

- Tab 键自动补齐功能。例如，在控制台中输入 mak 会自动补齐为 make。这个配置项为 Settings | Library Tuning | Tab completion。
- 将 BusyBox 编译为静态链接，这样当没有其他库的支持时 BusyBox 也能启动。这个配置项为 Settings | Bulid Options | Build static binary (no shared libs) (NEW)。
- 如果使用不同的交叉编译工具，需要指定编译工具的路径。这个配置项为 Busybox Settings | Bulid Options | Cross compiler prefix。
- 在 init 程序中应该读取配置文件/etc/inittab。这个配置项为 Init Utilities | Support reading an inittab file。

5. 编译和安装 BusyBox

编译后的 BusyBox 将运行在 ARM 处理器上，因此应该修改 Makefile 文件，使用交叉编译工具,编译能够在 ARM 处理器上运行的 BusyBox 程序。需要修改 BusyBox 的 Makefile 文件如下：

```
ARCH              ?=$(SUBARCH)
CROSS_COMPILE     ?=
```

上面两行代码表示需要移植的处理器架构和交叉编译器，需要修改如下：

```
ARCH              ?=arm
CROSS_COMPILE     ?=arm-linux-
```

然后执行 make 命令就可以编译和安装 BusyBox 了。

```
# make                                          #编译
# make install                                  #安装
```

经过编译和安装之后，在 busybox-1.32.1 目录下可以找到_install 子目录，这就是刚才生成的目录。

6. 创建其他目录和文件

经过第 5 步编译和安装 BusyBox 后，在_install 子目录中只是一些 BusyBox 生成的命令，这些命令被存储在 bin、sbin 目录和 usr 目录中。bin 和 sbin 中包含的是系统命令，usr 中包含的是用户命令。使用 ls 命令可以查看_install 目录的情况。

```
# cd _install
# ls
bin    linuxrc    sbin    usr
```

BusyBox 生成的目录并不符合根文件系统的要求，还需要为其添加一些额外的目录。使用如下命令可以在_install 目录中添加以下目录。

```
# mkdir bin sbin lib etc dev sys proc tmp var opt mnt usr home root media
```

其中，media 目录不是必要的目录，但是在嵌入式开发中一般会添加这个目录用来存放多媒体文件。然后进入刚刚创建的 etc 目录，在该目录中创建一些必要的配置文件，操作命令如下：

```
# cd etc
# touch inittab
# touch fstab
# touch profile
# touch passwd
```

· 63 ·

```
# touch group
# touch shadow
# touch resolv.conf
# touch mdev.conf
# touch inetd.conf
# mkdir rc.d
# mkdir init.d
# touch init.d/rcS
# chmod +x init.d/rcS
# mkdir sysconfig
# touch sysconfig/HOSTNAME
```

7. 修改etc目录中的文件

etc 目录中的文件用来对系统进行整体配置，一般只需要 3 个文件，系统就可以正常工作了。这 3 个文件是 etc/inittab、etc/init.d/rcS 和 etc/fstab。其中，文件 etc/inittab 用来创建其他子进程，其内容如下：

```
::sysinit:/etc/init.d/rcS
s3c2410_serial0::askfirst:-/bin/sh
::ctrlaltdel:-/sbin/reboot
::shutdown:/bin/umount -a -r
::restart:/sbin/init
```

文件 etc/init.d/rcS 是一个脚本文件，可以在里面添加系统启动后将执行的命令。文件的内容如下：

```
#!/bin/sh
PATH=/sbin:/bin:/usr/sbin:/usr/bin
runlevel=S
prevlevel=N
umask 022
export PATH runlevel prevlevel
mount -a
mkdir /dev/pts
mount -t devpts devpts /dev/pts
echo /sbin/mdev > /proc/sys/kernel/hotplug
mdev -s
/bin/hostname -F /etc/sysconfig/HOSTNAME
ifconfig eth0 192.168.1.78
```

文件 etc/fstab 用来挂接文件系统，mount 命令会解析这个文件，并挂接其中的文件系统，其内容如下：

```
proc /proc proc defaults 0 0
sysfs /sys sysfs defaults 0 0
tmpfs /var tmpfs defaults 0 0
tmpfs /tmp tmpfs defaults 0 0
tmpfs /dev tmpfs defaults 0 0
```

8. 创建dev目录中的文件

dev 目录下包含一些设备文件，根文件系统中的应用程序需要使用这些设备文件对硬件进行操作。设备文件可以动态创建，也可以静态创建，为了节省嵌入式系统的资源，一般采用静态创建的方式。这里创建了几个简单的设备文件，已经能够满足大部分系统的要求，操作命令如下：

```
# cd dev
# mknod console c 5 1
```

```
# chmod 777 console
# mknod null c 1 3
# chmod 777 null
```

其他设备文件可以在系统启动后，使用 cat /proc/devices 命令查看内核注册了哪些设备，然后以手动方式一个一个创建设备文件。实际上，各个 Linux 操作系统使用的 dev 目录是很相似的，因此可以尝试从其他已经构建好的根文件系统中直接复制。经过以上步骤，就构建了一个可以使用的根文件系统了。

总结一下，构建根文件系统的大概步骤：（1）生成一些基本的命令；（2）创建必要的目录；（3）创建初始化脚本；（4）创建设备文件，这些文件可以被 init 进程读取。

4.8 小　　结

本章介绍了怎样构建一个嵌入式操作系统的全过程。4.1 节对 Linux 操作系统的特性进行了简单的介绍，4.2 节阐述了 Linux 操作系统的内核子系统。4.3 节讲解了 Linux 内核源代码的结构，为修改内核，编写驱动程序打下了基础。4.4 节讲解了内核配置的常用选项，这些知识对构建适合自己的嵌入式设备的操作系统内核有非常大的帮助。4.5 节在前面几节的基础上讲解了嵌入式文件系统的基础知识，特别是 YAFFS 文件系统，这是一种很常用的基于 NAND Flash 的文件系统。4.6 节详细讲解了使用 BusyBox 构建一个根文件系统的全过程。

4.9 习　　题

一、填空题

1．Linux 的发明人是_____。
2．arch 目录中包含与_____相关的代码。
3．JFFS 文件系统基于_____驱动层。
4．YAFFS 是第一个专门为_____存储器设计的嵌入式文件系统。
5．根文件系统被存储在_____存储器中。

二、选择题

1．不属于 Linux 内核负责管理的状态是（　　）。
　A．就绪状态　　　B．执行状态　　　C．阻塞状态　　　D．关闭状态
2．下列可以实现支持自动装载文件系统的代码的配置选项是（　　）。
　A．affs　　　　　B．autofs　　　　C．coda　　　　　D．devpts
3．包含引导加载程序使用的静态文件的目录是（　　）。
　A．boot　　　　　B．root　　　　　C．home　　　　　D．sbin

三、判断题

1. 文件系统是用来组织、管理、存放文件的一套管理机制。（   ）
2. 线程是操作系统分配资源的基本单位。（   ）
3. BusyBox 的出现是基于 UNIX 共享库。（   ）
4. JFFS 是在 GPL（General Public License）协议下发布的。（   ）

第 5 章　构建第一个驱动程序

万事开头难，编写驱动程序也一样，本章将构建第一个驱动程序。驱动程序和模块的关系非常密切，因此本章将详细讲解模块的相关知识。模块编程成败与否的先决条件是要有统一的内核版本，还将介绍怎样升级内核版本。最后，为了提高程序员的编程效率，本章还会介绍两种集成开发环境。

5.1　升 级 内 核

构建正确的开发环境，对编写驱动程序非常重要。如果是错误的开发环境，那么编写出的驱动程序也不能正确运行。特别是内核版本，如果内核版本不匹配，驱动程序则不能在系统中运行，因此需要对内核进行升级。本节将对 Ubuntu 22.04 进行内核升级，首先解释一下为什么要升级内核。

5.1.1　为什么要升级内核

内核是一个提供硬件抽象层、磁盘及文件系统控制、多任务等功能的系统软件。根据内核是否被修改过，可以将内核分为标准内核和厂商内核两类，如图 5.1 所示。

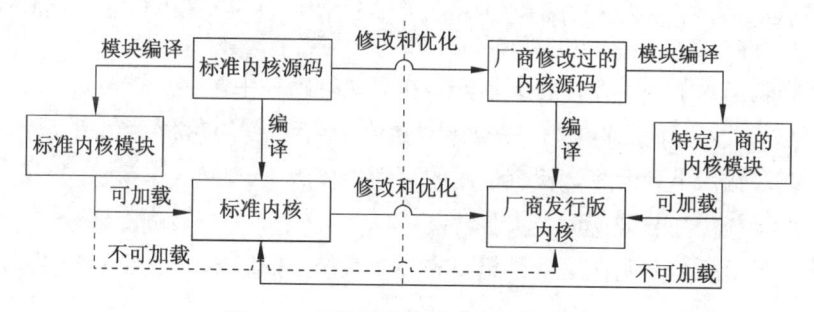

图 5.1　内核与模块版本之间的关系

1．标准内核源码和标准内核

标准内核源码是指从 kernel.org 官方网站上下载的标准代码，其是 Linux 内核开发者经过严格测试所构建的内核代码。标准内核是将标准内核源码编译后得到的二进制映像文件，如图 5.1 左半部分所示。

2．厂商内核源码和厂商内核

在某些情况下，发行版厂商会对标准内核源码进行适当的修改，以优化内核的性能。

这种经过修改后的标准内核源码，就是厂商修改过的内核源码。将厂商修改过的内核源码编译后，会形成厂商发行版内核。因此，厂商发行版内核是对标准内核的修改和优化。这里需要注意的是，厂商发行版内核和标准内核对于驱动程序是不兼容的，根据不同内核源码编译的驱动程序是不能互用的。

3．两者兼容性问题

构建驱动程序模块时，必须考虑驱动程序与内核的兼容性。使用标准内核源码构建的内核模块就是标准内核模块，其不能在厂商内核中使用。使用厂商修改过的内核源码构建的内核模块就是特定厂商的内核模块，其不能在标准内核中使用。这里需要注意的是，即使模块代码相同，标准内核模块和特定厂商的内核模块其模块格式也是不同的。

标准内核模块可以加载进标准内核中，却不能加载进厂商发行版内核中。同理，特定厂商的内核模块可以加载进厂商发行版内核中，却不能加载进标准内核中。

Ubuntu 22.04 的内核版本是 5.15.0-56-generic，可以通过命令 uname -r 来查看。

```
# uname -r                      #uname 查看操作系统信息，r 选项查看内核版本
5.15.0-56-generic
```

如果要编写特定厂商的内核模块，那么就要找到 Ubuntu 22.04 的内核代码。

5.1.2 升级内核的方式

本小节将介绍两种升级内核的方式，分别为升级到最新版本和升级到指定版本。

1．升级到最新版本

以下是将内核升级到最新版本的具体操作步骤。

（1）在终端输入下列命令，下载 ubuntu-mainline-kernel 脚本。

```
# wget https://raw.githubusercontent.com/pimlie/ubuntu-mainline-kernel.sh/master/ubuntu-mainline-kernel.sh
```

（2）在终端输入下列命令，将脚本安装在可执行路径中。

```
# install ubuntu-mainline-kernel.sh /usr/local/bin/
```

（3）在终端输入下列命令，检查最新的可用内核版本。

```
# ubuntu-mainline-kernel.sh -c
```

（4）获得最新版本并确认这就是想要安装在系统上的版本，然后在终端输入下列命令并运行。

```
# ubuntu-mainline-kernel.sh -i
```

（5）重新启动系统，内核就升级为最新版本，可以在终端输入下列命令，检查内核版本。

```
# uname -r
```

2．升级到指定版本

以下将内核升级为 Linux 5.15.10，步骤如下。

（1）在终端输入下列命令，下载 ubuntu-mainline-kernel 脚本。

第 5 章　构建第一个驱动程序

```
# wget https://raw.githubusercontent.com/pimlie/ubuntu-mainline-kernel.sh/
master/ubuntu-mainline-kernel.sh
```

（2）在终端输入下列命令，将脚本安装在可执行路径中。

```
# install ubuntu-mainline-kernel.sh /usr/local/bin/
```

（3）在终端输入下列命令，对内核 5.15.10 进行下载和安装。

```
# ubuntu-mainline-kernel.sh -i v5.15.10
```

（4）重新启动系统，内核就升级为指定的版本。可以在终端输入下列命令，检查内核版本。

```
# uname -r
```

前面这两种升级内核的方式是开发厂商编译的内核，有一定局限性。开发人员还可以自己手动编译升级内核。以下还是以升级内核到 Linux 5.15.10 为例，讲解具体的操作步骤。

（1）从 http://www.kernel.org/pub/linux/kernel/ 上下载 linux-5.15.10.tar.gz 内核源码包。

（2）使用 mkdir 命令在根目录中建立一个目录，名称为 linux-5.15.10。

（3）将 linux-5.15.10.tar.gz 复制到/ linux-5.15.10 目录中。

```
# cp linux-5.15.10.tar.gz /linux-5.15.10/
```

（4）进入/ linux-5.15.10 目录，解压内核源码包。

```
# cd linux-5.15.10
# tar -zvxf linux-5.15.10.tar.gz
```

（5）进入第二层内核源码目录。

```
# cd linux-5.15.10
```

（6）执行 make menconfig 命令配置内核并保存，如图 5.2 所示。

图 5.2　配置内核

（7）执行 make 命令编译内核。

```
# make
```

（8）执行 make modules 命令编译内核模块。

```
# make modules
```

（9）执行 make modules_install 命令安装内核模块。

```
# make modules_install
```

（10）执行 make install 命令安装内核。

```
# make install
```

（11）重新启动系统后，内核就升级为最新版本。

5.2 编写 Hello World 驱动程序

本节将带领读者编写第一个驱动模块，该驱动模块的功能是在加载时，输出"Hello, World"；在卸载时，输出"Goodbye, World"。这个驱动模块虽然非常简单，但是包含驱动模块的重要组成部分。下面先对模块的重要组成部分进行介绍。

5.2.1 驱动模块的组成

一个驱动模块的主要组成部分如图 5.3 所示。图 5.3 是一个规范的驱动模块组成结构。这些结构在图 5.3 中的顺序也是它们在源文件中的顺序。不按照这样的顺序来编写驱动模块也不会出错，只是多数开发人员都遵循这个顺序。下面对主要的结构部分进行介绍。

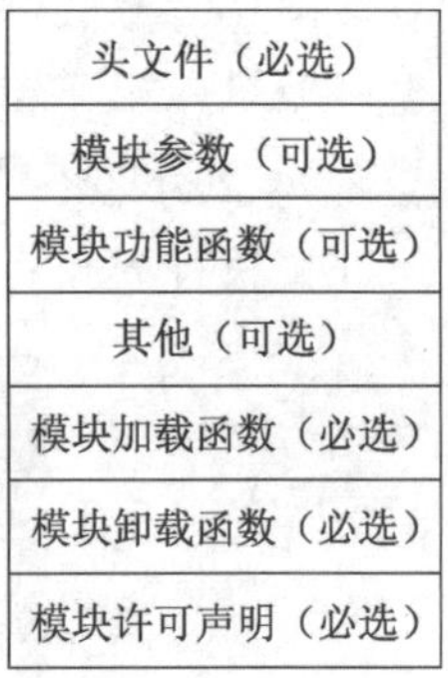

| 头文件（必选） |
| 模块参数（可选） |
| 模块功能函数（可选） |
| 其他（可选） |
| 模块加载函数（必选） |
| 模块卸载函数（必选） |
| 模块许可声明（必选） |

图 5.3 驱动模块组成

1．头文件（必选）

驱动模块会使用内核中的许多函数，因此需要包含必要的头文件。有两个头文件是所有驱动模块必须包含的，分别是：

```
#include <linux/module.h>
#include <linux/init.h>
```

module.h 文件包含加载模块时需要使用的大量符号和函数定义。init.h 文件包含模块加载函数和模块释放函数的宏定义。

2．模块参数（可选）

模块参数是驱动模块加载时，需要传递给驱动模块的参数。如果一个驱动模块需要完成两种功能，那么可以通过模块参数选择使用哪一种功能。这样在模块内部，就可以控制硬件来完成不同的功能。

3．模块加载函数（必选）

模块加载函数是模块加载时需要执行的函数，这是模块的初始化函数，就如 main()函数一样。

4. 模块卸载函数（必选）

模块卸载函数是模块卸载时需要执行的函数，模块卸载时会清除加载函数时分配的资源。

5. 模块许可声明（必选）

模块许可申明表示模块受内核支持的程度。有许可权的模块更加受开发人员的重视。需要使用 MODULE_LICENSE 表示该模块的许可权限。内核可以识别的许可权限如下：

```
MODULE_LICENSE("GPL");                                /*任一版本的 GNU 公共许可权*/
MODULE_LICENSE("GPL v2");                             /*GPL 版本 2 许可权*/
MODULE_LICENSE("GPL and additional rights");          /*GPL 及其附加许可权*/
MODULE_LICENSE("Dual BSD/GPL");                       /*BSD/GPL 双重许可权*/
MODULE_LICENSE("Dual MPL/GPL");                       /*MPL/GPL 双重许可权*/
MODULE_LICENSE("Proprietary");                        /*专有许可权*/
```

如果一个模块没有包含任何许可权，那么认为该模块是不符合规范的。当内核加载该模块时，会收到内核加载了一个非标准模块的警告。开发人员不喜欢维护这种没有遵循许可权标准的内核模块。

以 GPL 为例，解释一下许可权的意义。GPL 是 General Public License 的缩写，表示通用公共许可证。GNU 通用公共许可证，可以保证开发者有发布自由软件的权利；保证开发者能收到源程序或者在需要时能得到它；保证开发者能修改软件或将它的一部分用于新的自由软件。

许可权声明模块在被他人使用或者商用时，是否需要支付授权费用。

5.2.2 编写 Hello World 模块

任何一本关于编程的书，第一个程序几乎都是 Hello World。下面来看一下最简单的一个驱动模块。

```
01  #include <linux/init.h>                    /*定义一些相关的宏*/
02  #include <linux/module.h>                  /*定义需要的模块库*/
03  static int hello_init(void)
04  {
05      printk(KERN_ALERT "Hello, World\n");   /*打印 Hello,World*/
06      return 0;
07  }
08  static void hello_exit(void)
09  {
10      printk(KERN_ALERT "Goodbye, World\n"); /*打印 Goodbye,World*/
11  }
12  module_init(hello_init);                   /*指定模块加载函数*/
13  module_exit(hello_exit);                   /*指定模块卸载函数*/
14  MODULE_LICENSE("Dual BSD/GPL");            /*指定许可权为 Dual BSD/GPL*/
```

- 第 1 和第 2 行代码定义了两个必备的头文件。
- 第 3~7 行代码是该模块的加载函数，当使用 insmod 命令加载模块时会调用该函数。
- 第 8~11 行代码是该模块的释放函数，当使用 rmmod 命令卸载模块时会调用该函数。

- 第 12 行代码中的 module_init 是内核模块的一个宏，用来声明模块的加载函数，也就是使用 insmod 命令加载模块时调用的函数 hello_init()。
- 第 13 行代码中的 module_exit 也是内核模块的一个宏，用来声明模块的释放函数。也就是使用 rmmod 命令卸载模块时调用的函数 hello_exit()。
- 第 14 行代码使用 MODULE_LICENS() 表示代码遵循的规范，该模块代码遵循 BSD 和 GPL 双重规范。这些规范定义了模块在传播过程中的版权问题。

5.2.3 编译 Hello World 模块

在对 Hello World 模块进行编译时，需要满足一定的条件。

1. 编译内核模块的条件

想要正确地编译内核模块，应该满足以下先决条件：
- 确保使用正确版本的编译工具、模块工具和其他必要的工具。不同版本的内核需要不同版本的编译工具。这些内容已经在第 3 章介绍过。
- 应该有一份源码，该源码的版本应该和系统目前使用的内核版本一致。这是因为模块的编译，需要借助内核源码中的一些函数或者工具。这一条件已经在本章 5.1 节讲解过。
- 内核源码应该至少编译过一次，也就是执行过 make 命令。

2. 编写 Makefile 文件

编译 Hello World 模块，需要编写一个 Makefile 文件。首先来看一下一个完整的 Makefile 文件，以便对该文件有整体的认识。

```
01  ifeq ($(KERNELRELEASE),)
02      KERNELDIR ?= /usr/src/linux-headers-5.15.0-56-generic/
03      PWD := $(shell pwd)
04  modules:
05      $(MAKE) -C $(KERNELDIR) M=$(PWD) modules
06  modules_install:
07      $(MAKE) -C $(KERNELDIR) M=$(PWD) modules_install
08  clean:
09      rm -rf *.o *~ core .depend .*.cmd *.ko *.mod.c .tmp_versions
10  else
11      obj-m := hello.o
12  endif
```

- 第 1 行代码判断 KERNELRELEASE 变量是否为空，该变量是描述内核版本的字符串。只有执行 make 命令的当前目录为内核源代码目录时，该变量才不为空字符。
- 第 2 行和第 3 行代码定义了 KERNELDIR 和 PWD 变量。KERNELDIR 是内核路径变量，PWD 是由执行 pwd 命令得到的当前模块路径。
- 第 4 行代码是一个标识，以冒号结尾，表示 Makefile 文件的一个功能选项。
- 第 5 行代码中的 make 的语法为："Make –C 内核路径 M=模块路径 modules"。该语句会执行内核模块的编译。
- 第 6 行和第 4 行代码的意义相同。

- 第 7 行代码是将模块安装到模块对应的路径中，当在命令行执行 make modules_install 时，执行该命令，其他时候不执行。
- 第 8 行代码是删除多余文件标识。
- 第 9 行代码是删除编译过程中间文件的命令。
- 第 11 行代码是将 hello.o 编译成 hello.ko 模块。如果要编译其他模块，只要将 hello.o 中的 hello 改为模块的文件名就可以了。

3. Makefile文件的执行过程

Makefile 文件的执行过程有些复杂，为了让读者对该文件的执行过程有清晰的了解，这里结合图 5.4 进行讲解。

```
10    else
11        obj-m := hello.o
12    endif
```

```
01 ifeq($(KERNELRELEASE),)
   (KERNELRELEASE为空)
```

```
02    KERNELDIR ?= /usr/src/linux-headers-5.15.0-56-generic/
03    PWD := $(shell pwd)
```

```
04    modules:
05        $(MAKE) -C $(KERNELDIR) M=$(PWD) modules
```

```
06    modules_install:
07        $(MAKE) -C $(KERNELDIR) M=$(PWD) modules_install
```

```
08    clean:
09        rm -rf *.o *~ core .depend .*.cmd *.ko *.mod.c .tmp_versions
```

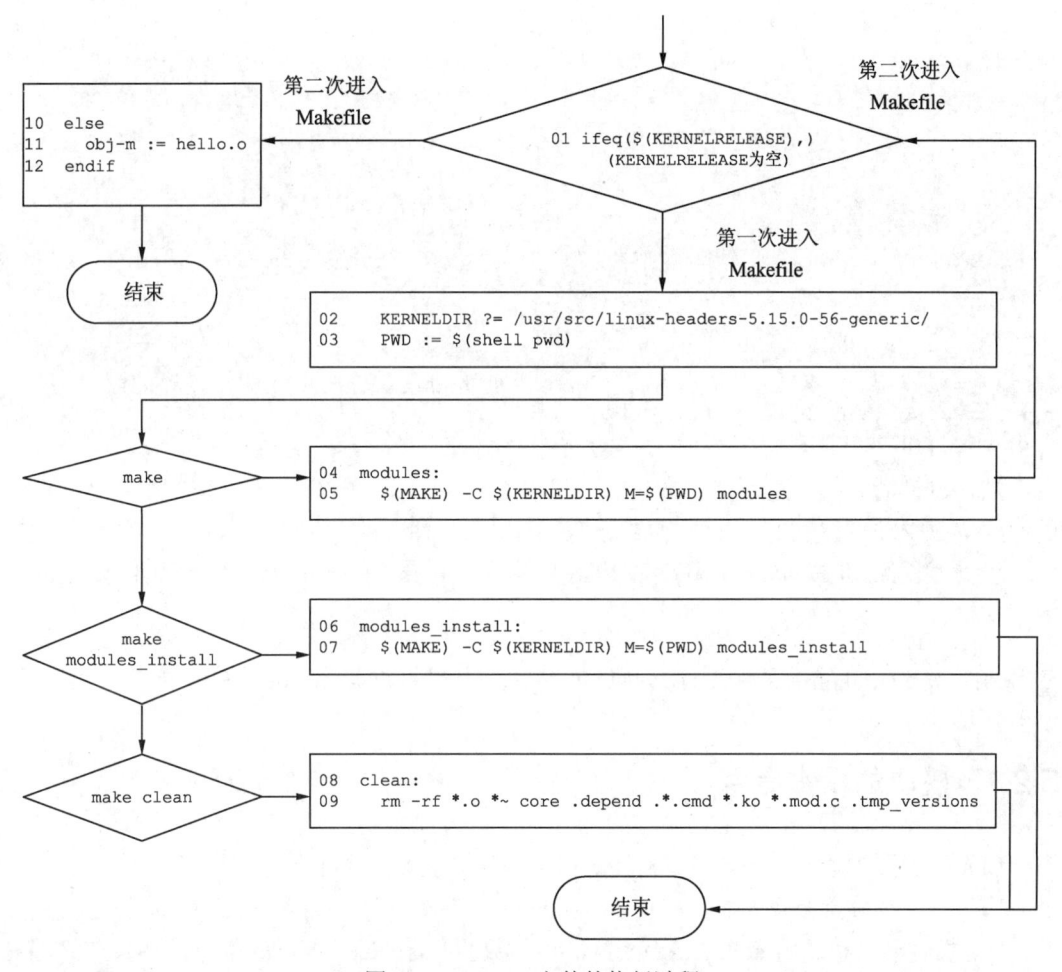

图 5.4　Makefile 文件的执行过程

执行 make 命令后，将进入 Makefile 文件。此时 KERNELRELEASE 变量为空，此时是第一次进入 Makefile 文件。在执行完第 2 行和第 3 行代码后，会根据 make 命令的参数执行不同的逻辑：

- make modules_install 命令：执行第 6 行和第 7 行代码将模块安装到操作系统中。
- make clean 命令：删除目录中的所有临时文件。

- make 命令：执行第 4 行和第 5 行代码编译模块。首先，$(MAKE) -C $(KERNELDIR) M=$(PWD) modules 中的-C $(KERNELDIR)选项，会使编译器进入内核源码目录/usr/src/linux-headers-5.15.0-56-generic/，读取 Makefile 文件，并从中得到一些信息，如变量 KERNELRELEASE 将在这里被赋值。当内核源码目录中的 Makefile 文件读取完成时，编译器会根据选项 M=$(PWD)第二次进入模块所在的目录，并再次执行 Makefile 文件。当第二次执行 Makefile 文件时，变量 KERNELRELEASE 的值为内核发布版本信息，也就是不为空，此时会执行第 10～12 行代码。这里的代码指明了模块源码中各文件的依赖关系，以及要生成的目标模块名，下面就可以正式编译模块了。

4．编译模块

有了 Makefile 文件，就可以在模块所在目录下执行 make 命令，生成模块文件了。

```
# make
make -C /usr/src/linux-headers-5.15.0-56-generic/ M=/root/桌面/Linux 驱动开发入门与实战/05/hello modules
make[1]: 进入目录"/usr/src/linux-headers-5.15.0-56-generic"
  CC [M]  /root/桌面/Linux 驱动开发入门与实战/05/hello/hello.o
  MODPOST /root/桌面/Linux 驱动开发入门与实战/05/hello/Module.symvers
  CC [M]  /root/桌面/Linux 驱动开发入门与实战/05/hello/hello.mod.o
  LD [M]  /root/桌面/Linux 驱动开发入门与实战/05/hello/hello.ko
  BTF [M] /root/桌面/Linux 驱动开发入门与实战/05/hello/hello.ko
Skipping BTF generation for /root/桌面/Linux 驱动开发入门与实战/05/hello/hello.ko due to unavailability of vmlinux
make[1]: 离开目录"/usr/src/linux-headers-5.15.0-56-generic"
```

从 make 命令执行过程打印的信息中可以看出，编译器首先进入内核源代码文件所在的目录，进入该目录的目的是生成 hello.o 中间文件。编译模块的第二个阶段是运行 MODPOST 程序，生成 hello.mod.c 文件，最后连接 hello.o 和 hello.mod.c 文件，生成 hello.ko 模块文件。

说明：关于 Makefile 文件更详细的使用方法，请参考 GNU make 使用手册。

5.2.4 模块的操作命令

Linux 为用户提供了 modutils 工具，用来操作模块。这个工具主要包括：
- insmod 命令加载模块。使用 insmod hello.ko 命令可以加载 hello.ko 模块。模块加载后会自动调用 hello_init()函数，该函数会打印 Hello World 信息。如果在终端没有看见信息，则这条信息被发送到了/var/log/messages 文件中。可以使用 demsg | tail 命令查看文件的最后几行。如果模块带有参数，那么使用下面的格式可以传递参数给模块：

```
insmod 模块.ko 参数 1=值 1 参数 2=值 2 参数 3=值 3   /*参数之间没有逗号*/
```

- rmmod 命令卸载模块。如果模块没有被使用，那么执行 rmmod hello.ko 命令就可以卸载 hello.ko 模块。

- modprobe 命令是比较高级的加载和删除模块命令，它可以解决模块之间的依赖性问题，后面会具体讲解。
- lsmod 命令列出已经加载的模块和信息。在 insmod hello.ko 前后分别执行该命令，可以知道 hello.ko 模块是否被加载。
- modinfo 命令用于查询模块的相关信息，如作者和版权等。

5.2.5　Hello World 模块对文件系统的影响

当使用 insmod hello.ko 命令加载模块时，文件系统会发生什么变化呢？文件系统存储着有关模块的属性信息，程序员可以从这些属性信息中了解目前模块在系统中的状态，这些状态对开发调试非常重要。

- /proc/modules 发生变化。在 modules 文件中会增加如下一行：

```
hello 16384 0 - Live 0xffffffffc0763000 (OE)
```

这几个字段的信息分别是模块名、使用的内存、引用计数（模块被多少程序使用）、分隔符、活跃状态和加载到内核中的地址。

lsmod 命令通过读取/proc/modules 文件列出内核当前已经加载的模块信息。lsmod 去掉了部分信息，使显示时更为整齐。执行 lsmod 命令的结构如下：

```
# lsmod | grep hello
hello                  16384  0
```

- /proc/devices 文件没有变化，因为 hello.ko 模块并不是一个设备模块，当模块是一个设备的驱动时，在模块中需要新建一个设备文件。
- 在/sys/module/目录下会增加 hello 这个模块的基本信息。
- 在/sys/module/目录下会增加一个 hello 目录。该目录中包含一些以层次结构组织的内核模块的属性信息。使用 tree -a hello 命令可以得到下面的目录结构。

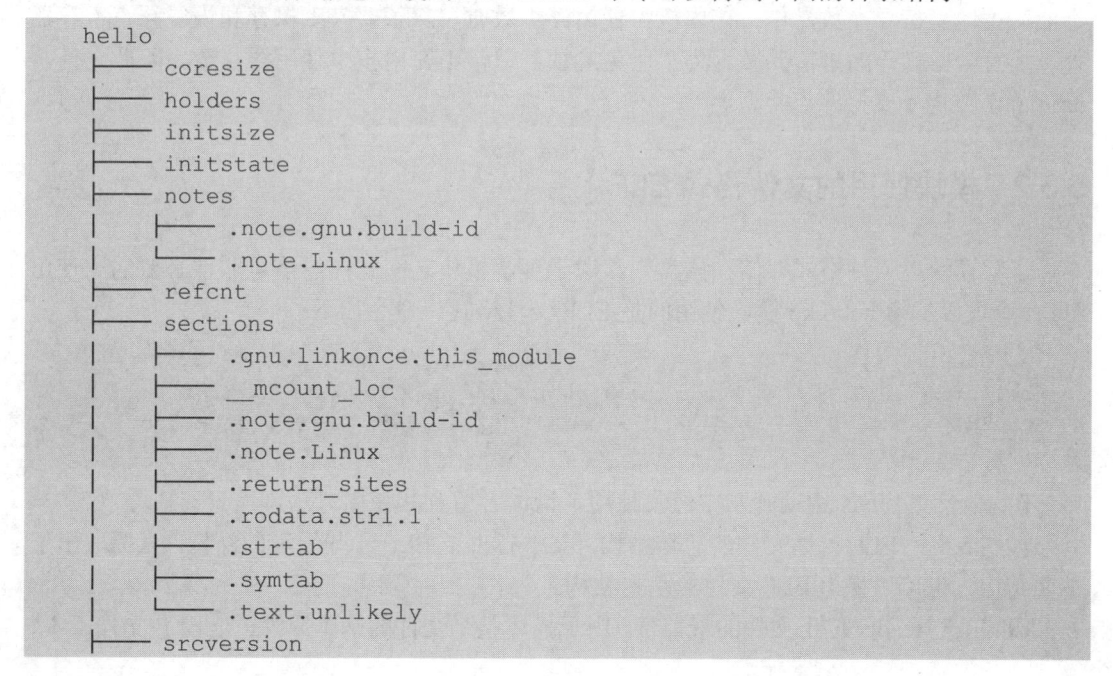

```
hello
├── coresize
├── holders
├── initsize
├── initstate
├── notes
│   ├── .note.gnu.build-id
│   └── .note.Linux
├── refcnt
├── sections
│   ├── .gnu.linkonce.this_module
│   ├── __mcount_loc
│   ├── .note.gnu.build-id
│   ├── .note.Linux
│   ├── .return_sites
│   ├── .rodata.str1.1
│   ├── .strtab
│   ├── .symtab
│   └── .text.unlikely
├── srcversion
```

```
    ├── taint
    └── uevent

3 directories, 18 files
```

5.3 模块参数和模块之间的通信

为了增加模块的灵活性，可以给模块添加参数。模块参数可以控制模块的内部逻辑，从而使模块在不同的情况下发挥不同的功能。简单地说，模块参数就像函数的参数一样。下面首先对模块参数进行介绍。

5.3.1 模块参数

用户空间的应用程序可以接受用户的参数，设备驱动程序有时候也需要接受参数。例如，一个模块可以实现两种相似的功能，这时可以传递一个参数给驱动模块，以决定其使用哪一种功能。参数需要在加载模块时指定，如 inmod xxx.ko param=1。

可以用"module_param(参数名，参数数据类型，参数读写权限)"的格式为模块定义一个参数。例如，下列代码定义了一个长整型和整型参数：

```
static long a = 1;
static int b = 1;
module_param(a, long, S_IRUGO);
module_param(b, int, S_IRUGO);
```

参数数据类型可以是 byte、short、ushort、int、uint、long、ulong、bool 和 charp（字符指针类型）。细心的读者可以看出，在模块参数的类型中没有浮点类型，这是因为内核并不能完美地支持浮点数操作。在内核中使用浮点数时，除了要人工保存和恢复浮点寄存器外，还有一些琐碎的事情要做。为了避免麻烦，通常不在内核中使用浮点数。除此之外，printk()函数也不支持浮点类型。

5.3.2 模块使用的文件格式 ELF

了解模块以何种格式存储在磁盘中，对于理解模块之间怎样通信是非常必要的。使用 file 命令可以知道 hello.ko 模块使用的是 ELF 文件格式，命令如下：

```
# file hello.ko
hello.ko: ELF 64-bit LSB relocatable, x86-64, version 1 (SYSV),
BuildID[sha1]=24118bd8f9d88b73d0a31256f224335ab587bc8c, with debug_info,
not stripped
```

file 命令在 Linux 驱动开发中经常使用，请读者留意其使用方法。

如图 5.5 是 ELF 目标文件的总体结构，其中省去了 ELF 一些烦琐的结构，只提取出了主要结构，也可以视为 ELF 文件的基本结构。

❑ ELF Header 位于文件的最前部，用于描述整个文件的基本属性，如 ELF 文件版本、目标机器型号和程序入口地址等。
- .text 表示代码段，用于存放文件的代码部分。
- .data 表示数据段，用于存放已经初始化的数据等。
- .Section Table 表用于描述 ELF 文件包含的所有段的信息，如每个段的段名、段的长度、在文件中的偏移、读写权限及段的其他属性。
- .symtab 表示符号表。符号表是一种映射函数到真实内存地址的数据结构，它就像一个字典，记录在编译阶段无法确定地址的函数。在模块文件加载阶段将由系统赋予.symtab 真实的内存地址。

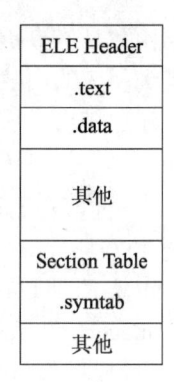

图 5.5　ELF 文件格式

5.3.3　模块之间的通信

模块是为了完成某种特定任务而设计的，其功能比较单一。为了丰富系统的功能，模块之间常常进行通信。模块之间可以共享变量和数据结构，也可以调用对方提供的功能函数。

下面以图 5.6 为例来讲解模块 1 怎样调用模块 2 的功能函数。为了讲清楚这个过程，需要从模块 2 加载讲起。

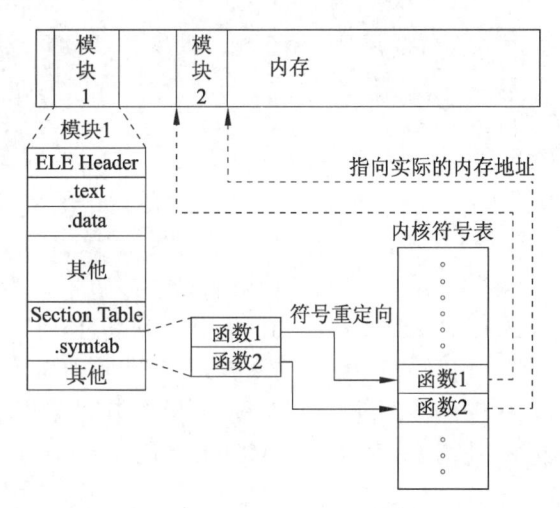

图 5.6　模块调用关系

模块 2 的加载过程如下。
（1）使用 insmod 模块 2.ko 加载模块 2。
（2）内核为模块 2 分配空间，然后将模块的代码和数据装入分配内存。
（3）内核发现符号表中有函数 1 和函数 2 可以导出，于是将其内存地址记录在内核符号表中。

模块 1 在加载进内核时，系统会执行以下操作：
（1）执行 insmod 命令为模块分配空间，然后将模块的代码和数据装入内存。
（2）内核在模块 1 的符号表（symtab）中发现一些未解析的函数。图 5.6 中这些未解析的函数是函数1和函数2，这些函数位于模块2的代码中，因此模块1会通过内核符号表查到相应的函数，然后将函数地址填到模块1的符号表中。

通过模块1加载的过程，模块1就可以使用模块2提供的函数1和函数2了。

5.3.4 模块之间的通信实例

本实例通过两个模块介绍模块的通信过程。模块 add_sub 提供了两个导出函数 add_integer()和 sub_integer()，分别完成两个数字的加法和减法。模块 test 用来调用模块 add_sub 提供的两个方法，完成加法或者减法操作。

1. add_sub模块

在模块 add_sub 中提供了一个加法函数和一个减法函数，其 add_sub.c 文件如下：

```
01  #include <linux/init.h>
02  #include <linux/module.h>
03  #include "add_sub.h"
04  long add_integer(long a, long b)            /* 函数返回 a 和 b 的和 */
05  {
06      return a+b;
07  }
08  long sub_integer(long a, long b)            /* 函数返回 a 和 b 的差 */
09  {
10      return a-b;
11  }
12  EXPORT_SYMBOL(add_integer);                 /* 导出加法函数 */
13  EXPORT_SYMBOL(sub_integer);                 /* 导出减法函数 */
14  MODULE_LICENSE("Dual BSD/GPL");
```

在 add_sub.c 文件中定义了一个加法和减法函数，这两个函数需要导出到内核符号表中，才能够被其他模块调用。第 12、13 行代码中的符号 EXPORT_SYMBOL 就是导出宏，它的作用是让内核知道其定义的函数可以被其他函数使用。

使用 EXPORT_SYMBOL 使函数变为导出函数是很方便的，但是不能随便使用。一个 Linux 内核源码中有几百万行代码，函数更是数以万计，模块中很可能会出现同名函数。幸运的是编译器认为模块中的函数都是私有的，不同模块中出现相同的函数名，并不会对编译产生影响，前提是不能使用 EXPORT_SYMBOL 导出符号。

为了测试模块 add_sub 的功能，这里建立了另一个 test 模块。test 模块需要知道 add_sub 模块提供了哪些功能函数，因此定义了一个 add_sub.h 头文件，代码如下：

```
#ifndef _ADD_SUB_H_
#define _ADD_SUB_H_
long add_integer(long a, long b);                /* 加法函数申明 */
long sub_integer(long a, long b);                /* 减法函数申明 */
#endif
```

2. test模块

test 模块用来测试 add_sub 模块提供的两个函数，同时 test 模块也可以接收一个 AddOrSub 参数，用来决定是调用 add_integer()函数还是调用 sub_integer()函数。当 AddOrSub 为 1 时，调用 add_integer()函数；当 AddOrSub 不为 1 时，调用 sub_integer()函数。test 模

块的代码如下：

```c
#include <linux/init.h>
#include <linux/module.h>
#include "add_sub.h"                    /* 不要使用<>包含文件，否则找不到该文件 */
/* 定义模块传递的参数a,b */
static long a = 1;
static long b = 1;
static int AddOrSub =1;
static int test_init(void)              /* 模块加载函数 */
{
    long result=0;
    printk(KERN_ALERT "test init\n");
    if(1==AddOrSub)
    {
        result=add_integer(a, b);
    }
    else
    {
        result=sub_integer(a, b);
    }
    printk(KERN_ALERT "The %s result is %ld",AddOrSub==1?"Add":
    "Sub",result);
    return 0;
}
static void test_exit(void)              /* 模块卸载函数 */
{
    printk(KERN_ALERT "test exit\n");
}
module_init(test_init);
module_exit(test_exit);
module_param(a, long, S_IRUGO);
module_param(b, long, S_IRUGO);
module_param(AddOrSub, int, S_IRUGO);
/* 描述信息 */
MODULE_LICENSE("Dual BSD/GPL");
MODULE_AUTHOR("Zheng Qiang");
MODULE_DESCRIPTION("The module for testing module params and EXPORT_SYMBOL");
MODULE_VERSION("V1.0");
```

3．编译模块

分别对两个模块进行编译，得到两个模块文件。add_sub 模块的 Makefile 文件与 Hello World 模块的 Makefile 文件有所不同。在 add_sub 模块的 Makefile 文件中，变量 PRINT_INC 表示 add_sub.h 文件所在的目录，该文件声明了 add_integer()函数和 sub_integer()函数的原型。EXTRA_CFLAGS 变量表示在编译模块时需要添加的目录。编译器会从这些目录中找到需要的头文件。add_sub 模块的 Makefile 文件如下：

```makefile
ifeq ($(KERNELRELEASE),)
    KERNELDIR ?= /usr/src/linux-headers-5.15.0-56-generic/
    PWD := $(shell pwd)
    PRINT_INC =$(PWD)/../include
    EXTRA_CFLAGS += -I $(PRINT_INC)
modules:
    $(MAKE) -I $(PRINT_INC) -C $(KERNELDIR) M=$(PWD) modules
modules_install:
    $(MAKE) -C $(KERNELDIR) M=$(PWD) modules_install
clean:
```

```
        rm -rf *.o *~ core .depend .*.cmd *.ko *.mod.c .tmp_versions
.PHONY: modules modules_install clean
else
    # called from kernel build system: just declare what our modules are
    obj-m := add_sub.o
endif
```

test 模块的 Makefile 文件如下面代码所示。SYMBOL_INC 是包含目录，该目录包含 add_sub.h 头文件。在 add_sub.h 文件中定义了两个在 test 模块中调用的函数。KBUILD_EXTRA_SYMBOLS 包含在编译 add_sub 模块时产生的符号表文件 Module.symvers，在这个文件中列出了 add_sub 模块中的函数地址。在编译 test 模块时，需要 Module.symvers 符号表文件。

```
obj-m := test.o
KERNELDIR ?= /usr/src/linux-headers-5.15.0-56-generic/
PWD := $(shell pwd)
SYMBOL_INC = $(obj)/../include
EXTRA_CFLAGS += -I $(SYMBOL_INC)
KBUILD_EXTRA_SYMBOLS=$(obj)/../print/Module.symvers
modules:
    $(MAKE) -C $(KERNELDIR) M=$(PWD) modules
modules_install:
    $(MAKE) -C $(KERNELDIR) M=$(PWD) modules_install
clean:
    rm -rf *.o *~ core .depend .*.cmd *.ko *.mod.c .tmp_versions
.PHONY: modules modules_install clean
```

4．测试模块

在加载 test 模块之前，需要先加载 add_sub 模块，这样 test 模块才能访问 add_sub 模块提供的导出函数，命令如下：

```
# insmod add_sub.ko
```

使用 insmod 加载模块并将参数传递到模块中。参数 AddOrSu=2 表示执行 a–b。

```
# insmod test.ko a=3 b=2 AddOrSub=2        #参数之间不用逗号隔开
# dmesg | tail          # dmesg 实际上是读取/var/log/messages 文件的内容
test init
The Sub result is 1
```

在/sys/module/目录下会创建一个 test 目录，可以清楚地看到在 parameters 目录下有 3 个文件，分别表示 3 个参数。

```
# tree -a test
test
├── coresize
├── holders
├── initsize
├── initstate
├── notes
│   ├── .note.gnu.build-id
│   └── .note.Linux
├── parameters
│   ├── a
│   ├── AddOrSub
│   └── b
├── refcnt
```

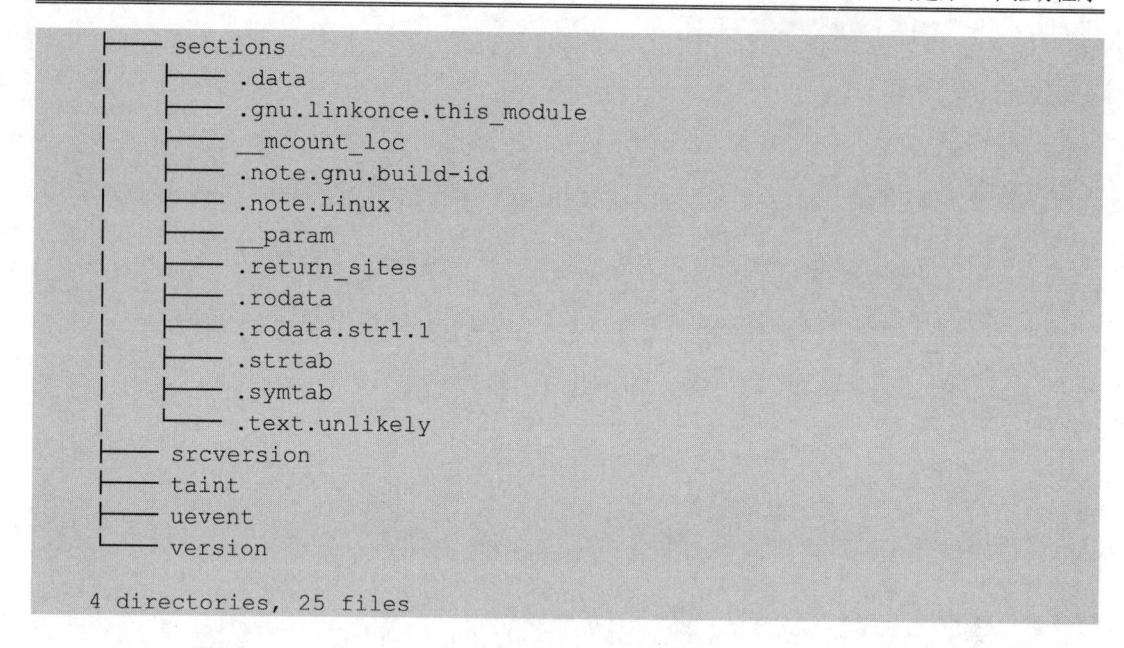

```
        │   ├── sections
        │   │   ├── .data
        │   │   ├── .gnu.linkonce.this_module
        │   │   ├── __mcount_loc
        │   │   ├── .note.gnu.build-id
        │   │   ├── .note.Linux
        │   │   ├── __param
        │   │   ├── .return_sites
        │   │   ├── .rodata
        │   │   ├── .rodata.str1.1
        │   │   ├── .strtab
        │   │   ├── .symtab
        │   │   └── .text.unlikely
        │   ├── srcversion
        │   ├── taint
        │   ├── uevent
        │   └── version

4 directories, 25 files
```

5.4 将模块加入内核

编译模块之后，如果希望模块随系统一起启动，则需要将模块静态编译入内核。将模块静态编译入内核需要完成一些必要的步骤。

5.4.1 向内核添加模块

向 Linux 内核添加驱动模块，需要完成以下 4 步：
（1）编写驱动程序文件。
（2）将驱动程序文件放到 Linux 内核源码的相应目录中，如果没有合适的目录，可以自己建立一个目录来存放驱动程序文件。
（3）在目录的 Kconfig 文件中添加新驱动程序对应的项目编译选项。
（4）在目录的 Makefile 文件中添加新驱动程序的编译语句。

5.4.2 Kconfig 文件

内核源码树的目录下都有两个文件即 Kconfig 和 Makefile。分布到各目录的 Kconfig 文件构成了一个分布式的内核配置数据库，每个 Kconfig 文件用于描述所属目录源文档相关的内核配置菜单。在内核配置 make menuconfig（或 xconfig 等）时，从 Kconfig 文件中读出菜单，待用户选择后保存到 .config 这个内核配置文档中。当内核编译时，主目录中的 Makefile 文件会调用这个 .config 文件，就知道了用户的选择。

通过上面的讲解知道，Kconfig 就是对应着内核的配置菜单。如果想添加新的驱动到内核的源码中，则需要修改 Kconfig 文件。

为了使读者对 Kconfig 文件有一个直观的认识，这里举一个简单的例子，这个例子是

IIC（即 I2C）驱动。在 linux-5.15.10/drivers/i2c 目录下包含 IIC 设备驱动的源代码，其目录结构如下：

```
# tree
.
├── algos
│   ├── i2c-algo-bit.c
│   ├── i2c-algo-pca.c
│   ├── i2c-algo-pcf.c
│   ├── i2c-algo-pcf.h
│   ├── Kconfig
│   └── Makefile
├── busses
│   ├── i2c-acorn.c
│   ├── i2c-ali1535.c
│   ├── i2c-ali1563.c
│   ├── i2c-ali15x3.c
│   ├── ...
│   ├── i2c-xlr.c
│   ├── Kconfig
│   ├── Makefile
│   └── scx200_acb.c
├── i2c-boardinfo.c
├── i2c-core-acpi.c
├── i2c-core-base.c
├── i2c-core.h
├── i2c-core-of.c
├── i2c-core-slave.c
├── i2c-core-smbus.c
├── i2c-dev.c
├── i2c-mux.c
├── i2c-slave-eeprom.c
├── i2c-slave-testunit.c
├── i2c-smbus.c
├── i2c-stub.c
├── Kconfig
├── Makefile
└── muxes
    ├── i2c-arb-gpio-challenge.c
    ├── i2c-demux-pinctrl.c
    ├── i2c-mux-gpio.c
    ├── i2c-mux-gpmux.c
    ├── i2c-mux-ltc4306.c
    ├── i2c-mux-mlxcpld.c
    ├── i2c-mux-pca9541.c
    ├── i2c-mux-pca954x.c
    ├── i2c-mux-pinctrl.c
    ├── i2c-mux-reg.c
    ├── Kconfig
    └── Makefile

3 directories, 169 files
```

目录中包含一个 Kconfig 文件，该文件中包含 I2C_CHARDEV 配置选项。

```
config I2C_CHARDEV
    tristate "I2C device interface"
    help
      Say Y here to use i2c-* device files, usually found in the /dev
      directory on your system.  They make it possible to have user-space
      programs use the I2C bus.  Information on how to do this is
      contained in the file <file:Documentation/i2c/dev-interface.rst>.
      This support is also available as a module.  If so, the module
      will be called i2c-dev.
```

上述 Kconfig 文件的这段脚本配置了 I2C_CHARDEV 选项。这个选项 tristate 是一个三态配置选项，它意味着模块要么编译为内核，要么编译为内核模块，要么不编译。当选项为 Y 时，表示编译入内核；当选项为 M 时，表示编译为模块；当选项为 N 时，表示不编译。如图 5.7 所示，I2C device interface 选项设置为 M，表示编译为内核模块。help 后面的内容为帮助信息，当单击"快捷键？"时，会显示这些帮助信息。

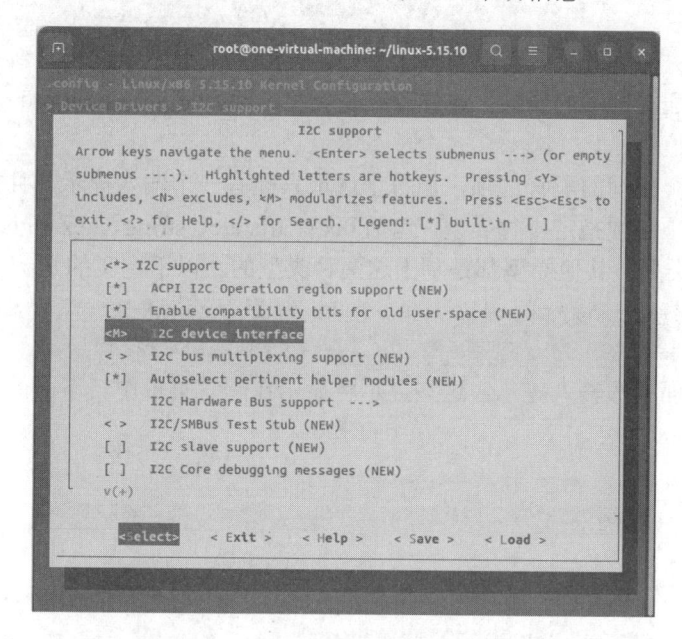

图 5.7　Kconfig 文件的配置菜单

5.4.3　Kconfig 文件的语法

Kconfig 文件的语法较为简单，在 Documentation/kbuild/kconfig-language.rs 文件中进行了介绍。归纳起来 Kconfig 文件的语法主要包括以下几个方面。

1. 主要语法总览

Kconfig 配置文件描述了一系列的菜单入口。除了帮助信息之外，每一行都以一个关键字开始，这些关键字如下：

```
config
menuconfig
choice/endchoice
comment
```

```
menu/endmenu
if/endif
```

前 5 个关键字都定义了一个菜单选项,if/endif 是一个条件选项。下面对常用的一些菜单语法进行说明。

2. 菜单入口

大多数内核配置选项都对应 Kconfig 文件中的一个菜单,该菜单可以在图 5.7 中显示,写法如下:

```
config MODVERSIONS
    bool "Set version information on all module symbols"
    depends on MODULES
    help
      Usually, modules have to be recompiled whenever you switch to a new
      kernel. ...
```

每行都是以关键字开始并可以有多个参数。config 关键字定义一个新的配置选项,之后几行定义了该配置选项的属性。属性可以是类型、输入提示(input prompt)、依赖关系、帮助信息和默认值等。

可以出现两个相同的配置选项,但每个选项只能有一个输入提示并且类型不能冲突。

每个配置选项必须指定一种类型,包括 bool、tristate、string、hex 和 int,其中,tristate 和 string 是基本类型,其他类型都是基于这两种类型的。以下定义的是一个 bool 类型:

```
#定义bool类型和菜单提示
bool "Set version information on all module symbols"
```

类型定义后面紧跟输入提示,这些提示将显示在配置菜单中。下面的两种方法用来定义输入提示。

方式 1:

```
bool "Networking support"
```

方式 2:

```
bool
prompt "Networking support"
```

输入提示的一般语法如下:

```
"prompt" <prompt> ["if" <expr>]
```

其中,prompt 是关键字,表示一个输入提示。<prompt>是一个提示信息。可选项 if 表示该提示的依赖关系。

默认值的语法如下:

```
"default" <expr> ["if" <expr>]
```

一个配置选项可以有多个默认值,但是只有第一个默认值是有效的。只有 config 选项才能配置默认值。

依赖关系如下:

```
"depends on" <expr>
```

如果定义了多个依赖关系,那么可以用"&&"来连接,表示"与"的关系。依赖关系可以应用到菜单的所有选择中,下面两个例子是等价的。

例子 1：

```
bool "foo" if BAR      #如果定义 BAR 选项，那么就激活 foo 选项
default y if BAR       #如果定义 BAR 选项，那么 foo 的默认值为 y，表示编译入内核
```

例子 2：

```
depends on BAR         #foo 选项的可配置与否，依赖于 BAR 选项
bool "foo"
default y
```

depends 能够限定一个 config 选项的能力，即如果 A 依赖于 B，则在 B 被配置为 Y 的情况下，A 可以为 Y、M、N；在 B 被配置为 M 的情况下，A 可以为 M、N；在 B 被配置为 N 的情况下，A 只能为 N，表示禁用该功能。

3．菜单结构

菜单结构（menu）一般作为菜单入口的父菜单。菜单入口在菜单结构中的位置可以由两种方式来决定。第一种方式如下：

```
menu "Network device support"
    depends on NET
config NETDEVICES
...
endmenu
```

menu 和 endmenu 为菜单结构关键字，处在其中的 config 选项是菜单入口。菜单入口 NETDEVICES 是菜单结构 Network device support 的子菜单。depends on NET 是主菜单 menu 的依赖项，只有在配置 NET 的情况下．才可以配置 Network device support 菜单项，而且所有子菜单选项都会继承父菜单的依赖关系。例如，Network device support 对 NET 的依赖将被加到配置选项 NETDEVICES 的依赖关系中。

第二种方式是通过分析依赖关系生成菜单结构。如果一个菜单选项在一定程度上依赖另一个菜单选项，那么它就称为该选项的子菜单。如果父菜单选项为 Y 或 M，那么子菜单可见；如果父菜单为 N，那么子菜单就不可见。例如：

```
config MODULES
    bool "Enable loadable module support"
config MODVERSIONS
    bool "Set version information on all module symbols"
    depends on MODULES
comment "module support disabled"
    depends on !MODULES
```

由语句 depends on MODULES 可知，MODVERSIONS 直接依赖于 MODULES，所以 MODVERSIONS 是 MODULES 的子菜单。如果 MODULES 不为 N，那么 MODVERSIONS 是可见的。

4．选择菜单

选择菜单（choice）定义一组选项，该选项的类型只能是 boolean 或 tristate。该选项的语法如下：

```
"choice" [symbol]
<choice options>
<choice block>
```

```
"endchoice"
```

在一个硬件有多个驱动的情况下可以使用 choice 选项，实现最终只有一个驱动被编译进内核。choice 选项可以接受的另一个选项是 optional，这样 choice 选项就被设置为 N，表示没有被选中的项。

5．注释菜单

注释菜单（comment）定义了配置过程中显示给用户的注释，此注释也可以输出到文件中，以备查看。注释的语法如下：

```
"comment" <prompt>
<comment options>
```

在注释中唯一可以定义的属性是依赖关系，其他属性不可以定义。

5.4.4　应用实例：在内核中增加 add_sub 模块

下面讲解一个综合实例，假设需要在内核中添加一个 add_sub 模块，考虑 add_sub 模块的功能，决定将该模块加到内核源码的 drivers 目录下。在 drivers 目录下增加一个 add_sub_Kconfig 子目录。add_sub 模块的源码目录 add_sub_Kconfig 如下：

```
# tree add_sub_Kconfig/
add_sub_Kconfig/
├── add_sub.c
├── add_sub.h
└── test.c

0 directories, 3 files
```

在内核中增加了子目录，需要为相应的目录创建 Kconfig 和 Makefile 文件才能对模块进行配置和编译。同时，子目录的父目录中的 Kconfig 和 Makefile 文件也需要修改，以使子目录中的 Kconfig 和 Makefile 文件能够被引用。

在新增加的 add_sub_Kconfig 目录中应该包含如下 Kconfig 文件：

```
#
# add_sub configuration
#
menu "ADD_SUB"                          #主菜单
    comment "ADD_SUB"
config CONFIG_ADD_SUB                   #子菜单，添加 add_sub 模块的功能
    bool "ADD_SUB support"
    default y
#子菜单，添加 test 模块的功能，只有配置 CONFIG_ADD_SUB 选项时该菜单才会显示
config CONFIG_TEST
    tristate "ADD_SUB test support"
    depends on CONFIG_ADD_SUB           #依赖 CONFIG_ADD_SUB
    default y
endmenu                                 #主菜单结束
```

由于 ADD_SUB 对于内核来说是新的功能，所以首先需要创建一个 ADD_SUB 菜单；然后用 comment 显示 ADD_SUB，等待用户选择；接下来判断用户是否选择了 ADD_SUB，如果选择了 ADD_SUB，那么将显示 ADD_SUB support，该选项默认值为 Y，表示编译入

内核。接下来，如果 ADD_SUB support 被配置为 Y，即变量 CONFIG_ADD_SUB=y，那么将显示 ADD_SUB test support，此选项依赖于 CONFIG_ADD_SUB。由于 CONFIG_TEST 可以被编译入内核，也可以编译为内核模块，所以这里的选项类型设置为 tristate。

为了使这个 Kconfig 文件起作用，需要修改 linux-5.15.10/drivers/Kconfig 文件，在文件的末尾增加以下内容：

```
source "drivers/add_sub_Kconfig/Kconfig"
```

其中，source 表示引用新的 Kconfig 文件，参数为 Kconfig 文件的相对路径名。同时，为了使 add_sub 和 test 模块能够被编译，需要在 add_sub_Kconfig 目录下增加一个 Makefile 文件，该 Makefile 文件如下：

```
obj-$(CONFIG_ADD_SUB)+=add_sub.o
obj-$(CONFIG_TEST)+=test.o
```

其中，变量 CONFIG_ADD_SUB 和 CONFIG_TEST 就是在 Kconfig 文件中定义的变量，根据配置变量的取值来构建 obj-* 列表。例如：当 obj-$(CONFIG_ADD_SUB) 等于 obj-y 时，表示构建 add_sub.o 模块，并编译入内核；当 obj-$(CONFIG_ADD_SUB) 等于 obj-n 时，表示不构建 add_sub.o 模块；当 obj-$(CONFIG_ADD_SUB) 等于 obj-m 时，表示单独编译模块，不放入内核。

为了使整个 add_sub_Kconfig 目录能够引起编译器的注意，add_sub_Kconfig 的父目录 drivers 中的 Makefile 文件也需要增加如下脚本：

```
obj-$(ADD_SUB)+=add_sub_Kconfig/
```

在 linux-5.15.10/drivers/Makefile 中添加 obj-$(ADD_SUB)+=add_sub_Kconfig/，使用户在进行内核编译时能够进入 add_sub_Kconfig 目录。增加了 Kconfig 和 Makefile 文件之后的新的 add_sub_Kconfig 树形目录如下：

```
# tree add_sub_Kconfig/
add_sub_Kconfig/
├──   add_sub.c
├──   add_sub.h
├──   Kconfig
├──   Makefile
└──   test.c

0 directories, 5 files
```

5.4.5 对 add_sub 模块进行配置

在将 add_sub 模块的源文件添加到内核源代码中后，需要对其进行配置才能编译模块。配置的步骤如下：

（1）在内核源代码目录中执行 make menconfig 命令。

```
# make menuconfig
```

（2）选择 Device Drivers 选项，再选择 Select 选项，如图 5.8 所示。

（3）在弹出的窗口中选择 ADD_SUB 选项，该选项就是在 Kconfig 文件中由 menu 菜单定义的，再选择 Select 选项，如图 5.9 所示。

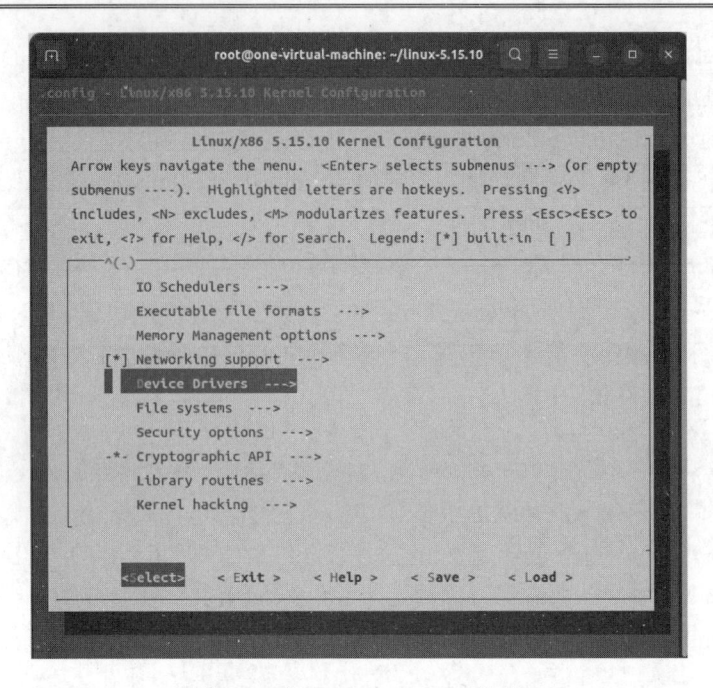

图 5.8　选择 Device Drivers 选项

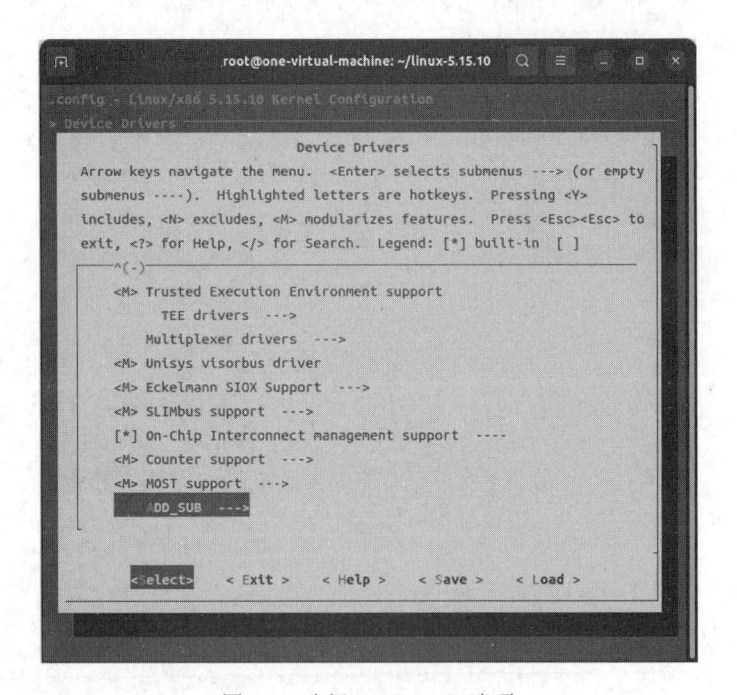

图 5.9　选择 ADD_SUB 选项

（4）此时弹出的窗口如图 5.10 所示，有 ADD_SUB support（NEW）和 ADD_SUB test support（NEW）两个选项可以选择。其中，ADD_SUB support（NEW）是 ADD_SUB test support（NEW）的父选项，只有在 ADD_SUB support（NEW）选中时，才能对 ADD_SUB test support（NEW）进行选择。图 5.10 中的"*"表示选中的意思，如果为空，表示没有选中。

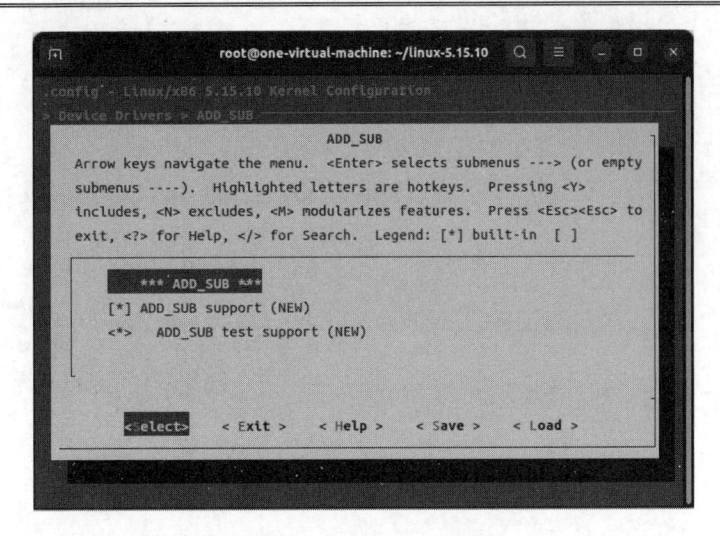

图 5.10　ADD_SUB 选项

5.5　小　　结

本章主要讲解了怎样构建一个驱动程序，本章内容是后面章节的基础。首先讲解了为什么要升级内核，然后对一个 Hello World 程序进行了简单的介绍。在这个基础上又详细地讲解了模块通信的原理并列举了一个模块通信实例，最后讲解了怎样将模块加入内核，让模块运行起来。本章的内容是非常重要并且应该掌握的。

5.6　习　　题

一、填空题

1．标准内核源码是 Linux 内核_____经过严格测试所构建的内核代码。
2．构建驱动程序模块时，必须考虑驱动程序与内核的_____。
3．模块卸载时要执行的函数是_____。

二、选择题

1．可以列出已经加载的模块和信息的命令是（　　）。
A．rmmod　　　　　B．modprobe　　　　C．lsmod　　　　　D．其他
2．包含加载模块时需要使用的大量符号和函数定义的头文件是（　　）。
A．init.h　　　　　B．module.h　　　　C．kernel.h　　　　D．其他
3．在 Kconfig 配置文件中不可以作为开始的关键字是（　　）。
A．config　　　　　B．comment　　　　C．menu/endmenu　　D．if/else

三、判断题

1. 标准内核是对厂商发行版内核的修改和优化。( )
2. 模块参数的数据类型可以是浮点类型。( )
3. 如果定义了多个依赖关系,可以用"&&"来连接。( )

第 6 章 简单的字符设备驱动程序

在 Linux 设备驱动程序的家族中，字符设备驱动程序是较为简单的驱动程序，同时也是应用非常广泛的驱动程序。学习字符设备驱动程序，对构建 Linux 设备驱动程序的知识结构非常重要。本章将带领读者编写一个完整的字符设备驱动程序。

6.1 字符设备驱动程序框架

本节对字符设备驱动程序框架进行了简要的分析。字符设备驱动程序涉及许多非常重要的概念，下面将从最简单的概念即字符设备和块设备讲起。

6.1.1 字符设备和块设备

Linux 系统将设备分为 3 种类型，分别是字符设备、块设备和网络接口设备。其中，字符设备和块设备难以区分，下面进行重要讲解。

1. 字符设备

字符设备是指那些只能一个字节一个字节地读写数据的设备，不能随机读写设备内存中的某个数据。字符设备读取数据时需要按照先后顺序，从这一点来看，字符设备是面向数据流的设备。常见的字符设备有鼠标、键盘、串口、控制台和 LED 等。

2. 块设备

块设备是指那些可以从设备的任意位置读取一定长度数据的设备。块设备读取数据时不必按照先后顺序，可以定位到设备的某个具体位置读取数据。常见的块设备有磁盘、U 盘和 SD 卡等。

3. 字符设备和块设备的区分

每一个字符设备或者块设备都在/dev 目录下对应一个设备文件。读者可以通过查看/dev 目录下的文件属性来区分设备是字符设备还是块设备。使用 cd 命令进入/dev 目录，然后执行 ls -l 命令就可以看到设备的属性。

```
# cd /dev                          /*进入/dev 目录*/
# ls -l                            /*列出/dev 目录下的文件信息*/
/*第1个字段    2      3      4      5      6      7         8 */
crw-r--r--    1     root   root   10,    235    2月 28   11:19 autofs
```

```
drwxr-xr-x    2    root    root           440    2月 28    11:43 block
drwxr-xr-x    2    root    root            80    2月 28    11:19 bsg
crw-------    1    root    root     10,   234    2月 28    11:19 btrfs-control
drwxr-xr-x    3    root    root            60    2月 28    11:18 bus
lrwxrwxrwx    1    root    root             3    2月 28    11:43 cdrom -> sr0
...
brw-rw----    1    root    disk      7,     0    2月 28    11:19 loop0
brw-rw----    1    root    disk      7,     1    2月 28    11:19 loop1
brw-rw----    1    root    disk      7,    10    2月 28    11:19 loop10
brw-rw----    1    root    disk      7,    11    2月 28    11:19 loop11
brw-rw----    1    root    disk      7,    12    2月 28    11:19 loop12
brw-rw----    1    root    disk      7,    13    2月 28    11:19 loop13
brw-rw----    1    root    disk      7,    14    2月 28    11:20 loop14
brw-rw----    1    root    disk      7,     2    2月 28    11:19 loop2
```

ls -l 命令的第一字段中的第一个字符 c 表示设备是字符设备，b 表示设备是块设备。第 2、3、4 个字段对驱动程序开发来说没有关系。第 5、6 个字段分别表示设备的主设备号和次设备号，这部分内容将在 6.1.2 小节讲解。第 7 个字段表示文件最后修改的时间。第 8 个字段表示设备的名字。

由第 1 个和第 8 个字段可知，autofs 是字符设备，loop0 是块设备。其中，autofs 设备的主设备号是 10，次设备号是 235。

6.1.2 主设备号和次设备号

一个字符设备或者块设备都有一个主设备号和次设备号。主设备号和次设备号统称为设备号。主设备号用来表示一个特定的驱动程序，次设备号用来表示使用该驱动程序的各设备。例如，一个嵌入式系统有两个 LED 灯，这两个 LED 灯需要独立控制打开或者关闭。那么，可以写一个 LED 灯的字符设备驱动程序，将其主设备号注册成 5 号设备，次设备号分别为 1 和 2。这里，次设备号就分别表示两个 LED 灯。通过主设备号和次设备号，就能够分别对两个灯进行控制了。

1. 主设备号和次设备号的表示

在 Linux 内核中，dev_t 类型用来表示设备号。在 Linux 5.15.0 中，dev_t 定义为一个无符号长整型变量，定义如下（/include/uapi/linux/coda.h）：

```
typedef u_long dev_t;
```

u_long 在 32 位机中是 4 个字节，在 64 位机中是 8 个字节。以 32 位机为例，其中，高 12 位表示主设备号，低 20 位表示次设备号，如图 6.1 所示。

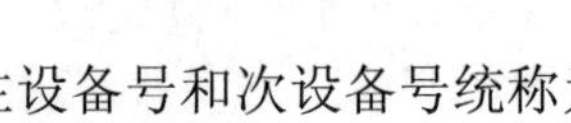

dev_t	
主设备号12位	次设备号20位

图 6.1 dev_t 结构

2. 主设备号和次设备号的获取

为了写出可移植的驱动程序，不能假定主设备号和次设备号的位数。在不同的机型中，主设备号和次设备号的位数可能是不同的。可以使用 MAJOR 宏获得主设备号，使用 MINOR 宏获得次设备号。下面是两个宏的定义（/include/linux/kdev_t.h）：

```
#define MINORBITS   20                              /*次设备号位数*/
#define MINORMASK   ((1U << MINORBITS) - 1)         /*次设备号掩码*/
/*dev右移20位得到主设备号*/
#define MAJOR(dev)  ((unsigned int) ((dev) >> MINORBITS))
/*与次设备掩码与，得到次设备号*/
#define MINOR(dev)  ((unsigned int) ((dev) & MINORMASK))
```

MAJOR 宏将 dev_t 向右移动 20 位，得到主设备号；MINOR 宏将 dev_t 的高 12 位清零，得到次设备号。相反，可以将主设备号和次设备号转换为设备号类型（dev_t），使用宏 MKDEV 可以完成这个功能。

```
#define MKDEV(ma,mi)    (((ma) << MINORBITS) | (mi))
```

MKDEV 宏将主设备号（ma）左移 20 位，然后与次设备号（mi）相与，得到设备号。

3. 静态分配设备号

静态分配设备号是指由驱动程序开发者静态地指定一个设备号。对于一部分常用的设备，内核开发者已经为其分配了设备号，这些设备号可以在内核源码/Documentation/admin-guide/devices.txt 文件中找到。如果只有开发者自己使用这些设备驱动程序，那么可以选择一个尚未使用的设备号。当不添加新硬件的时候，这种方式不会产生设备号冲突。如果添加新硬件，这种方式很可能会造成设备号冲突，影响设备的使用，原因很可能是新硬件的设备号已经被占用了。

4. 动态分配设备号

由于静态分配设备号存在设备号冲突的问题，所以内核社区建议开发者使用动态分配设备号的方法。动态分配设备号的函数是 alloc_chrdev_region()，该函数将在 6.1.3 小节中讲述。

5. 查看设备号

在静态分配设备号时，需要查看系统中已经存在的设备号，从而决定使用哪个新设备号。可以读取/proc/devices 文件获得设备的设备号。/proc/devices 文件包含字符设备和块设备的设备号，具体如下：

```
# cat /proc/devices /*cat命令查看/proc/devices文件的内容*/
Character devices:                    /*字符设备*/
  1 mem
  4 /dev/vc/0
  4 tty
  4 ttyS
  5 /dev/tty
  …
254 gpiochip

Block devices:                        /*块设备*/
  7 loop
```

```
  8 sd
  9 md
...
254 mdp
259 blkext
```

6.1.3 申请和释放设备号

内核维护着一个特殊的数据结构,用来存放设备号与设备的关系。在安装设备时,应该给设备申请一个设备号,使系统可以明确设备对应的设备号。设备驱动程序的很多功能是通过设备号来操作设备的。下面首先了解一下如何申请设备号。

1. 申请设备号

在构建字符设备之前,首先要向系统申请一个或者多个设备号。完成该项工作的函数是 register_chrdev_region(),该函数在<fs/char_dev.c>中定义:

```
int register_chrdev_region(dev_t from, unsigned count, const char *name);
```

其中,from 是要分配的设备号范围的起始值,一般只提供 from 的主设备号,from 的次设备号通常被设置成 0。count 是需要申请的连续设备号的个数。name 是和该范围编号关联的设备名称,该名称不能超过 64 个字节。

和大多数内核函数一样,register_chrdev_region()函数成功时返回 0,错误时返回一个负的错误码,并且不能为字符设备分配设备号。下面是一个例子代码,其申请了 CS5535_GPIO_COUNT 个设备号。

```
retval = register_chrdev_region(dev_id, CS5535_GPIO_COUNT,NAME);
```

Linux 中有非常多的字符设备,当人为地为字符设备分配设备号时,很有可能发生设备号冲突。Linux 内核开发者一直致力于将设备号变为动态的。可以使用 alloc_chrdev_region()函数达到这个目的,该函数在<fs/char_dev.c>中定义:

```
int alloc_chrdev_region(dev_t *dev, unsigned baseminor, unsigned count,
    const char *name)
```

在上面的函数中,dev 作为输出参数,当函数成功返回时将会保存已经分配的设备号。该函数有可能申请一段连续的设备号,这时 dev 返回第一个设备号。baseminor 表示要申请的第一个次设备号,其通常设为 0。count 和 name 与 register_chrdev_region()函数的对应参数一样。count 表示要申请的连续设备号的个数,name 表示设备的名称。下面是一个例子代码,其申请了 CS5535_GPIO_COUNT 个设备号。

```
retval = alloc_chrdev_region(&dev_id, 0, CS5535_GPIO_COUNT, NAME);
```

2. 释放设备号

使用上面两种方式申请的设备号,在不使用设备时应该释放设备号。设备号的释放统一使用下面的函数,该函数在<fs/char_dev.c>中定义:

```
void unregister_chrdev_region(dev_t from, unsigned count);
```

在上面这个函数中,from 表示要释放的设备号,count 表示从 from 开始要释放的设备号的个数。通常，在模块的卸载函数中会调用 unregister_chrdev_region()函数。

6.2 初识 cdev 结构体

申请字符设备的设备号之后，需要将字符设备注册到系统中，这样才能使用字符设备。为了理解这个实现过程，首先解释一下 cdev 结构体。

6.2.1 cdev 结构体简介

在 Linux 内核中使用 cdev 结构体来描述字符设备。该结构体是所有字符设备的抽象，其包含大量字符设备所共有的特性。cdev 结构体的定义如下（/include/linux/cdev.h）：

```
struct cdev {
    struct kobject kobj;        /*内嵌的 kobject 结构，用于管理内核设备驱动模型*/
    struct module *owner;       /*指向包含该结构的模块指针，用于引用计数*/
    const struct file_operations *ops;    /*指向字符设备操作函数集的指针*/
    struct list_head list;      /*该结构将使用驱动的字符设备连接成一个链表*/
    dev_t dev;                  /*该字符设备的起始设备号，一个设备可能有多个设备号*/
    unsigned int count;         /*使用该字符设备驱动的设备数量*/
} __randomize_layout;
```

cdev 结构体中的 kobj 结构用于管理字符设备，驱动开发人员一般不使用 kobj 结构。ops 是指向 file_operations 结构的指针，该结构定义了操作字符设备的函数。由于此结构体较为复杂，所以将在 6.2.2 小节专门详细讲解。

dev 用来存储字符设备所申请的设备号。count 表示目前有多少个字符设备在使用该驱动程序。当使用 rmmod 卸载模块时，如果 count 成员不为 0，那么系统不允许卸载模块。

list 结构是一个双向链表，用于将其他结构体连接成一个双向链表。该结构在 Linux 内核中广泛使用，需要读者掌握。

```
struct list_head {
    struct list_head *next, *prev;
};
```

如图 6.2 所示，cdev 结构体中的 list 成员连接到了 inode 结构体中的 i_devices 成员。其中，i_devices 也是一个 list_head 结构。这就使 cdev 结构与 inode 节点组成了一个双向链表。inode 结构体表示/dev 目录下的设备文件，该结构体较为复杂，将在后面讲述。

每一个字符设备在/dev 目录下都有一个设备文件，打开设备文件就相当于打开相应的字符设备。例如应用程序打开设备文件 A，那么系统会产生一个 inode 节点。这样可以通过 inode 节点的 i_cdev 字段找到 cdev 字符结构体。通过 cdev 的 ops 指针，就能找到设备 A 的操作函数。对操作函数的讲解将放在后面的章节中。

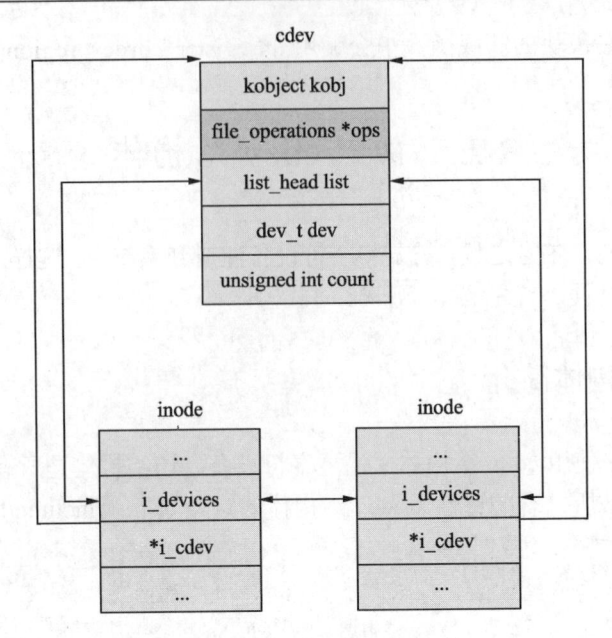

图 6.2 cdev 与 inode 的关系

6.2.2 file_operations 结构体简介

file_operations 是一个对设备进行操作的抽象结构体。Linux 内核的设计非常巧妙。内核允许为设备建立一个设备文件，对设备文件的所有操作就相当于对设备的操作。这样做的好处是，用户程序可以使用访问普通文件的方法来访问设备文件，进而访问设备。这个方法极大地减轻了程序员的编程负担，程序员不必熟悉新的驱动接口就能够访问设备。

对普通文件的访问，常常使用 open()、read()、write()和 close()等方法。同样，对设备文件的访问也可以使用这些方法。这些调用最终会引起对 file_operations 结构体中对应函数的调用。对于程序员来说，只要为不同的设备编写不同的操作函数就可以了。

为了增强 file_operations 的功能，所以很多函数集中在 file_operations 结构体中。该结构体目前已经比较庞大了，具体如下（/include/linux/fs.h）：

```
struct file_operations {
    struct module *owner;
    loff_t (*llseek) (struct file *, loff_t, int);
    ssize_t (*read) (struct file *, char __user *, size_t, loff_t *);
    ssize_t (*write) (struct file *, const char __user *, size_t, loff_t *);
    ssize_t (*read_iter) (struct kiocb *, struct iov_iter *);
    ssize_t (*write_iter) (struct kiocb *, struct iov_iter *);
    int (*iopoll)(struct kiocb *kiocb, bool spin);
    int (*iterate) (struct file *, struct dir_context *);
    int (*iterate_shared) (struct file *, struct dir_context *);
    __poll_t (*poll) (struct file *, struct poll_table_struct *);
    long (*unlocked_ioctl) (struct file *, unsigned int, unsigned long);
    long (*compat_ioctl) (struct file *, unsigned int, unsigned long);
    int (*mmap) (struct file *, struct vm_area_struct *);
    unsigned long mmap_supported_flags;
    int (*open) (struct inode *, struct file *);
    int (*flush) (struct file *, fl_owner_t id);
    int (*release) (struct inode *, struct file *);
```

```c
    int (*fsync) (struct file *, loff_t, loff_t, int datasync);
    int (*fasync) (int, struct file *, int);
    int (*lock) (struct file *, int, struct file_lock *);
    ssize_t (*sendpage) (struct file *, struct page *, int, size_t, loff_t
*, int);
    unsigned long (*get_unmapped_area)(struct file *, unsigned long,
unsigned long, unsigned long, unsigned long);
    int (*check_flags)(int);
    int (*flock) (struct file *, int, struct file_lock *);
    ssize_t (*splice_write)(struct pipe_inode_info *, struct file *, loff_t
*, size_t, unsigned int);
    ssize_t (*splice_read)(struct file *, loff_t *, struct pipe_inode_info
*, size_t, unsigned int);
    int (*setlease)(struct file *, long, struct file_lock **, void **);
    long (*fallocate)(struct file *file, int mode, loff_t offset,
            loff_t len);
    void (*show_fdinfo)(struct seq_file *m, struct file *f);
#ifndef CONFIG_MMU
    unsigned (*mmap_capabilities)(struct file *);
#endif
    ssize_t (*copy_file_range)(struct file *, loff_t, struct file *,
            loff_t, size_t, unsigned int);
    loff_t (*remap_file_range)(struct file *file_in, loff_t pos_in,
                struct file *file_out, loff_t pos_out,
                loff_t len, unsigned int remap_flags);
    int (*fadvise)(struct file *, loff_t, loff_t, int);
} __randomize_layout;
```

下面对 file_operations 结构体中的重要成员进行讲解。

- owner 成员根本不是一个函数，它是一个指向拥有这个结构体模块的指针。这个成员用来维持模块的引用计数，当模块还在使用时，不能用 rmmod 卸载模块。在模块使用过程中，owner 成员被简单初始化为 THIS_MODULE（一个在<linux/module.h>中定义的宏）。
- llseek()函数用来改变文件中的当前读/写位置，并将新位置返回。loff_t 参数是一个 long long 类型，该类型即使在 32 位机上也是 64 位宽，这是为了与 64 位机兼容而设定的，因为 64 位机的文件大小完全可以突破 4GB。
- read()函数用来从设备中获取数据，当获取成功时该函数返回读取的字节数，当获取失败时该函数返回一个负的错误码。
- write()函数用来将数据写入设备。当写入成功时该函数返回写入的字节数，当写入失败时该函数返回一个负的错误码。
- open()函数用来打开一个设备，在该函数中可以对设备进行初始化。如果这个函数被赋值为 NULL，那么设备永远打开成功，并且不会对设备产生影响。
- release()函数用来释放在 open()函数中申请的资源，当文件引用计数为 0 时将被系统调用。其对应用程序的 close()方法，但并不是每一次调用 close()方法时都会触发 release()函数，只有在释放所有打开的设备文件后才会被调用。

6.2.3　cdev 和 file_operations 结构体的关系

一般来说，驱动开发人员会将特定设备的特定数据放到 cdev 结构体中，从而组成一个新的结构体。如图 6.3 所示，在"自定义字符设备"中就包含特定设备的数据。在该"自定义字符设备"中有一个 cdev 结构体，该结构体中有一个指向 file_operations 的指针。这里，file_operations 中的函数就可以用来操作硬件或者"自定义字符设备"中的其他数据，从而起到控制设备的作用。

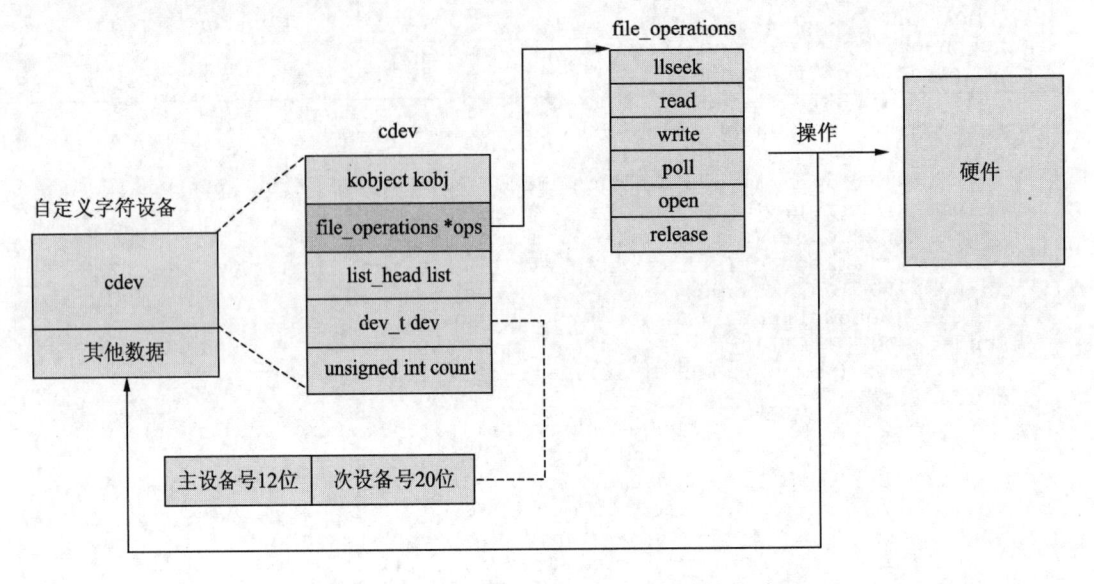

图 6.3　cdev 与 file_operations 结构体的关系

6.2.4　inode 结构体简介

内核使用 inode 结构体表示文件。inode 一般作为 file_operations 结构体中函数传递的参数。例如，open()函数传递一个 inode 指针，表示目前打开的文件节点。需要注意的是，inode 的成员已经被系统赋予了合适的值，驱动程序只需要使用该结点中的信息即可，不用更改。Oepn()函数为：

```
int (*open) (struct inode *, struct file *);
```

在 inode 结构体中包含大量的有关文件的信息。这里只对编写驱动程序有用的字段进行介绍，对于该结构体的更多信息，读者可以参看内核源码。

- dev_t i_rdev：设备文件对应的设备号。
- struct list_head i_devices：如图 6.2 所示，该成员使设备文件连接对应的 cdev 结构体，从而对应自己的驱动程序。
- struct cdev *i_cdev：如图 6.2 所示，该成员也指向 cdev 设备。

除了从 dev_t 中得到主设备号和次设备号外，这里还可以使用 imajor()和 iminor()函数从 i_rdev 中得到主设备号和次设备号。

imajor()函数在内部调用 MAJOR 宏，代码如下（/include/linux/fs.h）：

```
static inline unsigned imajor(const struct inode *inode)
{
    return MAJOR(inode->i_rdev);         /*从 inode->i_rdev 中提取主设备号*/
}
```

同样，iminor()函数在内部调用 MINOR 宏，代码如下（/include/linux/fs.h）：

```
static inline unsigned iminor(const struct inode *inode)
{
    return MINOR(inode->i_rdev);            /*从 inode->i_rdev 中提取次设备号*/
}
```

6.3 字符设备驱动程序的组成

了解字符设备驱动程序的组成,对编写驱动程序非常有用。因为字符设备在结构上有很多相似的地方,所以只要会编写一个字符设备驱动程序,那么相似的字符设备驱动程序的编写就不难了。在 Linux 系统中,字符设备驱动程序由以下几个部分组成。

6.3.1 字符设备驱动程序的加载和卸载函数

在字符设备的加载函数中,应该实现字符设备号的申请和 cdev 的注册。相反,在字符设备的卸载函数中应该实现字符设备号的释放和 cdev 的注销。

cdev 是内核开发者对字符设备的一个抽象。除了 cdev 中的信息外,特定的字符设备还需要特定的信息,常常将特定的信息放在 cdev 之后,形成一个设备结构体,如代码中的 xxx_dev。

常见的设备结构体、加载函数和卸载函数的使用示例如下:

```
struct xxx_dev                                          /*自定义设备结构体*/
{
    struct cdev cdev;                                   /*cdev 结构体*/
    ...                                                 /*特定设备的特定数据*/
};
static int __init xxx_init(void)                        /*设备驱动模块加载函数*/
{
    ...
    /* 申请设备号,当 xxx_major 不为 0 时,表示静态指定;为 0 时,表示动态申请*/
    if (xxx_major)
        /*静态申请设备号*/
        result = register_chrdev_region(xxx_devno, 1, "DEV_NAME");
    else
    {
        /*动态申请设备号*/
        result = alloc_chrdev_region(&xxx_devno, 0, 1, " DEV_NAME ");
        xxx_major = MAJOR(xxx_devno);                   /*获得申请的主设备号*/
    }
/*初始化 cdev 结构体,传递 file_operations 结构指针*/
    cdev_init(&xxx_dev.cdev, &xxx_fops);
    dev->cdev.owner = THIS_MODULE;                      /*指定所属模块*/
    err = cdev_add(&xxx_dev .cdev, xxx_devno, 1);       /*注册设备*/
}
static void __exit xxx_exit(void)                       /*模块卸载函数*/
{
    cdev_del(&xxx_dev.cdev);                            /*注销 cdev*/
    unregister_chrdev_region(xxx_devno, 1);             /*释放设备号*/
}
```

6.3.2 file_operations 结构体成员函数

file_operations 结构体成员函数对应驱动程序的接口，用户程序可以通过内核来调用这些接口，从而控制设备。大多数字符设备驱动都会实现 read()、write()和 ioctl()函数，这 3 个函数的常见写法如下：

```
/*文件操作结构体*/
static const struct file_operations xxx_fops =
{
  .owner = THIS_MODULE,           /*模块引用，任何时候都赋值THIS_MODULE */
  .read = xxx_read,                /*指定设备的读函数 */
  .write = xxx_write,              /*指定设备的写函数 */
};
/*读函数*/
static ssize_t xxx_read(struct file *filp, char __user *buf, size_t size,
loff_t *ppos)
{
  ...
if(size>8)
   copy_to_user(buf,...,...);    /*当数据较大时，使用copy_to_user()效率较高*/
esle
put_user(...,buf);                /*当数据较小时，使用put_user()效率较高*/
...
}
/*写函数*/
static ssize_t xxx_write(struct file *filp, const char __user *buf,size_t
size, loff_t *ppos)
{
   ...
if(size>8)
copy_from_user(..., buf,...);    /*当数据较大时，使用copy_to_user()效率较高*/
else
   get_user(..., buf);            /*当数据较小时，使用put_user()效率较高*/
...
}
```

文件操作结构体 xxx_fops 中保存了操作函数的指针。对于没有实现的函数，被赋值为 NULL。xxx_fops 结构体在字符设备加载函数中作为 cdev_init()的参数，与 cdev 建立了关联。

设备驱动的 read()和 write()函数有同样的参数。filp 是文件结构体的指针，指向打开的文件。buf 是来自用户空间的数据地址，该地址不能在驱动程序中直接读取。size 是要读的字节。ppos 是读写的位置，相对于文件的开头。

6.3.3 驱动程序与应用程序的数据交换

驱动程序和应用程序的数据交换是非常重要的。file_operations 中的 read()和 write()函数用于在驱动程序和应用程序中交换数据。通过数据交换，驱动程序和应用程序可以彼此了解对方的情况。但是驱动程序和应用程序属于不同的地址空间，驱动程序不能直接访问应用程序的地址空间，同样，应用程序也不能直接访问驱动程序的地址空间，否则会破坏彼此空间中的数据，从而造成系统崩溃或者数据损坏。

安全的方法是使用内核提供的专用函数，完成数据在应用程序空间和驱动程序空间的交换。这些函数对用户程序传过来的指针进行了严格的检查和必要的转换，从而保证用户程序与驱动程序交换数据的安全性。这些函数有：

```
static __always_inline unsigned long __must_check
copy_to_user(void __user *to, const void *from, unsigned long n);

static __always_inline __must_check unsigned long
__copy_from_user(void *to, const void __user *from, unsigned long n);

#define put_user(x, ptr)

#define get_user(x, ptr)
```

6.3.4 字符设备驱动程序组成小结

字符设备是 3 大类设备（字符设备、块设备、网络设备）中较简单的一类设备，其在驱动程序中完成的主要工作是初始化、添加和删除 cdev 结构体，申请和释放设备号，以及填充 file_operation 结构体中的操作函数，并实现 file_operations 结构体中的 read()、write()和 ioctl()等重要函数。如图 6.4 为 cdev 结构体、file_operations 结构体和用户空间调用驱动的关系。

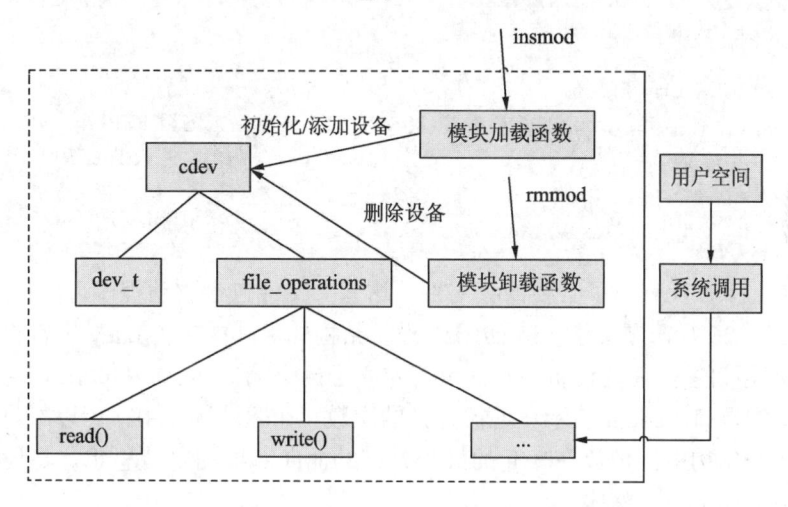

图 6.4 字符设备与用户空间的关系

6.4 VirtualDisk 字符设备驱动程序

从本节开始，后续的几节都将以一个 VirtualDisk 设备为蓝本进行讲解。VirtualDisk 是一个虚拟磁盘设备，在这个虚拟磁盘设备中分配了 8KB 的连续内存空间，并定义了两个端口数据（port1 和 port2）。驱动程序可以对设备进行读写、控制和定位操作，用户空间的程序可以通过 Linux 系统调用和访问 VirtualDisk 设备中的数据。

6.4.1 VirtualDisk 的头文件、宏和设备结构体

VirtualDisk 驱动程序应该包含必要的头文件和宏信息,并定义了一个与实际设备相对应的设备结构体,相关的定义如下面代码所示。

```
01  #include <linux/module.h>
02  #include <linux/types.h>
03  #include <linux/fs.h>
04  #include <linux/errno.h>
05  #include <linux/mm.h>
06  #include <linux/sched.h>
07  #include <linux/init.h>
08  #include <linux/cdev.h>
09  #include <asm/io.h>
10  #include <linux/slab.h>
11  #include <asm/uaccess.h>
12  #define VIRTUALDISK_SIZE    0x2000        /*全局内存最大 8KB 字节*/
13  #define MEM_CLEAR 0x1                     /*全局内存清零*/
14  #define PORT1_SET 0x2                     /*将 port1 端口清零*/
15  #define PORT2_SET 0x3                     /*将 port2 端口清零*/
16  #define VIRTUALDISK_MAJOR 200             /*预设的 VirtualDisk 的主设备号为 200*/
17  static int VirtualDisk_major = VIRTUALDISK_MAJOR;
18  /*VirtualDisk 设备结构体*/
19  struct VirtualDisk
20  {
21      struct cdev cdev;                     /*cdev 结构体*/
22      unsigned char mem[VIRTUALDISK_SIZE];  /*全局内存 8KB*/
23      int port1;                            /*两个不同类型的端口*/
24      long port2;
25      long count;                           /*记录设备目前被多少设备打开*/
26  };
```

- ❑ 第 1~11 行,列出了必要的头文件,这些头文件包含驱动程序可能使用的函数。
- ❑ 第 19~26 行,定义了 VirtualDisk 设备结构体。其中包含 cdev 字符设备结构体和一块连续的 8KB 的设备内存。另外定义了两个端口 port1 和 port2,用来模拟实际设备的端口。count 表示设备被打开的次数。在驱动程序中,可以不将这些成员放在一个结构中,但放在一起的好处是借助面向对象的封装思想,将设备相关的成员封装成了一个整体。
- ❑ 第 22 行,定义了一个 8KB 的内存块,在驱动程序中一般不静态地分配内存,因为静态分配的内存的生命周期非常长,随着驱动程序"生和死"。而驱动程序一般运行在系统的整个开机状态中,因此驱动程序分配的内存一直不会得到释放。在编写驱动程序时,应避免申请大块内存和静态分配内存。这里只是为了演示方便,所以分配了静态内存。

6.4.2 加载和卸载驱动程序

6.3 节对字符设备驱动程序的加载和卸载函数进行了介绍,VirtualDisk 的加载和卸载函

数和 6.3 节介绍的函数类似，其实现代码如下：

```
01  /*设备驱动模块加载函数*/
02  int VirtualDisk_init(void)
03  {
04    int result;
05    dev_t devno = MKDEV(VirtualDisk_major, 0);    /*构建设备号*/
06    /* 申请设备号*/
07    if (VirtualDisk_major)                        /* 如果不为 0，则静态申请*/
08      result = register_chrdev_region(devno, 1, "VirtualDisk");
09    else                                          /* 动态申请设备号 */
10    {
11      result = alloc_chrdev_region(&devno, 0, 1, "VirtualDisk");
12      VirtualDisk_major = MAJOR(devno);    /*从申请设备号中得到主设备号 */
13    }
14    if (result < 0)
15      return result;
16    /* 动态申请设备结构体的内存*/
17    Virtualdisk_devp = kmalloc(sizeof(struct VirtualDisk), GFP_KERNEL);
18    if (!Virtualdisk_devp)                        /*申请失败*/
19    {
20      result = - ENOMEM;
21      goto fail_kmalloc;
22    }
23    memset(Virtualdisk_devp, 0, sizeof(struct VirtualDisk));    /*将内存清零*/
24    /*初始化并且添加 cdev 结构体*/
25    VirtualDisk_setup_cdev(Virtualdisk_devp, 0);
26    return 0;
27    fail_kmalloc:
28      unregister_chrdev_region(devno, 1);
29    return result;
30  }
31  /*模块卸载函数*/
32  void VirtualDisk_exit(void)
33  {
34    cdev_del(&Virtualdisk_devp->cdev);             /*注销 cdev*/
35    kfree(Virtualdisk_devp);                       /*释放设备结构体内存*/
36    unregister_chrdev_region(MKDEV(VirtualDisk_major, 0), 1);
                                                     /*释放设备号*/
37  }
```

- 第 7~13 行，使用两种方式申请设备号。VirtualDisk_major 变量被静态定义为 200。当加载模块时，如果 VirtualDisk_major 等于 0，那么就执行 register_chrdev_region() 函数静态分配一个设备号；如果 VirtualDisk_major 等于 0，那么就使用 alloc_chrdev_region() 函数动态分配一个设备号，并由参数 devno 返回。在第 12 行代码中使用 MAJOR 宏返回得到的主设备号。
- 第 17~22 行，分配了一个 VirtualDisk 设备结构体。
- 第 23 行，将分配的 VirtualDisk 设备结构体清零。
- 第 25 行，调用自定义的 VirtualDisk_setup_cdev() 函数初始化 cdev 结构体并将其加入内核。该函数将在后面讲解。
- 第 32~37 行，调用卸载函数，在该函数中注销 cdev 结构体，释放 VirtualDisk 设备所占的内存，并且释放设备占用的设备号。

6.4.3 初始化和注册 cdev

在 6.4.2 小节的代码中,第 25 行代码是调用 VirtualDisk_setup_cdev()函数完成 cdev 的初始化和注册,其代码如下:

```
01  /*初始化并注册 cdev*/
02  static void VirtualDisk_setup_cdev(struct VirtualDisk *dev, int minor)
03  {
04    int err;
05    dev_t devno = MKDEV(VirtualDisk_major, minor);        /*构造设备号*/
06    cdev_init(&dev->cdev, &VirtualDisk_fops);             /*初始化 cdev 设备*/
07    dev->cdev.owner = THIS_MODULE;                        /*使驱动程序属于该模块*/
      /*cdev 连接 file_operations 指针,这样 cdev.ops 就被设置成文件操作函数的指针*/
08    dev->cdev.ops = &VirtualDisk_fops;
      /*将 cdev 注册在系统中,也就是将字符设备加入内核*/
09    err = cdev_add(&dev->cdev, devno, 1);
10    if (err)
11      printk(KERN_NOTICE "Error in cdev_add()\n");
12  }
```

下面对 VirtualDisk_setup_cdev()该函数进行简要的解释。

- 第 5 行,使用 MKDEV 宏构造一个主设备号为 VirtualDisk_major、次设备号为 minor 的设备号。
- 第 6 行,调用 cdev_init()函数,将设备结构体 cdev 与 file_operators 指针相关联。这个文件操作指针的定义代码如下:

```
/*文件操作结构体*/
static const struct file_operations VirtualDisk_fops =
{
  .owner = THIS_MODULE,
  .llseek = VirtualDisk_llseek,         /*定位偏移量函数*/
  .read = VirtualDisk_read,             /*读设备函数*/
  .write = VirtualDisk_write,           /*写设备函数*/
  .open = VirtualDisk_open,             /*打开设备函数*/
  .release = VirtualDisk_release,       /*释放设备函数*/
};
```

- 第 8 行,指定 VirtualDisk_fops 为字符设备的文件操作函数指针。
- 第 9 行,调用 cdev_add()函数将字符设备加入内核。
- 第 10、11 行,如果注册字符设备失败,则打印错误信息。

6.4.4 打开和释放函数

当用户程序调用 open()函数打开设备文件时,内核会调用 VirtualDisk_open()函数,该函数的代码如下:

```
01  /*文件打开函数*/
02  int VirtualDisk_open(struct inode *inode, struct file *filp)
03  {
04    /*将设备结构体指针赋值给文件私有数据指针*/
```

```
05    filp->private_data = Virtualdisk_devp;
06    struct VirtualDisk *devp = filp->private_data;   /*获得设备结构体指针*/
07    devp->count++;                                    /*增加设备打开次数*/
08    return 0;
09  }
```

下面对 VirtualDisk_open()函数进行简要的解释。

- 第 5 行和第 6 行,将 Virtualdisk_devp 赋值给私有数据指针,后面将用到这个指针。
- 第 7 行,将设备打开计数增加 1。

当用户程序调用 close()函数关闭设备文件时,内核会调用 VirtualDisk_release()函数。该函数主要是将计数器减 1,代码如下:

```
01  /*文件释放函数*/
02  int VirtualDisk_release(struct inode *inode, struct file *filp)
03  {
04    struct VirtualDisk *devp = filp->private_data;   /*获得设备结构体指针*/
05    devp->count--;                                    /*减少设备打开次数*/
06    return 0;
07  }
```

6.4.5 读写函数

当用户程序调用 read()函数读设备文件中的数据时,内核会最终调用 VirtualDisk_read() 函数,该函数的代码如下:

```
01  /*读函数*/
02  static ssize_t VirtualDisk_read(struct file *filp, char __user *buf, size_t size,
03    loff_t *ppos)
04  {
05    unsigned long p = *ppos;              /*记录文件指针的偏移位置*/
06    unsigned int count = size;            /*记录需要读取的字节数*/
07    int ret = 0;                          /*返回值*/
08    struct VirtualDisk *devp = filp->private_data;  /*获得设备结构体指针*/
09    /*分析和获取有效的读长度*/
10    if (p >= VIRTUALDISK_SIZE)            /*要读取的位置超出设备的内存空间*/
11      return count ? - ENXIO: 0;          /*读取地址错误*/
12    if (count > VIRTUALDISK_SIZE - p)     /*要读取的字节长度大于设备的内存空间*/
13      count = VIRTUALDISK_SIZE - p;       /*将要读取的字节数设为剩余的字节数*/
14    /*内核空间->用户空间交换数据*/
15    if (copy_to_user(buf, (void*)(devp->mem + p), count))
16    {
17      ret = - EFAULT;
18    }
19    else
20    {
21      *ppos += count;
22      ret = count;
23      printk(KERN_INFO "read %d bytes(s) from %d\n", count, p);
24    }
25    return ret;
26  }
```

下面对 VirtualDisk_read()函数进行简要的分析。

- 第 5～7 行，定义了一些局部变量。
- 第 8 行，从文件指针中获得设备结构体指针。
- 第 10 行，如果要读取的位置超出设备的内存空间，则出错。
- 第 12 行，如果要读的数据位置超出设备的内存空间，则只读到设备的末尾。
- 第 15～24 行，从用户空间复制数据并添加到设备中。如果成功，就将文件的偏移位置加上读出的数据个数。

当用户程序调用 write()函数向设备文件写入数据时，内核会最终调用 VirtualDisk_write()函数，该函数的代码如下：

```c
01  /*写函数*/
02  static ssize_t VirtualDisk_write(struct file *filp, const char __user *buf,
03      size_t size, loff_t *ppos)
04  {
05      unsigned long p = *ppos;              /*记录文件指针偏移位置*/
06      int ret = 0;                          /*返回值*/
07      unsigned int count = size;            /*记录需要写入的字节数*/
08      struct VirtualDisk *devp = filp->private_data;  /*获得设备结构体指针*/
09      /*分析和获取有效的写长度*/
10      if (p >= VIRTUALDISK_SIZE)            /*要写入的位置超出设备的内存空间*/
11          return count ? - ENXIO: 0;        /*写入地址错误*/
12      if (count > VIRTUALDISK_SIZE - p)     /*要写入的字节长度大于设备的内存空间*/
13          count = VIRTUALDISK_SIZE - p;     /*将要写入的字节数设为剩余的字节数*/
14      /*用户空间->内核空间*/
15      if (copy_from_user(devp->mem + p, buf, count))
16          ret = - EFAULT;
17      else
18      {
19          *ppos += count;                   /*增加偏移位置*/
20          ret = count;                      /*返回实际的写入字节数*/
21          printk(KERN_INFO "written %d bytes(s) from %d\n", count, p);
22      }
23      return ret;
24  }
```

下面对 VirtualDisk_write()函数进行简要的介绍。

- 第 5～7 行，定义了一些局部变量。
- 第 8 行，从文件指针中获得设备结构体指针。
- 第 10 行，如果要写入的位置超出设备的内存空间，则出错。
- 第 12 行，如果要写入的字节长度大于设备的内存空间，则只读到设备的末尾。
- 第 15～24 行，从设备中复制数据并添加到用户空间中。如果成功，就将文件的偏移位置加上写入的数据个数。

6.4.6 seek()函数

当用户程序调用 fseek()函数在设备文件中移动文件指针时，内核会调用 VirtualDisk_llseek()函数，该函数的代码如下：

```
01  /* seek 文件定位函数 */
02  static loff_t VirtualDisk_llseek(struct file *filp, loff_t offset, int orig)
03  {
04    loff_t ret = 0;                                    /*返回的位置偏移*/
05    switch (orig)
06    {
07      case SEEK_SET:                                   /*相对文件的开始位置偏移*/
08        if (offset < 0)                                /*offset 不合法*/
09        {
10          ret = - EINVAL;                              /*无效的指针*/
11          break;
12        }
13        if ((unsigned int)offset > VIRTUALDISK_SIZE)
                                                         /*偏移位置超出设备内存*/
14        {
15          ret = - EINVAL;                              /*无效的指针*/
16          break;
17        }
18        filp->f_pos = (unsigned int)offset;            /*更新文件指针位置*/
19        ret = filp->f_pos;                             /*返回的位置偏移*/
20        break;
21      case SEEK_CUR:                                   /*相对文件当前的位置偏移*/
22        /*偏移位置超出设备内存*/
23        if ((filp->f_pos + offset) > VIRTUALDISK_SIZE)
24        {
25          ret = - EINVAL;                              /*无效的指针*/
26          break;
27        }
28        if ((filp->f_pos + offset) < 0)                /*指针不合法*/
29        {
30          ret = - EINVAL;                              /*无效的指针*/
31          break;
32        }
33        filp->f_pos += offset;                         /*更新文件指针位置*/
34        ret = filp->f_pos;                             /*返回的位置偏移*/
35        break;
36      default:
37        ret = - EINVAL;                                /*无效的指针*/
38        break;
39    }
40    return ret;
41  }
```

下面对 VirtualDisk_llseek()函数进行简要的介绍。

- 第 4 行，定义了一个返回值，用来表示文件指针目前的偏移量。
- 第 5 行，选择文件指针移动的方向。
- 第 7~20 行，文件指针移动的类型是 SEEK_SET，表示相对于文件的开始位置移动指针 offset 个位置。
- 第 8~12 行，如果偏移小于 0，则返回错误。
- 第 13~17 行，如果偏移值大于文件的长度，则返回错误。
- 第 18 行，设置文件的偏移值到 filp->f_pos，这个指针表示文件的当前位置。
- 第 21~34 行，文件指针移动的类型是 SEEK_CUR，表示相对于文件的当前位置移动指针 offset 个位置。
- 第 22~26 行，如果偏移位置超出文件的长度，则返回错误。
- 第 27~31 行，指针小于 0 的情况，在这种情况下，指针是不合法的。
- 第 32 行，将文件的偏移值 filp->f_pos 加上 offset 个偏移。
- 第 35 和 36 行，命令不是 SEEK_SET 或者 SEEK_CUR，这种情况表示传入了非法的命令，直接返回。

6.5 小　　结

本章主要讲解了字符设备驱动程序。字符设备是 Linux 中的三大设备之一，很多设备都可以看作字符设备，所以学习字符设备驱动程序的编程是很有用的。本章首先从整体上介绍了字符设备的框架结构，然后介绍了字符设备结构体 cdev，接着介绍了字符设备驱动程序的组成，最后详细讲解了一个 VirtualDisk 字符设备驱动程序。

6.6 习　　题

一、填空题

1. 每一个字符设备或者块设备都在_____目录下对应一个设备文件。
2. 在 Linux 内核中，用来表示设备号的类型是_____。
3. 在 Linux 内核中使用_____结构体描述字符设备。

二、选择题

1. 申请设备号使用的函数是（　　）。
   A．register_chrdev_region()　　　　B．register_chrdev()
   C．register()　　　　　　　　　　　D．其他
2. 以下不属于 file_operations 结构体成员的是（　　）。
   A．owner　　　B．open()　　　C．write()　　　D．dev
3. 驱动程序与应用程序的数据交换使用的函数是（　　）。
   A．write()　　　B．read()　　　C．copy_to_user　　　D．gets()

三、判断题

1. 字符设备可以随机读取设备内存中的某个数据。　　　　　　　　　　　　（　　）
2. 驱动开发人员会将特定设备的特定数据放到 cdev 结构体中，从而组成一个新的结构体。　　　　　　　　　　　　　　　　　　　　　　　　　　　　　　（　　）
3. list 结构是一个单向链表。　　　　　　　　　　　　　　　　　　　　　（　　）

第 2 篇
核心技术

- 第 7 章　设备驱动的并发控制
- 第 8 章　设备驱动的阻塞和同步机制
- 第 9 章　中断与时钟机制
- 第 10 章　内外存访问

第 7 章　设备驱动的并发控制

现代操作系统有 3 大特性，即中断处理、多任务处理和多处理器（SMP），当多个进程、线程或者 CPU 同时访问一个资源时，这些特性可能导致系统发生错误，而这是操作系统运行所不允许的。在操作系统中，内核需要提供并发控制机制，对公用资源进行保护。本章将对保护这些公用资源的方法进行简要的介绍。

7.1　并发与竞争

并发是指在操作系统中，一个时间段内有几个程序同时处于就绪状态，等待调度到 CPU 中运行。并发容易导致出现竞争的问题。竞争就是两个或者两个以上的进程同时访问一个资源，从而使资源被无控制地修改。

在数据库中，如果允许多个用户同时访问和更改数据，就很可能产生冲突。

例如，飞机售票系统中的一个活动序列：

（1）甲售票员读出某航班的机票余票张数 A，设 $A=16$。
（2）乙售票员读出同一航班的机票余票张数 A，也为 16。
（3）甲售票点卖出一张机票，修改机票余票 $A=A-1$，即 $A=15$，把 A 写回数据库。
（4）乙售票点也卖出一张机票，修改机票余票 $A=A-1$，即 $A=15$，把 A 写回数据库。

结果：卖出两张机票，但数据库中的机票余票只减少了 1 张，这种情况就是并发造成的。下面将介绍一些控制机制，避免并发对系统资源造成的不良影响。这些并发控制机制有原子变量操作、自旋锁、信号量和完成量。下面对这几种机制进行详细的讲解。

7.2　原子变量操作

原子变量操作是 Linux 提供的一种简单的同步机制，是一种在操作过程中不会被打断的操作，因此在内核驱动程序中非常有用。本节将对 Linux 中的原子变量操作进行详细介绍。

7.2.1　定义原子变量

所谓原子变量操作，就是该操作绝不会在执行完毕前被其他任务或事件打断。也就是说，原子变量操作是一种不可以被打断的操作。原子变量操作需要硬件的支持，因此与架构相关。

原子变量操作不会只执行一半又去执行其他操作。它要么全部执行完毕，要么根本就不执行。原子变量操作的优点是编写简单；缺点是功能太简单，只能做计数操作，保护的数据太少，但却是其他同步手段的基石。在 Linux 中，原子变量的定义如下（/include/linux/types.h）：

```
typedef struct {
    int counter;
} atomic_t;
```

在 Linux 中定义了两种原子变量操作方法，一种是原子整型操作，另一种是原子位操作。下面分别对这两种原子变量操作方法进行介绍。

7.2.2 原子整型操作

有时候需要共享的资源可能只是一个简单的整型数值。例如，在驱动程序中，需要对包含一个 count 计数器。这个计数器表示有多少个应用程序打开了设备所对应的设备文件。通常，在设备驱动程序的 open() 函数中将 count 变量加 1，在 close() 函数中将 count 减 1。如果只有一个应用程序执行打开和关闭操作，那么这里的 count 计数不会出现问题。如果有多个应用程序同时打开或者关闭设备文件，那么就可能导致 count 多加或者少加，出现错误。

为了解决这个问题，内核提供了一个原子整型变量，称为 atomic_t，该变量的定义如下（/include/linux/types.h）：

```
typedef struct {
    int counter;
} atomic_t;
```

一个 atomic_t 变量实际上是一个 int 类型的值，但是由于一些处理器的限制，该 int 类型的变量不能表示完整的整数范围，只能表示 24 位数的范围。在 SPARC 处理器架构中，对原子操作缺乏指令级的支持，因此只能将 32 位中的低 8 位设置成一个锁，用来保护整型数据的并发访问。

在 Linux 中，定义一个 atomic_t 类型的变量与 C 语言中定义个类型的变量没有什么不同。例如，下面的代码定义了前面说的 count 计数器。

```
atomic_t count;
```

上面这句代码定义了一个 atomic_t 类型的 count 变量，atomic_t 类型的变量只能通过在 Linux 内核中定义的专用函数来操作，不能在变量上直接加 1 或者减 1。下面介绍一下在 Linux 中针对 atomic_t 类型变量的操作函数。

1. 定义atomic_t变量

ATOMIC_INIT 宏的功能是定义一个 atomic_t 类型的变量，其参数是需要给该变量初始化的值。ATOMIC_INIT 宏的定义如下（/include/linux/types.h）：

```
#define ATOMIC_INIT(i)  { (i) }
```

因为 atomic_t 类型的变量是一个结构体类型，所以对其进行定义和初始化时应该用结构体定义和初始化的方法。例如定义一个名为 count 的 atomic_t 类型的变量的方法，代码如下：

```
atomic_t count = ATOMIC_INIT(0);
```
上面这句代码展开后就是定义和初始化一个结构体的方法,展开后的代码如下:
```
atomic_t count ={ (0) };
```

2. 设置atomic_t变量的值

atomic_set()函数用来设置 tomic_t 变量的值,其定义如下(/include/linux/atomic/atomic-instrumented.h):
```
static __always_inline void atomic_set(atomic_t *v, int i)
```

3. 读atomic_t变量的值

atomic_read()函数用来读 atomic_t 变量的值,其定义如下(/include/linux/atomic/atomic-instrumented.h):
```
static __always_inline int atomic_read(const atomic_t *v)
```
atomic_read()函数对原子类型的变量进行原子读操作,它返回原子类型的变量 v 的值。

4. 原子变量的加减法

atomic_add()函数用来将第一个参数 i 的值加到第二个参数 v 中,并返回一个 void 值。返回空的原因是将耗费更多的 CPU 时间,而大多数情况下原子变量的加法不需要返回值。atomic_add()函数的原型如下(/include/linux/atomic/atomic-instrumented.h):
```
static __always_inline void atomic_add(int i, atomic_t *v)
```
与 atomic_add()函数功能相反的函数是 atomic_sub()函数,该函数从原子变量 v 中减去 i 的值。atomic_sub()函数的原型如下(/include/linux/atomic/atomic-instrumented.h):
```
static __always_inline void atomic_sub(int i, atomic_t *v)
```

5. 原子变量的自加自减

atomic_inc()函数用来将 v 指向的变量加 1,并返回一个 void 值。返回空的原因是将耗费更多的 CPU 时间,而大多数情况下原子变量的加法不需要返回值。atomic_inc()函数的原型如下(/include/linux/atomic/atomic-instrumented.h):
```
static __always_inline void atomic_inc(atomic_t *v)
```
与 atomic_inc()函数功能相反的函数是 atomic_dec()函数,该函数从原子变量 v 中减去 1。atomic_dec()函数的原型如下(/include/linux/atomic/atomic-instrumented.h):
```
static __always_inline void
atomic_dec(atomic_t *v)
```

6. 加减测试

atomic_inc_and_test()函数用来将 v 指向的变量加 1,如果结果是 0,则字节返回真;如果是非 0,则返回假。atomic_inc_and_test()函数的原型如下(/include/linux/atomic/atomic-instrumented.h):
```
static __always_inline bool
atomic_inc_and_test(atomic_t *v)
```

与 atomic_inc_and_test()函数功能相反的函数是 atomic_dec_and_test()函数，该函数从原子变量 v 中减去 1。如果结果是 0，则字节返回真；如果是非 0，则返回假。atomic_dec_and_test()函数的原型如下（/include/linux/atomic/atomic-instrumented.h）：

```
static __always_inline bool
atomic_dec_and_test(atomic_t *v)
```

综上所述，atomic_t 类型的变量必须使用上面介绍的函数来访问，如果试图将原子变量看作整型变量来使用，则会出现编译错误。

7.2.3 原子位操作

除了原子整数操作外，还有原子位操作。原子位操作是根据数据的每一位单独进行操作。根据体系结构的不同，原子位操作函数的实现也不同。这些函数的原型如下（/include/asm-generic/bitops/instrumented-atomic.h）：

```
01  static inline void set_bit(long nr, volatile unsigned long *addr)
02  static inline void clear_bit(long nr, volatile unsigned long *addr)
03  static inline void change_bit(long nr, volatile unsigned long *addr)
04  static inline bool test_and_set_bit(long nr, volatile unsigned long
        *addr)
05  static inline bool test_and_clear_bit(long nr, volatile unsigned long
        *addr)
06  static inline bool test_and_change_bit(long nr, volatile unsigned long
        *addr)
```

需要注意的是，原子位操作和原子整数操作是不同的。原子位操作不需要专门定义一个类似 atomic_t 类型的变量，只需要一个普通的变量指针就可以了。下面对上面几个函数进行简要的分析：

- 第 1 行，set_bit()函数将 addr 变量的第 nr 位设置为 1。
- 第 2 行，clear_bit()函数将 addr 变量的第 nr 位设置为 0。
- 第 3 行，change_bit()函数将 addr 变量的第 nr 位设置为相反的数。
- 第 4 行，test_and_set_bit()函数将 addr 变量的第 nr 位设置为 1，并返回没有修改之前的值。
- 第 5 行，test_and_clear_bit()函数将 addr 变量的第 nr 位设置为 0，并返回没有修改之前的值。
- 第 6 行，test_and_change_bit()函数将 addr 变量的第 nr 位设置为相反的数，并返回没有修改之前的值。

在 Linux 中还定义了一组与原子位操作功能相同但非原子位的操作。这些函数的命名是在原子位操作的函数前加两个下画线。例如，与原子位操作 set_bit()函数相对应的是 __set_bit()函数，这个函数不会保证是一个原子操作。与此类似的函数原型如下：（/include/asm-generic/bitops/non-atomic.h）

```
01  static inline void __set_bit(int nr, volatile unsigned long *addr)
02  static inline void __clear_bit(int nr, volatile unsigned long *addr)
03  static inline void __change_bit(int nr, volatile unsigned long *addr)
04  static inline int __test_and_set_bit(int nr, volatile unsigned long
        *addr)
05  static inline int __test_and_clear_bit(int nr, volatile unsigned long
```

```
    *addr)
06  static inline int __test_and_change_bit(int nr, volatile unsigned long
    *addr)
```

7.3 自 旋 锁

在 Linux 中提供了一些锁机制来避免资源竞争,最简单的就是自旋锁。引入锁的机制,是因为单独的原子操作不能满足复杂的内核设计需要。例如,当一个临界区域要在多个函数之间来回运行时,原子操作就显得无能为力了。

Linux 中一般有两种锁,一种是自旋锁,另一种是信号量。这两种锁是为了解决内核遇到的不同问题而开发的,其实现机制和应用场合有所不同。下面分别对这两种锁机制进行介绍。

7.3.1 自旋锁的操作方法

在 Linux 中,自旋锁的类型为 struct spinlock_t。内核提供了一系列的函数对 struct spinlock_t 进行操作。下面对自旋锁的操作方法进行简要介绍。

1. 定义和初始化自旋锁

在 Linux 中,定义自旋锁的方法和定义普通结构体的方法相同,定义方法如下:

```
spinlock_t lock;
```

一个自旋锁必须初始化之后才能使用,初始化自旋锁可以在编译阶段使用宏 SPIN_LOCK_UNLOCKED,这个宏表示一个没有锁定的自旋锁,其代码形式如下:

```
spinlock_t lock=SPIN_LOCK_UNLOCKED;                /*初始化一个未使用的自旋锁*/
```

在运行阶段,可以使用 spin_lock_init()函数动态地初始化一个自旋锁,这个函数的原型如下(/tools/virtio/linux/spinlock.h):

```
static inline void spin_lock_init(spinlock_t *lock)
```

2. 锁定自旋锁

在进入临界区前,需要使用 spin_lock 宏来获得自旋锁。spin_lock 宏的代码如下(/tools/include/linux/spinlock.h):

```
#define spin_lock(x)            pthread_mutex_lock(x)
```

spin_lock 宏用来获得自旋锁,如果能够立即获得自旋锁,则宏立刻返回;否则,这个锁会一直自旋在那里,直到被其他线程释放。

3. 释放自旋锁

当不再使用临界区时,需要使用 spin_unlock 宏释放自旋锁。spin_lock 宏的代码如下(/tools/include/linux/spinlock.h):

```
#define spin_unlock(x)          pthread_mutex_unlock(x)
```

当调用 spin_unlock 宏时，锁立刻被释放。

4．使用自旋锁

这里给出一个自旋锁的使用方法，首先是定义自旋锁，然后初始化并获得自旋锁，最后释放自旋锁。代码如下：

```
spinlock_t lock;
spin_lock_init(&lock);
spin_lock(&lock);
/*临界资源*/
spin_unlock(&lock);
```

在驱动程序中，有些设备只允许打开一次，那么就需要一个自旋锁保护表示设备打开或者关闭状态的变量 count。此处，count 属于一个临界资源，如果不对 count 进行保护，当设备打开频繁时，可能出现错误的 count 计数，所以必须对 count 进行保护。使用自旋锁包含 count 的代码如下：

```
int count=0;
spinlock_t lock;
int xxx_init(void)
{
    …
    spin_lock_init(&lock);
    …
}
/*文件打开函数*/
int xxx_open(struct inode *inode, struct file *filp)
{
    …
    spin_lock(&lock);
    if(count)
    {
        spin_unlock(&lock);
        return -EBUSY;
    }
    count++;
    spin_unlock(&lock);
    …

}
/*文件释放函数*/
int xxx_release(struct inode *inode, struct file *filp)
{
    …
    spin_lock(&lock);
    count++;
    spin_unlock(&lock);
    …
}
```

7.3.2 自旋锁的注意事项

使用自旋锁时有以下几点需要注意：
- 自旋锁是一种忙等待。在 Linux 中，当自旋锁条件不满足时，会一直不断地循环条件是否被满足。如果满足就解锁，继续运行下面的代码。这种忙等待机制是否对系统的性能有所影响呢？答案是肯定的。因此在实际编程中，程序员应该注意自旋锁不应该长时间地持有，它是一种适合短时间锁定的轻量级的加锁机制。

- 自旋锁不能递归使用。这是因为，自旋锁被设计成在不同线程或者函数之间同步。如果一个线程在已经持有自旋锁时处于忙等待状态，则已经没有机会释放自己持有的锁了。如果这时再调用自身，则自旋锁受保护的代码就永远没有执行的机会了，因此类似下面的递归形式是不能使用自旋锁的。

```
void A()
{
    锁定自旋锁;
    A();
    解锁自旋锁;
}
```

7.4 信 号 量

和自旋锁一样，信号量也是保护临界资源的一种有效的方法。信号量与自旋锁的使用方法基本一样。与自旋锁相比，只有当得到信号量的进程或者线程处于执行状态时才能够进入临界区，执行临界代码。信号量与自旋锁的明显区别在于，当一个进程试图获取一个已经锁定的信号量时，进程不会像自旋锁一样在远处忙等待，而是在信号量中采用了另一种方式，这种方式如下所述。

当获取的信号量没有释放时，进程会加入一个等待队列（Wait Queue）并进入睡眠状态，直到拥有信号量的进程释放信号量后，处于等待队列中的那个进程才被唤醒。进程被唤醒之后，立刻从睡眠的地方重新开始执行并再次试图获得信号量，当获得信号量时，程序将继续执行。

从信号量的原理上来说，没有获得信号量的函数可能进入睡眠状态。这就要求只有能够睡眠的进程才能够使用信号量，不能睡眠的进程则不能使用信号量。例如，在中断处理程序中，由于中断需要立刻完成，因此不能睡眠，也就是说，在中断处理程序中是不能使用信号量的。

7.4.1 信号量的实现

不同的平台提供的指令代码有所不同，所以信号量的实现也有所不同。在 Linux 中，信号量的定义如下（/include/linux/semaphore.h）：

```
struct semaphore {
    raw_spinlock_t      lock;
    unsigned int        count;
    struct list_head    wait_list;
};
```

下面详细介绍这个结构体中的各成员变量。

1．lock自旋锁

lock 自旋锁的功能比较简单，用于对 count 变量起保护作用。当 count 要变化时，内部会锁定 lock 锁，在修改完成后，会释放 lock 锁。

2．count变量

count 是信号量中一个非常重要的成员变量，这个变量的取值有以下 3 种：
- 等于 0 的值：如果这个值等于 0，则表示信号量被其他进程所使用，现在不可以用这个信号量，但是 wait_list 队列中没有进程在等待信号量。
- 小于 0 的值：如果这个值小于 0，那么表示至少有一个进程在 wait_list 队列中等待信号量被释放。
- 大于 0 的值：如果这个值大于 0，表示这个信号量是空闲的，程序可以使用这个信号量。

由此可以看出信号量与自旋锁的不同是，自旋锁只能允许一个进程持有自旋锁，而信号量可以根据 count 的值，设定有多少个进程持有这个信号量。根据 count 的取值，可以将信号量分为二值信号量和计数信号量。

二值信号量就是在 count 初始化时被设置为 1 的使用量，这种类型的信号量可以强制同一时刻只有一个进程在运行。

计数信号量允许同一个时刻有一个或者多个进程同时持有信号量。具体有多少个进程可以持有信号量，则取决于 count 的取值。

3．等待队列

wait 是一个等待队列的链表头，这个链表将所有等待该信号量的进程组成一个链表结构。在这个链表中存放的是正在睡眠的进程链表。

7.4.2　信号量的操作方法

在 Linux 中，信号量的类型为 struct semaphore。内核提供了一系列的函数对 struct semaphore 进行操作。下面对信号量的操作方法进行简要的介绍。

1．定义和初始化自旋锁

在 Linux 中，定义信号量的方法和定义普通结构体的方法相同，定义方法如下：

```
struct semaphore    sema;
```

一个信号量必须初始化才能被使用，sema_init()函数用来初始化信号量并设置 sem 中 count 的值为 val。代码如下（/include/linux/semaphore.h）：

```
static inline void sema_init(struct semaphore *sem, int val)
```

2．锁定信号量

在进入临界区前，需要使用 down()函数获得信号量。down()函数的代码如下（/kernel/locking/semaphore.c）：

```
void down(struct semaphore *sem)
```

down()函数会使进程进入睡眠,因此不能在中断上下文使用。另一个函数与down()函数相似,代码如下(/kernel/locking/semaphore.c):

```
int down_interruptible(struct semaphore *sem)
```

down_interruptible()函数与down()函数非常相似,不同之处在于,down()函数进入睡眠之后就不能被信号唤醒了,而 down_interruptible()函数进入睡眠后可以被信号唤醒。如果被信号唤醒,那么会返回非 0 值。因此在调用 down_interruptible()函数时,一般应该检查返回值,判断信号被唤醒的原因。代码如下:

```
if (down_interruptible(&sem))
{
    return -ERESTARTSYS;
}
```

3. 释放信号量

当不再使用临界区时,需要使用 up()函数释放信号量,up()函数的代码如下(/kernel/locking/semaphore.c):

```
void up(struct semaphore *sem)
```

4. 使用信号量

下面给出一个信号量的使用方法,首先定义信号量,然后初始化并获得信号量,最后释放信号。代码如下:

```
struct semaphore sem;
int xxx_init(void)
{
    ...
    sema_init(&lock,1);
    ...
}
/*文件打开函数*/
int xxx_open(struct inode *inode, struct file *filp)
{
    ...
    down(&sem);
    /*不允许其他进程访问这个程序的临界资源*/
    ...
    return 0;
}
/*文件释放函数*/
int xxx_release(struct inode *inode, struct file *filp)
{
    ...
    up(&sem);
    ...
}
```

5. 信号量用于同步操作

如果信号量被初始化为 0,那么可以将这种信号量叫作互斥体。互斥体可以用来实现同步的功能。同步表示一个线程的执行需要依赖于另一个线程的执行，这样可以保证线程执行的先后顺序。如图 7.1 所示，线程 A 执行到被保护代码 A 之前，一直处于睡眠状态，直到线程 B 执行完被保护代码 B 并调用 up()函数时才会执行被保护的代码 A。信号量的同步操作对于很多驱动程序来说非常有用，需要引起注意。

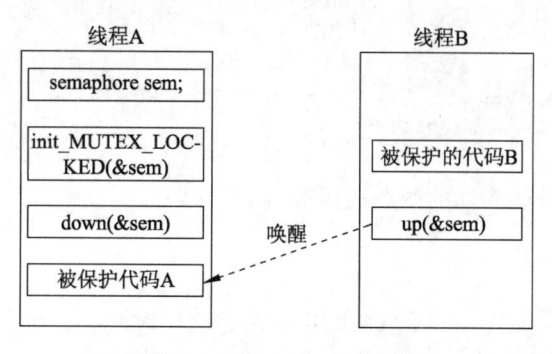

图 7.1　信号量用于同步操作

7.4.3　自旋锁与信号量的对比

　　自旋锁和信号量是解决并发控制的两个重要方法，使用时应该如何选择呢？这要根据被包含资源的特点来确定。
　　自旋锁是一种最简单的保护机制，从上面的代码分析中可以看出，自旋锁的定义只有一个结构体成员。当被包含的代码能够在很短的时间内执行完毕时，那么使用自旋锁是很好的选择。因为自旋锁只是忙等待，不会进入睡眠状态。要知道，睡眠是一种非常浪费时间的操作。
　　信号量用来在多个进程之间互斥。信号量的执行可能会使进程进入睡眠状态，睡眠需要进程上下文的切换，这是非常浪费时间的一项工作。因此，只有在一个进程对被保护的资源占用时间比进程切换的时间长很多时，信号量才是更好的选择，否则，会降低系统的执行效率。

7.5　完　成　量

　　在驱动程序开发过程中，有一种常见的情况是：一个线程需要等待另一个线程执行完某个操作后才能继续执行。前面讲的信号量其实也能够完成这种工作，但其效率比 Linux 专门针对这种情况而提供的完成量机制要差一些。Linux 提供了一种机制，用于实现一个线程发送一个信号通知另一个线程开始执行某个任务，这种机制就是完成量。完成量的目的是告诉一个线程，某个事件已经发生，可以在此事件基础上做你想做的另一个事件了。其实，完成量和信号量比较类似，但是在这种线程通信的情况下，使用完成量的效率更高。在内核中，完成量是一种轻量级的机制，这种机制在一个线程希望告诉另一个线程某个工作已经完成的场景中是非常有用的。

7.5.1 完成量的实现

完成量是实现两个任务之间同步的简单方法，在内核中，完成量由 struct completion 结构体表示。该结构体定义在/include/linux/completion.h 文件中，定义如下：

```
struct completion {
    unsigned int done;
    struct swait_queue_head wait;
};
```

下面详细介绍这个结构体的两个成员变量。

1. done成员

done 成员用来维护一个计数。当初始化一个完成量时，done 成员被初始化为 1。由 done 的类型可以知道这是一个无符号类型，其值永远大于或等于 0。当 done 等于 0 时，会将拥有完成量的线程置于等待状态；当 done 的值大于 0 时，表示等待完成量的函数可以立刻执行，不需要等待。

2. wait成员

wait 是一个等待队列的链表头，这个链表将所有等待该完成量的进程组成一个链表结构。在这个链表中存放的是正在睡眠的进程链表。

7.5.2 完成量的操作方法

在 Linux 中，信号量的类型为 struct completion。内核提供了一系列的函数对 struct completion 进行操作。下面对完成量的操作方法进行简要介绍。

1. 定义和初始化完成量

在 Linux 中，定义完成量的方法和定义普通结构体的方法相同，定义方法如下：

```
struct completion   com;
```

一个完成量必须初始化之后才能使用，init_completion()函数用来初始化完成量，其定义如下（/include/linux/completion.h）：

```
static inline void init_completion(struct completion *x)
{
    x->done = 0;
    init_swait_queue_head(&x->wait);        /*初始化等待队列头*/
}
```

还可以使用宏 DECLARE_COMPLETION 定义和初始化一个完成量，定义如下：

```
#define DECLARE_COMPLETION(work) \
    struct completion work = COMPLETION_INITIALIZER(work)
#define COMPLETION_INITIALIZER(work) \
    { 0, __SWAIT_QUEUE_HEAD_INITIALIZER((work).wait) }
```

仔细分析这个宏可以发现，其和 init_completion()函数实现的功能一样，只是定义和初始化一个完成量的简单实现而已。

2．等待完成量

当要实现同步时，可以使用 wait_for_completion()函数等待一个完成量，定义如下（/kernel/sched/completion.c）：

```
void __sched wait_for_completion(struct completion *x)
```

wait_for_completion()函数会执行一个不会被信号中断的等待。如果调用这个函数之后，没有一个线程完成这个完成量，那么执行 wait_for_completion()函数的线程会一直等待下去，线程将不可以退出。

3．释放完成量

当需要同步的任务完成时，可以使用下面的两个函数唤醒完成量。唤醒之后，wait_for_completion() 函数之后的代码才可以继续执行。这两个函数的定义如下（/kernel/sched/completion.c）：

```
void complete(struct completion *x)
void complete_all(struct completion *x)
```

前者只唤醒一个等待的进程或者线程，后者将唤醒所有等待的进程或者线程。

4．使用完成量

下面给出一个完成量的使用方法，首先定义完成量，然后初始化并获得完成量，最后释放完成量。代码如下：

```
struct completion  com;
int xxx_init(void)
{
    …
    init_completion(&com);
    …
}
int xxx_A()
{
    …
    /*代码A*/
    wait_for_completion(&com);
    /*代码B*/
    …
    return 0;
}
int xxx_B()
{
    …
    /*代码C*/
    complete(&com);
    …
}
```

在上面的代码中，使用 xxx_init()函数完成了对完成量的初始化。在 xxx_A()函数中，代码会一直执行到 wait_for_completion()函数处，如果此时 complete->done 的值等于 0，那么线程会进入睡眠状态。如果此时 complete->done 的值大于 0，那么 wait_for_completion()函数会将 complete->done 的值减 1，然后执行代码 B 部分。

在执行 xxx_B()函数的过程中，无论如何代码 C 都可以顺利地执行，complete()函数会将 complete->done 的值加 1，然后唤醒 complete->wait 中的一个线程。如果碰巧这个线程是执行 xxx_A()函数的线程，那么会将这个线程从 complete->wait 队列中唤醒并执行。

7.6 小　　结

本章介绍了 Linux 内核的并发控制机制，以及完成并发控制功能的原子变量操作、自旋锁、信号量和完成量。这些都是在内核中广泛使用的机制。每一种机制都有自己的特点和适用范围。读者在使用时应该先对这些特点进行比较，选择符合要求的并发控制机制，只有这样才可以写出高效、稳定的程序。

7.7 习　　题

一、填空题

1．并发是指在操作系统中，一个时间段内有几个程序同时处于_____状态，等待调度到 CPU 中运行。
2．信号量只有当得到信号量的进程或者线程处于_____状态时才能够进入临界区。
3．实现一个线程发送一个信号通知另一个线程开始执行某个任务，这种机制就是_____。
4．原子整型变量称为_____。

二、选择题

1．以下不能递归使用的是（　　）。
A．原子变量操作　　　　B．自旋锁　　　　C．信号量　　　　D．完成量
2．以下不属于 semaphore 结构中的成员是（　　）。
A、lock　　　　B．count　　　　C．wait_list　　　　D．done
3．下列实现同步时，可以实现等待一个完成量的函数是（　　）。
A．wait_for_completion()　　　　B．wait_for()
C．wait()　　　　D．其他

三、判断题

1．原子变量操作是一种可以被打断的操作。　　　　　　　　　　　　（　　）
2．信号量的类型为 struct semaphore。　　　　　　　　　　　　　　（　　）
3．完成量用来在多个进程之间互斥。　　　　　　　　　　　　　　　（　　）

第 8 章　设备驱动的阻塞和同步机制

阻塞和非阻塞是设备访问的两种基本方式。这两种方式使驱动程序可以灵活地进行阻塞与非阻塞的访问。在写阻塞与非阻塞的驱动程序时，经常用到等待队列，下面首先对等待队列进行简要的介绍。

8.1　阻塞和非阻塞

阻塞调用是指调用结果返回之前，当前线程会被挂起，函数只有在得到结果之后才会返回。有的读者也许认为阻塞调用和同步调用类似，实际上它们是不同的。对于同步调用来说，很多时候当前线程还是激活的，只是在逻辑上当前函数没有返回而已。

非阻塞和阻塞的概念相对应，指在不能立刻得到结果之前，该函数不会阻塞当前线程，而是立刻返回。对象是否处于阻塞模式与函数是否阻塞调用有很大的相关性，但并不是一一对应的。在阻塞对象中可以有非阻塞的调用方式，可以通过一定的 API 去轮询状态，在适当的时候调用阻塞函数，这样就可以避免阻塞了。对于非阻塞对象，调用特殊的函数也可以进入阻塞调用。

8.2　等待队列

在 Linux 驱动程序中，阻塞进程可以使用等待队列来实现。由于等待队列很有用，在 Linux 2.0 时代就已经引入了等待队列机制。等待队列的基本数据结构是一个双向链表，这个链表用于存储睡眠的进程。等待队列与进程调度机制紧密结合，能够实现内核中的异步事件通知机制。等待队列可以用来同步对系统资源的访问。例如，在完成一项工作之后，才允许完成另一项工作。

在内核中，等待队列是有很多用处的，尤其是在中断处理、进程同步和定时等场景中。可以使用等待队列实现阻塞进程的唤醒，它以队列为基础数据结构，与进程调度机制紧密结合，能够实现内核中的异步事件通知机制，同步对系统资源的访问等。

8.2.1　等待队列的实现

不同的平台提供的指令代码有所不同，因此等待队列的实现也有所不同。在 Linux 中，等待队列的定义如下（/include/linux/wait.h）：

```
struct wait_queue_head {
```

```
    spinlock_t      lock;
    struct list_head head;
};
typedef struct wait_queue_head wait_queue_head_t;
```

下面详细介绍等待队列结构体中的各个成员变量。

1. lock自旋锁

lock 自旋锁的功能比较简单，用于保护 head 链表起。当要向 head 链表中加入或者删除元素时，在内核内部就会锁定 lock 锁，修改完成后会释放 lock 锁。也就是说，lock 自旋锁在对 head 与操作的过程中，实现了对等待队列的互斥访问。

2. head变量

head 是一个双向循环链表，用来存放等待的进程。

8.2.2 等待队列操作方法

在 Linux 中，等待队列的类型为 struct wait_queue_head_t。内核提供了一系列的函数对 struct wait_queue_head_t 进行操作。下面对等待队列的操作方法进行简要的介绍。

1. 定义和初始化等待队列头

在 Linux 中，定义等待队列的方法和定义普通结构体的方法相同，定义方法如下：

```
struct wait_queue_head_t    wait;
```

一个等待队列必须初始化才能被使用，这里介绍两种初始化方式。第一种是通过结构体 wait_queue_head_t 定义，然后调用函数 init_waitqueue_head()进行初始化，定义如下（/include/linux/wait.h）：

```
#define init_waitqueue_head(wq_head)                            \
    do {                                                         \
        static struct lock_class_key __key;                      \
                                                                 \
        __init_waitqueue_head((wq_head), #wq_head, &__key);      \
    } while (0)
```

第二种是通过宏 DECLARE_WAIT_QUEUE_HEAD 直接定义一个队列头变量，然后完成初始化，定义如下（/include/linux/wait.h）：

```
#define DECLARE_WAIT_QUEUE_HEAD(name) \
    struct wait_queue_head name = __WAIT_QUEUE_HEAD_INITIALIZER(name)
```

2. 定义等待队列

Linux 内核提供了一个宏用来定义等待队列，该宏的代码如下（/include/linux/wait.h）：

```
#define DECLARE_WAITQUEUE(name, tsk)    \
    struct wait_queue_entry name = __WAITQUEUE_INITIALIZER(name, tsk)
```

上面的代码用来定义并且初始化一个名为 name 的等待队列。

3. 添加和移除等待队列

Linux 内核提供了两个函数用来添加和移除队列，这两个函数的定义如下（/kernel/sched/wait.c）：

```
void add_wait_queue(struct wait_queue_head *wq_head, struct wait_queue_entry *wq_entry) ;
void remove_wait_queue(struct wait_queue_head *wq_head, struct wait_queue_entry *wq_entry) ;
```

add_wait_queue()函数用来将等待队列元素 wq_entry 添加到等待队列头 wq_head 所指向的等待队列链表中。与其相反的函数是 remove_wait_queue()，该函数用来将队列元素 wq_entry 从等待队列 wq_head 所指向的等待队列中删除。

4. 等待事件

Linux 内核中提供一些宏来等待相应的事件,这些宏的定义如下（/include/linux/wait.h）：

```
#define wait_event(wq_head, condition)
#define wait_event_timeout(wq_head, condition, timeout)
#define wait_event_interruptible(wq_head, condition)
#define wait_event_interruptible_timeout(wq_head, condition, timeout)
```

- wait_event 宏的功能是，在等待队列中睡眠，直到 condition 为真。在等待期间，进程会被置为 TASK_UNINTERRUPTIBLE 并进入睡眠状态，直到 condition 变量变为真。每次进程被唤醒的时候都会检查 condition 的值。
- wait_event_timeout 宏与 wait_event 宏类似，如果所给的睡眠时间为负数则立即返回。如果在睡眠期间被唤醒且 condition 为真，则返回剩余的睡眠时间，否则继续睡眠直到到达或超过给定的睡眠时间，然后返回 0。
- wait_event_interruptible 宏与 wait_event 宏的区别是，调用该宏在等待的过程中当前进程会被设置为 TASK_INTERRUPTIBLE 状态。每次被唤醒时，首先检查 condition 是否为真，如果为真则返回；否则会返回-ERESTARTSYS 错误码。如果是 condition 为真，则返回 0。
- wait_event_interruptible_timeout 宏与 wait_event_timeout 宏类似，不同的是，如果在睡眠期间被信号打断，则 wait_event_interruptible_timeout 宏会返回 ERESTARTSYS 错误码。

5. 唤醒等待队列

Linux 内核提供了一些宏用来唤醒相应队列中的进程，这些宏的定义如下（/include/linux/wait.h）：

```
#define wake_up(x)                        __wake_up(x, TASK_NORMAL, 1, NULL)
#define wake_up_interruptible(x)  __wake_up(x, TASK_INTERRUPTIBLE, 1, NULL)
```

- wake_up 宏用于唤醒等待队列，可唤醒处于 TASK_INTERRUPTIBLE 和 TASK_UNINTERUPTIBLE 状态的进程，这个宏和 wait_event/wait_event_timeout 成对使用。
- wake_up_interruptible 宏和 wake_up()的唯一区别是，它只能唤醒处于 TASK_INTERRUPTIBLE 状态的进程。此外，这个宏可以唤醒使用 wait_event_interruptible 和 wait_event_interruptible_timeout 宏进入睡眠状态的进程。

8.3 同步机制实验

本节将讲解一个使用等待队列实现的同步机制实验，通过本节的实验，读者可以对 Linux 中的同步机制有较深入的了解。

8.3.1 同步机制设计

首先需要一个等待队列，所有等待某个事件完成的进程都挂接在这个等待队列中。包含队列的数据结构可以满足这个需求，这个数据结构的定义代码如下：

```
01  struct CustomEvent{
02      int eventNum;                       //事件号
03      wait_queue_head_t *p;               //系统等待队列首指针
04      struct CustomEvent *next;           //队列链指针
05  }
```

下面对该结构体进行简要的解释。
- 第 2 行的 eventNum 表示进程等待的事件号。
- 第 3 行代码是一个等待队列，进程在这个等待队列中等待。
- 第 4 行代码是连接这个结构体的指针。

为了实现实验的目的，设计了两个指针分别表示事件链表的头部和尾部，这两个结构的定义如下：

```
CustomEvent * lpevent_head = NULL ;         //链头指针
CustomEvent * lpevent_end = NULL ;          //链尾指针
```

每个事件由一个链表组成，每个链表中包含等待这个事件的等待队列。这个 CustomEvent 的链表结构如图 8.1 所示。

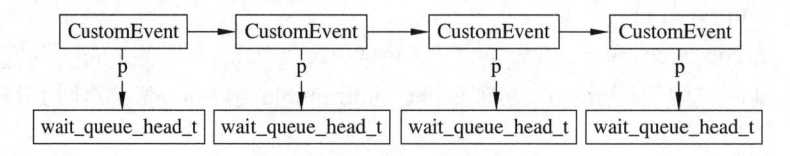

图 8.1 CustomEvent 的链表结构

为了实现同步机制的实验设计，定义一个函数 FindEventNum()，从一个事件链表中找到某个事件对应的等待链表，代码如下：

```
01  CustomEvent * FindEventNum(int eventNum, CustomEvent **prev)
02  {
03      CustomEvent *tmp = lpevent_head;
04      *prev = NULL;
05      while(tmp)
06      {
07          if(tmp->eventNum == eventNum)
08              return tmp;
09          *prev = tmp;
10          tmp = tmp->next;
```

```
11      }
12      return NULL;
13  }
```

下面对 FindEventNum()函数进行简要的介绍。

- 第 1 行，FindEventNum()函数接收两个参数，第 1 个参数 eventNum 是事件的序号，第 2 个参数是返回事件的前一个事件。如果 FindEventNum()函数可以找到参数传递的事件，则返回该事件的等待链表，否则返回 NULL。
- 第 3 行，将 tmp 赋值为事件链表的头部。
- 第 4 行，将 prev 指向 NULL。
- 第 5～11 行是一个 while()循环，目的是找到所要事件的结构体指针。
- 第 7 行，判断 tmp 所指向的事件号是否与 eventNum 相同，如果相同则返回，表示找到，否则继续沿着链表查找。
- 第 10 行，将 tmp 向后移动。
- 第 12 行，如果没有找到，则返回 NULL 值。

为了实现同步机制的实验设计，定义一个系统调用函数 sys_CustomEvent_open()，该函数新分配一个事件并返回新分配事件的事件号，代码如下：

```
01  asmlinkage int sys_CustomEvent_open(int eventNum)
02  {
03      CustomEvent *new;
04      CustomEvent *prev;
05      if(eventNum)
06          if(!FindEventNum( eventNum, &prev))
07              return -1;
08          else
09              return eventNum;
10      else
11      {
12          new = (CustomEvent *) kmalloc(sizeof(CustomEvent),GFP_KERNEL);
13          new->p = (wait_queue_head_t *) kmalloc(sizeof(wait_queue_head_t),GFP_KERNEL);
14          new->next = NULL;
15          new->p->head.next = &new->p->head;
16          new->p->head.prev = &new->p->head;
17          if(!lpevent_head)
18          {
19              new->eventNum = 2;          //从 2 开始按偶数递增事件号
20              lpevent_head = lpevent_end = new;
21              return new->eventNum;
22          }
23          else
24          {
25              //事件队列不为空，按偶数递增一个事件号
26              new->eventNum = lpevent_end->eventNum + 2;
27              lpevent_end->next = new;
28              lpevent_end = new;
29          }
30          return new->eventNum;
31      }
32      return 0;
33  }
```

下面对 sys_CustomEvent_open()函数进行简要的介绍。

- 第 1 行，建立一个新的事件，参数为新建立的事件号。
- 第 3 行和第 4 行，定义两个事件的指针。
- 第 5 行，判断事件号是否为 0，如果为 0，则重新创建一个事件。
- 第 6~9 行，根据事件号查找事件，如果找到则返回事件号，如果没有找到则返回 –1。FindEventNum()函数根据事件号查找相应的事件。
- 第 12~31 行，新分配一个事件。
- 第 12 行，调用 kmalloc()函数新分配一个事件。
- 第 13 行，分配该事件对应的等待队列，将等待队列的任务结构体链接指向自己。
- 第 17~22 行，如果没有事件链表头，则将新分配的事件赋给事件链表头并返回新分配的事件号。
- 第 25~28 行，如果已经有事件链表头，则将新分配的事件连接到链表中。
- 第 30 行，返回新分配的事件号。

下面定义一个将进程阻塞到一个事件中的系统调用函数，直到等待的事件被唤醒，进程才退出，代码如下：

```
01    asmlinkage int sys_CustomEvent_wait(int eventNum)
02    {
03        CustomEvent *tmp;
04        CustomEvent *prev = NULL;
05        if((tmp = FindEventNum( eventNum, &prev)) != NULL)
06        {
07            DEFINE_WAIT(wait);                    //初始化一个wait_queue_head
08            //当前进程进入阻塞队列
09            prepare_to_wait(tmp->p,&wait,TASK_INTERRUPTIBLE);
10            schedule();                           //重新调度
11            finish_wait(tmp->p,&wait);            //当进程被唤醒时，从阻塞队列退出
12            return eventNum;
13        }
14        return -1;
15    }
```

下面对代码进行简要的介绍。
- 第 1 行，实现一个等待队列等待的系统调用。
- 第 3 行和第 4 行，定义两个事件的指针。
- 第 5 行，通过 eventNum 找到事件结构体，如果查找失败则返回–1。
- 第 7 行，定义并初始化一个等待队列。
- 第 8 行，将当前进程加入等待队列。
- 第 10 行，重新调度新的进程。
- 第 11 行，当进程被唤醒时，进程将从等待队列中退出。
- 第 12 行，返回事件号。

有使进程进入睡眠状态的函数，就有唤醒进程的函数。唤醒等待特定事件的函数是 sys_CustomEvent_signal()，该函数的代码如下：

```
01    asmlinkage int sys_CustomEvent_signal(int eventNum)
02    {
03        CustomEvent *tmp = NULL;
04        CustomEvent *prev = NULL;
05        if(!(tmp = FindEventNum(eventNum,&prev)))
06            return 0;
```

第 8 章 设备驱动的阻塞和同步机制

```
07          wake_up(tmp->p);                    //唤醒等待事件的进程
08          return 1;
09  }
```

下面对 sys_CustomEvent_signal()函数进行简要的介绍。
- 第 1 行，sys_CustomEvent_signal()函数接收一个参数，这个参数是要唤醒的事件的事件号，在这个事件上等待的函数都将被唤醒。
- 第 2 行和第 3 行，定义两个结构体指针。
- 第 5 行，如果没有发现事件则返回。
- 第 7 行，唤醒等待队列上的所有进程。
- 第 8 行，返回 1，表示成功。

定义一个关闭事件的函数，该函数先唤醒事件中的等待队列，然后清除事件占用的空间，代码如下：

```
01  asmlinkage int sys_CustomEvent_close(int eventNum)
02  {
03      CustomEvent *prev=NULL;
04      CustomEvent *releaseItem;
05      if(releaseItem = FindEventNum(eventNUm,&prev))
06      {
07          if( releaseItem == lpevent_end)
08              lpevent_end = prev;
09          else if(releaseItem == lpevent_head)
10              lpevent_head = lpevent_head->next;
11          else
12              prev->next = releaseNum->next;
13          sys_CustomEvent_signal(eventNum);
14          if(releaseNum){
15              kfree(releaseNum);
16          return releaseNum;
17      }
18      return 0;
19  }
```

下面对代码进行简要的介绍。
- 第 1 行，关闭事件，如果关闭失败则返回 0，否则返回关闭的事件号。
- 第 3 行和第 4 行，定义两个结构体指针。
- 第 5 行，找到需要关闭的事件。
- 第 7 行，如果是链表中的最后一个事件，那么将 lpevent_end 指向前一个事件。
- 第 9 行，如果是链表中的第一个事件，那么将 lpevent_head 指向第二个事件。
- 第 10 行，如果事件是中间的事件，那么将中间的事件去掉，用指针连接起来。
- 第 13 行，唤醒需要关闭的事件。
- 第 14 行，清空事件占用的内存。
- 第 18 行，返回事件号。

8.3.2 同步机制验证

将前面的代码编译进内核并用新内核启动系统，那么系统中就存在 4 个新的系统调用。这 4 个新的系统调用分别是__NR_CustomEven_open、__NR_CustomEven_wait、__NR_

CustomEven_signal 和 __NR_myevent_close。下面分别使用这 4 个系统调用编写程序来验证同步机制。

首先需要打开一个事件，完成这个功能的代码如下，该段代码是打开一个事件号为 2 的函数，然后退出。

```c
#include <linux/unistd.h>
#include <stdio.h>
#include <stdlib.h>
int CustomEven_open(int flag){
    return syscall(__NR_CustomEven_open,flag);
}
int main(int argc, char ** argv)
{
    int i;
    if(argc != 2)
     return -1;
    i = CustomEven_open(atoi(argv[1]));
    printf("%d\n",i);
    return 0 ;
}
```

打开一个事件号为 2 的函数之后，就可以在这个事件上将多个进程置为等待状态。将一个进程置为等待状态的代码如下，多次执行下面的代码并传递参数 2，会将进程放入事件 2 的等待队列。

```c
#include <linux/unistd.h>
#include <stdio.h>
#include <stdlib.h>
int CustomEven_wait(int flag){
    return syscall(__NR_CustomEven_wait,flag);
}
int main(int argc, char ** argv)
{
    int i;
    if(argc != 2)
     return -1;
    i = CustomEven_wait(atoi(argv[1]));
    printf("%d\n",i);
    return 0
}
```

执行上面的操作后，多个进程被置为等待状态，此时可以调用下面的代码并传递参数 2 来唤醒多个等待事件 2 的进程。

```c
#include <linux/unistd.h>
#include <stdio.h>
#include <stdlib.h>
int CustomEven_wait(int flag){
    return syscall(__NR_CustomEven_signal,flag);
}
int main(int argc, char ** argv)
{
    int i;
    if(argc != 2)
     return -1;
    i = CustomEven_signal(atoi(argv[1]));
    printf("%d\n",i);
    return 0 ;
}
```

当不需要一个事件时，可以删除这个事件，那么在这个事件中等待的所有进程都会返回并执行，完成该功能的代码如下：

```c
#include <linux/unistd.h>
#include <stdio.h>
#include <stdlib.h>
int myevent_close(int flag){
    return syscall(__NR_ CustomEven_close,flag);
}
int main(int argc, char ** argv)
{
    int i;
    if(argc != 2)
     return -1;
    i = CustomEven_close(atoi(argv[1]));
    printf("%d\n",i);
    return 0 ;
}
```

8.4 小　　结

阻塞和非阻塞在驱动程序中经常用到。阻塞在 I/O 操作暂时不能进行时，可以让进程进入等待队列。非阻塞在 I/O 操作暂时不能进行时立刻返回。这两种方式各有优劣，在实际应用中应该有选择地使用。由于阻塞和非阻塞也是由等待队列实现的，所以本章也简要介绍了一些等待队列的用法。

8.5 习　　题

一、填空题

1. 阻塞调用是指调用结果返回之前，当前线程会被_____。
2. 对象是否处于阻塞模式和_____是不是阻塞调用有很大的相关性。
3. 避免阻塞可以在适当的时候调用_____函数。

二、选择题

1. 在 Linux 中，等待队列的类型是（　　）。
 A．struct wait_queue_head_t   B．struct wait
 C．struct queue_head   D．其他
2. 下列可以直接定义一个队列头变量并完成初始化的是（　　）。
 A．init_waitqueue_head()   B．DECLARE_WAIT_QUEUE_HEAD
 C．#define DECLARE_WAITQUEUE   D．其他
3. 以下可以实现在等待队列中进入睡眠状态直到 condition 为真。在等待期间，进程会被置为 TASK_UNINTERRUPTIBLE 进入睡眠状态，直到 condition 变量变为真。每次进程被唤醒的时候都会检查 condition 的值的宏是（　　）。

A．wait_event B．wait_event_timeout
C．wait_event_interruptible D．wait_event_interruptible_timeout

三、判断题

1．在 Linux 驱动程序中，阻塞进程可以使用自旋锁来实现。　　　　　　（　　）

2．add_wait_queue()函数用来将等待队列元素添加到等待队列头所指向的等待队列链表中。　　　　　　　　　　　　　　　　　　　　　　　　　　　　（　　）

3．wake_up_interruptible 可唤醒处于 TASK_INTERRUPTIBLE 和 TASK_UNINTERUPTIBLE 状态的进程。　　　　　　　　　　　　　　　　　　　　　　　　　（　　）

第 9 章　中断与时钟机制

中断和时钟机制是 Linux 驱动中重要的两项技术。使用这些技术，可以帮助驱动程序更高效地完成任务。在编写设备驱动程序的过程中，为了使系统知道硬件在做什么，必须使用中断。如果没有中断，设备几乎什么都不能做。本章将详细讲解中断与时钟机制。

9.1　中断简述

本节将对中断的相关概念进行简要的分析，并对中断进行分类。根据不同的中断类型，写中断驱动程序的方法也不一样。下面主要介绍中断的基本概念和常见分类。

9.1.1　中断的概念

中断是计算机知识中一个十分重要的概念。如果没有中断，那么设备和程序就无法高效利用计算机的 CPU 资源。

1．什么是中断

这里引用著名数学家华罗庚在《统筹方法》一文中举的泡茶的例子。当时的情况是：没有开水；水壶要洗，茶壶和茶杯要洗；火生了，茶叶也有了。最节约时间的方法是洗好水壶，灌上凉水，然后放在火上。在等待水被烧开的时间里，洗茶壶、洗茶杯、拿茶叶，等水开了就可以泡茶喝了。

在没有中断的情况下，计算机只能处理一个线性的过程，即要么只烧水，要么只洗茶壶，或者烧完水后再来处理洗茶壶这个事件，这显然是非常浪费时间的。不使用中断方式和使用中断方式泡茶的过程如图 9.1 所示。

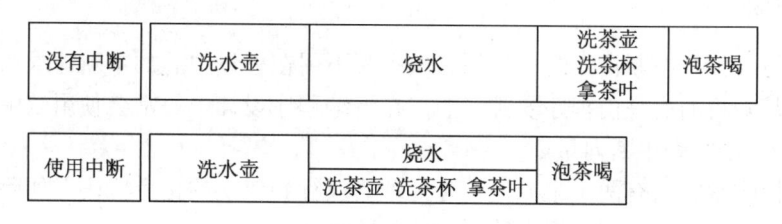

没有中断	洗水壶	烧水	洗茶壶 洗茶杯 拿茶叶	泡茶喝

使用中断	洗水壶	烧水 洗茶壶 洗茶杯 拿茶叶	泡茶喝

图 9.1　没有中断和使用中断的对比

由于使用中断机制更为高效，所以在计算机中引进了中断机制。在烧水的过程中处理洗茶壶、洗茶杯和拿茶叶这些短时的事情，好处是能使洗茶壶这个事件尽快地得到执行，从而最快地完成泡茶喝这个任务。对应地，在计算机执行程序的过程中，由于出现某个特殊情况（或称为"事件"），暂时中止正在运行的程序，而去处理一些特殊事件，处理完毕之后再回到原来的程序中继续向下执行，这个过程就是中断。

2．中断在Linux中的实现

中断在 Linux 中是通过信号实现的。当硬件需要通知处理器一个事件时，就可以发送一个信号给处理器。例如，当用户按下手机按键中的应答键时，就会向手机处理器发送一个信号。手机处理器接收到这个信号后，就会调用喇叭和话筒驱动程序，使用户可以进行通话。

通常情况下，一个驱动程序只要申请中断并添加中断处理函数就可以了，中断的到达和中断处理函数的调用，都是由内核框架完成的。这样就减轻了程序员的负担，程序员只需要申请正确的中断号及编写正确的中断处理函数就可以了。

> 说明：大多数手机使用的是 ARM 处理器，它也是目前流行的处理器之一，其广泛地应用于数字音频播放器、数字机顶盒、游戏机、数码相机和打印机等设备中。

9.1.2　中断的宏观分类

在 Linux 操作系统中，中断的分类是非常复杂的。根据不同的分类标准，可以将中断分为不同的类型。各种类型之间的关系并非相互独立，往往是相互交叉的。从宏观上看，可以分为两类，分别是硬中断和软中断。

1．硬中断

硬中断就是由系统硬件产生的中断。系统硬件通常引起外部事件。外部事件具有随机性和突发性，因此硬中断也具有随机性和突发性。例如，当手机的 GSM 模块接收到来电请求时，会通过连接到 CPU 的中断线向 CPU 发送一个硬件中断请求，CPU 接收到该中断后，会立刻处理预先定义好的中断处理程序，该中断处理程序会调用铃声驱动程序或者电机驱动程序，使手机响起铃声或震动，等待用户接听电话。

硬件中断具有随机性和突发性的原因是手机根本无法预见电话什么时候到来。另外，硬中断是可以屏蔽的，如手机的飞行模式，在飞机上可以自动屏蔽来电。

2．软中断

软中断是在执行中断指令时产生的。软中断不用在外设中施加中断请求信号，因此中断的发生不是随机的而是由程序安排好的。在汇编程序设计中经常会使用软中断指令，如int n，其中，n 必须是中断向量。

处理器接收软中断有两个来源，一是处理器执行到错误的指令代码，如除 0 错误；二是由软件产生中断，如进程的调度使用的就是软中断方式。

9.1.3　中断产生的位置分类

从中断产生的位置来划分，可以将中断分为外部中断和内部中断。

1．外部中断

外部中断一般是指由计算机外设发出的中断请求，如键盘中断、打印机中断和定时器中断等。外部中断可以通过编程方式屏蔽。

2．内部中断

内部中断是指因硬件出错（如突然掉电、奇偶校验错等）或运算出错（除数为 0、运算溢出、单步中断等）所引起的中断。内部中断是不可屏蔽的中断。通常情况下，大多数内部中断都由 Linux 内核进行了处理，因此驱动程序开发人员往往不需要关心这些问题。

9.1.4 同步和异步中断

从指令执行的角度分类，中断又可以分为同步中断和异步中断。

1．同步中断

同步中断是在指令执行的过程中由 CPU 控制的，CPU 在执行完一条指令后才发出中断。也就是说，在指令执行过程中，即使有中断到来，只要指令还没执行完，CPU 就不会去执行该中断。同步中断一般是因为程序错误所引起的，如内存管理中的缺页中断、被 0 除出错等。当 CPU 决定处理同步中断时，会调用异常处理函数使系统从错误的状态恢复过来。当错误不可恢复时，就会出现死机和蓝屏等现象。Windows 系统以前的版本经常出现蓝屏现象，就是因为无法从异常恢复的原因。

2．异步中断

异步中断是由硬件设备随机产生的，产生中断时无须考虑与处理器的时钟同步问题，该类型的中断是可以随时产生的。例如，在网卡驱动程序中，当网卡接收到数据包时会向 CPU 发送一个异步中断事件，表示数据来了，CPU 并不知道何时接收该事件。异步中断的中断处理函数与内核的执行顺序是异步执行的，两者没有必然的联系，也不会互相影响。

以上从不同方面对 Linux 的中断进行了分类，但这不是严格的分类。例如，硬中断可以是外部中断也可以是异步中断，软中断可以是内部中断也可以是同步中断，如图 9.2 所示。

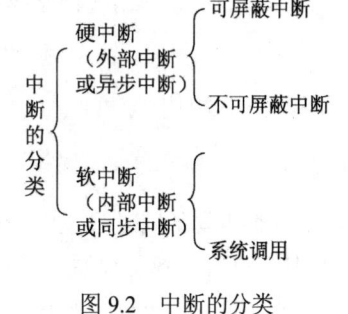

图 9.2 中断的分类

9.2 中断的实现过程

中断的实现是一个比较复杂的过程，其中涉及中断信号线（IRQ）和中断控制器等概念。首先介绍中断信号线的概念。

9.2.1 中断信号线

中断信号线是对中断输入线和中断输出线的统称。中断输入线指接收中断信号的引脚。中断输出线指发送中断信号的引脚。每个能够产生中断的外设（外部设备）都有一条或者多条中断输出线（Interrput ReQquest，IRQ），用来通知处理器产生中断。同样，处理器也有一组中断输入线，用来接收连接到它的外部设备发出的中断信号。

如图 9.3 所示，外设 1、外设 2 和外设 3 都通过自己的中断输出线连接到 ARM 处理器的不同中断输入线上。每一条 IRQ 线都是有编号的，一般从 0 开始编号，编号也可以叫作中断号。在编写设备驱动程序的过程中，中断号往往需要驱动程序开发人员来指定。这时，可以查看硬件开发板的原理图，找到设备与 ARM 处理器的连接关系，如果连接到 0 号中断线，那么中断号就是 0。

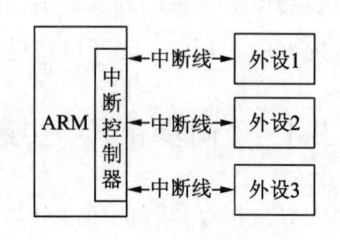

图 9.3 中断信号线连接

9.2.2 中断控制器

中断控制器位于 ARM 处理器核心和中断源之间。外部中断源将中断发送到中断控制器上。中断控制器根据优先级进行判断，然后通过引脚将中断请求发送给 ARM 处理器核心。ARM 处理器内部的中断控制器如图 9.4 所示。

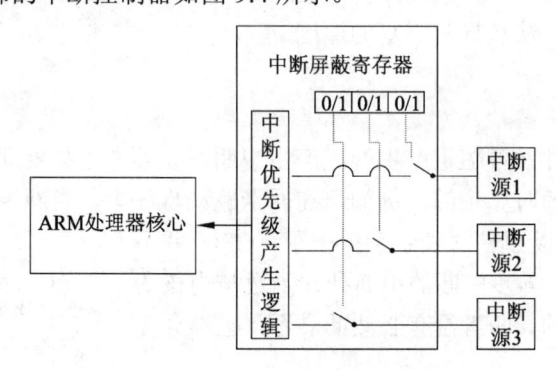

图 9.4 中断控制器

当外部设备同时产生中断时，中断优先级产生逻辑会判断哪一个中断将被执行。如图 9.4 中的中断屏蔽寄存器，当屏蔽位为 1 时，表示对应的中断被禁止；当屏蔽位为 0 时，表示对应的中断可以正常执行。不同的处理器屏蔽位 0/1 的意义可能有所不同。

9.2.3 中断处理过程

Linux 的中断处理过程如图 9.5 所示。

（1）当外设上产生一个中断信号时，通过中断线以电信号的方式将中断信息发送给中断控制器。

（2）中断控制器一直检查 IRQ 线是否有信号产生。如果有一条或者多条 IRQ 线产生信号，那么中断控制器就先处理中断编号较小的 IRQ 线，其优先级较高。

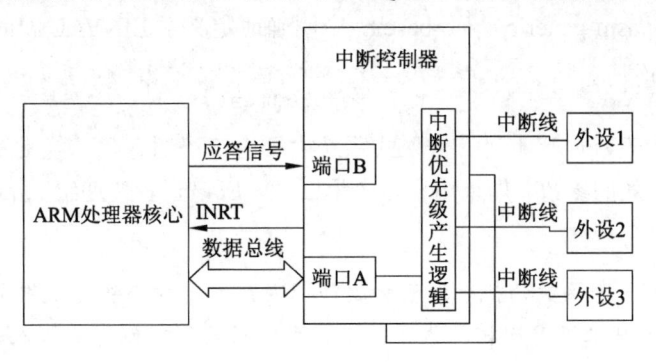

图 9.5　中断处理过程

（3）中断控制器将收到的中断号存放在 I/O 端口 A 中，该端口直接连接到 CPU 的数据总线上。这样，CPU 可以通过数据总线读出端口 A 中的中断号。

（4）一切都准备就绪后，中断控制器发送一个信号给 CPU 的 INTR 引脚，这时 CPU 在指令周期的适当时刻就会分析该信号，以确定中断的类型。

（5）如果中断是由外部设备产生的，就会发送一个应答信号给中断控制器的端口 B。端口 B 被设置为一个中断挂起值，表示 CPU 正在执行该中断，此时不允许该中断再次产生。

（6）CPU 根据中断号确定相应的中断处理函数。

9.2.4　中断的安装与释放

当设备需要中断功能时，应该安装中断。如果驱动程序开发人员没有通过安装中断的方式通知 Linux 内核需要使用中断，那么内核只会简单地应答并且忽略该中断。

1．申请中断线

申请中断线可以使内核知道外设应该使用哪一个中断号和哪一个中断处理函数。申请中断线在需要与外部设备交互时发生。Linux 内核提供了 request_irq()函数用于申请中段线，在 Linux 5.15 中，该函数由< include/linux/interrupt.h>实现。

```
static inline int __must_check
request_irq(unsigned int irq,
        irq_handler_t handler,
        unsigned long flags,
        const char *name,
        void *dev)
```

- irq 表示要申请的中断号，中断号由开发板的硬件原理图决定。
- handler 表示要注册的中断处理函数指针。当中断发生时，内核会自动调用 request_irq()函数来处理中断。
- flags 表示关于中断处理的属性。内核通过这个标志可以决定该中断应该如何处理。
- name 表示设备的名字，该名字会在/proc/interrupts 中显示。interrupts 记录了设备和中断号之间的对应关系。
- dev 这个指针是为共享中断线而设立的。如果不需要共享中断线，那么只要将该指针设为 NULL 即可。

如果 request_irq()函数执行成功则返回 0，错误时返回-EINVAL 或者-ENOMEM。在头文件</include/uapi/asm-generic/errno-base.h>中明确地定义了 EINVAL 和 ENOMEM 宏。

```
#define ENOMEM       12    /* Out of memory */
#define EINVAL       22    /* Invalid argument */
```

ENOMEM 宏表示内存不足。嵌入式系统由于内存资源有限，经常发生这样的错误。EINVAL 宏表示无效的参数。如果出现这个返回值，应该查看传递给 request_irq()的参数是否正确。

📖说明：如何知道一个函数的执行过程和返回值呢？最好的办法是使用前面介绍的 Source Insight 工具来查看内核源代码。这样可以对实现机制有更深入的理解。

2．释放中断线

当设备不需要中段线时，需要释放中断线。中断信号线是非常紧缺的，如 S3C2440 处理器有 24 根外部中断线（EINT）。可能有读者认为 24 条外部中断线已经很多了，但其实是远远不够的。例如，以不共享中断信号线的方式来设计手机键盘，其中，数字按键会占用 10 条中断线，应答和接听会占用 2 条中断线，其他功能键又会占用若干条中断线。这样就已经占用了十几条中断线，剩下十几条中断线需要给手机的其他外部设备使用，因此中断信号线是远远不够的。

基于以上 Linux 内核设计者建议当中断不再使用时，应该释放中断信号线。但是，从应用角度来思考，手机键盘应该是手机开机后就一直有效的，键盘设备的使用必须要借助中断线来实现，因此手机开机时不能释放中断线。手机关机时一般只有启动按键有效，关机任务不是通过操作系统来完成的，所以关机时可以释放中断线。中断的有效期应该在手机的整个运行周期中。

释放中断线的实现函数是 free_irq()，该函数定义在/kernel/irq/manage.c 文件中。

```
const void *free_irq(unsigned int irq, void *dev_id)
```

❑ irq 表示释放申请的中断号。
❑ dev_id 参数是一个指针，其是为共享中断线而设立的。该参数将在后面介绍。

需要注意的是，只有中断线被释放了，该中断才能被其他设备使用。

9.3 按键中断实例

了解了足够多的关于中断的知识后，下面介绍一个按键驱动程序。该按键驱动程序是当按键被按下时，打印按键被按下的提示信息。

作为一名驱动程序开发人员，第一件事情就是要读懂电路图。在实际的项目开发过程中，硬件设计有时非常复杂，驱动程序开发人员应该多和硬件开发人员沟通，掌握足够多的硬件知识，以避免写出错误的驱动程序。

9.3.1 按键设备原理图

驱动程序开发人员首先应该可以看懂按键设备的原理图，这是最基本的要求。按键设备在实际项目中是一种非常简单的设备，其硬件原理图也非常简单。本实例的原理图可以从 mini2440 开发板的官方网站（http://www.friendlyelec.com.cn/）上免费。按键原理图如图 9.6 所示。

这里简单介绍一下按键原理的工作原理。K1 到 K6 是 6 个按键，其一端接地，另一端分别连接在 S3C2440 处理器的 EINT8、EINT11、EINT13、EINT14、EINT15 和 EINT19 引脚上。EINT 表示外部中断（External Interrupt），其中，EINT8 和 EINT19 分别接了一个上拉电阻 R17 和 R22。

> 说明：上拉电阻就是起上拉作用的电阻。上拉就是将一个不确定值的引脚通过一个电阻连接到高电平上，使该引脚呈现高电平。

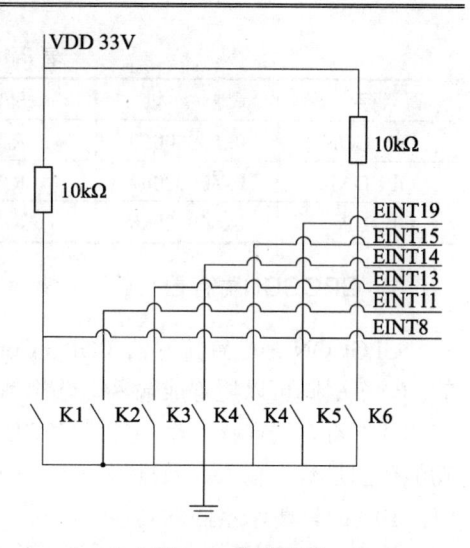

图 9.6 按键原理

这个电阻就是上拉电阻。电阻同时起限流作用。下拉同理。芯片的管脚加上拉电阻的作用是提高输出电平，从而提高芯片输入信号的噪声容限，增强抗干扰能力。当按键 K1 和 K2 断开时，EINT8 和 EINT19 都处于高电平状态。当按键 K1～K6 的按键被按下时，对应的外部中断线就接地，处于低电平状态。这时只要读取外部中断线对应的端口寄存器的状态，就可以知道是否有按键被按下了。

9.3.2 有寄存器设备和无寄存器设备

设备可以分为有寄存器的设备和无寄存器的设备。按键设备就是一种没有寄存器的设备。按键设备内部没有寄存器并不代表其没有相应的外部寄存器。为了节约成本，外部寄存器常常被集成到了处理器芯片的内部，这样，处理器可以通过内部寄存器来控制外部的设备。因此，目前的处理器已经不是以前那种纯粹的处理器了，其更像一台简易的计算机。

9.3.3 G 端口控制寄存器

与按键 K1 相关的寄存器是端口 G 控制寄存器，如图 9.7 所示。综合图 9.6 和图 9.7 可知，按键 K1 连接到 EINT8 引脚，该引脚对应 GPG0 端口的第 0 位。

图 9.7 EINT8 对应的端口 G

端口是具有有限存储容量的高速存储部件（也叫寄存器），存储容量一般为 8 位、16 位和 32 位，可以用来存储指令、数据和地址。对硬件设备的操作一般是通过软件方法读取相应寄存器的状态来实现的。下面介绍与按键设备相关的 G 端口控制寄存器，这些内容可以参考三星公司的 S3C2440 芯片用户手册，也叫 datasheet。

端口 G 有三个控制寄存器，分别为 GPGCON、GPGDAT 和 GPGUP，各寄存器的地址和读写要求等如表 9.1 所示。

表 9.1 G端口控制寄存器

寄存器	地址	R/W	描述	复位值
GPGCON	0x56000060	R/W	端口G的配置寄存器	0x0
GPGDAT	0x56000064	R/W	端口G的数据寄存器	未定义
GPGUP	0x56000068	R/W	端口G的上拉使能寄存器	0xfc00

1．GPGCON寄存器

GPGCON 是配置寄存器（GPG Configure）。在 S3C2440 中，大多数引脚都是功能复用的。一个引脚可以配置成输入、输出或者其他功能。这里 GPGCON 就是用来为下面要介绍的数据寄存器选择一个功能。GPGDAT 有 16 根引脚，每一个引脚有 4 种功能。这 4 种功能分别是数据输入、数据输出、中断和保留。GPGCON 以两位为一组，可以取值 00、01、10、11，表示不同的功能。

由表 9.1 可以看出，GPGCON 的总线地址是 0x56000060，其实就是一个 4 字节的寄存器。

2．GPGDAT数据寄存器

GPGDAT 是数据寄存器，用于记录引脚的状态。寄存器通过控制每一位的状态实现对数据的读写操作。当引脚被 GPGCON 设为输入时，读取该寄存器可以获得相应位的状态值；当引脚被 GPGCON 设置为输出时，写此寄存器的相应位可以令此引脚输出高电平或者低电平。当引脚被 GPGCON 设置为中断时，此引脚会被设置为中断信号源。

3．GPGUP寄存器

GPGUP 寄存器是端口上拉寄存器，控制着每一个端口的上拉寄存器的使能或禁止。当对应位为 1 时，表示相应的引脚没有内部上拉电阻；为 0 时，表示相应的引脚使用上拉电阻。当需要上拉或下拉电阻时，如果外围电路没有加上上拉或下拉电阻，那么就可以使用内部上拉或下拉电阻来代替。如图 9.8 为上拉电阻和下拉电阻示意。

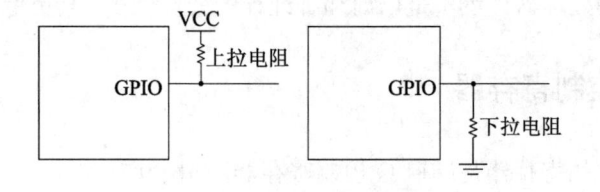

图 9.8 上拉电阻和下拉电阻

一般情况下，当 GPIO 引脚在挂空即没有接芯片时，其电压状态是不稳定的，而且容易受到噪声信号的影响。如果该引脚接上上拉电阻，那么电平将处于高电平状态；如果接上下拉电阻，那么引脚电平将被拉低。另外，上拉电阻可以增强 I/O 端口的驱动能力。由于硬件工程师一般会为电路设计外部上拉或下拉电阻，所以驱动开发人员在编写驱动程序时，一般会禁用内部上拉或下拉电阻。

4．各寄存器的设置

GPGCON、GPGDAT 和 GPGUP 这 3 个端口寄存器是相互联系的。它们的设置关系如

表 9.2、表 9.3 和表 9.4 所示。

表 9.2 GPGCON 寄存器设置

GPGCON寄存器	位	描述			
GPG15	[31:30]	00 = Input	01 = Output	10 = EINT[23]	11 = Reserved
GPG14	[29:28]	00 = Input	01 = Output	10 = EINT[22]	11 = Reserved
GPG13	[27:26]	00 = Input	01 = Output	10 = EINT[21]	11 = Reserved
GPG12	[25:24]	00 = Input	01 = Output	10 = EINT[20]	11 = Reserved
GPG11	[23:22]	00 = Input	01 = Output	10 = EINT[19]	11 = TCLK[1]
GPG10	[21:20]	00 = Input	01 = Output	10 = EINT[18]	11 = nCTS1
GPG9	[19:18]	00 = Input	01 = Output	10 = EINT[17]	11 = nRTS1
GPG8	[17:16]	00 = Input	01 = Output	10 = EINT[16]	11 = Reserved
GPG7	[15:14]	00 = Input	01 = Output	10 = EINT[15]	11 = SPICLK1
GPG6	[13:12]	00 = Input	01 = Output	10 = EINT[14]	11 = SPIMOSI1
GPG5	[11:10]	00 = Input	01 = Output	10 = EINT[13]	11 = SPIMISO1
GPG4	[9:8]	00 = Input	01 = Output	10 = EINT[12]	11 = LCD_PWRDN
GPG3	[7:6]	00 = Input	01 = Output	10 = EINT[11]	11 = nSS1
GPG2	[5:4]	00 = Input	01 = Output	10 = EINT[10]	11 = nSS0
GPG1	[3:2]	00 = Input	01 = Output	10 = EINT[9]	11 = Reserved
GPG0	[1:0]	00 = Input	01 = Output	10 = EINT[8]	11 = Reserved

表 9.3 GPGDAT 寄存器设置

GPGDAT寄存器	位	描述
GPG[15:0]	[15:0]	当端口被设置为输入时，处理器通过相应的引脚获得输入；当端口被设置为输出时，寄存器中的数据可以通过引脚发送出去；当端口被设置为功能引脚时，将读取未知的值

表 9.4 GPGUP 寄存器设置

GPGUP寄存器	位	描述
GPG[15:0]	[15:0]	0：打开相应引脚的上拉电阻功能； 1：关闭上拉电阻功能； GPG[15:0]在初始化时所有的上拉电阻功能是关闭的

9.4 按键驱动程序实例分析

按键驱动程序由初始化函数、中断处理函数和退出函数组成，如图 9.9 所示。
- 当模块加载时，会调用初始化函数 s3c2440_buttons_init()。在该函数中会进一步调用 request_irq()函数注册中断。request_irq()函数会操作内核中的一个中断描述符数组结构 irq_desc，该数组结构比较复杂，主要功能就是记录中断号对应的中断处理函数。
- 当中断到来时，会到中断描述符数组中询问中断号对应的中断处理函数，然后执行该函数。在本实例中，该函数的函数名是 isr_button。

☐ 当卸载模块时，会调用退出函数 s3c2440_buttons_exit()。该函数会调用 free_irq() 释放设备所使用的中断号。free_irq()函数也会操作中断描述符数组结构 irq_desc，将该设备所对应的中断处理函数删除。

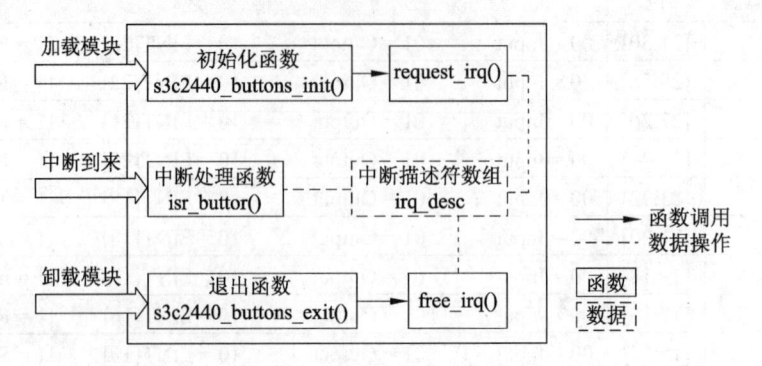

图 9.9　按键驱动程序组成

9.4.1　初始化函数 s3c2440_buttons_init()

初始化函数 s3c2440_buttons_init()主要负责模块的初始化工作。模块初始化主要包括设置中断触发方式和注册中断号等。s3c2440_buttons_init()函数的具体代码如下：

```
01  static int __init s3c2440_buttons_init(void)
02  {
03      int ret;                                /*存储返回值*/
        /*设置按键 K1 为下降沿中断*/
04      irq_set_irq_type(16,IRQ_TYPE_EDGE_FALLING);
05      /*注册中断处理函数*/
06      ret=request_irq(16,isr_button, GATE_INTERRUPT, DEVICE_NAME,NULL);
07      if(ret)                                 /*出错*/
08      {
09          printk("K1_IRQ: could not register interrupt\n");
10          return ret;
11      }
12      printk(DEVICE_NAME "initialized\n");
13      return 0;
14  }
```

接下来逐行分析 s3c2440_buttons_init()函数。

☐ 第 4 行，使用 irq_set_irq_type()函数设置中断触发条件。irq_set_irq_type()函数的原型如下：

```
int irq_set_irq_type(unsigned int irq, unsigned int type) ;
```

参数 irq 表示中断号，参数 type 用来定义该中断的触发类型。中断触发类型有低电平触发、高电平触发、下降沿触发、上升沿触发、上升沿和下降沿联合触发。这里定义的中断类型为 IRQ_TYPE_EDGE_FALLING，表示该外部中断为下降沿触发。中断触发类型定义在</include/dt-bindings/interrupt-controller/irq.h>中。

```
#define IRQ_TYPE_NONE           0       /*未定义中断类型*/
#define IRQ_TYPE_EDGE_RISING    1       /*上升沿中断类型*/
```

```
#define IRQ_TYPE_EDGE_FALLING    2                    /*下降沿中断类型*/
/*上升沿和下降沿联合触发类型*/
#define IRQ_TYPE_EDGE_BOTH (IRQ_TYPE_EDGE_FALLING | IRQ_TYPE_EDGE_RISING)
#define IRQ_TYPE_LEVEL_HIGH      4                    /*高电平触发类型*/
#define IRQ_TYPE_LEVEL_LOW       8                    /*低电平触发类型*/
```

- 第 6 行，为按键 K1 申请中断。参数 16 是要申请的中断号。参数 isr_button 是中断回调函数，该回调函数由按键 K1 触发。触发的条件被设置为下降沿触发。下降沿触发就是在两个连续的时钟周期内，中断控制器检测到端口的相应引脚，第一个周期为高电平，第二个周期为低电平。如图 9.10 为下降沿触发方式。

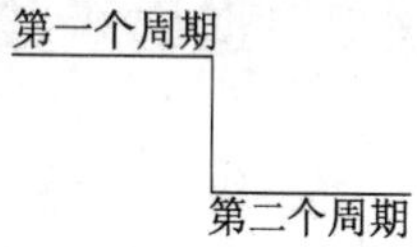

图 9.10　下降沿触发方式

- 第 7～11 行，当申请中断出错时，打印出错信息并返回。printk() 函数的用法与 printf() 函数的用法相同，只是前者用于驱动程序中，后者用于用户程序中。

9.4.2　中断处理函数 isr_button()

当按键被按下，即中断被触发时，就会触发中断处理函数 isr_button()，该函数主要的功能是判断按键 K1 是否被按下。

中断处理函数 isr_button() 的参数由系统调用该函数时传递过来。其中：参数 irq 表示被触发的中断号；参数 dev_id 是为共享中断线而设立的，因为按键驱动不使用共享中断，所以这里传递的是 NULL 值；参数 regs 是一个寄存器组的结构体指针，寄存器组中保存了处理器进入中断代码之前的上下文，这些信息一般只在调试时使用，其他时候很少使用。对于一般的驱动程序来说，regs 参数通常是没有用的。

```
01    static irqreturn_t isr_button(int irq, void *dev_id)
02    {
03        unsigned long GPGDAT;
04        GPGDAT=(unsigned long)ioremap(0x56000064,4);   /*映射内核地址*/
05        if(irq==16)                                     /*是否 K1 被按下*/
06        {
07            /*是否 K1 仍然被按下*/
08            if((*(volatile unsigned long *)GPGDAT) & 1==0)
09            {
10                printk("K1 is pressed\n");
11            }
12        }
13        return 0;
14    }
```

- 第 3 行定义了一个长整型变量 GPGDAT，用来存储内核地址。只有内核地址才能被驱动程序访问，内核地址的相关概念将在第 10 章介绍。
- 第 4 行使用 ioremap 将一个开发板上的物理端口地址转换为内核地址。ioremap 在内核中的实现如下：

```
void __iomem *ioremap(phys_addr_t paddr, unsigned long size)
```

参数 addr 表示要映射的起始的 I/O 端口地址，参数 size 表示要映射的空间大小。从表 9.1 中可以知道，GPGDAT 的地址是 0x56000064，属于 32 位寄存器，因此它的参数分别是 0x56000064 和 4 字节。
- 第 5 行判断该信号是否为按键 K1 发送的中断信号。
- 第 8~11 行,当按键 K1 被按下时将在终端或者日志文件中打印 K1 is pressed 信息。第 8 行表示当 GPGDAT 寄存器的第 0 位为 0(低电平)时,按键 K1 被按下。

9.4.3 退出函数 s3c2440_buttons_exit()

当模块不再使用时,需要退出模块。按键的退出模块由 s3c2440_buttons_exit()函数实现,其主要功能是释放中断线。

```
01  static void __exit s3c2440_buttons_exit(void)
02  {
03      free_irq(16,NULL);                      /*释放中断线*/
04      printk(DEVICE_NAME "exit\n");
05  }
```

- 第 3 行,释放按键 K1 所申请的中断线。
- 第 4 行,打印调试信息。

9.5 时钟机制

在 Linux 驱动程序中经常使用一些时钟机制来延时一段时间。在这段时间中,硬件设备可以完成相应的工作。本节将对 Linux 的时钟机制进行简要的介绍。

9.5.1 时间度量

在 Linux 内核中有一个重要的全局变量是 HZ,这个变量表示与时钟中断相关的一个值。时钟中断是由系统对硬件定时从而产生周期性的间隔信号,这个周期性的值由 HZ 来表示。根据不同的硬件平台,HZ 的取值是不一样的,这个值一般被定义为 1000,代码如下(/include/linux/raid/pq.h):

```
# define HZ     1000
```

这里 HZ 的意思是每秒时钟中断发生 1000 次。每当时钟中断发生时,内核内部计数器的值就会加 1。内部计数器由 jiffies 变量表示,当系统初始化时,这个变量被设置为 0。每一个时钟到来时,这个计数器的值加 1,也就是说这个变量记录了系统引导以来经历的时间。

比较 jiffies 变量的值可以使用下面的几个宏来实现,这几个宏的原型如下(/include/linux/jiffies.h):

```
01  #define time_after(a,b)         \
02      (typecheck(unsigned long, a) && \
03      typecheck(unsigned long, b) && \
04      ((long)(b) - (a)) < 0))
05  #define time_before(a,b)    time_after(b,a)
06  #define time_after_eq(a,b) \
07      (typecheck(unsigned long, a) && \
```

```
08          typecheck(unsigned long, b) && \
09          ((long)((a) - (b)) >= 0))
10  #define time_before_eq(a,b) time_after_eq(b,a)
```

第 1 行的 time_after 宏，只是简单地比较 a 和 b 的大小，如果 a>b 则返回 true。第 5 行的 time_before 宏通过 time_after 宏来实现。第 6 行的 time_after_eq 宏用来比较 a 和 b 的大小及相等情况，如果 a≥b 则返回 true。第 10 行的 time_before_eq 宏通过 time_after_eq 宏来实现。

9.5.2 延时

在 C 语言中，经常使用 sleep()函数将程序延时一段时间，这个函数能够实现毫秒级的延时。在设备驱动程序中，很多对设备的操作也需要延时一段时间，以使设备完成某些特定的任务。在 Linux 内核中，延时技术有很多种，这里只讲解其中重要的两种。

1. 短时延时

当硬件处理尚未完成时，设备驱动程序会主动地延时一段时间。这个时间一般是几十毫秒甚至更短的时间。例如，当驱动程序向设备的某个寄存器写入数据时，由于寄存器的写入速度较慢，所以需要驱动程序等待一定的时间，然后继续执行下面的工作。

Linux 内核中提供了 3 个函数来完成纳秒、微秒和毫秒级的延时，这 3 个函数的原型如下：

```
static inline void ndelay(unsigned long x)      // /include/linux/delay.h
void udelay(unsigned long usecs)                // /arch/alpha/lib/udelay.c
void msleep(unsigned int msecs)                 // /include/linux/delay.h
```

上面这 3 个函数的实现与具体的平台有关。有的平台根本不能实现纳秒级的等待，这种情况下，只能根据 CPU 频率信息计算执行一条代码的时间，然后通过一个忙等待进行软件模拟。这种软件模拟类似于下面的代码：

```
static inline void ndelay(unsigned long x)
{
    ...                             /*由 x 计算出 count 的值*/
    while(count)
    {
        count--;                    /*忙等待*/
    }
}
```

除了可以使用 msleep()函数实现毫秒级的延时，还有一些函数也可以实现毫秒级的延时。这些函数会使等待的进程进入睡眠状态而不是忙等待，函数的原型如下：

```
/* kernel/time/timer.c */
void msleep(unsigned int msecs)
unsigned long msleep_interruptible(unsigned int msecs)
/* include/linux/delay.h */
static inline void ssleep(unsigned int seconds)
```

上面的 3 个函数不会让进行忙等待，而是将等待的进程放入等待队列中，当延时的时间到达时，将会唤醒等待队列中的进程。其中，msleep()和 ssleep()函数不能被打断，而 msleep_interruptible()函数可以被打断。

2. 长时延时

长时延时表示驱动程序要延时一段相对较长的时间。实现这种延时，一般是比较当前 jiffies 和目标 jiffies 的值。长延时可以使用忙等待来实现，下面的代码是使驱动程序延时 3s：

```
unsigned long timeout = jiffies + 3*HZ;
wile(time_before(jiffies, timeout));
```

time_before 宏简单地比较两个参数的大小，如果参数 1 的值小于参数 2 的值，则返回 true。

9.6 小 结

大多数设备以中断方式来驱动代码的执行，例如本章讲解的按键驱动程序，当用户按下键盘上的按键时，才会触发之前注册的中断处理程序。这种机制具有很多的优点，可以节约很多 CPU 时间。除了中断之外，本章还简要介绍了时钟机制，硬件工作的速度一般较慢，在操作硬件的某些寄存器时一般需要内核延时一段时间，对于短时延时，可以使用忙等待机制，但是对于长时延时最好使用等待延时机制。

9.7 习 题

一、填空题

1. 中断在 Linux 中通过_____实现。
2. 同步中断是在指令执行的过程中由_____控制的。
3. 中断控制器位于_____和中断源之间。

二、选择题

1. 以下对中断解释错误的是（　　）。
   A. 从宏观上划分，中断可以分为两类，分别是硬中断和软中断。
   B. 从中断产生的位置划分，可以将中断分为外部中断和内部中断。
   C. 软中断是执行中断指令时产生的。
   D. 软中断具有随机性和突发性。
2. Linux 内核为申请中段线提供的函数是（　　）。
   A. requestirq()　　　B. reques()　　　C. request_irq()　　　D. 其他
3. 以下会使等待的进程进入睡眠状态而不是忙等待的函数是（　　）。
   A. ndelay()　　　B. udelay()　　　C. msleep_interruptible()　　　D. 其他

三、判断题

1. 硬中断就是由系统硬件产生的中断。　　　　　　　　　　　　　　　　（　　）
2. 按键设备就是一种包含寄存器的设备。　　　　　　　　　　　　　　　（　　）
3. 长时延时用忙等待来实现。　　　　　　　　　　　　　　　　　　　　（　　）

第 10 章　内外存访问

驱动程序加载成功的一个关键因素，就是内核能够为驱动程序分配足够的内存空间。这些空间一部分用于存储驱动程序必要的数据结构，另一部分用于数据交换。同时，内核也应该具有访问外部设备端口的能力。一般来说，外部设备连接到内存空间或者 I/O 空间中。本章将对内外存设备的访问进行详细介绍。

10.1　内　存　分　配

本节主要介绍内存分配的一些函数，包括 kmalloc()函数和 vmalloc()函数等。在介绍完这两个重要的函数之后，将重点讲解后备高速缓存的内容，这部分内容对于驱动开发来说非常重要。

10.1.1　kmalloc()函数

在 C 语言中，经常会遇到 malloc()和 free()这两个"冤家"函数。malloc()函数用来进行内存分配，free()函数用来释放内存。kmalloc()函数类似于 malloc()函数，不同的是 kmalloc()函数用于内核态的内存分配，它是一个功能强大的函数，如果内存充足，这个函数将运行得非常快。

kmalloc()函数在物理内存中为程序分配一个连续的存储空间。这个存储空间的数据不会被清零，也就是保存内存中原有的数据，使用的时候需要引起注意。kmalloc()函数运行得很快，可以给它传递标志，不允许它在分配内存时阻塞。kmalloc()函数的原型如下(/include/linux/slab.h)：

```
static __always_inline void *kmalloc(size_t size, gfp_t flags)
```

kmalloc()函数的第 1 个参数是 size，表示分配的内存大小，第 2 个参数是 flags，用于分配标志，可以通过这个标志控制 kmalloc()函数的多种分配方式。kmalloc()函数的这两个参数非常重要，下面对这两个参数进行详细讲解。

1．size参数

size 参数涉及内存管理，内存管理是 Linux 子系统中非常重要的一部分。Linux 的内存管理方式限定了内存只能按照页面的大小进行分配。通常，内存页面大小为 4KB。如果使用 kmalloc()函数为某个驱动程序分配 1 个字节的内存空间，则 Linux 会返回一个页面为 4KB 的内存空间，这显然是一种内存浪费。

因为空间浪费的原因，kmalloc()函数与用户空间 malloc()函数的实现完全不同。malloc()函数在堆中分配内存空间，分配的空间大小非常灵活，而 kmalloc()函数分配内存空间的方法比较特殊，下面对这种方法进行简要的解释。

Linux 内核对 kmalloc()函数的处理方式是，先分配一系列不同大小的内存池，每个内存池的大小不能修改。当分配内存时，就将包含足够大的内存池中的内存传递给 kmalloc()函数。在分配内存时，Linux 内核只能分配预定义、固定大小的字节数。如果请求者申请的内存大小不是 2 的整数倍，则内核会多申请一些内存，将大于申请内存的内存区块返回给请求者。

Linux 内核为 kmalloc()函数提供了大小为 32B、64B、128B、256B、512B、1024B、2048B、4096B、8KB、16KB、32KB、64KB 和 128KB 的内存池。所以程序员应该注意，kmalloc()函数最小只能分配 32B 的内存，如果请求的内存小于 32B，那么也会返回 32B。kmalloc()函数能够分配的内存也存在一个上限。为了代码的可移植性，这个上限一般是 128KB。如果希望分配更多的内存，最好使用其他的内存分配方法。

2．flags参数

flags 参数能够以多种方式控制 kmalloc()函数的行为。最常用的申请内存的参数是 GFP_KERNEL。使用这个参数允许调用它的进程在内存较少时进入睡眠状态，当内存充足时再分配页面。因此，使用 GFP_KERNEL 标志可能会引起进程阻塞，对于不允许阻塞的应用，应该使用其他申请内存的标志。当进程进入睡眠状态时，内核子系统会将缓冲区的内容写入磁盘，从而为其他未睡眠的进程留出更多的空间。

在中断处理程序、等待队列等函数中不能使用 GFP_KERNEL 标志，因为这个标志可能会引起调用者进入睡眠状态。睡眠之后再唤醒，会使很多程序出现错误。在这种情况下可以使用 GFP_ATOMIC 标志，表示原子性的分配内存，也就是在分配内存的过程中不允许睡眠。为什么 GFP_ATOMIC 标志不会引起睡眠呢？这是因为内核为这种分配方式预留了一些内存空间，这些内存空间只有在 kmalloc()函数传递标志为 GFP_ATOMIC 时才会使用。在大多数情况下，GFP_ATOMIC 标志的分配方式会成功执行并即时返回。

除了 GFP_KERNE 和 GFP_ATOMIC 标志外，还有一些标志，但并不常用。kmalloc()的分配标志如表 10.1 所示。

表 10.1　kmalloc()函数的分配标志

标　　志	说　　明
GFP_KERNEL	内存分配时最常用的方法，当内存不足时，可能会引起休眠
GFP_ATOMIC	在不允许睡眠的进程中使用，不会引起睡眠
GFP_USER	为用户空间分配内存，可能会引起睡眠
GFP_HIGHUSER	如果有高端内存，则优先从高端内存中分配
GFP_NOIO	这两个标志类似于GFP_KERNEL，但是有更多的限制。使用GFP_NOIO标志分配内存时禁止任何I/O调用；使用GFP_NOFS标志分配内存时不允许执行文件系统调用
GFP_NOFS	

10.1.2　vmalloc()函数

vmalloc()函数用来分配虚拟地址连续但是物理地址不连续的内存。这就是说，用

vmalloc()函数分配的页面在虚拟地址空间中是连续的,而在物理地址空间中是不连续的。例如,需要分配 200MB 的内存空间,而实际的物理内存中不存在一块连续的 200MB 的内存空间,但是内存中有大量的内存碎片,其容量大于 200MB,那么就可以使用 vmalloc()函数将不连续的物理地址空间映射成连续的虚拟地址空间。

从执行效率上来讲,vmalloc()函数的运行开销远远大于__get_free_pages()函数。因为 vmalloc()函数会建立新的页面,将不连续的物理内存映射成连续的虚拟内存,所以开销比较大。另外,由于新页面的建立,vmalloc()函数增加 CPU 的处理时间,而且需要更多的内存来存放页面。一般来说,vmalloc()函数用来申请大量的内存,对于少量的内存,最好使用__get_free_pages()函数来申请。

1. vmalloc()函数的申请和释放

vmalloc()函数定义在/mm/vmalloc.c 文件中,该函数的原型如下:

```
void *vmalloc(unsigned long size)
```

vmalloc()函数接收一个参数,size 是分配的连续内存的大小。如果函数执行成功,则返回虚拟地址连续的一块内存区域。为了释放内存,Linux 内核提供了 vfree()函数,用于释放由 vmalloc()函数分配的内存,该函数的原型如下:

```
void vfree(const void *addr)
```

2. vmalloc()函数举例

vmalloc()函数在功能上与 kmalloc()函数不同,但在使用上基本相同。首先使用 vmalloc()函数分配一个内存空间并返回一个虚拟地址。内存分配是一项要求严格的任务,无论什么时候都应该对返回值进行检测。内存分配之后,可以使用 copy_from_user()对内存进行访问。也可以将返回的内存空间转换为一个结构体,像下面第 12~15 行代码一样使用 vmalloc()分配内存空间。当不需要使用内存时,可以使用 vfree()函数释放内存(见第 20 行),具体代码如下:

```
01   static int xxx(...)
02   {
03       …/*省略部分代码*/
04       cpuid_entries = vmalloc(sizeof(struct kvm_cpuid_entry) * cpuid->
         nent);
05       if (!cpuid_entries)
06           goto out;
07       if (copy_from_user(cpuid_entries, entries,
08                   cpuid->nent * sizeof(struct kvm_cpuid_entry)))
09           goto out_free;
10
11       for (i = 0; i < cpuid->nent; i++) {
12           vcpu->arch.cpuid_entries[i].eax = cpuid_entries[i].eax;
13           vcpu->arch.cpuid_entries[i].ebx = cpuid_entries[i].ebx;
14           vcpu->arch.cpuid_entries[i].ecx = cpuid_entries[i].ecx;
15           vcpu->arch.cpuid_entries[i].edx = cpuid_entries[i].edx;
16           vcpu->arch.cpuid_entries[i].index = 0;
17       }
18       …/*省略部分代码*/
19   out_free:
20       vfree(cpuid_entries);
```

```
21      out:
22          return r;
23      }
```

10.1.3 后备高速缓存

在驱动程序中，经常需要反复地分配同一大小的内存块，也会频繁地将这些内存块释放掉。如果频繁地申请和释放内存，则很容易产生内存碎片，使用内存池可以很好地解决这个问题。Linux 为一些需要反复分配和释放的结构体预留了一些内存空间并使用内存池进行管理，管理这种内存池的技术叫作 slab 分配器，这种内存叫作后备高速缓存。

slab 分配器的相关函数定义在 linux/slab.h 文件中，使用后备高速缓存前，需要创建一个 kmem_cache 结构体。

1．创建 slab 缓存函数

使用 slab 缓存前，需要调用 kmem_cache_create() 函数创建一块 slab 缓存，该函数的代码如下（/mm/slab_common.c）：

```
struct kmem_cache *
kmem_cache_create(const char *name, unsigned int size, unsigned int align,
    slab_flags_t flags, void (*ctor)(void *))
```

调用 kmem_cache_create() 函数创建了一个新的后备高速缓存对象，在这个缓冲区中可以容纳指定数量的内存块。内存块的数量由参数 size 指定。参数 name 表示该后备高速缓存对象的名称，以后可以使用 name 表示使用哪个内存块。

kmem_cache_create() 函数的第 3 个参数 align 是后备高速缓存区中第一个对象的偏移值，这个值一般情况下被置为 0；第 4 个参数 flags 是一个位掩码，表示如何完成分配工作；第 5 个参数 ctor 是一个可选的函数，用来对加入后备高速缓存区中的内存块进行初始化。

```
unsigned int sz = sizeof(struct bio) + extra_size;
slab = kmem_cache_create("RIVER_NAME" sz, 0, SLAB_HWCACHE_ALIGN, NULL);
```

2．分配 slab 缓存函数

一旦调用 kmem_cache_create() 函数创建了后备高速缓存区，就可以调用 kmem_cache_alloc() 函数创建内存块对象。kmem_cache_alloc() 函数的原型如下（/mm/slab.c）：

```
void *kmem_cache_alloc(struct kmem_cache *cachep, gfp_t flags)
```

其中，第 1 个参数 cachep 是开始分配的后备高速缓存区，第 2 个参数 flags 与传递给 kmalloc() 函数的参数相同，一般为 GFP_KERNEL。

与 kmem_cache_alloc() 函数对应的释放函数是 kmem_cache_free() 函数，该函数释放一个内存块对象，函数原型如下（/mm/slab.c）：

```
void kmem_cache_free(struct kmem_cache *cachep, void *objp)
```

3．销毁 slab 缓存函数

与 kmem_cache_create() 函数对应的释放函数是 kmem_cache_destroy() 函数，该函数释放一个后备高速缓存区，函数原型如下（/mm/slab_common.c）：

```
void kmem_cache_destroy(struct kmem_cache *s)
```

kmem_cache_destroy()函数只有在后备高速缓存区中的所有内存块对象都调用 kmem_cache_free()函数被释放后，才能销毁后备高速缓存。

4．slab缓存举例

在 Linux 中，经常会涉及大量线程的创建与销毁，如果使用__get_free_pages()函数则会造成内存的大量浪费，而且效率也比较低。下面的代码在内核的初始化阶段就创建了一个名为 thread_info 结构体的后备高速缓存区，代码如下：

```
/*以下两行创建 slab 缓存*/
/*声明一个 struct kmem_cache 的指针*/
static struct kmem_cache *thread_info_cache;
thread_info_cache = kmem_cache_create("thread_info", THREAD_SIZE,
                    THREAD_SIZE, 0, NULL);  /*创建一个后备高速缓存区*/
/*以下两行分配 slab 缓存*/
struct thread_info *ti;                                    /*线程结构体指针*/
ti = kmem_cache_alloc(thread_info_cache, GFP_KERNEL);  /*分配一个结构体*/
…/*省略了使用 slab 缓存的函数*/
/*以下两行释放 slab 缓存*/
kmem_cache_free(thread_info_cache, ti);                    /*释放一个结构体*/
kmem_cache_destroy(thread_info_cache);                     /*销毁一个结构体*/
```

10.2　页面分配

Linux 提供了一系列的函数用来分配和释放页面。当一个驱动程序的进程需要申请内存时，内核会根据需要给申请者分配请求的页面数。当驱动程序不需要申请的内存时，必须释放申请的页面数，以防止内存泄漏。本节将对页面的分配方法进行详细介绍，这些知识对驱动程序开发非常重要。

10.2.1　内存分配

Linux 内核内存管理子系统提供了一系列函数用于内存的分配和释放。为了管理方便，在 Linux 中是以页为单位进行内存分配的。在 32 位机器上，一页的大小一般为 4KB；在 64 位机器上，一页大小一般为 8KB，具体根据平台而定。下面看一下内存管理子系统提供了哪些函数进行内存的分配和释放。

1．内存分配函数分类

根据内存管理子系统提供的内存管理函数的返回值类型进行分类，可以将内存分配函数分为两类：第一类函数向内存申请者返回一个 struct page 结构的指针，指向内核分配给申请者的页面；第二类函数返回一个 32 位的虚拟地址，该地址是分配的页面的虚拟首地址。

根据函数返回的页面数目进行分类，也可以将函数分为两类：第一类函数只返回一个页面，第二类函数可以返回多个页面，页面的数目可以由驱动程序开发人员自己指定。

内存分配函数分类如图 10.1 所示。

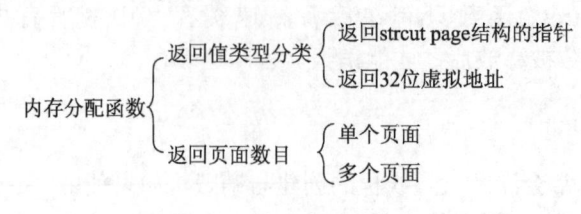

```
                        ┌ 返回值类型分类 ┌ 返回strcut page结构的指针
                        │              └ 返回32位虚拟地址
内存分配函数 ┤
                        │              ┌ 单个页面
                        └ 返回页面数目 └ 多个页面
```

图 10.1　内存分配函数分类

2. alloc_page()和alloc_pages()函数

返回 struct page 结构体指针的函数主要有两个，分别是 alloc_page()函数和 alloc_pages()函数。这两个函数定义在/include/linux/gfp.h 文件中。alloc_page()函数分配一个页面，alloc_pages()函数根据用户需要分配多个页面。这两个函数的代码如下：

```
01  /* alloc_page ()函数调用 alloc_pages()实现分配一个页面的功能*/
02  #define alloc_page(gfp_mask) alloc_pages(gfp_mask, 0)
03  /* alloc_pages()函数调用 alloc_pages_node()实现分配多个页面的功能*/
04  static inline struct page *alloc_pages(gfp_t gfp_mask, unsigned int order)
05  {
06      return alloc_pages_node(numa_node_id(), gfp_mask, order);
07  }
08  /*该函数是真正的内存分配函数*/
09  static inline struct page *alloc_pages_node(int nid, gfp_t gfp_mask,
10                  unsigned int order)
11  {
12      if (nid == NUMA_NO_NODE)
13          nid = numa_mem_id();
14      return __alloc_pages_node(nid, gfp_mask, order);
15  }
```

下面对代码进行解释。

- alloc_pages()函数的功能是分配多个页面。第 1 个参数表示分配内存的标志，这个标志与 kmalloc()函数的标志是相同的。准确地说，kmalloc()函数是由 alloc_pages()函数实现的，因此它们有相同的内存分配标志。第 2 个参数 order 表示分配页面的个数，这些页面是连续的。页面的个数由 2^{order} 来表示，例如，只分配一个页面时，order 的值应该为 0。

- 如果 alloc_pages()函数分配成功，会返回指向第一个页面的 struct page 结构体的指针；如果分配失败，则返回一个 NULL 值。任何时候内存分配都有可能失败，因此应该在内存分配之后检查其返回值是否合法。

- alloc_page()函数定义在第 2 行中，其只分配一个页面。alloc_page(gfp_mask)宏只接收一个 gfp_mask 参数，表示内存分配的标志。默认情况下 order 被设置为 0，表示函数将分配 2^0=1 个物理页面给申请的进程。

3. __get_free_page()和__get_free_pages()函数

第二类函数执行后，返回第一个申请页面的虚拟地址。如果返回多个页面，则只返回第一个页面的虚拟地址。__get_free_page()函数和__get_free_pages()函数都返回页面的虚拟地址。其中，__get_free_page()函数只返回一个页面，__get_free_pages()函数则返回多个页面。这两个函数或宏的代码如下（/mm/page_alloc.c）：

```
#define __get_free_page(gfp_mask) \
        __get_free_pages((gfp_mask),0)
```

__get_free_page 宏最终是调用__get_free_pages()函数实现的，在调用__get_free_pages()函数时将 order 的值直接赋为 0，这样就只返回一个页面。__get_free_pages()函数不仅可以分配一个页面，而且可以分配多个连续的页面，代码如下（/mm/page_alloc.c）：

```
01  unsigned long __get_free_pages(gfp_t gfp_mask, unsigned int order)
02  {
03      struct page *page;
04      page = alloc_pages (gfp_mask & ~__GFP_HIGHMEM, order);
05      if (!page)
06          return 0;
07      return (unsigned long) page_address(page);
08  }
```

下面对__get_free_pages()函数进行详细解释。

- __get_free_pages()函数接收两个参数。第一个参数与 kmalloc()函数的标志是一样的，第二个函数用来表示申请多少页的内存，页数的计算公式为：

$$页数=2^{order}$$

如果要分配一个页面，那么只需要让 order 等于 0 就可以了。
- 第 3 行定义了一个 struct page 指针。
- 第 4 行调用 alloc_pages()函数分配 2^{order} 页的内存空间。
- 第 5 行和第 6 行，如果内存不足分配失败，则返回 0。
- 第 7 行，调用 page_address()函数将物理地址转换为虚拟地址。

4．内存释放函数

当不再需要内存时，需要将内存还给内存管理系统，否则可能会造成资源泄漏。Linux 提供了一个函数用来释放内存。在释放内存时，应该给释放函数传递正确的 struct page 指针或者地址，否则会使内存错误地释放，导致系统崩溃。内存释放函数或宏定义如下（/include/linux/gfp.h）：

```
#define __free_page(page) __free_pages((page), 0)
#define free_page(addr) free_pages((addr),0)
```

上面这两个函数的代码如下（/mm/page_alloc.c）：

```
void free_pages(unsigned long addr, unsigned int order)
{
    if (addr != 0) {
        VM_BUG_ON(!virt_addr_valid((void *)addr));
        __free_pages(virt_to_page((void *)addr), order);
    }
}
void __free_pages(struct page *page, unsigned int order)
{
    if (put_page_testzero(page))
        free_the_page(page, order);
    else if (!PageHead(page))
        while (order-- > 0)
```

```
            free_the_page(page + (1 << order), order);
}
```

从上面的代码中可以看出，free_pages()函数是调用__free_pages()函数完成内存释放的。free_pages()函数的第 1 个参数指向内存页面的虚拟地址，第 2 个参数是需要释放的页面数目，应该和分配页面时的数目相同。

10.2.2 物理地址和虚拟地址之间的转换

在内存分配的大多数函数中，基本都涉及物理地址和虚拟地址之间的转换。使用 virt_to_phys()函数可以将内核虚拟地址转换为物理地址，virt_to_phys()函数的定义如下（/arch/m68k/include/asm/virtconvert.h）：

```
# define __pa(x)          ((x) - PAGE_OFFSET)
static inline unsigned long virt_to_phys(void *address)
{
    return __pa(address);
}
```

virt_to_phys()函数调用了__pa 宏，该宏在/arch/ia64/include/asm/page.h 中定义，__pa 宏会将虚拟地址 address 减去 PAGE_OFFSET，通常在 32 位计算机上定义为 3GB。

与 virt_to_phys()函数对应的函数是 phys_to_virt()，这个函数将物理地址转化为内核虚拟地址。phys_to_virt()函数的定义如下（/arch/m68k/include/asm/virtconvert.h）：

```
# define __va(x)          ((x) + PAGE_OFFSET)
static inline void *phys_to_virt(unsigned long address)
{
    return __va(address);
}
```

phys_to_virt()函数调用了__va 宏，该宏在/arch/ia64/include/asm/page.h 中定义，__va 宏会将物理地址 address 加上 PAGE_OFFSET，通常在 32 位计算机上定义为 3GB。

Linux 中的物理地址和虚拟地址的关系如图 10.2 所示。在 32 位计算机中，最大的虚拟地址空间是 4GB。0~3GB 表示用户空间，3~4GB 表示内核空间，PAGE_OFFSET 被定义为 3GB，就是用户空间和内核空间的分界点。在 Linux 内核中，使用 3~4GB 的内核空间来映射实际的物理内存。物理内存可能大于 1GB 内核空间甚至更大。以物理内存 4GB 左右为例，这种情况下，Linux 使用一种非线性的映射方法，用 1GB 大小的内核空间来映射有可能大于 1GB 的物理内存。

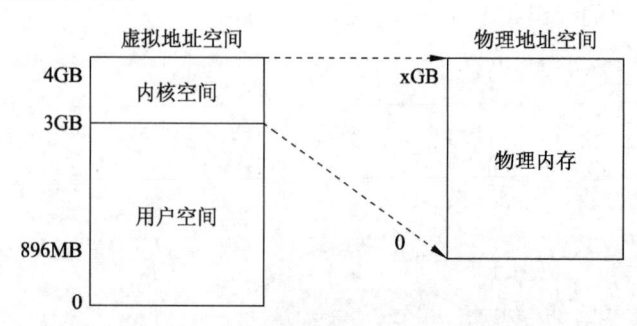

图 10.2 物理地址到虚拟地址的转换

10.3 设备 I/O 端口的访问

设备有一组外部寄存器用来存储和控制设备的状态。存储设备状态的寄存器叫作数据寄存器；控制设备状态的寄存器叫作控制寄存器。这些寄存器可能位于内存空间，也可能位于 I/O 空间，本节将介绍这些空间的寄存器访问方法。

10.3.1 Linux I/O 端口读写函数

设备内部集成了一些寄存器，程序可以通过寄存器来控制设备。大部分外部设备都有多个寄存器，如看门狗控制寄存器（WTCON）、数据寄存器（WTDAT）和计数寄存器（WTCNT）等；又如，IIC 设备也有 4 个寄存器来完成所有 IIC 操作，这些寄存器是 IICCON、IICSTAT、IICADD 和 IICCDS。

根据设备需要完成的功能，可以将外部设备连接到内存地址空间或者 I/O 地址空间上。无论内存地址空间还是 I/O 地址空间，这些寄存器的访问都是连续的。一般台式机在设计时，因为内存地址空间比较紧张，所以一般将外部设备连接到 I/O 地址空间上。而对于嵌入式设备，内存一般为 64MB 或者 128MB，大多数嵌入式处理器支持 1GB 的内存空间，因此可以将外部设备连接到多余的内存空间上。

在硬件设计方面，内存地址空间和 I/O 地址空间的区别不大，都是由地址总线、控制总线和数据总线连接到 CPU 上的。对于非嵌入式产品的大型设备使用的 CPU，一般将内存空间和 I/O 地址空间分开，对它们进行单独访问，并提供相应的读写指令。例如，在 x86 平台上，对 I/O 地址空间的访问就是使用 in 和 out 指令。

对于简单的嵌入式设备的 CPU，一般将 I/O 地址空间合并在内存地址空间中。ARM 处理器可以访问 1GB 的内存地址空间，可以将内存挂接在低地址空间上，将外部设备挂接在未使用的内存地址空间上。可以使用与访问内存相同的方法来访问外部设备。

10.3.2 I/O 内存读写

可以将 I/O 端口映射到 I/O 内存空间进行访问。如图 10.3 是 I/O 内存的访问流程，在设备驱动模块的加载函数或者 open() 函数中可以调用 request_mem_region() 函数来申请资源。使用 ioremap() 函数将 I/O 端口所在的物理地址映射到虚拟地址上，之后，就可以调用 readb()、readw() 和 readl() 等函数读写寄存器中的内容了。当不再使用 I/O 内存时，可以使用 iounmap() 函数释放物理地址映射的虚拟地址，最后使用 release_mem_region() 函数释放申请的资源。

1. 申请 I/O 内存

在使用如 readb()、readw()、randl() 等函数访问 I/O 内存前，

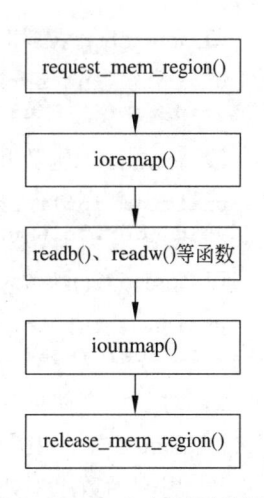

图 10.3 I/O 内存的访问流程

首先需要分配一个 I/O 内存区域。完成这个功能的函数是 request_mem_region()，该函数原型如下（/include/linux/ioport.h）：

```
#define request_mem_region(start,n,name) __request_region(&iomem_resource,
(start), (n), (name), 0)
```

request_mem_region 被定义为一个宏，其内部调用了 __request_region() 函数。request_mem_region 宏包括 3 个参数，第 1 个参数 start 是物理地址的开始区域，第 2 个参数 n 是需要分配的内存的字节长度，第 3 个参数 name 是这个资源的名字。如果函数执行成功，则返回一个资源指针；如果函数执行失败，则返回一个 NULL 值。在模块卸载函数中，如果不再使用内存资源，可以使用 release_region 宏释放。该宏的原型如下：

```
#define release_region(start,n)     __release_region(&ioport_resource,
(start), (n))
```

2．物理地址到虚拟地址的映射函数

在使用读写 I/O 内存的函数之前，需要使用 ioremap()函数，将外部设备的 I/O 端口物理地址映射到虚拟地址上。ioremap()函数的原型如下（/arch/nios2/mm/ioremap.c）：

```
void __iomem *ioremap (unsigned long phys_addr, unsigned long size)
```

ioremap()函数接收一个物理地址和一个标准 I/O 端口的大小，返回一个虚拟地址，这个虚拟地址对应一个 size 大小的物理地址空间。使用 ioremap()函数后，物理地址被映射到虚拟地址空间中，因此读写 I/O 端口中的数据就像读取内存中的数据一样简单。通过 ioremap()函数申请的虚拟地址，需要使用 iounmap()函数来释放，该函数的原型如下（/arch/nios2/mm/ioremap.c）：

```
void iounmap (void __iomem *addr)
```

iounmap()函数接收 ioremap()函数申请的虚拟地址作为参数，并取消物理地址到虚拟地址的映射。虽然 ioremap()函数返回的是虚拟地址，但是不能直接当作指针来使用。

3．I/O 内存的读写

内核开发者准备了一组函数用来完成虚拟地址的读写，这些函数如下（/arch/alpha/kernel/io.c）：

❑ ioread8()函数和 iowrite8()函数用来读写 8 位的 I/O 内存。

```
unsigned int ioread8(const void __iomem *addr)
void iowrite8(u8 b, void __iomem *addr)
```

❑ ioread16()函数和 iowrite16()函数用来读写 16 位的 I/O 内存。

```
unsigned int ioread16(const void __iomem *addr)
void iowrite16(u16 b, void __iomem *addr)
```

❑ ioread32()函数和 iowrite32()函数用来读写 32 位的 I/O 内存。

```
unsigned int ioread32(const void __iomem *addr)
void iowrite32(u32 b, void __iomem *addr)
```

❑ 对于大存储量的设备，可以通过以上函数重复读写多次来完成大量数据的传送。Linux 内核也提供了一组函数用来读写一系列的值，这些函数是上面函数的重复调用，函数原型如下：

```
/*以下 3 个函数读取一串 I/O 内存的值*/
#define ioread8_rep(p,d,l) readsb(p,d,l)
#define ioread16_rep(p,d,l) readsw(p,d,l)
#define ioread32_rep(p,d,l) readsl(p,d,l)
/*以下 3 个函数写入一串 I/O 内存的值*/
#define iowrite8_rep(p,d,l) writesb(p,d,l)
#define iowrite16_rep(p,d,l)    writesw(p,d,l)
#define iowrite32_rep(p,d,l)    writesl(p,d,l)
```

在阅读 Linux 内核源代码时会发现，有些驱动程序使用了 readb()、readw()和 readl()等较"古老"的函数。为了保证驱动程序的兼容性，内核仍然使用这些函数，但是在新的驱动代码中鼓励使用前面提到的函数。主要原因是新函数在运行时会执行类型检查，从而保证驱动程序的安全性。旧的函数或宏的原型如下（/arch/alpha/kernel/io.c）：

```
u8 readb(const volatile void __iomem *addr)
void writeb(u8 b, volatile void __iomem *addr)
u16 readw(const volatile void __iomem *addr)
void writew(u16 b, volatile void __iomem *addr)
u32 readl(const volatile void __iomem *addr)
void writel(u32 b, volatile void __iomem *addr)
```

readb()函数与 ioread8()函数的功能相同；writeb()函数和 iowrite8()函数的功能相同；readw()函数和 ioread16()函数的功能相同；writew()函数和 iowrite16()函数的功能相同；readl()函数和 ioread32()函数的功能相同；writel()函数和 writel32()函数的功能相同。

10.3.3 使用 I/O 端口

对于使用 I/O 地址空间的外部设备，需要通过 I/O 端口和设备传输数据。在访问 I/O 端口前，需要向内核申请 I/O 端口使用的资源。如图 10.4 所示，在设备驱动模块的加载函数或者 open()函数中可以调用 request_region()函数请求 I/O 端口资源；然后使用 inb()、outb()、inw()和 outw()等函数来读写外部设备的 I/O 端口；最后在设备驱动程序的模块卸载函数或者 release()函数中，释放申请的 I/O 内存资源。

1. 申请和释放 I/O 端口

图 10.4 I/O 端口的访问流程

如果要访问 I/O 端口，就需要先申请一个内存资源来对应 I/O 端口，在此之前，不能对 I/O 端口进行操作。Linux 内核提供了一个 request_region()函数用于申请 I/O 端口的资源，只有申请了端口资源之后，才能使用该端口。代码如下（/include/linux/ioport.h）：

```
#define request_region(start,n,name) __request_region(&ioport_resource,
(start), (n), (name), 0)
struct resource * __request_region(struct resource *,
            resource_size_t start, resource_size_t n,
            const char *name, int flags)
```

request_region()函数是一个宏，由__request_region()函数实现。这个宏接收 3 个参数，第 1 个参数 start 是要使用的 I/O 端口的地址，第 2 个参数表示从 start 开始的 n 个端口，第 3 个参数是设备的名称。如果分配成功，那么 request_region()函数会返回一个非 NLL 值；

如果分配失败，则返回 NULL 值，此时不能使用这些端口。

__request_region()函数用来申请资源，这个函数有 5 个参数。第 1 个参数是资源的父资源，这样，所有系统的资源被连接成一棵资源树，方便内核管理；第 2 个参数是 I/O 端口的开始地址；第 3 个参数表示需要映射多少个 I/O 端口；第 4 个参数是设备的名称；第 5 个参数是资源的标志。

如果不再使用 I/O 端口，那么需要在适当的时候释放 I/O 端口，这个过程一般在模块的卸载函数中。释放 I/O 端口的宏是 release_region，代码如下（/include/linux/ioport.h）：

```
#define release_region(start,n) __release_region(&ioport_resource,
(start), (n))
void __release_region(struct resource *, resource_size_t,
        resource_size_t)
```

release_region 是一个宏，由__release_region()函数实现。第 1 个参数 start 表示要使用的 I/O 端口的地址，第 2 个参数表示从 start 开始的 n 个端口。

2．读写I/O端口

当驱动程序申请 I/O 端口相关的资源后，可以对这些端口进行数据的读取或写入。对不同功能的寄存器写入不同的值，就能够使外部设备完成相应的工作。一般来说，大多数外部设备的端口大小设为 8 位、16 位或者 32 位。不同大小的端口需要使用不同的读取和写入函数，不能将这些函数混淆使用。如果用一个读取 8 位端口的函数读取一个 16 位的端口则会发生错误。读取端口数据的函数如下。

❑ inb()和 outb()函数是读写 8 位端口的函数。inb()函数的第 1 参数是端口号，其是一个无符号的 16 位的端口号。outb()函数用来向端口写入一个 8 位的数据，第 1 个参数是要写入的 8 位数据，第 2 个参数是 I/O 端口。

```
static inline u8 inb(u16 port)
static inline void outb(u8 v, u16 port)
```

❑ inw()和 outw()函数是读写 16 位端口的函数。inw()函数的第 1 个参数是端口号。outw()函数用来向端口写入一个 16 位的数据，第 1 个参数是要写入的 16 位数据，第 2 个参数是 I/O 端口。

```
static inline u16 inw(u16 port)
static inline void outw(u16 v, u16 port)
```

❑ inl()和 outl()函数是读写 32 位端口的函数。inl()函数的第 1 个参数是端口号。outl()函数用来向端口写入一个 32 位的数据，第 1 个参数是要写入的 32 位数据，第 2 个参数是 I/O 端口。

```
static inline u32 inl(u16 port)
static inline void outl(u32 v, u16 port)
```

上面的函数基本是一次传送 1、2 和 4 个字节。在某些处理器上也实现了一次传输一串数据的功能，串的基本单位可以是字节、字和双字。串传输比单独的字节传输速度快很多，因此在需要传输大量数据时非常有用。一些串传输的 I/O 函数原型如下（/arch/alpha/kernel/io.c）：

```
void insb(unsigned long port, void *dst, unsigned long count)
void outsb(unsigned long port, const void *src, unsigned long count)
```

insb()函数从 port 地址向 dst 地址读取 count 个字节，outsb()函数从 addr 地址向 dst 地址写入 count 个字节。

```
void insw(unsigned long port, void *dst, unsigned long count)
void outsw(unsigned long port, const void *src, unsigned long count)
```

insw()函数从 port 地址向 dst 地址读取 count×2 个字节，outsw()函数从 addr 地址向 dst 地址写入 count×2 个字节。

```
void insl(unsigned long port, void *dst, unsigned long count)
void outsl(unsigned long port, const void *src, unsigned long count)
```

insl()函数从 port 地址向 dst 地址读取 count×4 个字节，outsl()函数从 port 地址向 dst 地址写入 count×4 个字节。

需要注意的是，串传输函数直接从端口中读出或者写入指定长度的数据。因此，如果外部设备和主机之间有不同的字节序，则会导致意外的错误。例如，主机使用小端字节序，外部设备使用大端字节序，在进行数据读写时应该交换字节序，使彼此互相理解。

10.4 小　　结

外部设备可以处于内存空间或者 I/O 空间，对于嵌入式产品来说，外部设备一般处于内存空间。本章对外部设备处于内存空间和 I/O 空间的情况分别进行了讲解。在 Linux 中，为了方便编写驱动程序，对内存空间和 I/O 空间的访问提供了统一的流程，那就是"申请资源→映射内存空间→访问内存→取消映射→释放资源"。

Linux 中使用了后备高速缓存来频繁地分配和释放同一种对象，这样不但减少了内存碎片的出现，而且还提升了系统的性能，为驱动程序的高效性打下了基础。

Linux 中提供了一套分配和释放页面的函数，这些函数可以根据需要分配物理上连续或者不连续的内存，并将其映射到虚拟地址空间中，然后对其进行访问。

10.5 习　　题

一、填空题

1. kmalloc()函数最小能够分配_____字节的内存。
2. 使用后备高速缓存前，需要创建一个_____的结构体。
3. 根据函数返回的_____对函数进行分类，第一类函数只返回一个页面，第二类函数可以返回多个页面。

二、选择题

1. 下列用来分配虚拟地址连续但是物理地址不连续的内存的函数是（　　）。
   A. malloc()　　　B. kmalloc()　　　C. vmalloc()　　　D. 其他

2．下列表示如果有高端内存，则优先从高端内存中分配的标志是（　　）。
A．GFP_KERNEL　　　　　　　B．GFP_HIGHUSER
C．GFP_ATOMIC　　　　　　　D．其他
3．下列用来读 8 位端口的函数是（　　）。
A．inb()　　　B．inw()　　　　C．inl()　　　　　D．其他

三、判断题

1．分配一个 I/O 内存区域的函数是 request_mem_region()。　　　　　　（　　）
2．__get_free_pages()函数返回多个页面的虚拟地址。　　　　　　　　（　　）
3．在中断处理程序、等待队列等函数中，只能使用 GFP_KERNEL 标志。
（　　）

第 3 篇
应用实战

- 第 11 章　设备驱动模型
- 第 12 章　实时时钟驱动程序
- 第 13 章　看门狗驱动程序
- 第 14 章　IIC 设备驱动程序
- 第 15 章　LCD 设备驱动程序
- 第 16 章　触摸屏设备驱动程序
- 第 17 章　输入子系统设计
- 第 18 章　块设备驱动程序
- 第 19 章　USB 设备驱动程序

第 11 章　设备驱动模型

在早期的 Linux 内核中并没有为设备驱动提供统一的设备模型。随着内核的不断扩大及系统更加复杂,编写一个驱动程序越来越困难,所以在 Linux 2.6 内核中添加了一个统一的设备模型。这样,写设备驱动程序就稍微容易一些了。本章将对设备模型进行详细介绍。

11.1　设备驱动模型概述

设备驱动模型比较复杂,Linux 系统将设备和驱动归一到设备驱动模型中进行管理。设备驱动模型的出现,解决了编写驱动程序没有统一方法的问题。设备驱动模型给各种驱动程序提供了很多辅助性的函数,这些函数经过严格测试,可以很大程度地提高驱动开发人员的工作效率。

11.1.1　设备驱动模型的功能

Linux 内核的早期版本为编写驱动程序提供了简单的功能,如分配内存、分配 I/O 地址和分配中断请求等。编写好驱动之后,直接把程序加入内核的相关初始化函数中,这是一个非常复杂的过程,所以开发驱动程序并不简单。并且,由于没有统一的设备驱动模型,几乎每种设备的驱动程序需要自己完成所有的工作,因此在驱动程序中会产生大量的重复代码或者发生错误。

设备驱动模型提供了硬件的抽象,内核使用该抽象可以完成很多重复的工作。这样很多重复的代码就不需要重新编写和调试了,编写驱动程序的难度也有所下降。这些抽象包括如下几个方面。

1. 电源管理

电源管理一直是内核的一个组成部分,在笔记本电脑和嵌入式系统中更是如此,它们使用电池来供电。简单地说,电源管理就是当系统的某些设备不需要工作时,暂时以最低电耗的方式挂起设备,以节省系统的电能。电源管理的一个重要功能是在省电模式下,使系统中的设备以一定的先后顺序挂起;在全速工作模式下,使系统中的设备以一定的先后顺序恢复运行。

例如,一条总线上连接了 A、B、C 这 3 个设备,只有当 A、B、C 这 3 个设备都挂起时,总线才能挂起。在 A、B、C 这 3 个设备中的任何一个设备恢复工作之前,总线必须先恢复工作。总之,设备驱动模型使得电源管理子系统能够以正确的顺序遍历系统中的设备。

2．支持即插即用设备

越来越多的设备可以即插即用了，最常用的设备就是 U 盘，甚至连（移动）硬盘也可以即插即用。这种即插即用的机制，使得用户可以根据自己的需要安装和卸载设备。设备驱动模型自动捕捉插拔信号，加载驱动程序，使内核容易与设备进行通信。

3．与用户空间的通信

用户空间程序通过 sysfs 虚拟文件系统访问设备的相关信息。这些信息被组织成层次结构，用 sysfs 虚拟文件系统来表示。用户通过对 sysfs 文件系统的操作就能够控制设备，或者从系统中读出设备的当前信息。

11.1.2 sysfs 文件系统

sysfs 文件系统是 Linux 众多文件系统中的一个。在 Linux 系统中，每个文件系统都有其特殊的用途。例如，Ext 2 用于快速读写存储文件；Ext 3 用来记录日志文件。

Linux 设备驱动模型由大量的数据结构和算法组成。这些数据结构之间的关系非常复杂，多个数据结构之间通过指针互相关联，构成树形或者网状关系。显示这种关系的最好方法是利用树形文件系统，但是这种文件系统需要具有其他文件系统没有的功能，如显示内核中关于设备、驱动和总线的信息。为了达到这个目的，Linux 内核开发者创建了一种新的文件系统，这就是 sysfs 文件系统。

1．什么是sysfs

sysfs 文件系统是 Linux 2.6 内核的一个新特性，其是一个只存在于内存中的文件系统。内核通过这个文件系统将信息导出到用户空间中。sysfs 文件系统目录之间的关系非常复杂，各目录与文件之间既存在树形关系，又存在目录关系。

在内核中，这种关系由设备驱动模型来表示。在 sysfs 文件系统中产生的文件大多数是 ASCII 文件，也叫属性文件，通常每个文件有一个值。文件的 ASCII 码特性保证了被导出信息的准确性，而且易于访问，这些特点使 sysfs 成为 Linux 2.6 内核最直观、最有用的特性。

2．内核结构与sysfs文件系统的关系

sysfs 文件系统是内核对象（kobject）、属性（kobj_type）及它们相互关系的一种表现机制。用户可以从 sysfs 文件系统中读出内核数据，也可以将用户空间中的数据写入内核。这是 sysfs 文件系统非常重要的特性，通过这个特性，用户空间的数据就能够传送到内核空间中，从而设置驱动程序的属性和状态。Linux 内核结构与 sysfs 文件系统的关系，如表 11.1 所示。

表 11.1 内核结构与sysfs的关系

Linux内核结构	sysfs中的结构
kobject	目录
kobj_type	属性文件
对象之间的关系	符号链接

11.1.3 sysfs 文件系统的目录结构

sysfs 文件系统包含一些重要的目录，这些目录包含与设备和驱动等相关的信息，详细介绍如下。

1. sysfs文件系统的目录

sysfs 文件系统与其他文件系统一样，由目录、文件和链接组成。与其他文件系统不同的是，sysfs 文件系统的内容与其他文件系统不同。另外，sysfs 文件系统只存在于内存中，动态地展示内核的数据结构。

sysfs 文件系统挂接了一些子目录，这些子目录为主要的 sysfs 子系统。要查看这些子目录和文件，可以使用 ls 命令：

```
# cd sys
# ls
block   class   devices    fs           kernel  power
bus     dev     firmware   hypervisor   module
```

当设备启动时，设备驱动模型会注册 kobject 对象，并在 sysfs 文件系统中产生以上目录。

2. block目录

block 目录包含在系统中发现的每个块设备的子目录，每个块设备对应一个子目录。每个块设备的目录中有各种属性，描述了设备的各种信息，如设备的大小和设备号等。

在块设备目录中有一个表示 I/O 调度器的目录，这个目录中是一些属性文件，用于存储关于设备请求队列信息和一些可调整的特性。用户和管理员可以通过这些特性优化性能，如动态改变 I/O 调度器等。块设备的每个分区表示为块设备的子目录，这些目录中包含了分区的读写属性。

3. bus目录

bus 目录包含在内核中注册而得到支持的每个物理总线的子目录，如 ide、pci、scsi、usb、i2c 和 pnp 总线等。使用 ls 命令可以查看 bus 目录的结构信息：

```
# cd bus
# ls
ac97          dax             isa            nvmem        scsi      vme
acpi          edac            machinecheck   parport      sdio      workqueue
auxiliary     eisa            mdio_bus       pci          serial    xen
cec           event_source    memory         pci-epf      serio     xen-backend
clockevents   gameport        mipi-dsi       pci_express  snd_seq
clocksource   gpio            mmc            platform     spi
container     hid             nd             pnp          usb
cpu           i2c             node           rapidio      virtio
```

ls 命令列出了在系统中注册的总线，每个目录的结构都大同小异。这里以 usb 目录为例，分析其目录结构关系。使用 cd usb 命令进入 usb 目录，然后使用 ls 命令列出 usb 目录包含的目录和文件。

```
# cd usb
```

```
# ls
devices  drivers  drivers_autoprobe  drivers_probe  uevent
```

usb 目录包含 devices 和 drivers 目录。devices 目录包含 USB 总线下所有设备的列表，这些列表实际上是指向设备目录中相应设备的符号链接。使用 ls 命令查看如下：

```
# cd devices
# ls -l
总用量 0
lrwxrwxrwx 1 root root 0  3月  4 20:26 1-0:1.0 -> ../../../devices/
pci0000:00/0000:00:11.0/0000:02:03.0/usb1/1-0:1.0
lrwxrwxrwx 1 root root 0  3月  4 20:36 1-1 -> ../../../devices/
pci0000:00/0000:00:11.0/0000:02:03.0/usb1/1-1
lrwxrwxrwx 1 root root 0  3月  4 20:36 1-1:1.0 -> ../../../devices/
pci0000:00/0000:00:11.0/0000:02:03.0/usb1/1-1/1-1:1.0
lrwxrwxrwx 1 root root 0  3月  4 20:26 2-0:1.0 -> ../../../devices/
pci0000:00/0000:00:11.0/0000:02:00.0/usb2/2-0:1.0
lrwxrwxrwx 1 root root 0  3月  4 20:26 2-1 -> ../../../devices/
pci0000:00/0000:00:11.0/0000:02:00.0/usb2/2-1
lrwxrwxrwx 1 root root 0  3月  4 20:26 2-1:1.0 -> ../../../devices/
pci0000:00/0000:00:11.0/0000:02:00.0/usb2/2-1/2-1:1.0
lrwxrwxrwx 1 root root 0  3月  4 20:26 2-2 -> ../../../devices/
pci0000:00/0000:00:11.0/0000:02:00.0/usb2/2-2
lrwxrwxrwx 1 root root 0  3月  4 20:26 2-2:1.0 -> ../../../devices/
pci0000:00/0000:00:11.0/0000:02:00.0/usb2/2-2/2-2:1.0
lrwxrwxrwx 1 root root 0  3月  4 20:26 usb1 -> ../../../devices/
pci0000:00/0000:00:11.0/0000:02:03.0/usb1
lrwxrwxrwx 1 root root 0  3月  4 20:26 usb2 -> ../../../devices/
pci0000:00/0000:00:11.0/0000:02:00.0/usb2
```

其中，1-0:1.0 和 2-0:1.0 是 USB 设备的名字，这些名字由 USB 协议规范来定义。可以看出，devices 目录包含的是符号链接，其指向/sys/devices 目录下的相应硬件设备。硬件的设备文件在/sys/devices/目录及其子目录下，这个链接的目的是构建 sysfs 文件系统的层次结构。

drivers 目录包含在 USB 总线下注册时所有驱动程序的目录。每个驱动目录中有允许查看和操作设备参数的属性文件，以及指向该设备所绑定的物理设备的符号链接。

4．class目录

class 目录中的子目录表示每一个在内核中注册的设备类，如固件类（firmware）、混杂设备类（misc）、图形类（graphics）、声音类（sound）和输入设备类（input）等，具体如下：

```
# cd class
# ls
ata_device      drm_dp_aux_dev   mem             ptp             spi_transport
ata_link        extcon           misc            pwm             thermal
ata_port        firmware         mmc_host        rapidio_port    tpm
backlight       gpio             msr             rc              tpmrm
bdi             graphics         mtd             regulator       tty
block           hidraw           nd              remoteproc      usb_role
bsg             hwmon            net             rfkill          vc
dax             i2c-adapter      pci_bus         rtc             vfio
devcoredump     i2c-dev          pci_epc         scsi_device     virtio-ports
devfreq         input            phy             scsi_disk       vtconsole
devfreq-event   intel_scu_ipc    powercap        scsi_generic    wakeup
```

devlink	iommu	power_supply	scsi_host	watchdog
dma	ipmi	ppdev	sound	wwan
dma_heap	leds	ppp	spi_host	
dmi	lirc	pps	spi_master	
drm	mdio_bus	printer	spi_slave	

类对象只包含一些设备的总称，如网络类包含所有的网络设备，集中在/sys/class/net 目录下，输入设备类包含所有的输入设备，如鼠标、键盘和触摸板等，它们集中在 /sys/class/input 目录下。关于类的详细概念将在后面讲述。

11.2 设备驱动模型的核心数据结构

设备驱动模型由几个核心的数据结构组成，分别是 kobject、kset 和 subsystem。这些结构使设备驱动模型组成了一个层次结构。该层次结构将驱动、设备和总线等联系起来，形成一个完整的设备模型。下面分别对这些结构进行详细介绍。

11.2.1 kobject 结构体

宏观上来说，设备驱动模型是一个设备和驱动组成的层次结构。例如，一条总线上挂接了很多设备，总线在 Linux 中也是一种设备，为了表述清楚，这里将其命名为 A。在 A 总线上挂接了一个 USB 控制器硬件 B，在 B 上挂接了设备 C 和 D，当然，如果 C 和 D 是一种可以挂接其他设备的父设备，那么在 C 和 D 设备下也可以挂接其他设备，但这里认为它们是普通设备。另外，在 A 总线上还挂接了 E 和 F 设备，这些设备的关系如图 11.1 所示。

在 sysfs 文件系统中，这些设备使用树形目录来表示如下：

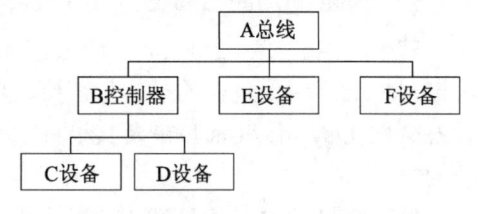

图 11.1 设备的层次关系

```
tree /sys
sys
`-- A总线
    |-- B控制器
    |   |-- C设备
    |   `-- D设备
    |-- E设备
    `-- F设备
```

树形结构中的每个目录与一个 kobject 对象对应，其包含目录的组织结构和名字等信息。在 Linux 系统中，kobject 结构体是组成设备驱动模型的基本结构。最初它作为设备的一个引用计数使用，随着系统功能的增加，它的任务也越来越多。kobject 提供了最基本的对设备对象的管理能力，每个在内核中注册的 kobject 对象都对应于 sysfs 文件系统中的一个目录。

1．kobject结构体

kobject 结构体的定义如下：

```
01  struct kobject {
02      const char          *name;              /*kobject 的名称*/
03      struct list_head    entry;              /*连接下一个 kobject 结构*/
04      struct kobject      *parent;            /*指向父 kobject 结构体*/
05      struct kset         *kset;              /*指向 kset 集合*/
06      struct kobj_type    *ktype;             /*指向 kobject 的类型描述符*/
07      struct kernfs_node  *sd;                /*对应 sysfs 的文件目录*/
08      struct kref         kref;               /*kobject 引用的计数*/
09  #ifdef CONFIG_DEBUG_KOBJECT_RELEASE
10      struct delayed_work release;
11  #endif
12      unsigned int state_initialized:1;       /*该 kobject 对象是否初始化的位*/
13      unsigned int state_in_sysfs:1;          /*是否已经加入 sysfs*/
14      unsigned int state_add_uevent_sent:1;
15      unsigned int state_remove_uevent_sent:1;
16      unsigned int uevent_suppress:1;
17  };
```

下面对 kobject 的几个重要成员进行介绍。

- 第 2 行是 kobject 结构体的名称，该名称作为一个目录的名字将显示在 sysfs 文件系统中。

- 第 6 行代表 kobject 的属性，可以将属性看成 sysfs 中的一个属性文件。每个对象都有属性。例如：电源管理需要一个属性表示是否支持挂起；热插拔事件管理需要一个属性来显示设备的状态。因为大部分的同类设备都有相同的属性，因此将这个属性单独组织为一个数据结构 kobj_type 并存放在 ktype 中。这样就可以灵活地管理属性了。需要注意的是，对 sysfs 中的普通文件的读写操作，都是由 kobject->ktype-> sysfs_ops 指针完成的。对 kobj_type 的详细说明将在后面给出。

- 第 8 行的 kref 字段表示 kobject 引用的计数，内核通过 kref 实现对象引用计数的管理。内核提供了两个函数 kobject_get()和 kobject_put()用于增加和减少引用计数，当引用计数为 0 时，所有该对象使用的资源将被释放。后面将对这两个函数详细解释。

- 第 12 行的 state_initialized 表示 kobject 是否已经初始化，1 表示初始化，0 表示未初始化。unsigned int state_initialized:1 中的 1 表示，只用 unsigned int 的最低 1 位表示这个布尔值。

- 第 13 行的 state_in_sysfs 表示 kobject 是否已经在 sysfs 文件系统中注册。

2．kobject结构体的初始化函数kobject_init()

对 kobejct 结构体进行初始化有些复杂，但无论如何，首先应将整个 kobject 设置为 0。如果没有将 kobject 设置为 0，那么在以后使用 kobject 时可能会发生一些奇怪的错误。将 kobject 设置为 0 后，可以调用 kobject_init()函数对其中的成员进行初始化，该函数的代码如下（/lib/kobject.c）：

```
01  void kobject_init(struct kobject *kobj, struct kobj_type *ktype)
02  {
03      char *err_str;                          /*出错时，保存错误字符串提示*/
04      if (!kobj) {
05          err_str = "invalid kobject pointer!"   /*kobj 为无效的指针*/
06          goto error;
```

```
07        }
08        if (!ktype) {                                   /*ktype 没有定义*/
09            err_str = "must have a ktype to be initialized properly!\n";
10            goto error;
11        }
12        if (kobj->state_initialized) {      /*如果 kobject 已经初始化,则出错*/
13            /* 打印错误信息,有时候可以恢复到正常状态 */
14            pr_err("kobject (%p): tried to init an initialized object,
15  something is seriously wrong.\n",kobj);
16            dump_stack();                    /*以堆栈方式追溯出错信息*/
17        }
18        kobject_init_internal(kobj);         /*初始化 kobject 的内部成员变量*/
19        kobj->ktype = ktype;                 /*为 kobject 绑定一个 ktype 属性*/
20        return;
21  error:
22        pr_err("kobject (%p): %s\n", kobj, err_str);
23        dump_stack();
24  }
```

- 第 4～11 行,检查 kobj 和 ktype 是否合法,它们都不应该是一个空指针。
- 第 12～16 行,判断该 kobj 是否已经初始化,如果已经初始化,则打印出错信息。
- 第 18 行,调用 kobject_init_internal()函数初始化 kobj 结构体的内部成员,该函数将在后面介绍。
- 第 19 行,将定义的一个属性结构体 ktype 赋给 kobj->ktype。这是一个 kobj_type 结构体,与 sysfs 文件的属性有关,将在后面介绍。例如,一个喇叭设备在 sysfs 目录中注册了一个 A 目录,该目录对应一个名为 A 的 kobject 结构体。即使再普通的喇叭也应该有一个音量属性,用来控制和显示声音的大小,这个属性可以在 A 目录下用一个名为 B 的属性文件表示。很显然,如果要控制喇叭的声音大小,应该对 B 文件进行写操作,将新的音量值写入;如果要查看当前的音量,应该读 B 文件。因此,属性文件 B 应该是一个可读可写的文件。

3. 初始化kobject的内部成员函数kobject_init_internal()

在前面的函数 kobject_init()代码第 18 行中,调用了 kobject_init_internal()函数初始化 kobject 的内部成员。该函数的代码如下(/lib/kobject.c):

```
static void kobject_init_internal(struct kobject *kobj)
{
    if (!kobj)                              /*如果 kobj 为空,则出错退出*/
        return;
    kref_init(&kobj->kref);                 /*增加 kobject 的引用计数*/
    INIT_LIST_HEAD(&kobj->entry);           /*初始化 kobject 的链表*/
    kobj->state_in_sysfs = 0;               /*表示 kobject 还没有注册到 sysfs 中*/
    kobj->state_add_uevent_sent = 0;        /*始终初始化为 0*/
    kobj->state_remove_uevent_sent = 0;     /*始终初始化为 0*/
    kobj->state_initialized = 1;            /*表示该结构体已经初始化*/
}
```

kobject_init_internal()函数主要对 kobject 的内部成员进行初始化,如引用计数 kref,连接 kboject 的 entry 链表等。

4．kobject结构体的引用计数操作

kobject_get()函数是用来增加 kobject 的引用计数，引用计数由 kobject 结构体的 kref 成员表示。只要对象的引用计数大于或等于 1，则对象就必须继续存在。kobject_get()函数的代码如下（/lib/kobject.c）：

```
struct kobject *kobject_get(struct kobject *kobj)
{
    if (kobj) {
        if (!kobj->state_initialized)
            WARN(1, KERN_WARNING
                "kobject: '%s' (%p): is not initialized, yet kobject_get() is being called.\n",
                kobject_name(kobj), kobj);
        kref_get(&kobj->kref);                  /*增加引用计数*/
    }
    return kobj;
}
```

kobject_get()函数将增加 kobject 的引用计数，并返回指向 kobject 的指针。如果 kobject 对象已经在释放的过程中，那么 kobject_get()函数将返回 NULL 值。

kobject_put()函数用来减少 kobject 的引用计数，当 kobject 的引用计数为 0 时，系统将释放该对象和其占用的资源。前面讲的 kobject_init()函数设置了引用计数为 1，因此在创建 kobject 对象时，就不需要调用 kobject_get()函数增加引用计数了。当删除 kobject 对象时，需要调用 kobject_put()函数减少引用计数。代码如下（/lib/kobject.c）：

```
01  void kobject_put(struct kobject *kobj)
02  {
03      if (kobj) {
04          if (!kobj->state_initialized)
05              /*为初始化 kobject 就减少引用计数，则出错*/
06              WARN(1, KERN_WARNING "kobject: '%s' (%p): is not
07                  initialized, yet kobject_put() is being
08                  called.\n", kobject_name(kobj), kobj);
09          kref_put(&kobj->kref, kobject_release);     /*减少引用计数*/
10      }
11  }
```

前面已经说过，当 kobject 的引用计数为 0 时，将释放 kobject 对象和其占用的资源。由于每一个 kobject 对象占用的资源都不一样，所以需要驱动开发人员自己实现释放对象资源的函数。该释放函数需要在 kobject 的引用技术为 0 时被系统自动调用。

在 kobject_put()函数代码中，第 9 行的 kref_put()函数的第 2 个参数指定了释放函数，该释放函数是 kobject_release()，由内核实现，在该函数内部调用了 kobj_type 结构中自定义的 release()函数。由此可见，kobj_type 中的 release()函数是需要驱动开发人员真正实现的释放函数。从 kobject_put()函数到调用自定义的 release()函数的路径如图 11.2 所示。

5．设置kobject名称的函数

用来设置 kobject.name 的函数有两个，分别是 kobject_set_name()和 kobject_rename()函数，这两个函数的原型如下（/lib/kobject.c）：

```
int kobject_set_name(struct kobject *kobj, const char *fmt, ...);
int kobject_rename(struct kobject *kobj, const char *new_name);
```

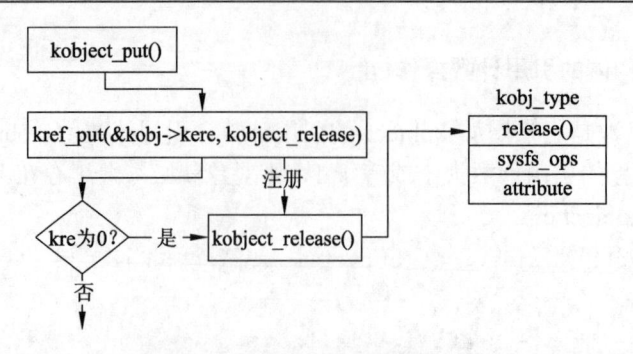

图 11.2 释放函数的调用路线

第 1 个函数用来直接设置 kobject 结构体的名字。该函数的第 1 个参数是需要设置名称的 kobject 对象，第 2 个参数是一个用来格式化名称的字符串，与 C 语言中 printf()函数的对应参数相似。

第 2 个函数在 kobject 已经在系统注册并且需要使用 kobject 结构体的名字时使用。

11.2.2　设备属性 kobj_type

每个 kobject 对象都有一些属性，这些属性由 kobj_type 结构体表示。最初，内核开发者考虑将属性包含在 kobject 结构体中，后来考虑到同类设备具有相同的属性，所以将属性隔离开，由 kobj_type 表示。kobject 中有指向 kobj_type 的指针，如图 11.3 所示。

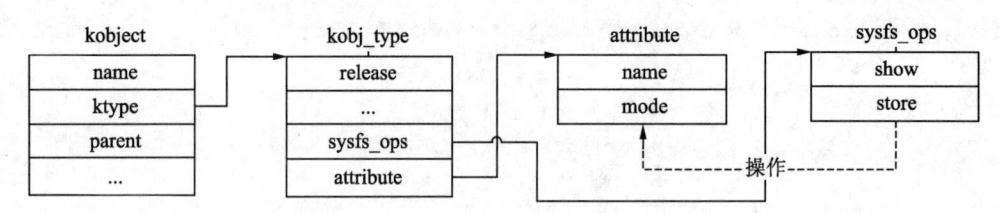

图 11.3　kobject 与 kobj_type 的关系

下面结合图 11.3，解释几个重要的问题。

- kobject 始终代表 sysfs 文件系统中的一个目录而不是文件。对 kobject_add()函数的调用将在 sysfs 文件系统中创建一个目录。最底层目录对应系统中的一个设备、驱动或者其他内容。通常，一个目录包含一个或者多个属性，以文件的方式表示，属性由 ktype 指向。
- kobject 对象的成员 name 是 sysfs 文件系统中的目录名称，通常使用 kobject_set_name()函数来设置。在同一个目录下，不能有相同的目录名称。
- kobject 在 sysfs 文件系统中的位置由 parent 指针指定。parent 指针指向一个 kojbect 结构体，kobject 对应一个目录。
- kobj_type 是 kobject 的属性。一个 kobject 可以有一个或者多个属性。属性用文件表示，放在 kobject 对应的目录下。
- attribute 表示一个属性，具体定义将在后面介绍。
- sysfs_ops 表示对属性的操作函数。一个属性只有两种操作，一种是读操作，一种是写操作。

1．属性结构体kobj_type

当创建 kobject 结构体的时候，会给 kobject 赋予一些默认的属性。这些属性保存在 kobj_type 结构体中，该结构体的定义如下（/include/linux/kobject.h）：

```
struct kobj_type {
    void (*release)(struct kobject *kobj);/*释放 kobject 和其占用资源的函数*/
    const struct sysfs_ops *sysfs_ops;       /*操作下一个属性数组的方法*/
    struct attribute **default_attrs;        /*属性数组*/
    const struct attribute_group **default_groups;
    const struct kobj_ns_type_operations *(*child_ns_type)(struct kobject
*kobj);
    const void *(*namespace)(struct kobject *kobj);
    void (*get_ownership)(struct kobject *kobj, kuid_t *uid, kgid_t *gid);
};
```

kobj_type 的 default_attrs 成员保存了属性数组，每个 kobject 对象可以有一个或者多个属性。属性结构体的定义如下（/include/linux/sysfs.h）：

```
struct attribute {
    const char      *name;                   /*属性的名称*/
    umode_t         mode;                    /*属性的读写权限*/
#ifdef CONFIG_DEBUG_LOCK_ALLOC
    bool            ignore_lockdep:1;
    struct lock_class_key   *key;
    struct lock_class_key   skey;
#endif
};
```

在这个结构体中，name 是属性的名称，对应某个目录下的一个文件名称。mode 是属性的读写权限，也就是 sysfs 中的文件读写权限，这些权限在/include/linux/stat.h 文件中定义。读写权限可选值包括 S_IRUGO 属性（可读）和 S_IWUGO 属性（可写）。

2．操作结构体sysfs_ops

kobj_type 结构体字段 default_attrs 数组说明了一个 kobject 都有哪些属性，但是并没有说明如何操作这些属性。这个任务要使用 kobj_type->sysfs_ops 成员来完成，sysfs_ops 结构体的定义如下（/include/linux/sysfs.h）：

```
struct sysfs_ops {
    ssize_t (*show)(struct kobject *, struct attribute *,char *);
                                                     /*读属性操作函数*/
    ssize_t (*store)(struct kobject *,struct attribute *,const char *,
    size_t);                                         /*写属性操作函数*/
};
```

show()函数用于读取一个属性到用户空间。该函数的第 1 个参数是要读取的 kobject 的指针，它对应要读的目录；第 2 个参数是要读的属性；第 3 个参数是存放读到的属性的缓存区。当函数调用成功时，会返回实际读取的数据长度，这个长度不能超过 PAGE_SIZE 个字节大小。

❑ store()函数将属性写入内核。该函数的第 1 个参数是与写相关的 kobject 的指针，它对应要写的目录；第 2 个参数是要写的属性；第 3 个参数是要写入的数据；第 4

个参数是要写入的参数长度,这个长度不能超过 PAGE_SIZE 个字节大小。只有当拥有的属性具有写权限时,才能调用 store()函数。

> 说明:sysfs 文件系统约定一个属性不能太长,一般一至两行左右,如果太长,需要把它分为多个属性。

下面举一个对这两个函数比较的例子。代码如下:

```
/*读取一个属性的名称*/
ssize_t kobject_test_show(struct kobject *kobject, struct attribute
*attr,char *buf)
{
    printk("call kobject_test_show().\n");          /*调试信息*/
    printk("attrname:%s.\n", attr->name);           /*打印属性的名称*/
    sprintf(buf,"%s\n",attr->name);      /*将属性名称存放在 buf 中并返回用户空间*/
    return strlen(attr->name)+2;
}
/*写入一个属性的值*/
ssize_t kobject_test_store(struct kobject *kobject,struct attribute
*attr,const char *buf, size_t count)
{
    printk("call kobject_test_store().\n"           /*调试信息*/
    printk("write: %s\n",buf);                      /*输出要存入的信息*/
    /*省略向 attr 中写入数据的代码,根据具体的逻辑定义*/
    return count;
}
```

kobject_test_show()函数将 kobject 的名称赋给 buf 并返回给用户空间。例如,在用户空间使用 cat 命令查看属性文件时,会调用 kobject_test_show()函数并显示 kobject 的名称。

kobject_test_store()函数用于将来自用户空间的 buf 数据写入内核,这里并没有实际写入操作,可以根据具体情况写入一些需要的数据。

3. kobj_type结构体的release()函数

在上面讨论 kobj_type 的过程中遗留了一个重要的函数即 release()函数。该函数表示当 kojbect 的引用计数为 0 时,将对 kobject 采取什么操作。在对 kobject_put()函数的讲解中已经对 release()函数做了铺垫,该函数的原型如下:

```
void (*release)(struct kobject *kobj);
```

release()函数的存在至少有两个原因:第一,每个 kobject 对象在释放时可能有不同的操作,因此并没有一个统一的函数对 kobject 及其包含的结构进行释放操作;第二,创建 kobject 的代码并不知道什么时候应该释放 koject 对象,所以 kobject 维护了一个引用计数,当计数为 0 时,在合适的时候系统会调用自定义的 release()函数来释放 kobject 对象。一个 release()函数的模板如下:

```
void kobject_test_release(struct kobject *kobject)
{
    printk("kobject_test: kobject_test_release() .\n");
    struct my_object *myobject=container_of(kobject,struct my_object,
kobj);                       /*获得 my_object 对象*/
    /*省略了对自定义的设备对象 my_object 执行其他操作*/
```

```
        kfree(myobject);        /*释放自定义的 my_object 对象,包含 kobject 对象*/
}
```

kobject 一般存在于一个更大的自定义结构中,这里就是 my_object 对象。在驱动程序中,为了完成驱动的一些功能,该对象在系统中申请了一些资源,这些资源的释放就在自定义的 kobject_test_release()中完成。

需要注意的是:每个 kobject 对象都有一个 release()方法,此方法会自动在引用计数为 0 时被内核调用,不需要程序员调用。如果在引用计数不为 0 时调用,就会出现错误。

4．非默认属性

在许多情况下,kobject 类型的 default_attrs 成员定义了 kobject 拥有所有默认属性。但是在特殊情况下,也可以对 kobject 添加一些非默认的属性,用来控制 kobject 代表的总线、设备和驱动的行为。例如,为驱动的 kobject 结构体添加一个属性文件 switch,用来选择驱动的功能。假设驱动有功能 A 和 B,如果写 switch 为 A,那么选择驱动的 A 功能,写 switch 为 B,则选择驱动的 B 功能。添加非默认属性的函数原型如下(/include/linux/sysfs.h):

```
static inline int __must_check sysfs_create_file(struct kobject *kobj,
                    const struct attribute *attr) ;
```

如果函数执行成功,则使用 attribute 结构中的名称创建一个属性文件并返回 0,否则返回一个负的错误码。这里举一个创建 switch 属性的例子,代码如下:

```
struct attribute switch_attr = {
    .name = "switch",                               /*属性名*/
    .mode = S_IRWXUGO,                              /*属性为可读、可写*/
};
err = sysfs_create_file(kobj, switch_attr));        /*创建一个属性文件*/
if (err)                                            /*如果返回非 0,则出错*/
    printk(KERN_ERR"sysfs_create_file error");
```

内核提供了 sysfs_remove_file()函数用来删除属性,函数原型如下:

```
static inline void sysfs_remove_file(struct kobject *kobj,
                    const struct attribute *attr) ;
```

如果调用 sysfs_remove_file()函数成功,将在 sysfs 文件系统中删除 attr 属性指定的文件。在属性文件删除后,如果用户空间的某个程序仍然拥有该属性文件的文件描述符,那么利用该文件描述符对属性文件的操作会出现错误,这需要引起开发者的注意。

11.3　kobject 对象的应用

为了对 kobject 对象有一个清晰的认识,这里将给读者展现一个完整的实例代码。在讲解这个实例代码之前,需要重点讲解一下设备驱动模型结构。

11.3.1　设备驱动模型结构

在 Linux 设备驱动模型中,设备驱动模型在内核中的关系用 kobject 结构体来表示,在用户空间中的关系用 sysfs 文件系统结构来表示。如图 11.4 所示,左边是 bus 子系统在内核中的关系，使用 kobject 结构体来组织，右边是 sysfs 文件系统的结构关系，使用目录和文件来表示。左边的 kobject 和右边的目录或者文件是一一对应的关系，如果左边有一个 kobject 对象，那么右边就对应一个目录。文件表示 kobject 的属性，并不与 kobject 对应。

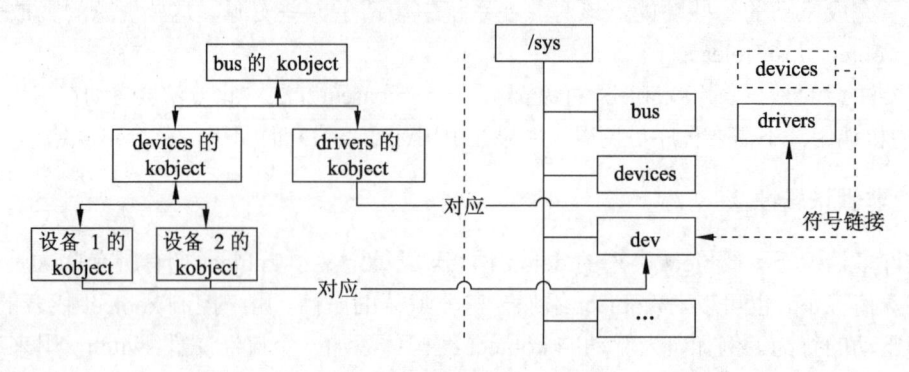

图 11.4 设备驱动模型结构

11.3.2 kset 集合

kobject 通过 kset 组织成层次化的结构。kset 是具有相同类型的 kobject 集合，像驱动程序一样放在/sys/drivers/目录下，目录 drivers 是一个 kset 对象，包含系统中的驱动程序对应的目录，驱动程序的目录由 kobject 表示。

1. kset集合

kset 结构体的定义代码如下（/include/linux/kobject.h）：

```
01  struct kset {
02      struct list_head list;         /*连接所包含的kobject对象的链表首部*/
03      spinlock_t list_lock;          /*维护list链表的自旋锁*/
04      struct kobject kobj;/*内嵌的kobject结构体，说明kset本身也是一个目录*/
05      const struct kset_uevent_ops *uevent_ops;   /*热插拔事件*/
06  } __randomize_layout;;
```

- 第 2 行表示一个链表。在 kset 中的所有 kobject 对象被组织成一个双向循环链表，list 就是这个链表的头部。
- 第 3 行是用来从 list 中添加或者删除 kobject 的自旋锁。
- 第 4 行是一个内嵌的 kobject 对象。所有属于这个 kset 集合的 kobject 对象的 parent 指针，均指向这个内嵌的 kobject 对象。另外，kset 的引用计数就是内嵌的 kobject 对象的引用计数。
- 第 5 行是支持热插拔事件的函数集。

2. 热插拔事件kset_uevent_ops

一个热插拔事件是从内核空间发送到用户空间的通知，表明系统某些部分的配置已经发生变化。用户空间接收到内核空间的通知后，会调用相应的程序，处理配置上的变化。例如，当 U 盘插入 USB 系统时，会产生一个热插拔事件，内核会捕获这个热插拔事件，并调用用户空间的/sbin/hotplug 程序，该程序通过加载驱动程序来响应 U 盘插入的动作。

在早期的系统中，如果要加入一个新设备，必须关闭计算机，插入设备，然后再重启，这是一个非常烦琐的过程。现在计算机系统的硬软件已经有能力支持设备的热插拔，这种特性带来的好处是设备可以即插即用，节省用户的时间。

内核将在什么时候产生热插拔事件呢？当驱动程序将 kobject 注册到设备驱动模型中时会产生这些事件。也就是当内核调用 kobject_add()和 kobject_del()函数时，会产生热插拔事件。热插拔事件产生时，内核会根据 kobject 的 kset 指针找到所属的 kset 结构体，执行 kset 结构体中 uevent_ops 包含的热插拔函数。这些函数的定义如下（/include/linux/kobject.h）：

```
01  struct kset_uevent_ops {
02      int (* const filter)(struct kset *kset, struct kobject *kobj);
03      const char *(* const name)(struct kset *kset, struct kobject *kobj);
04      int (* const uevent)(struct kset *kset, struct kobject *kobj,
05                           struct kobj_uevent_env *env);
06  };
```

- 第 2 行的 filter()函数是一个过滤函数。通过 filter()函数，内核可以决定是否向用户空间发送事件产生信号。如果 filter()返回 0，则表示不产生事件；如果 filter()返回 1，则表示产生事件。例如，在块设备子系统中可以使用该函数决定哪些事件应该发送给用户空间。在块设备子系统中至少存在 3 种类型的 kobject 结构体，分别是磁盘、分区和请求队列。用户空间需要对磁盘和分区的改变产生响应，但一般不需要对请求队列的变化产生响应。在把事件发送给用户空间时，可以使用 filter()函数过滤不需要产生的事件。块设备子系统的过滤函数如下（/drivers/base/core.c）：

```
static int dev_uevent_filter(struct kset *kset, struct kobject *kobj)
{
    struct kobj_type *ktype = get_ktype(kobj);  /*得到 kobject 属性的类型*/
    if (ktype == &device_ktype) {
        struct device *dev = kobj_to_dev(kobj);
        if (dev->bus)
            return 1;
        if (dev->class)
            return 1;
    }
    return 0;
}
```

- 第 3 行的 name()函数在用户空间的热插拔程序需要知道子系统的名称时被调用。该函数将返回给用户空间程序一个字符串数据。该函数的一个例子是 dev_uevent_name()函数，代码如下（/drivers/base/core.c）：

```
static const char *dev_uevent_name(struct kset *kset, struct kobject *kobj)
{
    struct device *dev = kobj_to_dev(kobj);
    if (dev->bus)
        return dev->bus->name;
    if (dev->class)
        return dev->class->name;
    return NULL;
}
```

dev_uevent_name()函数先由 kobj 获得 device 类型的 dev 指针。如果该设备的总线存在，则返回总线的名称，否则返回设备类的名称。

- 任何热插拔程序需要的信息可以通过环境变量来传递。uevent()函数可以在热插拔程序执行前向环境变量中写入值。

11.3.3　kset 与 kobject 的关系

kset 是 kobject 的一个集合，用来与 kobject 建立层次关系。内核可以将相似的 kobject 结构连接在 kset 集合中，这些相似的 kobject 可能有相似的属性，使用统一的 kset 来表示。如图 11.5 为 kset 集合和 koject 之间的关系。

- kset 集合包含 kobject 结构体，kset.list 链表用来连接第一个和最后一个 kobject 对象。第 1 个 kobject 使用 entry 连接 kset 集合和第 2 个 kobject 对象。第 2 个 kobject 对象使用 entry 连接第 1 个 kobject 对象和第 3 个 kobject 对象，以此类推，最终形成一个 kobject 对象的链表。
- 所有 kobject 结构的 parent 指针指向 kset 包含的 kobject 对象，构成一个父子层次关系。
- kobject 的所有 kset 指针指向包含它的 kset 集合，因此通过 kobject 对象很容易就能找到 kset 集合。
- kobject 的 kobj_type 指针指向自身的 kobj_type，每个 kobject 都有一个单独的 kobj_type 结构。另外，在 kset 集合中也有一个 kobject 结构体，该结构体的 xxx 也指向一个 kobj_type 结构体。从前文中知道，kobj_type 中定义了一组属性和操作属性的方法。这里需要注意的是，在 kset 中，kobj_type 的优先级要高于 kobject 对象中 kobj_type 的优先级。如果两个 kobj_type 都存在，那么优先调用 kset 中的函数。当 kset 中的 kobj_type 为空时，才调用各个 kobject 结构体自身对应的 kobj_type 中的函数。
- kset 中的 kobj 也负责对 kset 的引用技术。

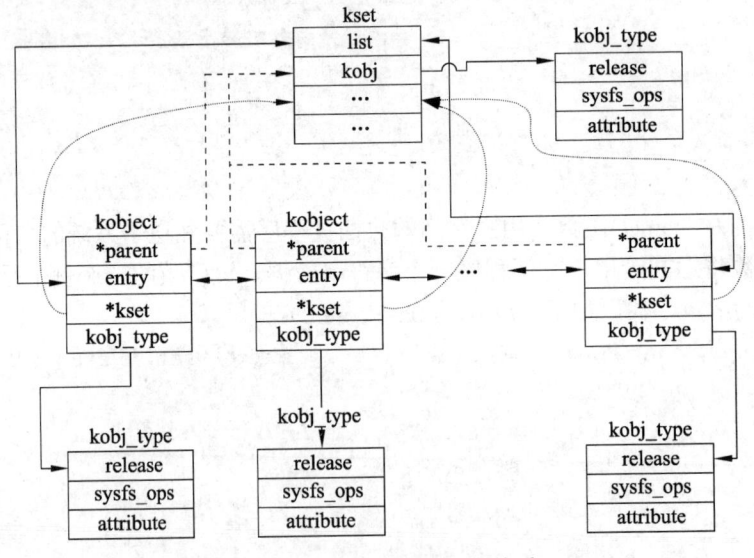

图 11.5　kset 和 kobject 的关系

11.3.4　kset 的相关操作函数

kset 的相关操作函数与 kobject 函数相似，也有初始化、注册和注销等函数。下面对这些函数进行介绍。

1. 初始化函数kset_init()

kset_init()函数用来初始化 kset 对象的成员，其中最重要的是初始化 kset.kobj 成员，使用前面介绍过的 kobject_init_internal()函数来完成，代码如下（/lib/kobject.c）：

```
01    void kset_init(struct kset *k)
02    {
03        kobject_init_internal(&k->kobj);    /*初始化 kset.kojb 成员*/
04        INIT_LIST_HEAD(&k->list);            /*初始化连接 kobject 的链表*/
          /*初始化自旋锁，该锁用于对 kobject 的添加、删除等操作*/
05        spin_lock_init(&k->list_lock);
06    }
```

2. 注册函数kset_register()

kset_register()函数用来完成系统对 kset 的注册，函数的原型如下（/lib/kobject.c）：

```
int kset_register(struct kset *k);
```

3. 注销函数kset_unregister()

kset_unregister()函数用来完成系统对 kset 的注销，函数的原型如下（/lib/kobject.c）：

```
void kset_unregister(struct kset *k);
```

4. kset的引用计数

kset 也有引用计数，该引用计数由 kset 的 kobj 成员来维护。可以使用 kset_get()函数增加引用计数，使用 kset_put()函数减少引用计数。这两个函数的原型如下（/include/linux/kobject.h）：

```
static inline struct kset *kset_get(struct kset *k);
static inline void kset_put(struct kset *k);
```

11.3.5 注册 kobject 到 sysfs 实例

对 kobject 和 kset 有所了解后，本节将讲解一个实例程序，以使读者对这些概念变为实践。这个实例程序的功能是，在/sys 目录下添加一个名称为 kobject_test 的目录，并在该目录下添加一个名称为 kobject_test_attr 的文件，这个文件就是属性文件。本实例可以通过 kobject_test_show()函数显示属性的值；也可以通过 kobject_test_store()函数向属性中写入一个值。这个实例的完整代码如下：

```
#include <linux/device.h>
#include <linux/module.h>
#include <linux/kernel.h>
#include <linux/init.h>
#include <linux/string.h>
#include <linux/sysfs.h>
#include <linux/stat.h>

/*释放 kobject 结构体的函数*/
void kobject_test_release(struct kobject *kobject);
```

```c
/*读属性函数*/
ssize_t kobject_test_show(struct kobject *kobject, struct attribute
*attr,char *buf);
/*写属性函数*/
ssize_t kobject_test_store(struct kobject *kobject,struct attribute
*attr,const char *buf, size_t count);
/*定义了一个名为 kobject_test、可读可写的属性*/
struct attribute test_attr = {
    .name = "kobject_test_attr",          /*属性名*/
    .mode = S_IRWXUGO,                    /*属性为可读可写*/
};
/*该 kobject 只有一个属性*/
static struct attribute *def_attrs[] = {
    &test_attr,
    NULL,
};
struct sysfs_ops obj_test_sysops =
{
    .show = kobject_test_show,            /*读属性函数*/
    .store = kobject_test_store,          /*写属性函数*/
};
struct kobj_type ktype =
{
    .release = kobject_test_release,      /*释放函数*/
    .sysfs_ops=&obj_test_sysops,          /*属性的操作函数*/
    .default_attrs=def_attrs,             /*默认属性*/
};
void kobject_test_release(struct kobject *kobject)
{
    /*这只是一个测试例子,实际的代码要复杂很多*/
    printk("kobject_test: kobject_test_release() .\n");
}
/*该函数用来读取一个属性的名称*/
ssize_t kobject_test_show(struct kobject *kobject, struct attribute
*attr,char *buf)
{
    printk("call kobject_test_show().\n");       /*调试信息*/
    printk("attrname:%s.\n", attr->name);        /*打印属性的名称*/
    sprintf(buf,"%s\n",attr->name);   /*将属性名称存放在buf中,返回用户空间*/
    return strlen(attr->name)+2;
}
/*该函数用来写入一个属性的值*/
ssize_t kobject_test_store(struct kobject *kobject,struct attribute
*attr,const char *buf, size_t count)
{
    printk("call kobject_test_store().\n");      /*调试信息*/
    printk("write: %s\n",buf);                   /*输出要存入的信息*/
    strcpy(attr->name,buf);                      /*写一个属性*/
    return count;
}
struct kobject kobj;                             /*要添加的 kobject 结构*/
static int __init kobject_test_init(void)
{
    printk("kboject test_init().\n");
```

```
    /*初始化并添加 kobject 到内核中*/
    kobject_init_and_add(&kobj,&ktype,NULL,"kobject_test");
    return 0;
}
static void __exit kobject_test_exit(void)
{
    printk("kobject test exit.\n");
    kobject_del(&kobj);                              /*删除 kobject*/
}
module_init(kobject_test_init);
module_exit(kobject_test_exit);
MODULE_AUTHOR("Zheng Qiang");
MODULE_LICENSE("Dual BSD/GPL");
```

下面对实例的一些扩展知识进行简要介绍。

1. kobject_init_and_add()函数

加载函数 kobject_test_init()调用 kobject_init_and_add()函数来初始化和添加 kobject 到内核中。函数调用成功后将在/sys 目录下新建一个 kobject_test 目录，这样就构建了 kobject 的设备层次模型。这个函数主要完成如下两个功能：

（1）调用 kobject_init()函数对 kobject 进行初始化，并将 kobject 与 kobj_type 关联起来。

（2）调用 kobject_add_varg()函数将 kobject 加入设备驱动层次模型中，并设置一个名称。kobject_init_and_add()函数的代码如下（/lib/kobject.c）：

```
01  int kobject_init_and_add(struct kobject *kobj, struct kobj_type *ktype,
02              struct kobject *parent, const char *fmt, ...)
03  {
04      va_list args;                           /*参数列表*/
05      int retval;                             /*返回值*/
06      kobject_init(kobj, ktype);              /*初始化 kobject 结构体*/
07      va_start(args, fmt);                    /*开始解析可变参数列表*/
08      /*给 kobj 添加一些参数*/
09      retval = kobject_add_varg(kobj, parent, fmt, args);
10      va_end(args);                           /*结束解析参数列表*/
11      return retval;
12  }
```

- 参数说明：第 1 个参数 kobj 是指向要初始化的 kobject 结构体；第 2 个参数 ktype 是指向要与 kobj 联系的 kobj_type。第 3 个参数指定 kobj 的父 kobject 结构体；第 4、5 个参数是 XXXXXX。
- 第 6 行，kobject_init()函数已经在前面详细讲过，这里不再赘述。
- 第 9 行，调用 kobject_add_varg()函数向设备驱动模型添加一个 kobject 结构体。这个函数比较复杂，将在后面详细介绍。

2. kobject_add_varg()函数

使用 kobject_add_varg()函数可以将 kobject 加入设备驱动模型中。该函数的第 1 个参数 kobj 是要加入设备驱动模型中的 kobject 结构体指针；第 2 个参数是 kobject 结构体的父结构体，当该值为 NULL 时，表示在/sys 目录下创建一个目录，本实例就是这种情况；第 3、4 个参数与 printf()函数的参数相同，接收一个可变参数，这里用来设置 kobject 的名称。

kobject_add_varg()函数的代码如下(/lib/kobject.c):

```
01   static __printf(3, 0) int kobject_add_varg(struct kobject *kobj,
02                struct kobject *parent, const char *fmt, va_list vargs)
03   {
04       int retval;                          /*返回值*/
05       /*给kobject赋予新的名称*/
06       retval = kobject_set_name_vargs(kobj, fmt, vargs);
07       if (retval) {                        /*设置名称失败*/
08           pr_err("kobject: can not set name properly!\n");
09           return retval;
10       }
11       kobj->parent = parent;               /*设置kojbect的父kobject结构体*/
12       return kobject_add_internal(kobj);
13   }
```

- 第5~10行,设置将要加入sysfs文件系统中的kobject的名称。本实例中是kobject_test,即将在sysfs文件系统中加入一个kobject_test目录。
- 第11行,设置kobject的父kobject结构体,也就是kobject_test的父目录。如果parent为NULL,那么将在sysfs文件系统顶层目录中加入kobject_test目录,表示没有父目录。
- 第12行,调用kobject_add_internal()函数向设备驱动模型中添加kobject结构体。

3. kobject_add_internal()函数

kobject_add_internal()函数负责向设备驱动模型中添加kobject结构体,并在sysfs文件系统中创建一个目录。该函数的代码如下(/lib/kobject.c):

```
static int kobject_add_internal(struct kobject *kobj)
{
    int error = 0;
    struct kobject *parent;
    if (!kobj)                   /*如果为空,则失败,表示没有需要添加的kobject*/
        return -ENOENT;
    if (!kobj->name || !kobj->name[0]) {
        WARN(1, "kobject: (%p): attempted to be registered with empty "
             name!\n", kobj); /*kobject没有名称,不能注册到设备驱动模型中*/
        return -EINVAL;
    }
    parent = kobject_get(kobj->parent); /*增加父目录的引用计数*/
    if (kobj->kset) {                          /*是否属于一个kset集合*/
        if (!parent)             /*如果kobject本身没有父kobject,则使用kset
                                    的kobject作为kobject的父亲*/

            parent = kobject_get(&kobj->kset->kobj);     /*增加引用计数*/
        kobj_kset_join(kobj);/**/
        kobj->parent = parent;                 /*设置父kobject结构*/
    }
    /*打印调试信息: kobject名称、对象地址、该函数名;父kobject名字;kset集合名称*/
    pr_debug("kobject: '%s' (%p): %s: parent: '%s', set: '%s'\n",
         kobject_name(kobj), kobj, __func__,
         parent ? kobject_name(parent) : "<NULL>",
         kobj->kset ? kobject_name(&kobj->kset->kobj) : "<NULL>");
    error = create_dir(kobj);/*创建一个sysfs目录,该目录的名称为kobj->name*/
    if (error) {                           /*以下为创建目录失败的函数*/
```

```
            kobj_kset_leave(kobj); /**/
            kobject_put(parent); /**/
            kobj->parent = NULL;
            /* be noisy on error issues */
            if (error == -EEXIST) /**/
                pr_err("%s failed for %s with -EEXIST, don't try to register things with the same name in the same directory.\n",
                    __func__, kobject_name(kobj));
            else
                pr_err("%s failed for %s (error: %d parent: %s)\n",
                    __func__, kobject_name(kobj), error,
                    parent ? kobject_name(parent) : "'none'");
            dump_stack();/**/
        } else
            kobj->state_in_sysfs = 1;            /*创建成功，表示 kobject 在 sysfs 中*/
        return error;                            /*返回错误码*/
    }
```

4．kobject_del()函数

kobject_del()函数用来从设备驱动模型中删除一个 kobject 对象，在本实例中，该函数将在卸载函数 kobject_test_exit()中调用。kobject_del()函数的代码如下（/lib/kobject.c）：

```
    void kobject_del(struct kobject *kobj)
    {
        struct kobject *parent;

        if (!kobj)                               /*如果为空，则退出*/
            return;

        parent = kobj->parent;
        __kobject_del(kobj);
        kobject_put(parent);                     /*减少父目录的引用计数*/
    }
```

5．kobject_test_release()函数

前面已经说过，每个 kobject 都有自己的释放函数，本例的释放函数是 kobject_test_release()，该函数除打印一条信息之外，什么也没有做。因为这个例子并不需要做其他工作，在实际的项目中该函数可能较为复杂。

6．读写属性函数

前面的例子中有一个 test_attr 属性，该属性的读写函数分别是 kobject_test_show()和 kobject_test_store()函数，分别用来向属性 test_attr 中读出属性名称和写入属性名称。

11.3.6 实例测试

使用 make 命令编译 kboject_test.c 文件，得到 kobject_test.ko 模块，然后使用 insmod 命令加载该模块。当模块加载时，会在/sys 目录中增加一个 kobject_test 的目录，具体如下：

```
# cd /sys
# ls
block   class   devices   fs          kernel        module
bus     dev     firmware  hypervisor  kobject_test  power
```

进入 kobject_test 目录，在该目录下有一个名为 kobject_test_attr 的属性文件如下：

```
# cd kobject_test/
# ls
kobject_test_attr
```

使用 echo 命令和 cat 命令可以对这个属性文件进行读写，读写时，内核里调用的分别是 kobject_test_show()和 kobject_test_store()函数。这两个函数分别用来显示和设置属性的名称，测试过程如下：

```
# cat kobject_test_attr
kobject_test_attr
# echo abc> kobject_test_attr
# ls
abc
```

11.4 设备驱动模型的三大组件

设备驱动模型有 3 个重要组件，分别是总线（bus_type）、设备（device）和驱动（driver）。下面对这 3 个重要组件分别进行介绍。

11.4.1 总线

从硬件结构来讲，物理总线包括数据总线和地址总线。物理总线是处理器与一个或者多个设备之间的通道。在设备驱动模型中，所有设备都通过总线连接。此处的总线与物理总线不同，总线是物理总线的一个抽象，同时还包含一些硬件中不存在的虚拟总线。在设备驱动模型中，驱动程序是附属在总线上的。下面首先介绍总线、设备和驱动之间的关系。

1. 总线、设备和驱动的关系

在设备驱动模型中，总线、设备和驱动三者紧密联系。如图 11.6 所示，在/sys 目录下有一个 bus 目录，所有的总线都在 bus 目录下有一个新的子目录。一般，一个总线目录包括一个设备目录、一个驱动目录和一些总线属性文件。设备目录下包含挂接在该总线上的设备，驱动目录包含挂接在总线上的驱动程序。设备和驱动程序之间通过指针互相联系。总线、设备和驱动的关系如图 11.6 所示。

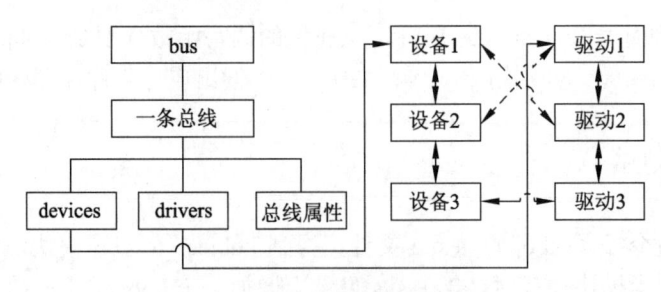

图 11.6　总线、设备和驱动的关系

如图 11.6 所示，总线上的设备链表有 3 个设备，设备 1、设备 2 和设备 3。总线上的驱动链表也有 3 个驱动程序，驱动 1、驱动 2 和驱动 3。其中，虚线箭头表示设备与驱动的绑定关系，这个绑定是在总线枚举设备时设置的。这里，设备 1 与驱动 2 绑定，设备 2 与驱动 1 绑定，设备 3 与驱动 3 绑定。

2. 总线数据结构bus_type

在 Linux 设备模型中，总线用 bus_type 表示。内核支持的每条总线都由一个 bus_type 对象来描述，代码如下（/include/linux/device/bus.h）：

```
01    struct bus_type {
02        const char          *name;                      /*总线类型的名称*/
03        const char          *dev_name;
04        struct device       *dev_root;
05        const struct attribute_group **bus_groups;
06        const struct attribute_group **dev_groups;
07        const struct attribute_group **drv_groups;
08        /*匹配函数，检验参数 2 中的驱动是否支持参数 1 中的设备*/
09        int (*match)(struct device *dev, struct device_driver *drv);
10        int (*uevent)(struct device *dev, struct kobj_uevent_env *env);
11        int (*probe)(struct device *dev);               /*探测设备*/
12        void (*sync_state)(struct device *dev);
13        void (*remove)(struct device *dev);             /*移除设备*/
14        void (*shutdown)(struct device *dev);           /*关闭函数*/
15        int (*online)(struct device *dev);
16        int (*offline)(struct device *dev);
17        /*改变设备的供电状态，使其节能*/
18        int (*suspend)(struct device *dev, pm_message_t state);
19        int (*resume)(struct device *dev);/*恢复供电状态，使设备正常工作*/
20        int (*num_vf)(struct device *dev);
21        int (*dma_configure)(struct device *dev);
22        const struct dev_pm_ops *pm;                    /*关于电源管理的操作符*/
23        const struct iommu_ops *iommu_ops;
24        struct subsys_private *p;
25        struct lock_class_key lock_key;
26        bool need_parent_lock;
27    };
```

- 第 2 行的 name 成员是总线的名称，如 PCI。
- 第 5~7 行分别定义了总线、设备和驱动的属性。
- 第 9~21 行是总线、设备和驱动相关的函数。具体用到时将详细解释。
- 第 22 行是 dev_pm_ops 是与电源管理相关的函数集合。

3. bus_type声明实例

在 Linux 中，总线不仅是物理总线的抽象，还代表一些虚拟的总线，例如，平台设备总线（platform）就是虚拟总线。值得注意的是，在 bus_type 中需要自己定义的成员很少，内核负责完成大部分的功能。例如，AC97 声卡的总线定义就非常简单，如果去掉电源管理函数，那么 AC97 声卡的总线就只有 match()函数的定义了，其总线代码如下（/sound/ac97_bus.c）：

```
struct bus_type ac97_bus_type = {
    .name       = "ac97",
    .match      = ac97_bus_match,
};
```

4. 总线私有数据结构subsys_private

总线私有数据结构 subsys_private 包含 3 个主要成员：一个 kset 的类型的 subsys 容器，表示一条总线的主要部分；一个总线上的驱动程序容器 drivers_kset；一个总线上的设备容器 devices_kset。以下是 subsys_private 的定义（/drivers/base/base.h）：

```c
struct subsys_private {
    /*代表该bus子系统,其中的kobj是该bus的主kobj,也就是最顶层*/
    struct kset subsys;
    struct kset *devices_kset;      /*挂接到该总线上的所有驱动集合*/
    struct list_head interfaces;
    struct mutex mutex;
    struct kset *drivers_kset;      /*挂接到该总线上的所有驱动集合*/
    /*所有设备的列表,与devices_kset中的list相同*/
    struct klist klist_devices;
    /*所有驱动程序的列表,与drivers_kset中的list相同*/
    struct klist klist_drivers;
    struct blocking_notifier_head bus_notifier;
    /*设置是否在驱动注册时自动探测（probe）设备*/
    unsigned int drivers_autoprobe:1;
    struct bus_type *bus;           /*回指包含自己的总线*/
    struct kset glue_dirs;
    struct class *class;
};
```

5. 总线注册函数bus_register()

如果为驱动程序定义了一条新的总线，那么需要调用 bus_register()函数进行注册。这个函数有可能会调用失败，因此有必要检测它的返回值。如果函数调用成功，那么一条新的总线将被添加到系统中。可以在 sysfs 文件系统的/sys/bus 目录下看到它。bus_register()函数的代码如下：

```c
int bus_register(struct bus_type *bus)
{
    int retval;                                 /*返回值*/
    struct subsys_private *priv;                /*总线私有数据*/
    struct lock_class_key *key = &bus->lock_key;
    /*申请一个总线私有数据结构*/
    priv = kzalloc(sizeof(struct subsys_private), GFP_KERNEL);
    if (!priv)                                  /*如果内存不足则返回*/
        return -ENOMEM;
    priv->bus = bus;                            /*总线私有数据结构回指的总线*/
    bus->p = priv;                              /*总线的私有数据*/
    BLOCKING_INIT_NOTIFIER_HEAD(&priv->bus_notifier);   /*初始化通知链表*/
    retval = kobject_set_name(&priv->subsys.kobj, "%s", bus->name);
    /*设置总线的名称如PCI*/
    if (retval)                                 /*如果失败则返回*/
        goto out;
    /*指向其父kset,bus_kset在buses_init()例程中添加*/
    priv->subsys.kobj.kset = bus_kset;
    priv->subsys.kobj.ktype = &bus_ktype;       /*设置读取总线属性文件的默认方法*/
    priv->drivers_autoprobe = 1;                /*驱动程序注册时,可以探测(probe)设备*/
    retval = kset_register(&priv->subsys);      /*注册总线容器priv->subsys*/
    if (retval)                                 /*如果失败则返回*/
```

```c
        goto out;
    /*建立 uevent 属性文件*/
    retval = bus_create_file(bus, &bus_attr_uevent);
    if (retval)
        goto bus_uevent_fail;
    /*创建一个 devices_kset 容器，也就是在新的总线目录下创建一个 devices 目录，其父
      目录就是 priv->subsys.kobj 对应的总线目录*/
    priv->devices_kset = kset_create_and_add("devices", NULL,
                        &priv->subsys.kobj);
    if (!priv->devices_kset) {                    /*如果创建失败则返回*/
        retval = -ENOMEM;
        goto bus_devices_fail;
    }
    /*创建一个 drivers_kset 容器，也就是在新的总线目录下创建一个 drivers 目录，其父目
      录就是 priv->subsys.kobj 对应的总线目录*/
    priv->drivers_kset = kset_create_and_add("drivers", NULL,
                        &priv->subsys.kobj);
    if (!priv->drivers_kset) {                    /*如果创建失败则返回*/
        retval = -ENOMEM;
        goto bus_drivers_fail;
    }
    INIT_LIST_HEAD(&priv->interfaces);
    __mutex_init(&priv->mutex, "subsys mutex", key);
    klist_init(&priv->klist_devices, klist_devices_get, klist_devices_
put);                                             /*初始化设备链表*/
    klist_init(&priv->klist_drivers, NULL, NULL);  /*初始化驱动程序链表*/
    retval = add_probe_files(bus);                 /*与热插拔相关的探测文件*/
    if (retval)
        goto bus_probe_files_fail;
    retval = bus_add_groups(bus, bus->bus_groups);
    if (retval)
        goto bus_groups_fail;
    pr_debug("bus: '%s': registered\n", bus->name);
    return 0;
/*错误处理*/
bus_groups_fail:
    remove_probe_files(bus);
bus_probe_files_fail:
    kset_unregister(bus->p->drivers_kset);
bus_drivers_fail:
    kset_unregister(bus->p->devices_kset);
bus_devices_fail:
    bus_remove_file(bus, &bus_attr_uevent);
bus_uevent_fail:
    kset_unregister(&bus->p->subsys);
out:
    kfree(bus->p);
    bus->p = NULL;
    return retval;
}
```

使用 bus_register()函数对 bus_type 进行注册，当从系统中删除一条总线时，应该使用 bus_unregister()函数，该函数的原型如下（/drivers/base/bus.c）：

```c
void bus_unregister(struct bus_type *bus);
```

11.4.2　总线属性和总线方法

在 bus_type 中还有表示总线属性和总线方法的成员。总线属性使用成员 bus_attrs 表示，相对该成员介绍如下。

1．总线属性bus_attribute

在 Linux 设备驱动模型中，几乎每层都有添加属性的函数，bus_type 也不例外。总线属性用 bus_attribute 表示，由 bus_type 的 bus_attrs 指针指向。bus_attribute 属性代码如下（/include/linux/device/bus.h）：

```
struct bus_attribute {
    struct attributeattr;                                       /*总线属性*/
    ssize_t (*show)(struct bus_type *bus, char *buf);           /*属性读函数*/
    /*属性写函数*/
    ssize_t (*store)(struct bus_type *bus, const char *buf, size_t count);
};
```

bus_attribute 中的 attribute 属性与 kobject 中的属性的结构体是一样的。bus_attribute 总线属性也包含显示和设置属性值的函数，分别是 show() 和 store() 函数。

2．创建和删除总线属性

创建总线属性，需要调用 bus_create_file() 函数，该函数的原型如下（/drivers/base/bus.c）：

```
int bus_create_file(struct bus_type *bus, struct bus_attribute *attr);
```

当不需要某个属性时，可以使用 bus_remove_file() 函数删除该属性，该函数的原型如下（/drivers/base/bus.c）：

```
void bus_remove_file(struct bus_type *bus, struct bus_attribute *attr);
```

3．总线上的方法

在 bus_type 结构体中定义了许多方法。这些方法都是与总线相关的，如电源管理中新设备与驱动匹配的方法。这里主要介绍 match() 函数和 uevent() 函数，其他函数在驱动中几乎不使用。match() 函数的原型如下：

```
int (*match)(struct device *dev, struct device_driver *drv);
```

当一条总线上的新设备或者新驱动被添加时，会一次或多次调用该函数。如果指定的驱动程序能够适用于指定的设备，那么该函数返回非 0 值，否则返回 0。当定义一种新总线时，必须实现该函数，以使内核知道怎样匹配设备和驱动程序。一个 match() 函数的例子如下（/drivers/media/pci/bt8xx/bttv-gpio.c）：

```
static int bttv_sub_bus_match(struct device *dev, struct device_driver *drv)
{
    struct bttv_sub_driver *sub = to_bttv_sub_drv(drv);/*转换为自定义驱动*/
    int len = strlen(sub->wanted);                    /*取驱动支持的设备名称长度*/
    /*新添加的设备名称是否与驱动支持的设备名相同*/
    if (0 == strncmp(dev_name(dev), sub->wanted, len))
```

```
            return 1;              /*如果总线上的驱动支持该设备,则返回1,否则返回0*/
        return 0;
    }
```

当用户空间产生热插拔事件时,可能需要内核传递一些参数给用户程序,这里只能使用环境变量来传递参数。传递环境变量的函数由uevent()实现,该函数的原型如下:

```
int (*uevent)(struct device *dev, struct kobj_uevent_env *env);
```

uevent()函数只有在内核支持热插拔事件(CONFIG_HOTPLUG)时才有用,否则该函数被定义为NULL值。以amba_uevent()函数为例,该函数只有在支持热插拔时才被定义。该函数调用add_uevent_var()函数添加一个新的环境变量,代码如下(/drivers/amba/bus.c):

```
static int amba_uevent(struct device *dev, struct kobj_uevent_env *env)
{
    struct amba_device *pcdev = to_amba_device(dev);
    int retval = 0;
    retval = add_uevent_var(env, "AMBA_ID=%08x", pcdev->periphid);
    if (retval)
        return retval;
    retval = add_uevent_var(env, "MODALIAS=amba:d%08X", pcdev->periphid);
    return retval;
}
```

11.4.3 设备

在Linux设备驱动模型中,每一个设备都由一个device结构体来描述。device结构体包含设备的一些通用信息。对于驱动开发人员来说,当遇到新设备时,需要定义一个新的设备结构体,将device作为新结构体的成员,这样就可以在新结构体中定义新设备的一些信息,而设备通用的信息就使用device结构体来表示。使用device结构体的另一个好处是,可以通过device结构体轻松地将新设备加入设备驱动模型的管理行列。下面对device结构体进行简要介绍。

1. device结构体

device结构体中的大多函数被内核使用,驱动开发人员不需要关注,这里只对该结构体的主要成员进行介绍。device结构体的主要成员如下(/include/linux/device.h):

```
01  struct device {
02      struct kobject kobj;
03      struct device           *parent;           /*指向父设备的指针*/
04      struct device_private   *p;
05      const char              *init_name;        /*设备的初始化名称*/
06      const struct device_type *type;            /*设备相关的特殊处理函数*/
07      struct bus_type *bus;                      /*指向连接的总线指针*/
08      struct device_driver *driver;              /*指向该设备的驱动程序*/
09      void            *platform_data; /* Platform specific data, device
10                          core doesn't touch it */
11      void            *driver_data;              /*指向驱动程序私有数据的指针*/
12  #ifdef CONFIG_PROVE_LOCKING
13      struct mutex        lockdep_mutex;
14  #endif
15      struct mutex        mutex;
16      struct dev_links_info   links;
17      struct dev_pm_info      power;             /*电源管理信息*/
```

```
18      struct dev_pm_domain    *pm_domain;
19      …
20    };
```

- 第 3 行指向父设备，设备的父子关系表示子设备离开了父设备就不能工作。
- 第 6 行，在 device_type 结构中包含一个用来对设备操作的函数。
- 第 7 行，bus 指针指向设备所属的总线。
- 第 8 行，driver 指针指向设备的驱动程序。

2．设备注册和注销

设备必须在注册之后才能使用。在注册 device 结构体之前，至少要设置 parent 和 bus 成员。常用的设备注册和注销函数如下（/drivers/base/core.c）。

```
int device_register(struct device *dev);
void device_unregister(struct device *dev);
```

3．设备属性

每个设备都包含一些相关属性，在 sysfs 文件系统中以文件的形式存储这些属性。设备属性的定义如下（/include/linux/device.h）：

```
struct device_attribute {
    struct attributeattr;                              /*属性*/
    ssize_t (*show)(struct device *dev, struct device_attribute *attr,
            char *buf);                                /*显示属性的方法*/
    ssize_t (*store)(struct device *dev, struct device_attribute *attr,
            const char *buf, size_t count);            /*设置属性的方法*/
};
```

在写程序时，可以使用宏 DEVICE_ATTR 定义 attribute 结构，这个宏的定义如下（/include/linux/device.h）：

```
#define DEVICE_ATTR(_name, _mode, _show, _store) \
struct device_attribute dev_attr_##_name = __ATTR(_name, _mode, _show, _store)
```

DEVICE_ATTR 宏使用 dev_attr_ 作为前缀构造属性名称并传递属性的读写模式、读函数和写函数。另外，可以使用下面两个函数对属性文件进行实际处理（/drivers/base/core.c）。

```
int device_create_file(struct device *dev, const struct device_attribute *attr);
void device_remove_file(struct device *dev, const struct device_attribute *attr);
```

device_create_file()函数用来在 device 所在的目录下创建一个属性文件；device_remove_ile()函数用来在 device 所在的目录下删除一个属性文件。

11.4.4 驱动

设备驱动模型中记录了注册到系统中的所有设备。有些设备可以使用，有些设备不可以使用，原因是设备需要与对应的驱动程序绑定才能使用，本节将重点介绍设备驱动程序。

1. 设备驱动

一个设备对应一个最合适的设备驱动（device_driver）程序。但是，一个设备驱动程序可能适用多个设备。设备驱动模型自动地探测新设备的产生，并为其分配最合适的设备驱动程序，这样新设备就能够使用了。驱动程序由以下结构体定义（/include/linux/device/driver.h）：

```
01  struct device_driver {
02      const char              *name;          /*设备驱动程序的名称*/
03      struct bus_type         *bus;           /*指向驱动所属的总线,总线上有很多设备*/
04      struct module           *owner;         /*设备驱动自身模块*/
05      const char              *mod_name;      /*驱动模块的名称 */
06      bool suppress_bind_attrs;   /* disables bind/unbind via sysfs */
07      enum probe_type probe_type;
08      const struct of_device_id   *of_match_table;
09      const struct acpi_device_id *acpi_match_table;
10      /*探测设备的方法,并检测设备驱动可以控制哪些设备*/
11      int  (*probe) (struct device *dev);
12      void (*sync_state)(struct device *dev);
13      int  (*remove) (struct device *dev);            /*移除设备时调用该方法*/
14      void (*shutdown) (struct device *dev);          /*设备关闭时调用的方法*/
15      /*设备置于低功率状态时所调用的方法*/
16      int  (*suspend) (struct device *dev, pm_message_t state);
17      int  (*resume) (struct device *dev); /*设备恢复正常状态时所调用的方法*/
18      const struct attribute_group **groups;          /*属性组*/
19      const struct attribute_group **dev_groups;
20      const struct dev_pm_ops *pm;                    /*用于电源管理*/
21      void (*coredump) (struct device *dev);
22      struct driver_private *p;                       /*设备驱动的私有数据*/
23  };
```

- 第 3 行的 bus 指针指向驱动所属的总线。
- 第 11 行的 probe() 函数用来探测设备，也就是当总线设备驱动发现一个可能由它处理的设备时，会自动调用 probe() 方法。在这个方法中会执行一些硬件初始化工作。
- 第 13 行的 remove() 函数在移除设备时调用。同时，如果驱动程序本身被卸载，那么它所管理的每个设备都会调用 remove() 方法。
- 第 14~17 行是当内核改变设备的供电状态时内核自动调用的函数。
- 第 18 行是驱动所属的属性组，属性组定义了一组驱动共用的属性。
- 第 22 行表示驱动的私有数据，可以用来存储与驱动相关的其他信息。

driver_private 结构体定义如下（/drivers/base/base.h）：

```
struct driver_private {
    struct kobject kobj;            /*内嵌的 kobject 结构,用来构建设备驱动模型的结构*/
    struct klist klist_devices;                 /*该驱动支持的所有设备链表*/
    struct klist_node knode_bus;                /*该驱动所属总线*/
    struct module_kobject *mkobj;               /*驱动的模块*/
    struct device_driver *driver;               /*指向驱动本身*/
};
```

2. 驱动举例

在声明一个 device_driver 时，一般需要使用 probe()、remove()、name、bus()、supsend() 和 resume() 等函数。下面是一个 PCI 的例子：

```
static struct device_driver au1x00_pcmcia_driver = {
    .probe     = au1x00_drv_pcmcia_probe,
    .remove    = au1x00_drv_pcmcia_remove,
    .name      = "au1x00-pcmcia",
    .bus       = &platform_bus_type,
    .suspend   = pcmcia_socket_dev_suspend,
    .resume    = pcmcia_socket_dev_resume,
};
```

上面的驱动被挂接在平台总线（platform_bus_type）上，这是一个很简单的例子。但是在实际应用中，大多数驱动程序会带有自己特定的设备信息，这些信息可能不在 device_driver 中。比较典型的例子是 pci_driver。

```
struct pci_driver {
    struct list_head node;
    const char *name;
    const struct pci_device_id *id_table
    ...
    struct device_driver    driver;
    struct pci_dynids dynids;
};
```

pci_driver 是由 device_driver 衍生出来的，pci_driver 中包含 PCI 设备特有的信息。

3. 驱动程序注册和注销

驱动程序的注册和注销函数如下（/drivers/base/driver.c）：

```
int driver_register(struct device_driver *drv);
void driver_unregister(struct device_driver *drv);
```

driver_register() 函数的功能是向设备驱动程序模型中插入一个新的 device_driver 对象。当注册成功时，会在 sysfs 文件系统中创建一个新的目录。driver_register() 函数的代码如下（/drivers/base/driver.c）：

```
int driver_register(struct device_driver *drv)
{
    int ret;                                    /*返回值*/
    struct device_driver *other;
    if (!drv->bus->p) {
        pr_err("Driver '%s' was unable to register with bus_type '%s' because the bus was not initialized.\n", drv->name, drv->bus->name);
        return -EINVAL;
    }
    /*在drv和drv所属的bus中只要有一个支持该函数即可，否则只能调用bus函数，而不理会
      drv函数。这种方式已经过时，推荐使用bus_type中的方法*/
    if ((drv->bus->probe && drv->probe) ||
        (drv->bus->remove && drv->remove) ||
        (drv->bus->shutdown && drv->shutdown))
        pr_warn("Driver '%s' needs updating - please use "
            "bus_type methods\n", drv->name);
    other = driver_find(drv->name, drv->bus);   /*在总线中是否已经存在该驱动*/
    if (other) {                                /*如果驱动已经注册,则返回驱动存在信息*/
```

```
        pr_err("Error: Driver '%s' is already registered, "
               "aborting...\n", drv->name);
        return -EBUSY;
    }
    ret = bus_add_driver(drv);        /*将本drv驱动注册登记到drv->bus所在的总线上*/
    if (ret)                          /*如果失败则返回*/
        return ret;
    ret = driver_add_groups(drv, drv->groups);   /*将该驱动加到所属组中*/
    if (ret) {
        bus_remove_driver(drv);       /*如果错误，则从总线中移除驱动程序*/
        return ret;
    }
    kobject_uevent(&drv->p->kobj, KOBJ_ADD);
    return ret;
}
```

driver_unregister()函数用来注销驱动程序。该函数首先从驱动组中删除驱动，然后再从总线中移除驱动程序，代码如下（/drivers/base/driver.c）：

```
void driver_unregister(struct device_driver *drv)
{
    if (!drv || !drv->p) {
        WARN(1, "Unexpected driver unregister!\n");
        return;
    }
    driver_remove_groups(drv, drv->groups);    /*从驱动组中移除该驱动*/
    bus_remove_driver(drv);                    /*从总线中移除驱动*/
}
```

4．驱动的属性

驱动的属性可以使用 driver_attribute 结构体表示，该结构体的定义如下（/include/linux/device/driver.h）：

```
struct driver_attribute {
    struct attribute attr;
    ssize_t (*show)(struct device_driver *driver, char *buf);
    ssize_t (*store)(struct device_driver *driver, const char *buf,
          size_t count);
};
```

使用下面的函数可以在驱动所属目录下创建和删除一个属性文件。属性文件中的内容可以用来控制驱动的某些特性，这两个函数是（/drivers/base/driver.c）：

```
int driver_create_file(struct device_driver *drv,const struct driver_
attribute *attr);
void driver_remove_file(struct device_driver *drv,const struct driver_
attribute *attr);
```

11.5　小　　结

设备驱动模型是编写 Linux 驱动程序需要了解的重要知识。设备驱动模型中主要包括 3 大组件，分别是总线、设备和驱动。这 3 个组件之间的关系非常复杂，为了使驱动程序对用户进程来说是可见的，内核提供 sysfs 文件系统来映射设备驱动模型各组件的关系。通过本章的学习，为后面驱动实例的学习打下了基础。

11.6 习　　题

一、填空题

1. 用户空间程序通过_____访问设备的相关信息。
2. 设备驱动模型在内核中的关系用_____结构体来表示。
3. 从硬件结构上来讲，物理总线包括数据总线和_____总线。

二、选择题

1. 下列初始化 kobject 内部成员的函数是（　　）。
   A．kobject_init()　　　　　　　　　B．kobject_init_internal()
   C．init()　　　　　　　　　　　　　D．其他
2. kset 相关的操作函数包含（　　）。
   A．kset_init()　　B．kset_register()　　C．kset_unregister()　　D．kset_add()
3. 以下不是 sysfs 文件系统挂接的子目录是（　　）。
   A．block　　　　B．bus　　　　　C．class　　　　　D．usr

三、判断题

1. kobject 对象属性由 kobject_type 结构体表示。　　　　　　　　　　　（　　）
2. 一个总线目录包括两个设备目录、一个驱动目录和一些总线属性文件。
　　　　　　　　　　　　　　　　　　　　　　　　　　　　　　　　（　　）
3. kset 是 kobject 的一个集合，用来与 kobject 建立层次关系。　　　　　（　　）

第 12 章 实时时钟驱动程序

实时时钟（Real-Time Clock，RTC）为操作系统提供一个可靠的时间，并且在断电的情况下，RTC 实时时钟也可以通过电池供电，使设备一直运行下去。在计算机系统中，经常会用到 RTC 实时时钟。例如，手机在关机模式下仍然能够保证时间的正确性，就是因为 RTC 实时时钟可以在低耗电量下工作。在嵌入式系统中，RTC 设备是一种常用的设备，因此学会编写 RTC 实时时钟驱动程序是非常重要的。

12.1 RTC 实时时钟的硬件原理

在编写驱动程序之前，需要首先了解一下 RTC 实时时钟的概念和硬件原理，这对驱动程序的编写非常有帮助。首先来看看什么是 RTC 实时时钟。

12.1.1 实时时钟简介

实时时钟一般称为 RTC 实时时钟。RTC 单元可以在系统电源关闭的情况下依靠备用电池工作，一般主板上都有一个纽扣电池作为实时时钟的电源。RTC 可以通过使用 STRB 和 LDDRB 这两个 ARM 指令向 CPU 传递 8 位数据（BCD 码），数据包括秒、分、小时、日期、天、月和年。RTC 实时时钟依靠一个外部的 32.768kHz 的石晶体产生周期性的脉冲信号。每个脉冲信号到来时，计数器就加 1，通过这种方式完成计时功能。

RTC 实时时钟有如下特性。
- BCD 数据：这些数据包括秒、分、小时、日期、星期几、月和年。
- 闰年产生器。
- 报警功能：报警中断或者从掉电模式中唤醒。
- 解决了千年虫问题。
- 独立电源引脚 RTCVDD。
- 支持 ms 中断作为 RTOS 内核时钟。
- 循环复位（Round Reset）功能。

12.1.2 RTC 实时时钟的功能

如图 12.1 是 RTC 实时时钟的框架图。XTIrtc 和 XTOrtc 产生脉冲信号，传给 2^{15} 的一个时钟分频器，得到一个 128Hz 的频率，这个频率用来产生滴答计数。当 TICNT 计数为 0 时，产生一个 TIME TICK 中断信号。RTCCON 寄存器用来控制 RTC 实时时钟的功能。

RTCRST 是重置寄存器,用来重置 SEC 和 MIN 寄存器。Leap Year Generator 是一个闰年发生器,用来产生闰年逻辑。RTCALM 用来控制是否产生报警信号。下面对这些功能分别介绍。

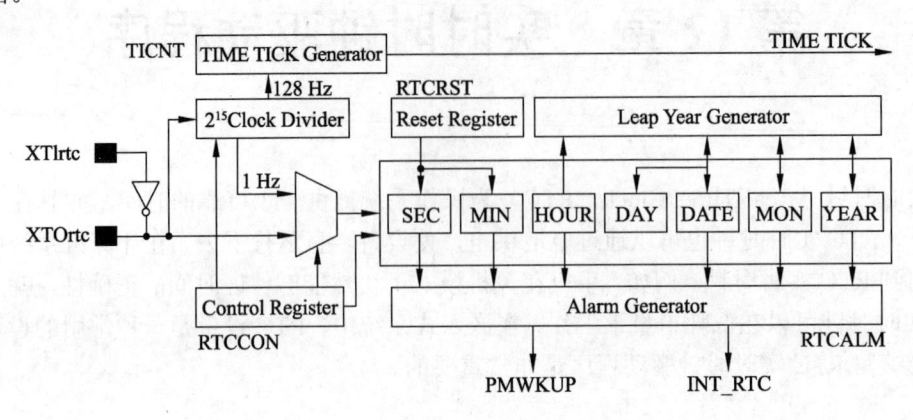

图 12.1　RTC 实时时钟框架

1. 闰年产生器

闰年产生器(Leap Year Generator)可以基于 BCDDATE、BCDMON、BCDYEAR 决定每月最后一天的日期是 28、29、30 还是 31。一个 8 位计数器只能表示两位 BCD 码,每一位 BCD 码由 4 位表示。因此不能决定 00 年是否为闰年,如它不能区别 1900 年还是 2000 年。RTC 模块通过硬件逻辑支持 2000 年为闰年(注意 1900 年不是闰年,2000 年才是闰年)。因此这两位 "00" 指的是 2000 年,而不是 1900 年。

2. 读写寄存器

要写 BCD 寄存器时,必须要将 RTCCON 寄存器的 0 位置 1;要显示秒、分、小时、日期、星期几、月和年等时间,必须单独读取 BCDSEC、BCDMIN、BCDHOUR、BCDDAY、BCDDATE、BCDMON 和 BCDYEAR 寄存器的值。但是这中间可能存在 1s 的偏差,因为要读多个寄存器。例如,用户读到的结果是 2038 年 12 月 31 日 23 点 59 分,如果读取 BCDSEC 寄存器的值是 1~59 则没问题,如果是 0,由于存在 1s 的偏差,时间将变成 2039 年 1 月 1 日 0 时 0 分。在这种情况下,应该重新读取 BCDYEAR – BCDSEC 寄存器的值,否则读出的值仍然是 2038 年 12 月 31 日 23 点 59 分。

3. 后备电池

即使系统电源关闭,RTC 模块也可以由后备电池通过 RTCVDD 引脚供电。当系统电源关闭时,CPU 和 RTC 的接口应该被阻塞,后备电池应该只驱动晶振电路和 BCD 计数器,以消耗最低的电量。

4. 报警功能

在正常模式和掉电模式下,RTC 在指定的时刻会产生一个报警信号。在正常模式下,报警中断 ALMINT 有效,对应 INT_RTC 引脚。在掉电模式下,报警中断 ALMINT 有效外还产生一个唤醒信号 PMWKUP，对应 PMWKUP 引脚。RTC 报警寄存器 RTCALM 决定是否使能报警状态和设置报警条件。

5．时钟脉冲中断

RTC 时钟脉冲用于中断请求，图 12.1 中的 TICNT 寄存器有一个中断使能位和一个相关的计数器值。最高位是中断使能位，低 7 位是计数位。每产生一个时钟脉冲时，计数值就减 1。如果时钟脉冲发生时计数器值到达 0，那么会发生一个 TIME TICK 中断。

在图 12.1 中，方框 TIME TICK Generator 下有一个 128Hz 的时钟频率，表示 1s 产生 128 次时钟嘀嗒。可以给 TICNT 的低 7 位赋值，取值范围为 0～127，用 n 表示，则产生中断请求的周期公式如下：

Period=(n+1)/128　second

其中，n 表示产生中断前需要嘀嗒的次数（1～127）。

6．后循环测试功能

后循环测试功能由 RTCRST 寄存器执行。秒执行发生器的循环边界可以选择为 30s、40s 或 50s，第二个值会变为 0。例如，如果当前时间是 23:37:47，循环测试时间为 40s，则循环测试将当前时间设为 23:38:00。注意，所有 RTC 寄存器必须使用 SRTB 和 LDRB 指令或者字符型指针操作。

12.1.3　RTC 实时时钟的工作原理

RTC 实时时钟的工作由多个寄存器来控制，下面具体介绍。

1．RTC控制寄存器RTCCON

如表 12.1 为 RTC 控制寄存器 RTCCON。RTCCON 寄存器由 4 位组成，分别是 RTCEN、CLKSEL、CNTSEL 和 CLKRST，各位的功能说明如表 12.2 所示。其中，RTCEN 控制 BCD 寄存器的读写使能，CLKRST 用于测试。RTCEN 位能够控制 CPU 和 RTC 的所有接口，因此在系统复位后它应该被设置为 1，以允许数据读写。在电源关闭之前，RTCEN 应该清零，以防止无效数据写入 RTC 寄存器。

表 12.1　RTC控制寄存器RTCCON

寄存器	地　　址	读写权限	说　　明	默认值
RTCCON	0x57000040	读/写	RTC控制寄存器	0x0

表 12.2　RTCCON各位的功能说明

RTCCON各位	位	说　　明	默认值
CLKRST	[3]	RTC时钟寄存器重置位，0表示不重置，1表示重置	0
CNTSEL	[2]	选择BCD计数器处理编码的方式，0表示使用合并BCD编码，1表示分离BCD编码	0
CLKSEL	[1]	BCD时钟选择，0表示使用XTAL分配时钟，1表示使用XTAT来测试	0
RTCEN	[0]	RTC实时时钟使能位，0表示不使用RTC时钟，1表示使用RTC时钟	0

2. RTC报警控制寄存器RTCALM

RTCALM 控制报警功能的使用和报警时间。需要注意的是，RTCALM 在掉电模式下产生 ALMINT 和 PMWKUP 报警信号，而在正常模式下只产生 LAMINT 信号。RTCALM 的各位表示的意义如表 12.3 和表 12.4 所示。

表 12.3 RTC报警控制寄存器RTCALM

寄 存 器	地 址	读写权限	说 明	默 认 值
RTCALM	0x57000050(L)	读/写	RTC报警控制寄存器	0x0

表 12.4 RTCALM各位的功能说明

RTCALM各位	位	说 明	默认值
Reserved	[7]	保留，未用	0
ALMEN	[6]	报警器使能，0表示不能使用报警器，1表示使用报警器	0
YEAREN	[5]	年报警使能，0表示不能使用年报警器，1表示使用年报警器	0
MONREN	[4]	月报警使能，0表示不能使用月报警器，1表示使用月报警器	0
DATEEN	[3]	日期报警使能，0表示不能使用日期报警器，1表示使用日期报警器	0
HOUREN	[2]	小时报警使能，0表示不能使用小时报警器，1表示使用小时报警器	0
MINEN	[1]	分报警使能，0表示不能使用分报警器，1表示使用分报警器	0
SECEN	[0]	秒报警使能，0表示不能使用秒报警器，1表示使用秒报警器	0

3. RTC报警控制寄存器RTCALM

RTCALM 寄存器在报警时使用，这个寄存器的地址和意义如表 12.5 所示。

表 12.5 RTC报警控制寄存器RTCALM

寄 存 器	地 址	读写权限	说 明	默 认 值
RTCALM	0x57000050(L)	读/写	RTC报警控制寄存器	0x0

4. RTC报警秒数据寄存器ALMSEC

ALMSEC 寄存器用来存储报警的秒数，该寄存器的地址和各位的功能说明如表 12.6 和表 12.7 所示。

表 12.6 RTC报警秒数据寄存器ALMSEC

寄 存 器	地 址	读写权限	说 明	默 认 值
ALMSEC	0x57000054(L)	读/写	报警秒数据寄存器	0x0

表 12.7 ALMSEC各位的功能说明

ALMSEC各位	位	说 明	默 认 值
Reserved	[7]	保留，未用	0
SECDATA	[6:4]	报警器秒数的BCD值，这个值为0～5	000
	[3:0]	报警器秒数的BCD值，这个值为0～9	0000

5. RTC报警分钟数据寄存器ALMMIN

ALMMIN 寄存器用来存储报警的分数，该寄存器的地址和各位的功能说明如表 12.8 和表 12.9 所示。

表 12.8 RTC报警分钟数据寄存器ALMMIN

寄 存 器	地 址	读写权限	说 明	默 认 值
ALMMIN	0x57000058(L)	读/写	报警分数据寄存器	0x00

表 12.9 ALMMIN各位的功能说明

ALMMIN各位	位	说 明	默 认 值
Reserved	[7]	保留，未用	0
MINDATA	[6:4]	报警器分数的BCD值，这个值为0~5	000
	[3:0]	报警器分数的BCD值，这个值为0~9	0000

6. RTC报警小时数据寄存器ALMHOUR

ALMHOUR 寄存器用来存储报警的小时数，该寄存器地址和各位的功能说明如表 12.10 和表 12.11 所示。

表 12.10 RTC报警小时数据寄存器ALMHOUR

寄 存 器	地 址	读写权限	说 明	默 认 值
ALMHOUR	0x5700005C(L)	读/写	报警小时数据寄存器	0x00

表 12.11 ALMHOUR各位的功能说明

ALMHOUR各位	位	说 明	默 认 值
Reserved	[7,6]	保留，未用	0
HOURDATA	[5:4]	报警器小时数的BCD值，这个值为0~2	000
	[3:0]	报警器小时数的BCD值，这个值为0~9	0000

7. RTC报警日期数据寄存器ALMDATE

ALMDATE 寄存器用来存储报警的日期，该寄存器的地址和各位功能说明如表 12.12 和表 12.13 所示。

表 12.12 RTC报警日期数据寄存器ALMDATE

寄 存 器	地 址	读写权限	说 明	默 认 值
ALMDATE	0x57000060(L)	读/写	报警日期数据寄存器	0x01

表 12.13 ALMDATE各位的功能说明

ALMDATE各位	位	说 明	默 认 值
Reserved	[7,6]	保留，未用	0
DATEDATA	[5:4]	报警器日期数的BCD值，日期值为0~31	000
	[3:0]	报警器日期数的BCD值，这个值为0~9	0001

8. RTC报警月数据寄存器ALMMON

ALMMON 寄存器用来存储报警的月份，该寄存器的地址和各位的功能说明如表 12.14 和表 12.15 所示。

表 12.14　RTC报警月数据寄存器ALMMON

寄存器	地　址	读写权限	说　明	默认值
ALMMON	0x57000064(L)	读/写	报警月数据寄存器	0x01

表 12.15　ALMMON各位的功能说明

ALMMON 各位	位	说　明	默认值
Reserved	[7,5]	保留，未用	0
MONDATA	[4]	报警器日期数的 BCD 值，这个值为 0～1	000
	[3:0]	报警器日期数的 BCD 值，这个值为 0～9	0001

9. RTC报警年数据寄存器ALMYEAR

ALMYEAR 寄存器用来存储报警的年，该寄存器的地址和各位的功能说明如表 12.16 和表 12.17 所示。

表 12.16　RTC报警年数据寄存器ALMYEAR

寄存器	地　址	读写权限	说　明	默认值
ALMYEAR	0x57000068(L)	读/写	报警年数据寄存器	0x01

表 12.17　ALMYEAR各位的功能说明

ALMYEAR 各位	位	说　明	默认值
YEARDATA	[7,5]	报警器年数的 BCD 值，这个值为 0～99，可以表示 100 年	0x0

10. RTC 报警秒数据寄存器 BCDSEC

BCDSEC 寄存器用来存储实时时钟当前时间的秒值，该寄存器的地址和各位的功能说明如表 12.18 和表 12.19 所示。

表 12.18　RTC 报警秒数据寄存器 BCDSEC

寄存器	地　址	读写权限	说　明	默认值
BCDSEC	0x57000070(L)	读/写	报警秒数据寄存器	Undefined

表 12.19　BCDSEC 各位的功能说明

BCDSEC 各位	位	说　明	默认值
SECDATA	[6:4]	报警器秒数的 BCD 值，这个值为 0～5	Undefined
	[3:0]	报警器秒数的 BCD 值，这个值为 0～9	Undefined

11．RTC报警分钟数据寄存器BCDMIN

BCDMIN寄存器用来存储实时时钟当前时间的分钟数，该寄存器的地址和各位的功能说明如表12.20和表12.21所示。

表12.20　报警分钟数据寄存器BCDMIN

寄存器	地址	读写权限	说明	默认值
BCDMIN	0x57000074(L)	读/写	报警分钟数据寄存器	Undefined

表12.21　BCDMIN各位的功能

BCDMIN各位	位	说明	默认值
MINDATA	[6:4]	报警器分数的BCD值，这个值为0～5	Undefined
	[3:0]	报警器分数的BCD值，这个值为0～9	Undefined

12．RTC的BCD小时寄存器BCDHOUR

BCDHOUR寄存器用来存储实时时钟当前时间的小时数，该寄存器的地址和各位的功能说明如表12.22和表12.23所示。

表12.22　BCD小时寄存器BCDHOUR

寄存器	地址	读写权限	说明	默认值
BCDHOUR	0x57000078(L)	读/写	BCD小时寄存器	Undefined

表12.23　BCDHOUR各位的功能

BCDHOUR各位	位	说明	默认值
Reserved	[7:6]	保留，未用	0
HOURDATA	[5:4]	小时的BCD值，这个值为0～2	000
	[3:0]	小时的BCD值，这个值为0～9	0000

12.2　RTC实时时钟架构

本节将对RTC实时时钟的整体架构进行简要的分析，主要包括驱动程序的加载卸载函数、探测函数、使能函数和频率设置函数等。通过对这些函数的分析，读者可以了解整个驱动程序的架构，也能对RTC实时时钟的工作原理更清晰。

12.2.1　注册和卸载平台设备驱动

RTC实时时钟的驱动程序包含在/drivers/rtc/Rtc-s3c.c文件中。RTC实时时钟的驱动模块逻辑比较简单，首先注册一个平台设备驱动，然后由平台设备驱动负责完成对RTC实时时钟的驱动工作。在Linux 5.15中，很多注册和卸载驱动程序都使用module_platform_driver()完成，代码如下（/drivers/rtc/rtc-s3c.c）：

```
module_platform_driver(s3c_rtc_driver);
```

在上面的代码中，注册和卸载的平台设备驱动是 s3c_rtc_driver。module_platform_driver()其实是一个宏，它的定义形式如下（/include/linux/platform_device.h）：

```
#define module_platform_driver(__platform_driver) \
    module_driver(__platform_driver, platform_driver_register, \
                    platform_driver_unregister)
```

从定义形式中可以看出，module_platform_driver()依赖于 module_driver 宏，该宏位于 /include/linux/device/driver.h 中，展开后如下：

```
#define module_driver(__driver, __register, __unregister, ...) \
static int __init __driver##_init(void) \
{ \
    return __register(&(__driver) , ##__VA_ARGS__); \
} \
module_init(__driver##_init); \
static void __exit __driver##_exit(void) \
{ \
    __unregister(&(__driver) , ##__VA_ARGS__); \
} \
module_exit(__driver##_exit);
```

由此可见 module_platform_driver(xxx)最终展开后就是如下形式：

```
static int __init xxx_init(void)
{
    return platform_driver_register(&xxx);
}
module_init(xxx_init);
static void __exit xxx_exit(void){
    return platform_driver_unregister(&xxx);
}
module_exit(xxx_exit);
```

12.2.2　RTC 实时时钟的平台设备驱动

在文件/drivers/rtc/rtc-s3c.c 中定义 RTC 实时时钟的平台设备驱动。其中，平台设备驱动的一些函数没有用处，因此没有定义。代码如下：

```
01  static struct platform_driver s3c_rtc_driver = {
02      .probe      = s3c_rtc_probe,              /*RTC 探测函数*/
03      .remove     = s3c_rtc_remove,             /*RTC 移除函数*/
04      .driver     = {
05          .name   = "s3c-rtc",                   /*驱动名称*/
06          .pm = &s3c_rtc_pm_ops,
07          .of_match_table = of_match_ptr(s3c_rtc_dt_match),
08      },
09  };
```

1．probe()函数

一般来说，当内核启动时，会注册平台设备和平台设备驱动程序。内核将在适当的时候将平台设备和平台设备驱动程序连接起来。连接的方法是将系统中的所有平台设备和已经注册的所有平台设备驱动进行匹配。如果匹配成功，就会调用 probe()函数。

2. remove()函数

如果设备可以移除，为了减少占用的系统资源，那么应该调用 remove()函数释放资源。该函数一般与 probe()函数对应，在 probe()函数中申请的资源，应该在 remove()函数中释放。

3. driver结构体

driver 结构体是设备驱动模型中定义的驱动结构体，这里将驱动名称设为 s3c-rtc。

12.2.3　RTC 驱动探测函数

当调用 platform_driver_register()函数注册驱动时，会触发平台设备和驱动的匹配函数 platform_match()。如果匹配成功，则会调用平台设备驱动中的 probe()函数，RTC 实时时钟驱动中对应的函数就是 s3c_rtc_probe()。s3c_rtc_probe()的源代码如下（/drivers/rtc/rtc-s3c.c）：

```
01  static int s3c_rtc_probe(struct platform_device *pdev)
02  {
03      struct s3c_rtc *info = NULL;
04      int ret;
05      //内核内存分配
06      info = devm_kzalloc(&pdev->dev, sizeof(*info), GFP_KERNEL);
07      if (!info)
08          return -ENOMEM;
09      info->dev = &pdev->dev;
10      info->data = of_device_get_match_data(&pdev->dev);
11      if (!info->data) {
12          dev_err(&pdev->dev, "failed getting s3c_rtc_data\n");
13          return -EINVAL;
14      }
15      spin_lock_init(&info->alarm_lock);
16      platform_set_drvdata(pdev, info);
17      //获取 IRQ_RTC 闹钟中断资源
18      info->irq_alarm = platform_get_irq(pdev, 0);
19      //info->irq_alarm 被赋值为 24
20      if (info->irq_alarm < 0)
21          return info->irq_alarm;
22      dev_dbg(&pdev->dev, "s3c2410_rtc: alarm irq %d\n",
23          info->irq_alarm);
24      /* get the memory region */
25      info->base = devm_platform_ioremap_resource(pdev, 0);
26      if (IS_ERR(info->base))
27          return PTR_ERR(info->base);
28
29      //得到 RTC 的时钟信号
30      info->rtc_clk = devm_clk_get(&pdev->dev, "rtc");
31      if (IS_ERR(info->rtc_clk)) {
32          ret = PTR_ERR(info->rtc_clk);
33          if (ret != -EPROBE_DEFER)
34              dev_err(&pdev->dev, "failed to find rtc clock\n");
35          else
36              dev_dbg(&pdev->dev, "probe deferred due to missing rtc
                      clk\n");
37          return ret;
38      }
39      ret = clk_prepare_enable(info->rtc_clk);
```

```
40        if (ret)
41            return ret;
42        if (info->data->needs_src_clk) {
43            info->rtc_src_clk = devm_clk_get(&pdev->dev, "rtc_src");
44            if (IS_ERR(info->rtc_src_clk)) {
45                ret = dev_err_probe(&pdev->dev,
                            PTR_ERR(info->rtc_src_clk),
                            "failed to find rtc source clock\n");
46                goto err_src_clk;
47            }
48            ret = clk_prepare_enable(info->rtc_src_clk);
49            if (ret)
50                goto err_src_clk;
51        }
52        /* disable RTC enable bits potentially set by the bootloader */
53        if (info->data->disable)
54            info->data->disable(info);
55        /* check to see if everything is setup correctly */
56        if (info->data->enable)
57            info->data->enable(info);
58        dev_dbg(&pdev->dev, "s3c2410_rtc: RTCCON=%02x\n",
59                readw(info->base + S3C2410_RTCCON));
60        //初始化设备并且支持唤醒系统
61        device_init_wakeup(&pdev->dev, 1);
62        ///注册RTC设备
63        info->rtc = devm_rtc_device_register(&pdev->dev, "s3c",
            &s3c_rtcops,THIS_MODULE);
64        if (IS_ERR(info->rtc)) {
65            dev_err(&pdev->dev, "cannot attach rtc\n");
66            ret = PTR_ERR(info->rtc);
67            goto err_nortc;
68        }
69        ret = devm_request_irq(&pdev->dev, info->irq_alarm,
                s3c_rtc_alarmirq,0, "s3c2410-rtc alarm", info);
70        if (ret) {
71            dev_err(&pdev->dev, "IRQ%d error %d\n", info->irq_alarm, ret);
72            goto err_nortc;
73        }
74        s3c_rtc_disable_clk(info);
75        return 0;
76    err_nortc:
77        if (info->data->disable)
78            info->data->disable(info);
79        if (info->data->needs_src_clk)
80            clk_disable_unprepare(info->rtc_src_clk);
81    err_src_clk:
82        clk_disable_unprepare(info->rtc_clk);
83        return ret;
84    }
```

下面对代码进行详细分析。

- 第4行，定义一个返回值。

- 第10行，调用of_device_get_match_data()函数获取设备节点里的data属性。

- 第11～14行，如果获取失败，则打印错误并返回EINVAL，表示无效参数。

- 第18～21行，调用platform_get_irq()函数获得平台设备资源信息中的第1个中断号，第2个参数传递0，表示第1个中断号。这里info->irq_alarm被赋值为24。

- 第20行，判断返回的值，如果小于0，则表示资源信息中没有这个中断对应的中断号。
- 第 22 和 23 行，打印获得的中断号。
- 第 61 行，调用 device_init_wakeup()函数初始化设备并且支持唤醒系统。
- 第 69 行，调用 devm_request_irq()函数申请 RTC 报警中断。
- 第 70～73 行，如果申请失败则，则打印错误并跳转到 err_nortc 处继续运行程序。

1. struct rtc_device结构

RTC 实时时钟设备由结构体 struct rtc_device 表示。这个结构体包含 RTC 设备的大部分信息，其内嵌了一个 struct device 结构体，说明最终 struct rtc_device 结构体将被加入设备驱动模型中。struct rtc_device 设备结构体还包含设备的名称、ID 号和频率等信息。这个结构体的定义如下（/include/linux/rtc.h）：

```
struct rtc_device {
    struct device dev;                      /*内嵌的设备结构体*/
    struct module *owner;                   /*指向自身所在的模块*/
    int id;                                 /*设备的 ID 号*/
    const struct rtc_class_ops *ops;        /*类操作函数集*/
    struct mutex ops_lock;                  /*一个互斥锁*/
    struct cdev char_dev;                   /*内嵌的一个字符设备*/
    unsigned long flags;                    /*RTC 状态的标志*/
    unsigned long irq_data;                 /*中断数据*/
    spinlock_t irq_lock;                    /*中断自旋锁*/
    wait_queue_head_t irq_queue;            /*中断等待队列头*/
    struct fasync_struct *async_queue;      /*异步队列*/
    int irq_freq;                           /*中断频率*/
    int max_user_freq;                      /*最大的用户频率*/
    struct timerqueue_head timerqueue;
    struct rtc_timer aie_timer;
    struct rtc_timer uie_rtctimer;
    struct hrtimer pie_timer;
    int pie_enabled;
    struct work_struct irqwork;
    int uie_unsupported;
    unsigned long set_offset_nsec;
    unsigned long features[BITS_TO_LONGS(RTC_FEATURE_CNT)];
    time64_t range_min;
    timeu64_t range_max;
    time64_t start_secs;
    time64_t offset_secs;
    bool set_start_time;
#ifdef CONFIG_RTC_INTF_DEV_UIE_EMUL
    struct work_struct uie_task;
    struct timer_list uie_timer;
    unsigned int oldsecs;
    unsigned int uie_irq_active:1;
    unsigned int stop_uie_polling:1;
    unsigned int uie_task_active:1;
    unsigned int uie_timer_active:1;
#endif
};
```

2. 平台设备结构体s3c_device_rtc

S3C2440 处理器的内部硬件大多与 S3C2410 处理器相同，所以内核并没有对 S3C2440

处理器的驱动代码进行升级，而沿用了 S3C2410 处理器的驱动。在文件/arch/arm/mach-s3c/devs.c 中定义了处理器的看门狗平台设备，代码如下：

```
struct platform_device s3c_device_rtc = {
    .name          = "s3c2410-rtc",              /*平台设备的名字*/
    .id            = -1,                          /*一般设为-1*/
    .num_resources = ARRAY_SIZE(s3c_rtc_resource), /*资源数量*/
    .resource      = s3c_rtc_resource,            /*资源的指针*/
};
```

为了便于统一管理平台设备的资源，在 platform_device 结构体中定义了平台设备使用的资源。这些资源都是与特定处理器相关的，需要驱动开发者查阅相关的处理器数据手册来编写。

12.2.4 RTC 设备注册函数 devm_rtc_device_register()

RTC 实时时钟设备必须注册到内核中才可以使用。在注册设备的过程中，可以将设备提供的应用程序接口 ops 也指定到设备上。这样，当应用程序读取设备的数据时，就可以调用这些底层的驱动函数。注册 RTC 设备的函数是 devm_rtc_device_register()，其代码如下（/drivers/rtc/class.c）：

```
01  struct rtc_device *devm_rtc_device_register(struct device *dev,
02                      const char *name,
03                      const struct rtc_class_ops *ops,
04                      struct module *owner)
05  {
06      struct rtc_device *rtc;
07      int err;
08      rtc = devm_rtc_allocate_device(dev);
09      if (IS_ERR(rtc))
10          return rtc;
11      rtc->ops = ops;
12      err = __devm_rtc_register_device(owner, rtc);
13      if (err)
14          return ERR_PTR(err);
15      return rtc;
16  }
```

下面对代码进行简要介绍。
- 第 6 行和第 7 行，声明一些局部变量供函数使用。
- 第 8 行，动态分配 RTC 设备结构体。
- 第 9 行和第 10 行，分配失败，返回 RTC。

12.3 RTC 文件系统接口

和字符设备一样，RTC 实时时钟驱动程序也定义了一个与 flie_operation 对应的 rtc_class_ops 结构体。这个结构体中的函数定义了文件系统中的对应函数。本节将对这些函数进行简要分析，让读者对驱动程序的读写有深入的了解。

12.3.1 文件系统接口 rtc_class_ops

rtc_class_ops 是一个对设备进行操作的抽象结构体。内核允许为设备建立一个设备文件，对设备文件的所有操作相当于对设备的操作。这样的好处是，用户程序可以使用访问普通文件的方法来访问设备文件，进而访问设备。这个方法极大减轻了程序员的编程负担，程序员不必熟悉新的驱动接口就能够访问设备。

对普通文件的访问常常使用 open()、read()、write()、close()和 ioctl()等方法。同样对设备文件的访问也可以使用这些方法。这些调用最终会引发对 rtc_class_ops 结构体中的对应函数的调用。对于程序员来说，只要为不同的设备编写不同的操作函数就可以了。rtc_class_ops 结构体的定义如下（/include/linux/rtc.h）：

```
01  struct rtc_class_ops {
02      int (*ioctl)(struct device *, unsigned int, unsigned long);
03      int (*read_time)(struct device *, struct rtc_time *);
04      int (*set_time)(struct device *, struct rtc_time *);
05      int (*read_alarm)(struct device *, struct rtc_wkalrm *);
06      int (*set_alarm)(struct device *, struct rtc_wkalrm *);
07      int (*proc)(struct device *, struct seq_file *);
08      int (*alarm_irq_enable)(struct device *, unsigned int enabled);
09      int (*read_offset)(struct device *, long *offset);
10      int (*set_offset)(struct device *, long offset);
11  };
```

下面对代码进行简要介绍。

- 第 2 行，ioctl()函数提供了一种执行设备特定命令的方法。例如，使设备复位，这既不是读操作也不是写操作，不适合用 read()和 write()方法来实现。如果在应用程序中给 ioctl()传入没有定义的命令，那么将返回-ENOTTY 的错误，表示该设备不支持这个命令。
- 第 3 行，read_time()函数用来读取 RTC 设备的当前时间。
- 第 4 行，set_time()函数用来设置 RTC 设备的当前时间。
- 第 5 行，read_alarm()函数用来读取 RTC 设备的报警时间。
- 第 6 行，set_alarm()函数用来设置 RTC 设备的报警时间，当时间到达时，会产生中断信号。
- 第 7 行，proc()函数用来读取 proc 文件系统的数据。
- 第 8 行，alarm_irq_enable()函数用来设置中断使能状态。

实时时钟的 rtc_class_ops 结构体定义代码如下，后面将会对其中的一些函数进行详细介绍。

```
static const struct rtc_class_ops s3c_rtcops = {
    .read_time  = s3c_rtc_gettime,
    .set_time   = s3c_rtc_settime,
    .read_alarm = s3c_rtc_getalarm,
    .set_alarm  = s3c_rtc_setalarm,
    .alarm_irq_enable = s3c_rtc_setaie,
};
```

12.3.2 RTC 实时时钟获得时间函数 s3c_rtc_gettime()

当调用 read()函数时，会间接地调用 s3c_rtc_gettime()函数获得实时时钟的时间。时间值分别保存在 RTC 实时时钟的各个寄存器中。这些寄存器是 RTC 报警秒数寄存器（BCDSEC）、RTC 报警分钟数寄存器（BCDMIN）和 RTC 的 BCD 小时数寄存器（BCDHOUR）。在 s3c_rtc_gettime()函数中会使用一个 struct rtc_time 结构体，该结构体表示一个时间值，其定义如下（/include/uapi/linux/rtc.h）：

```
struct rtc_time {
    int tm_sec;                         /*秒*/
    int tm_min;                         /*分*/
    int tm_hour;                        /*小时*/
    int tm_mday;                        /*天*/
    int tm_mon;                         /*月*/
    int tm_year;                        /*年*/
    int tm_wday;                        /*RTC 实时时钟中未用*/
    int tm_yday;                        /*RTC 实时时钟中未用*/
    int tm_isdst;                       /*RTC 实时时钟中未用*/
};
```

存储在 RTC 实时时钟寄存器中的值都是以 BCD 码的形式保存的，但是在 Linux 驱动程序中使用的是二进制码形式。BCD 码到二进制码的预定义宏是 bcd2bin()，二进制码到 BCD 码的预定义宏是 bin2bcd()，这两个预定义宏的代码如下：

```
#define bcd2bin(x)                                  \
        (__builtin_constant_p((u8 )(x)) ?           \
        const_bcd2bin(x) :                          \
        _bcd2bin(x))

#define bin2bcd(x)                                  \
        (__builtin_constant_p((u8 )(x)) ?           \
        const_bin2bcd(x) :                          \
        _bin2bcd(x))

#define const_bcd2bin(x)    (((x) & 0x0f) + ((x) >> 4) * 10)
#define const_bin2bcd(x)    ((((x) / 10) << 4) + (x) % 10)

unsigned _bcd2bin(unsigned char val) __attribute_const__;
unsigned char _bin2bcd(unsigned val) __attribute_const__;

#endif /* _BCD_H */
```

从 RTC 实时时钟得到时间的函数是 s3c_rtc_gettime()。该函数的第 1 个参数是 RTC 设备结构体指针，第 2 个参数是前面提到的 struct rtc_time 结构体。s3c_rtc_gettime()函数的代码如下（/drivers/rtc/rtc-s3c.c）：

```
01  static int s3c_rtc_gettime(struct device *dev, struct rtc_time *rtc_tm)
02  {
03      struct s3c_rtc *info = dev_get_drvdata(dev);
04      unsigned int have_retried = 0;
05      int ret;
06      ret = s3c_rtc_enable_clk(info);
07      if (ret)
08          return ret;
```

```
09    retry_get_time:
10        rtc_tm->tm_min  = readb(info->base + S3C2410_RTCMIN);
11        rtc_tm->tm_hour = readb(info->base + S3C2410_RTCHOUR);
12        rtc_tm->tm_mday = readb(info->base + S3C2410_RTCDATE);
13        rtc_tm->tm_mon  = readb(info->base + S3C2410_RTCMON);
14        rtc_tm->tm_year = readb(info->base + S3C2410_RTCYEAR);
15        rtc_tm->tm_sec  = readb(info->base + S3C2410_RTCSEC);
16        if (rtc_tm->tm_sec == 0 && !have_retried) {
17            have_retried = 1;
18            goto retry_get_time;
19        }
20        rtc_tm->tm_sec  = bcd2bin(rtc_tm->tm_sec);
21        rtc_tm->tm_min  = bcd2bin(rtc_tm->tm_min);
22        rtc_tm->tm_hour = bcd2bin(rtc_tm->tm_hour);
23        rtc_tm->tm_mday = bcd2bin(rtc_tm->tm_mday);
24        rtc_tm->tm_mon  = bcd2bin(rtc_tm->tm_mon);
25        rtc_tm->tm_year = bcd2bin(rtc_tm->tm_year);
26        s3c_rtc_disable_clk(info);
27        rtc_tm->tm_year += 100;
28        rtc_tm->tm_mon  -= 1;
29        dev_dbg(dev, "read time %ptR\n", rtc_tm);
30        return 0;
31    }
```

下面对代码进行简要介绍。

- 第 4 行，定义一个重试变量，如果该变量为 0，则表示重新读取寄存器中的时间值。
- 第 10~15 行，分别从各个寄存器中读取 rtc_tm 结构需要的值，这些值存储在 S3C2410 相应寄存器中。
- 第 12 行，当秒寄存器的值是 0 时，表示过了 1min，小时、天和月等寄存器中的值可能已发生变化，则重新读取这些寄存器的值。
- 第 16 行，以十六进制的方式打印出这些值。
- 第 20~25 行，将 BCD 码转换到二进制数并存储到 rtc_tm 结构的相应成员中，将其作为时间值返回给调用者。
- 第 27 行，将年数加 100，因为存储器中存放的是从 1900 年开始的时间。

12.3.3　RTC 实时时钟设置时间函数 s3c_rtc_settime()

当调用 write()函数向设备驱动程序写入时间时，会间接地调用 s3c_rtc_settime()函数来设置实时时钟的时间，时间值分别保存在 RTC 实时时钟的各个寄存器中。这些寄存器是 RTC 报警秒数寄存器（BCDSEC）、RTC 报警分钟数寄存器（BCDMIN）和 RTC 的 BCD 小时寄存器（BCDHOUR）。对应驱动程序中的 S3C2410_RTCSEC、S3C2410_RTCDATE、S3C2410_RTCMIN 和 S3C2410_RTCHOUR 等寄存器。s3c_rtc_settime()函数的代码如下（/drivers/rtc/rtc-s3c.c）：

```
01  static int s3c_rtc_settime(struct device *dev, struct rtc_time *tm)
02  {
03      struct s3c_rtc *info = dev_get_drvdata(dev);
04      int year = tm->tm_year - 100;
05      int ret;
06      dev_dbg(dev, "set time %ptR\n", tm);
07      if (year < 0 || year >= 100) {
08          dev_err(dev, "rtc only supports 100 years\n");
```

```
09              return -EINVAL;
10          }
11          ret = s3c_rtc_enable_clk(info);
12          if (ret)
13              return ret;
14          writeb(bin2bcd(tm->tm_sec),  info->base + S3C2410_RTCSEC);
15          writeb(bin2bcd(tm->tm_min),  info->base + S3C2410_RTCMIN);
16          writeb(bin2bcd(tm->tm_hour), info->base + S3C2410_RTCHOUR);
17          writeb(bin2bcd(tm->tm_mday), info->base + S3C2410_RTCDATE);
18          writeb(bin2bcd(tm->tm_mon + 1), info->base + S3C2410_RTCMON);
19          writeb(bin2bcd(year), info->base + S3C2410_RTCYEAR);
20          s3c_rtc_disable_clk(info);
21          return 0;
22      }
```

下面对代码进行简要介绍。

- 第 4 行，存储器中存储的时间比实际的时间少 100 年，所以要减去 100 年。
- 第 7~10 行，由于寄存器的限制，RTC 实时时钟只支持 100 年的时间，如果 year 非法，将出现错误。
- 第 14~19 行，将相应的 BCD 码写到相应的寄存器中。

12.3.4 RTC 驱动探测函数 s3c_rtc_getalarm()

在正常模式和掉电模式下，RTC 在指定的时刻会产生一个报警信号。在正常模式下，报警中断 ALMINT 有效，对应 INT_RTC 引脚。在掉电模式下，报警中断 ALMINT 有效外还产生一个唤醒信号 PMWKUP，对应 PMWKUP 引脚。RTC 报警控制寄存器 RTCALM 决定是否使能报警状态和设置报警条件。

这个指定的时刻由年、月、日、分、秒等组成，在 Linux 中用 struct rtc_time 结构体表示。这里的 struct rtc_time 结构体被包含在 struct rtc_wkalrm 结构体中。s3c_rtc_getalarm() 函数用来获得这个指定的时刻，该函数的第一个参数是 RTC 设备结构体，第二个参数是包含报警时刻的 rtc_wkalrm 结构体。s3c_rtc_getalarm()函数的代码如下（/drivers/rtc/rtc-s3c.c）：

```
01  static int s3c_rtc_getalarm(struct device *dev, struct rtc_wkalrm *alrm)
02  {
03      struct s3c_rtc *info = dev_get_drvdata(dev);
04      struct rtc_time *alm_tm = &alrm->time;
05      unsigned int alm_en;
06      int ret;
07      ret = s3c_rtc_enable_clk(info);
08      if (ret)
09          return ret;
10      alm_tm->tm_sec  = readb(info->base + S3C2410_ALMSEC);
11      alm_tm->tm_min  = readb(info->base + S3C2410_ALMMIN);
12      alm_tm->tm_hour = readb(info->base + S3C2410_ALMHOUR);
13      alm_tm->tm_mon  = readb(info->base + S3C2410_ALMMON);
14      alm_tm->tm_mday = readb(info->base + S3C2410_ALMDATE);
15      alm_tm->tm_year = readb(info->base + S3C2410_ALMYEAR);
16      alm_en = readb(info->base + S3C2410_RTCALM);
17      s3c_rtc_disable_clk(info);
18      alrm->enabled = (alm_en & S3C2410_RTCALM_ALMEN) ? 1 : 0;
19      dev_dbg(dev, "read alarm %d, %ptR\n", alm_en, alm_tm);
20      if (alm_en & S3C2410_RTCALM_SECEN)
21          alm_tm->tm_sec = bcd2bin(alm_tm->tm_sec);
22      if (alm_en & S3C2410_RTCALM_MINEN)
```

```
23          alm_tm->tm_min = bcd2bin(alm_tm->tm_min);
24      if (alm_en & S3C2410_RTCALM_HOUREN)
25          alm_tm->tm_hour = bcd2bin(alm_tm->tm_hour);
26      if (alm_en & S3C2410_RTCALM_DAYEN)
27          alm_tm->tm_mday = bcd2bin(alm_tm->tm_mday);
28      if (alm_en & S3C2410_RTCALM_MONEN) {
29          alm_tm->tm_mon = bcd2bin(alm_tm->tm_mon);
30          alm_tm->tm_mon -= 1;
31      }
32      if (alm_en & S3C2410_RTCALM_YEAREN)
33          alm_tm->tm_year = bcd2bin(alm_tm->tm_year);
34      return 0;
35  }
```

下面对代码进行简要介绍。

- 第 4 行，得到 rtc_time 表示的报警时间。
- 第 5 行，alm_en 表示是否使能报警。
- 第 10~15 行，从各个报警寄存器中读出其值。这些值包括报警时刻的秒、分、小时、月、日期和年。
- 第 16 行，读出 RTCALM 寄存器的值（包括秒、分、小时、月、日期和年）及这些值是否有效的标志。
- 第 18 行，判断所有寄存器中的报警时间是否可用，并将这个结构赋给 alrm->enabled。
- 第 19 行，打印出一些调试信息。
- 第 20、21 行，如果秒报警有效，则将其转换为十进制形式。
- 第 22、23 行，如果分报警有效，则将其转换为十进制形式。
- 第 24、25 行，如果小时报警有效，则将其转换为十进制形式。
- 第 26、27 行，如果日报警有效，则将其转换为十进制形式。
- 第 28~31 行，如果月报警有效，则将其转换为十进制形式。
- 第 32、33 行，如果年报警有效，则将其转换为十进制形式。

12.3.5 RTC 实时时钟设置报警时间函数 s3c_rtc_setalarm()

与 s3c_rtc_getalarm() 函数对应的函数是 s3c_rtc_setalarm() 函数。s3c_rtc_setalarm() 函数用来设置报警时间，该函数的代码如下（/drivers/rtc/rtc-s3c.c）：

```
01  static int s3c_rtc_setalarm(struct device *dev, struct rtc_wkalrm *alrm)
02  {
03      struct s3c_rtc *info = dev_get_drvdata(dev);
04      struct rtc_time *tm = &alrm->time;
05      unsigned int alrm_en;
06      int ret;
07      dev_dbg(dev, "s3c_rtc_setalarm: %d, %ptR\n", alrm->enabled, tm);
08      ret = s3c_rtc_enable_clk(info);
09      if (ret)
10          return ret;
11      alrm_en = readb(info->base + S3C2410_RTCALM) & S3C2410_RTCALM_ALMEN;
12      writeb(0x00, info->base + S3C2410_RTCALM);
13      if (tm->tm_sec < 60 && tm->tm_sec >= 0) {
14          alrm_en |= S3C2410_RTCALM_SECEN;
```

```
15              writeb(bin2bcd(tm->tm_sec), info->base + S3C2410_ALMSEC);
16          }
17          if (tm->tm_min < 60 && tm->tm_min >= 0) {
18              alrm_en |= S3C2410_RTCALM_MINEN;
19              writeb(bin2bcd(tm->tm_min), info->base + S3C2410_ALMMIN);
20          }
21          if (tm->tm_hour < 24 && tm->tm_hour >= 0) {
22              alrm_en |= S3C2410_RTCALM_HOUREN;
23              writeb(bin2bcd(tm->tm_hour), info->base + S3C2410_ALMHOUR);
24          }
25          if (tm->tm_mon < 12 && tm->tm_mon >= 0) {
26              alrm_en |= S3C2410_RTCALM_MONEN;
27              writeb(bin2bcd(tm->tm_mon + 1), info->base + S3C2410_ALMMON);
28          }
29          if (tm->tm_mday <= 31 && tm->tm_mday >= 1) {
30              alrm_en |= S3C2410_RTCALM_DAYEN;
31              writeb(bin2bcd(tm->tm_mday), info->base + S3C2410_ALMDATE);
32          }
33          dev_dbg(dev, "setting S3C2410_RTCALM to %08x\n", alrm_en);
34          writeb(alrm_en, info->base + S3C2410_RTCALM);
35          s3c_rtc_setaie(dev, alrm->enabled);
36          s3c_rtc_disable_clk(info);
37          return 0;
38      }
```

下面对代码进行简要介绍。

- 第 4 行，得到 rtc_time 表示的报警时间。
- 第 5 行，alm_en 表示是否使能报警。
- 第 7 行，打印出一些调试信息。
- 第 11 行，读出 RTCALM 寄存器第 6 位的值，表示所有报警功能都打开。
- 第 12 行，将 00 写入 RTCALM 寄存器，使所有功能都不可用。
- 第 13~16 行，如果 tm->tm_sec 的值合法，大于 0 且小于 60s，则设置报警秒寄存器 ALMSEC 的值，并设置 RTCALM 寄存器的第 0 位为 1，表示打开秒报警功能。
- 第 17~20 行，如果 tm->tm_min 的值合法，大于 0 且小于 60min，则设置 RTC 报警分钟数寄存器 ALMMIN 的值，并设置 RTCALM 寄存器的第 1 位为 1，表示打开分钟报警功能。
- 第 21~24 行，如果 tm->tm_hour 的值合法，大于 0 且小于 24h，则设置 RTC 报警小时数寄存器 ALMHOUR 的值，并设置 RTCALM 寄存器的第 2 位为 1，表示打开小时报警功能。
- 第 33 行，打印报警功能的使能状态。
- 第 34 行，将是否可以报警的信息写到相应的 RTCALM 寄存器中。

12.4 小　　结

RTC 实时时钟是计算机中一个非常重要的计时系统。这个时钟为操作系统提供一个可靠的时间，并且在断电情况下，RTC 实时时钟也可以通过电池供电，一直运行下去。因此在断电开机后，操作系统仍然能够从 RTC 实时时钟中读出正确的时间。另外，RTC 实时时钟也支持唤醒功能，可以在指定时刻将设备从睡眠或者关机状态唤醒。总之，在实际应用中，RTC 实时时钟是一种广泛使用的设备。

12.5 习　　题

一、填空题

1. RTC 一般称为_____。
2. 后循环测试功能由_____寄存器执行。
3. Leap Year Generator 是一个_____。

二、选择题

1. RTCCON 寄存器的组成不包含（　　）。
A．RTCEN　　　　　B．CLKSEL　　　　　C．CNTSEL　　　　　D．CNTGET
2. 对设备进行操作的抽象结构体是（　　）。
A．rtc_class_ops　　B．s3c_rtcops　　　　C．rtc_device　　　　D．其他
3. RTC 实时时钟设置时间函数是（　　）。
A．s3c_rtc_gettime()　　　　　　　　　B．s3c_rtc_settime()
C．s3c_rtc_getalarm()　　　　　　　　D．s3c_rtc_getalarm()

三、判断题

1. 要写 BCD 寄存器时，必须要将 RTCCON 寄存器的 0 位置 1。（　　）
2. RTCALM 存储报警的秒数。（　　）
3. 如果设备可以移除，为了减少占用的系统资源，应该使用 delete()函数。
（　　）

第 13 章　看门狗驱动程序

大多数设备中都有看门狗硬件，因此驱动开发人员需要实现这种设备的驱动。看门狗的用途是在 CPU 进入错误状态且无法恢复的情况下，使计算机重新启动。本章将对看门狗的原理和驱动程序进行详细分析。

13.1　看门狗概述

了解看门狗的工作原理是编写驱动程序的第一步，本节将对看门狗的功能及其工作原理进行介绍。

13.1.1　看门狗的功能

由于计算机在工作时不可避免地会受到各种因素的干扰，即使再优秀的计算机程序也可能因为这种干扰使计算机进入一个死循环，更严重的可能会导致死机。有两种方法可以解决这个问题，一是采用人工复位的方法，二是依赖某种硬件来执行这个复位工作，这种硬件通常叫作看门狗（Watch Dog，WD）。

看门狗实际上是一个定时器，其内部维护了一个计数寄存器，每当时钟信号到来时，计数寄存器减 1。如果减到 0，则重新启动系统；如果在减到 0 之前，系统又设置计数寄存器为一个较大的值，那么系统永远不会重启。系统的这种设置能力表示系统一直处于正常运行状态。反之，如果计算机系统崩溃，则无法重新设置计数寄存器的值。当计数寄存器的值为 0 时，系统会重新启动。

13.1.2　看门狗的工作原理

S3C2440 处理器内部集成了一个看门狗硬件，其提供了 3 个寄存器对看门狗进行操作。这 3 个寄存器分别是 WTCON（看门狗控制寄存器）、WTDAT（看门狗数据寄存器）和 WTCNT（看门狗计数寄存器）。这 3 个寄存器的地址如表 13.1 所示。

表 13.1　看门狗寄存器

寄存器名称	地　　址	读　写	说　明	重置值
WTCON	0x53000000	R/W	看门狗控制寄存器	0x8021
WTDAT	0x53000004	R/W	看门狗数据寄存器	0x8000
WTCNT	0x53000008	R/W	看门狗计数寄存器	0x8000

S3C2440 处理器通过这 3 个寄存器控制看门狗硬件的工作，下面介绍其工作原理。

1．看门狗的硬件结构

在三星公司的 S3C2440 处理器数据手册中，有关于看门狗的介绍。看门狗的工作原理图如图 13.1 所示。

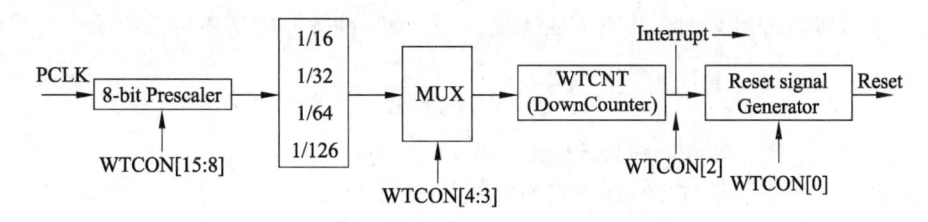

图 13.1　看门狗的硬件结构

结合图 13.1 可知，看门狗从一个 PCLK 频率到产生一个 RESET 复位信号的过程如下。

（1）处理器向看门狗提供一个 PCLK 时钟信号。其通过一个 8 位预分频器（8-bit Prescaler）使频率降低。

（2）8 位预分频系数由控制寄存器 WTCON 的第 8～15 位决定。分频后的频率就相当于 PCLK 除以（WTCON[15:8]+1）。

（3）然后再通过一个 4 相分频器，分成 4 种大小的频率。这 4 种分频系数分别是 16、32、64、128。看门狗可以通过控制寄存器的第 3、4 位来决定使用哪种频率。

（4）当选择的时钟频率到达计数器（Down Counter）时，会按照工作频率将 WTCNT 减 1。当达到 0 时，就会产生一个中断信号或者复位信号。

（5）如果控制寄存器 WTCON 的第 2 位为 1，则发出一个中断信号；如果控制寄存器 WTCON 的第 0 位为 1，则输出一个复位信号，使系统重新启动。

在正常的情况下，需要不断地设置计数寄存器 WTCNT 的值使其不为 0，这样可以保证系统不被重启，这称为"喂狗"。在喂狗时，计数寄存器 WTCNT 的值会被设为数据寄存器 WTDAT 的值。当系统崩溃时，不能对计数寄存器 WTCNT 重新设值，最终导致系统复位重启。上面说到的寄存器的主要功能如下。

2．看门狗控制寄存器

看门狗控制寄存器（WTCON）用来设置预分频系数、选择工作频率、决定是否使用中断及是否使用复位功能等，其各位的说明如表 13.2 所示。

表 13.2　看门狗控制寄存器

WTCON	英　文　名	位	说　　　明	初始状态
预分频系数	Prescaler value	[15:8]	预分频系数（0～255）	0x80
保留	Reserved	[7:6]	保留，必须设置为0	00
看门狗使能	Watchdog timer	[5]	使能看门狗，0：停止看门狗；1：启动看门狗	1
时钟选择	Clock select	[4:3]	选择分频系数： 0b00：16，0b01：32，0b10：64，0b11：128	00
中断使能	Interrupt generation	[2]	使能中断，0：禁止中断；1：使能中断	0

续表

WTCON	英　文　名	位	说　　明	初始状态
保留	Reserved	[1]	保留，必须设置为0	0
复位使能	Reset enable/disable	[0]	0：不输出复位信号 1：输出复位信号	1

当一个时钟脉冲到来时，WTCNT 就减 1。这个时钟脉冲的频率可以由如下公式计算：

$$看门狗工作频率 = \frac{PCLK}{(WTCON[15:8]+1)\ divider}$$

$$divider = (16, 32, 64, 128)$$

在上面的公式中，WTCONT[15:8]的取值范围为 0～255，因为除数不能为 0，所以设计者规定需要加 1。divider 的值由 WTCONT 的第 3、4 位决定，可以取值 16、32、64 和 128。经过这个分频公式可以将系统时钟降低，从而满足看门狗的需要。

3．看门狗数据寄存器

看门狗数据寄存器（WTDAT）用来决定看门狗的超时周期。当看门狗作为定时器使用时，当 WTCNT 的值达到 0 时，WTDAT 的值会被自动传入 WTCNT，并不会发出复位信号。WTDAT 的各位的说明如表 13.3 所示。

表 13.3　看门狗数据寄存器

WTDAT	英　文　名	位	说　　明	初始状态
看门狗数据寄存器	Count reload value	[15:0]	需要重新加载到WTCNT的值	0x8000

4．看门狗计数寄存器

在启动看门狗之前必须向看门狗计数寄存器（WTCNT）写入一个非 0 的初始值。启动看门狗后，每个时钟周期减 1，当计数寄存器达到 0 时：如果中断被使能的话则发出中断信号；如果复位信号使能并且系统没有崩溃，则重新用 WTDAT 的值装载 WTCNT 的值；如果程序崩溃，则向 CPU 发出复位信号。WTCNT 的各位的说明如表 13.4 所示。

表 13.4　看门狗计数寄存器WTCNT

WTCNT	英　文　名	位	说　　明	初始状态
看门狗计数寄存器	Count value	[15:0]	看门狗的当前计数值	0x8000

13.2　设备模型

看门狗驱动涉及两种设备模型，分别是**平台设备**和**混杂设备**。本节将分别对这两种设备模型进行讲解。

13.2.1　平台设备模型

从 Linux 2.6 起引入了一套新的驱动管理和注册模型，即平台设备 platform_device 和平台设备驱动 platform_driver。Linux 中的大部分设备驱动都可以使用这套机制，设备用 platform_device 表示，驱动用 platform_driver 表示。

平台设备模型与传统的 device 和 driver 模型相比，一个明显的优势在于平台设备模型将设备本身的资源注册进内核，由内核统一管理。这样提高了驱动和资源管理的独立性，并且拥有较好的可移植性和安全性。通过平台设备模型开发底层设备驱动的大致流程如图 13.2 所示。

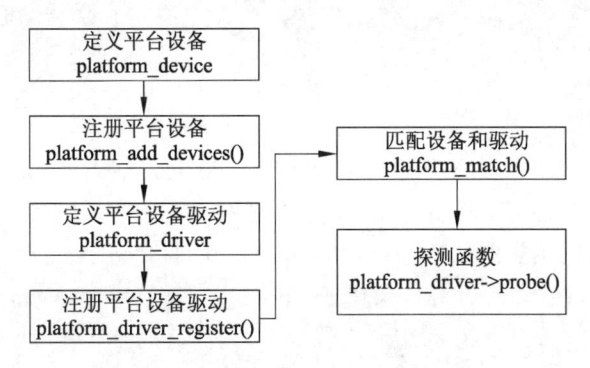

图 13.2　平台设备驱动流程

13.2.2　平台设备

在 Linux 设备驱动中，有一种设备叫作平台设备。平台设备是指处理器上集成的额外功能的附加设备，如 Watch Dog、IIC、IIS、RTC 和 ADC 等设备。这些设备是为了节约硬件成本、减少产品功耗、缩小产品形状而集成到处理器内部的。需要注意的是，平台设备并不是字符设备、块设备或网络设备，而是从另一个角度对设备的概括。如果从内核开发者的角度来看，平台设备的引入是为了更容易地开发字符设备、块设备和网络设备驱动。

1. 平台设备结构体

平台设备用 platform_device 结构体来描述，其结构体的定义如下（/include/linux/platform_device.h）：

```
struct platform_device {
    const char      *name;          /*平台设备的名称，与驱动的名称对应*/
    int             id;             /*与驱动绑定有关，一般为-1*/
    bool            id_auto;
    struct device   dev;            /*设备结构体，说明 platform_device 派生于 device*/
    u64             platform_dma_mask;
    struct device_dma_parameters dma_parms;
    u32             num_resources;  /*设备使用的资源数量*/
    struct resource *resource;      /*指向资源的数组，数量由 num_resources 指定*/
    const struct platform_device_id *id_entry;
    char *driver_override;
    struct mfd_cell *mfd_cell;      /*MFD 单元指针*/
    struct pdev_archdata    archdata;
};
```

S3C2440 处理器的内部硬件大多与 S3C2410 处理器相同，因此内核并没有对 S3C2440

处理器的驱动代码升级,而沿用了 S3C2410 处理器的驱动。在文件/arch/arm/mach-s3c/devs.c 中定义了处理器的看门狗平台设备,代码如下:

```
struct platform_device s3c_device_wdt =
{
    .name         = "s3c2410-wdt",                         /*平台设备的名称*/
    .id           = -1,                                    /*一般设为-1*/
    .num_resources = ARRAY_SIZE(s3c_wdt_resource),         /*资源数量*/
    .resource     = s3c_wdt_resource,                      /*资源的指针*/
};
```

2. 平台设备资源

为了便于统一管理平台设备资源,在 platform_device 结构体中定义了平台设备所使用的资源。这些资源与特定处理器相关,需要驱动开发者查阅相关的处理器数据手册来编写。S3C2440 处理器的看门狗资源代码如下(/arch/arm/mach-s3c/devs.c):

```
static struct resource s3c_wdt_resource[] = {
    [0] = DEFINE_RES_MEM(S3C_PA_WDT, SZ_1K),
    [1] = DEFINE_RES_IRQ(IRQ_WDT),
};
```

从代码中可以看出,S3C2440 处理器只使用了 I/O 内存和 IRQ 资源。这里的 I/O 内存指向看门狗的 WTCON、WTDAT 和 WTCNT 寄存器。为了更清楚地了解资源的概念,将资源结构体 resource 列出如下(/include/linux/ioport.h):

```
struct resource {
    /*资源的开始地址,resource_size 是 32 位或者 64 位的无符号整型*/
    resource_size_t start;
    resource_size_t end;                                   /*资源的结束地址*/
    const char *name;                                      /*资源名*/
    unsigned long flags;                                   /*资源的类型*/
unsigned long desc;
    struct resource *parent, *sibling, *child;   /*用于构建资源的树形结构*/
};
```

resource 结构的 start 和 end 的类型是无符号整型,在 32 位平台上是 32 位整型,在 64 位平台上是 64 位整型。flags 标志表示资源的类型,可以是 I/O 端口(IORESOURCE_IO)、内存资源(IORESOURCE_MEM)、中断号(IORESOURCE_IRQ)和 DMA 资源(IORESOURCE_DMA)等。parent、sibling 和 child 指针用于将资源构建成一个树,以加快内核的资源访问和管理,无须驱动程序员关心。

3. 与平台设备的相关操作函数

通过 platform_add_devices()函数可以将一组设备添加到系统中,函数原型如下:

```
int platform_add_devices(struct platform_device **devs, int num);
```

platform_add_devices()函数的第 1 个参数 devs 是平台设备数组的指针,第 2 个参数是平台设备的数量。

通过 platform_get_resource()函数可以获得平台设备中的 resource 资源。

```
struct resource *platform_get_resource(struct platform_device
*dev,unsigned int type, unsigned int num);
```

platform_get_resource()函数的第 1 个参数 dev 是平台设备的指针；第 2 个参数 type 是资源的类型，可以是 I/O 端口（IORESOURCE_IO）、内存资源（IORESOURCE_MEM）、中断号（IORESOURCE_IRQ）和 DMA 资源（IORESOURCE_DMA）等；第 3 个参数 num 是同种资源的索引。例如，在一个平台设备中，有 3 个 IORESOURCE_MEM 资源，如果要获得第 2 个资源，那么需要使 num 等于 1。从平台设备 pdev 中获得第一个内存资源的例子如下：

```
struct resource *res;
res = platform_get_resource(pdev, IORESOURCE_MEM, 0);
```

13.2.3　平台设备驱动

每一个平台设备都对应一个平台设备驱动，这个驱动用来对平台设备进行探测、移除、关闭和电源管理等操作。平台设备用驱动 platform_driver 结构体来描述，其定义如下（/include/linux/platform_device.h）：

```
struct platform_driver {
    int (*probe)(struct platform_device *);       /*探测函数*/
    int (*remove)(struct platform_device *);      /*移除函数*/
    void (*shutdown)(struct platform_device *);   /*关闭设备时调用该函数*/
    /*挂起函数*/
    int (*suspend)(struct platform_device *, pm_message_t state);
    int (*resume)(struct platform_device *);      /*恢复正常状态的函数*/
    struct device_driver driver;                   /*设备驱动核心结构*/
    const struct platform_device_id *id_table;
    bool prevent_deferred_probe;
};
```

在文件/drivers/watchdog/s3c2410_wdt.c 中定义了处理器的看门狗平台设备驱动，其中一些函数没有用处，因此没有定义，代码如下：

```
static struct platform_driver s3c2410wdt_driver = {
    .probe    = s3c2410wdt_probe,      /*看门狗探测函数*/
    .remove   = s3c2410wdt_remove,     /*看门狗移除函数*/
    .shutdown = s3c2410wdt_shutdown,   /*看门狗关闭函数*/
    .id_table = s3c2410_wdt_ids,
    .driver   = {
        .name = "s3c2410-wdt",         /*设备的名称与平台设备中的名称对应*/
        .pm   = &s3c2410wdt_pm_ops,
        .of_match_table = of_match_ptr(s3c2410_wdt_match),
    },
};
```

1．probe()函数

一般来说，当内核启动时，会注册平台设备和平台设备驱动程序。内核在适当的时候会将平台设备和平台设备驱动程序连接起来。连接的方法是将系统中的所有平台设备和已经注册的所有平台设备驱动进行匹配，由 platform_match()函数实现，代码如下：

```
static int platform_match(struct device *dev, struct device_driver *drv)
{
    struct platform_device *pdev = to_platform_device(dev);/*平台设备指针*/
```

```c
    /*平台设备驱动指针*/
    struct platform_driver *pdrv = to_platform_driver(drv);
    if (pdev->driver_override)
        return !strcmp(pdev->driver_override, drv->name);
    if (of_driver_match_device(dev, drv))                /*OF 类型的匹配*/
        return 1;
    if (acpi_driver_match_device(dev, drv))              /*ACPI 类型的匹配*/
        return 1;
    if (pdrv->id_table)                                  /*id_table 匹配*/
        return platform_match_id(pdrv->id_table, pdev) != NULL;
    return (strcmp(pdev->name, drv->name) == 0);         /*比较设备名*/
}
```

platform_match()函数使用了 4 种 match()匹配根据注册的设备来查找对应的驱动,或者根据注册的驱动来查找相应的设备。这 4 种匹配方式如下:

- 第一种匹配方式:OF 类型匹配,也就是设备树采用的匹配方式,of_driver_match_device()函数定义在文件/include/linux/of_device.h 中。表示设备驱动的 device_driver 结构体中有一个名称为 of_match_table 的成员变量,此成员变量保存着驱动的 compatible 匹配表,设备树中的每个设备节点的 compatible 属性会和 of_match_table 表中的所有成员比较,查看是否有相同的条目。如果有,则表示设备和此驱动匹配,此时就会执行 probe()函数。
- 第二种匹配方式:ACPI 匹配方式。
- 第三种匹配方式:id_table 匹配,每个 platform_driver 结构体中都有一个 id_table 成员变量,用于保存多个 ID 信息。这些 ID 信息存放着 platformd 驱动所支持的驱动类型。
- 第四种匹配方式:如果第三种匹配方式的 id_table 不存在,则直接比较平台设备的 name 字段和驱动的 name 字段。如果两者相同,则表示匹配成功,返回 1;如果不同,则表示驱动不匹配该设备,返回 0。probe()函数将由内核自己调用,当设备找到对应的驱动时,会触发 probe()函数,因此 probe()函数一般是驱动加载成功后调用的第一个函数,在该函数中可以申请设备需要的资源。

2. remove()函数

如果设备可以移除,为了减少占用的系统资源,应该使用 remove()函数将其释放。该函数一般与 probe()函数对应。在 probe()函数中申请的资源,应该在 remove()函数中释放。

3. shutdown()函数

shutdown()函数在设备断电或者关闭时调用。

13.2.4 平台设备驱动的注册和注销

内核关于平台设备的两个主要函数是注册和注销函数,本节将对这两个函数进行介绍。

1. 注册函数 platform_driver_register()

需要将平台设备驱动注册到系统中才能使用,内核提供的 platform_driver_register()函数用于实现这个功能，该函数是一个宏，定义如下（/include/linux/platform_device.h）：

```
#define platform_driver_register(drv) \
       __platform_driver_register(drv, THIS_MODULE)
```

从定义中可以看出宏其实指代的就是__platform_driver_register()函数，此函数的定义如下（/drivers/base/platform.c）：

```
int __platform_driver_register(struct platform_driver *drv,
              struct module *owner)
{
   drv->driver.owner = owner;
   drv->driver.bus = &platform_bus_type;      /*平台总线类型*/
   return driver_register(&drv->driver);      /*将驱动注册到系统中*/
}
```

2. 注销函数platform_driver_unregister()

当模块卸载时需要调用函数 platform_driver_unregister()注销平台设备驱动，该函数的原型如下（/drivers/base/platform.c）：

```
void platform_driver_unregister(struct platform_driver *drv)
```

13.2.5 混杂设备

混杂设备并没有一个明确的定义。由于设备号比较紧张，所以一些不相关的设备可以使用同一个主设备以不同的次设备号进行标识。主设备号通常是 10。由于这个原因，一些设备也可以叫作混杂设备。混杂设备用结构体 miscdevice 表示，代码如下（/include/linux/miscdevice.h）：

```
struct miscdevice
{
   int minor;                                    /*次设备号*/
   const char *name;                             /*混杂设备的名称*/
   const struct file_operations *fops;           /*设备的操作函数，与字符设备相同*/
   struct list_head list;                        /*连向下一个混杂设备的链表*/
   struct device *parent;                        /*指向父设备*/
   struct device *this_device;                   /*指向当前设备的结构体*/
   const struct attribute_group **groups;
   const char *nodename;
   umode_t mode;
};
```

混杂设备的一个重要成员是 fops，它是一个 file_operations 指针。这里的 file_operations 结构与 cdev 中的结构一样。那么，为什么有了 cdev 还需要 miscdevice 呢？这只是以另一种更灵活的方式来写设备驱动。开发者完全可以用 cdev 代替 miscdevice 实现看门狗驱动程序。看门狗的混杂设备定义如下（/drivers/watchdog/watchdog_dev.c）：

```
static struct miscdevice watchdog_miscdev = {
   .minor      = WATCHDOG_MINOR,                 /*次设备号*/
   .name       = "watchdog",                     /*混杂设备的名称*/
   .fops       = &watchdog_fops,                 /*混杂设备的操作指针*/
};
```

其中的 s3c2410wdt_fops 结构定义了相关的处理函数，定义如下：

```
static const struct file_operations s3c2410wdt_fops =
{
    .owner          = THIS_MODULE,
    .llseek         = no_llseek,
    .write          = s3c2410wdt_write,
    .unlocked_ioctl = s3c2410wdt_ioctl,
    .open           = s3c2410wdt_open,
    .release        = s3c2410wdt_release,
};
```

13.2.6 混杂设备的注册和注销

在驱动程序中需要对混杂设备进行注册和注销，内核提供了 misc_register ()和 misc_deregister()两个函数用于完成对混杂设备的注册和注销。

1. 注册函数misc_register ()

混杂设备的注册非常简单，只需要调用 misc_register()函数并传递一个混杂设备的指针就可以了。函数原型如下（/drivers/char/misc.c）：

```
int misc_register(struct miscdevice *misc) ;
```

在 misc_register()函数内部检查次设备号是否合法，如果次设备号被占用，则返回设备忙状态。如果 miscdevice 的成员 minor 为 255，则尝试动态申请一个次设备号。当次设备号可用时，函数会将混杂设备注册到内核的设备模型中。

2. 注销函数misc_deregister()

与 misc_registe()函数对应的是 misc_deregister()函数，函数原型如下：

```
void misc_deregister(struct miscdevice *misc);
```

13.3 看门狗设备驱动程序分析

Linux 2.6 内核已经实现了 S3C2440 处理器的看门狗驱动。由于 S3C2440 与 S3C2410 的看门狗硬件没有变化，所以内核沿用了 S3C2410 的看门狗驱动。本节将看门狗驱动进行详细分析，通过学习，希望读者能举一反三，写出更好的驱动程序。

13.3.1 看门狗驱动程序的一些变量定义

Linux 内核中的/drivers/watchdog/s3c2410_wdt.c 文件实现了看门狗驱动程序。此文件中也定义了看门狗驱动的一些变量，理解这些变量的意义是理解看门狗驱动的前提，这些变量的定义如下：

```
static bool nowayout        = WATCHDOG_NOWAYOUT;
static int tmr_margin;
static int tmr_atboot       = S3C2410_WATCHDOG_ATBOOT;
static int soft_noboot;
```

❑ nowayout 表示决不允许看门狗关闭，为 1 表示不允许关闭，为 0 表示允许关闭。

当不允许关闭时，调用 close()函数是没有用的。WATCHDOG_NOWAYOUT 的取值由配置选项 CONFIG_WATCHDOG_NOWAYOUT 决定，其宏定义如下（/include/linux/watchdog.h）：

```
#define WATCHDOG_NOWAYOUT        IS_BUILTIN(CONFIG_WATCHDOG_NOWAYOUT)
```

- tmr_margin 表示看门狗喂狗时间。
- tmr_atboot 表示系统启动时就使能看门狗。为 1 表示使能，为 0 表示关闭。
- soft_noboot 表示看门狗工作的方式，看门狗可以作为定时器使用，也可以作为复位硬件使用。当 soft_noboot 为 1 时表示看门狗作为定时器使用，不发送复位信号。

13.3.2　注册和卸载看门狗驱动

看门狗驱动的注册和卸载使用的是 module_platform_driver()宏，代码如下：

```
module_platform_driver(s3c2410wdt_driver);
```

module_platform_driver()宏会间接调用 platform_driver_register()和 platform_driver_unregister()函数。其中，platform_driver_register()用来注册平台设备驱动；platform_driver_unregister()用来注销平台设备驱动，回收驱动所占用的系统资源。

13.3.3　看门狗驱动程序探测函数

当调用 platform_driver_register()函数注册驱动后，会触发平台设备和驱动的匹配函数 platform_match()。如果匹配成功，则会调用平台设备驱动中的 probe()函数，在看门狗驱动中对应的函数就是 s3c2410wdt_probe()，其代码如下：

```
static int s3c2410wdt_probe(struct platform_device *pdev)
{
    struct device *dev = &pdev->dev;         /*平台设备的设备结构体 device*/
    struct s3c2410_wdt *wdt;
    struct resource *wdt_irq;
    unsigned int wtcon;
    int started = 0;
    int ret;
    wdt = devm_kzalloc(dev, sizeof(*wdt), GFP_KERNEL);  /*分配内存*/
    //内存分配失败，返回 ENOMEM
    if (!wdt)
        return -ENOMEM;
    wdt->dev = dev;
    spin_lock_init(&wdt->lock);                /*初始化自旋锁 lock*/
    wdt->wdt_device = s3c2410_wdd;
    wdt->drv_data = s3c2410_get_wdt_drv_data(pdev);
    if (wdt->drv_data->quirks & QUIRKS_HAVE_PMUREG) {
        wdt->pmureg = syscon_regmap_lookup_by_phandle(dev->of_node,
                  "samsung,syscon-phandle");
        if (IS_ERR(wdt->pmureg)) {
            dev_err(dev, "syscon regmap lookup failed.\n");
            return PTR_ERR(wdt->pmureg);
        }
    }
    /*获得看门狗可以申请的中断号*/
    wdt_irq = platform_get_resource(pdev, IORESOURCE_IRQ, 0);
```

```c
    /*如果获取中断号失败则退出*/
    if (wdt_irq == NULL) {
        dev_err(dev, "no irq resource specified\n");
        ret = -ENOENT;
        goto err;
    }
    /*获取看门狗计时器的内存区域*/
    wdt->reg_base = devm_platform_ioremap_resource(pdev, 0);
    if (IS_ERR(wdt->reg_base)) {
        ret = PTR_ERR(wdt->reg_base);
        goto err;
    }
    /*从平台时钟队列中获取看门狗的时钟*/
    wdt->clock = devm_clk_get(dev, "watchdog");
    if (IS_ERR(wdt->clock)) {
        dev_err(dev, "failed to find watchdog clock source\n");
        ret = PTR_ERR(wdt->clock);
        goto err;
    }
    ret = clk_prepare_enable(wdt->clock);                    /*使能看门狗时钟*/
    if (ret < 0) {
        dev_err(dev, "failed to enable clock\n");
        return ret;
    }
    wdt->wdt_device.min_timeout = 1;
    wdt->wdt_device.max_timeout = s3c2410wdt_max_timeout(wdt->clock);
    ret = s3c2410wdt_cpufreq_register(wdt);
    if (ret < 0) {
        dev_err(dev, "failed to register cpufreq\n");
        goto err_clk;
    }
    watchdog_set_drvdata(&wdt->wdt_device, wdt);
    watchdog_init_timeout(&wdt->wdt_device, tmr_margin, dev);
    /* 设置看门狗定时器的溢出时间间隔 */
    ret = s3c2410wdt_set_heartbeat(&wdt->wdt_device,
               wdt->wdt_device.timeout);
    if (ret) {
        started = s3c2410wdt_set_heartbeat(&wdt->wdt_device,
               S3C2410_WATCHDOG_DEFAULT_TIME);
        if (started == 0)
            dev_info(dev,
                "tmr_margin value out of range, default %d used\n",
                S3C2410_WATCHDOG_DEFAULT_TIME);
        else
            dev_info(dev, "default timer value is out of range, cannot start\n");
    }
    /* 申请看门狗定时器中断，因为看门狗定时器也可以当一般的定时器中断使用 */
    ret = devm_request_irq(dev, wdt_irq->start, s3c2410wdt_irq, 0,
            pdev->name, pdev);
    if (ret != 0) {
        dev_err(dev, "failed to install irq (%d)\n", ret);
        goto err_cpufreq;
    }
    watchdog_set_nowayout(&wdt->wdt_device, nowayout);
    watchdog_set_restart_priority(&wdt->wdt_device, 128);
    wdt->wdt_device.bootstatus = s3c2410wdt_get_bootstatus(wdt);
    wdt->wdt_device.parent = dev;
    ret = watchdog_register_device(&wdt->wdt_device);   /*注册看门狗设备*/
    if (ret)
```

```
        goto err_cpufreq;
    ret = s3c2410wdt_mask_and_disable_reset(wdt, false);
    if (ret < 0)
        goto err_unregister;
    if (tmr_atboot && started == 0) {           /*开机时就立即启动看门狗定时器*/
        dev_info(dev, "starting watchdog timer\n");
        s3c2410wdt_start(&wdt->wdt_device);    /*启动看门狗*/
    } else if (!tmr_atboot) {
        s3c2410wdt_stop(&wdt->wdt_device);     /*停止看门狗*/
    }
    platform_set_drvdata(pdev, wdt);
    wtcon = readl(wdt->reg_base + S3C2410_WTCON);   /*读出控制寄存器的值*/
    dev_info(dev, "watchdog %sactive, reset %sabled, irq %sabled\n",
        (wtcon & S3C2410_WTCON_ENABLE) ? "" : "in",    /*看门狗是否启动*/
        /*看门狗是否允许发出复位信号*/
        (wtcon & S3C2410_WTCON_RSTEN) ? "en" : "dis",
        /*看门狗是否允许发出中断信号*/
        (wtcon & S3C2410_WTCON_INTEN) ? "en" : "dis");
    return 0;                                   /*成功返回0*/
err_unregister:
    watchdog_unregister_device(&wdt->wdt_device);
err_cpufreq:
    s3c2410wdt_cpufreq_deregister(wdt);
err_clk:
    clk_disable_unprepare(wdt->clock);
err:
    return ret;
}
```

13.3.4 设置看门狗复位时间函数 s3c2410wdt_set_heartbeat()

在探测函数 s3c2410wdt_probe()中的大部分函数，前面的章节都讲过。这里重点讲解一下 s3c2410wdt_set_heartbeat()函数，该函数的参数为接收的看门狗复位时间，默认是 15s。该函数将先后完成以下任务：

- 使用 clk_get_rate()函数获得看门狗的时钟频率 PCLK。
- 判断复位时间 timeout 是否超过看门狗计数寄存器 WTCNT 能表示的最大值，该寄存器的最大值为 65536。
- 设置第一个分频器的分频系数。
- 设置数据寄存器 WTDAT。

s3c2410wdt_set_heartbeat()函数的代码如下：

```
static int s3c2410wdt_set_heartbeat(struct watchdog_device *wdd,
                unsigned int timeout)
{
    struct s3c2410_wdt *wdt = watchdog_get_drvdata(wdd);
    /*得到看门狗的时钟频率 PCLK*/
    unsigned long freq = clk_get_rate(wdt->clock);
    unsigned int count;                     /*将填入 WTCNT 的计数值*/
    unsigned int divisor = 1;               /*要填入 WTCON[15:8]的预分频系数*/
    unsigned long wtcon;                    /*暂时存储 WTCON 的值*/
    if (timeout < 1)                        /*看门狗的复位时间不能小于 1s*/
        return -EINVAL;
    freq = DIV_ROUND_UP(freq, 128);
```

```c
    count = timeout * freq;                    /*秒数乘以每秒的时钟嘀嗒等于计数值*/
    dev_dbg(wdt->dev, "Heartbeat: count=%d, timeout=%d, freq=%lu\n",
        count, timeout, freq);                 /*打印相关的信息用于调试*/
    /*最终填入的计数值不能大于WTCNT的范围,WTCNT是一个16位寄存器,其最大值为0x10000*/
    if (count >= 0x10000) {
        divisor = DIV_ROUND_UP(count, 0xffff);
        if (divisor > 0x100) {
            dev_err(wdt->dev, "timeout %d too big\n", timeout);
            return -EINVAL;
        }
    }
    /*打印相关的信息用于调试*/
    dev_dbg(wdt->dev, "Heartbeat: timeout=%d, divisor=%d, count=%d (%08x)\n",
        timeout, divisor, count, DIV_ROUND_UP(count, divisor));
    count = DIV_ROUND_UP(count, divisor);      /*分频后最终的计数值*/
    wdt->count = count;
    wtcon = readl(wdt->reg_base + S3C2410_WTCON);   /*读WTCNT的值*/
    wtcon &= ~S3C2410_WTCON_PRESCALE_MASK;          /*将WTCNT的高8位清零*/
    wtcon |= S3C2410_WTCON_PRESCALE(divisor-1);     /*填入预分频系数*/
    /*将计数值写到数据寄存器WTDAT中*/
    writel(count, wdt->reg_base + S3C2410_WTDAT);
    writel(wtcon, wdt->reg_base + S3C2410_WTCON);   /*设置控制寄存器WTCON*/
    wdd->timeout = (count * divisor) / freq;
    return 0;
}
```

13.3.5 看门狗的开始函数s3c2410wdt_start()和停止函数s3c2410wdt_stop()

为了控制看门狗的开始和停止,驱动中提供了开始和停止函数。

1. 开始函数s3c2410wdt_start()

在探测函数 s3c2410wdt_probe()中,当所有工作都就绪,并且允许看门狗随机启动(tmr_atboot=1)时,会调用 s3c2410wdt_start()函数使看门狗开始工作。该函数的代码如下:

```c
static int s3c2410wdt_start(struct watchdog_device *wdd)
{
    unsigned long wtcon;                       /*暂时存储WTCNT的值*/
    struct s3c2410_wdt *wdt = watchdog_get_drvdata(wdd);
    spin_lock(&wdt->lock);                     /*避免不同线程同时访问临界资源*/
    __s3c2410wdt_stop(wdt);                    /*先停止看门狗便于设置*/
    wtcon = readl(wdt->reg_base + S3C2410_WTCON);   /*读出WTCON的值*/
    /*通过设置WTCON的第5位允许看门狗工作,并将第3、4位设为11,使用四相分频*/
    wtcon |= S3C2410_WTCON_ENABLE | S3C2410_WTCON_DIV128;
    if (soft_noboot) {                         /*将看门狗作为定时器使用*/
        wtcon |= S3C2410_WTCON_INTEN;          /*使能中断*/
        wtcon &= ~S3C2410_WTCON_RSTEN;         /*不允许发出复位信号*/
    } else {
        wtcon &= ~S3C2410_WTCON_INTEN;         /*禁止发出中断*/
        wtcon |= S3C2410_WTCON_RSTEN;          /*允许发出复位信号*/
    }
    /*打印相关的信息用于调试*/
    dev_dbg(wdt->dev, "Starting watchdog: count=0x%08x, wtcon=%08lx\n",
```

```
        wdt->count, wtcon);
    /*重新写数据寄存器的值*/
    writel(wdt->count, wdt->reg_base + S3C2410_WTDAT);
    /*重新写计数寄存器的值*/
    writel(wdt->count, wdt->reg_base + S3C2410_WTCNT);
    writel(wtcon, wdt->reg_base + S3C2410_WTCON);         /*写控制寄存器的值*/
    spin_unlock(&wdt->lock);                              /*自旋锁解锁*/
    return 0;
}
```

2. 停止函数s3c2410wdt_stop()

在探测函数 s3c2410wdt_probe()中，当所有工作都准备就绪时，如果不允许看门狗立即启动（tmr_atboot=0），则会调用 s3c2410wdt_stop()函数使看门狗停止工作。该函数的代码如下：

```
static int s3c2410wdt_stop(struct watchdog_device *wdd)
{
    struct s3c2410_wdt *wdt = watchdog_get_drvdata(wdd);
    spin_lock(&wdt->lock);                    /*加自旋锁*/
    __s3c2410wdt_stop(wdt);
    spin_unlock(&wdt->lock);                  /*解除自旋锁*/
    return 0;
}
```

在 s3c2410wdt_stop()中使用了 spin_lock()函数对 wdt->lock 进行加锁，并调用__s3c2410wdt_stop()函数完成实际的看门狗停止工作，代码如下：

```
static void __s3c2410wdt_stop(struct s3c2410_wdt *wdt)
{
    unsigned long wtcon;                                       /*暂时存储 WTCNT 的值*/
    wtcon = readl(wdt->reg_base + S3C2410_WTCON);   /*读出 WTCON 的值*/
    /*设置 WTCON，使看门狗不工作并且不发出复位信号*/
    wtcon &= ~(S3C2410_WTCON_ENABLE | S3C2410_WTCON_RSTEN);
    writel(wtcon, wdt->reg_base + S3C2410_WTCON);   /*写控制寄存器的值*/
}
```

13.3.6　看门狗驱动程序移除函数 s3c2410wdt_remove()

S3C2440 看门狗驱动程序的移除函数完成与探测函数相反的功能，包括注销看门狗设备和禁止看门狗的时钟等，代码如下：

```
static int s3c2410wdt_remove(struct platform_device *dev)
{
    int ret;
    struct s3c2410_wdt *wdt = platform_get_drvdata(dev);
    ret = s3c2410wdt_mask_and_disable_reset(wdt, true);
    if (ret < 0)
        return ret;
    watchdog_unregister_device(&wdt->wdt_device);   /*注销看门狗设备
    s3c2410wdt_cpufreq_deregister(wdt);
    clk_disable_unprepare(wdt->clock);              /*禁止看门狗的时钟*/
    return 0;
}
```

13.3.7 平台设备驱动 s3c2410wdt_driver 中的其他重要函数

平台设备驱动 s3c2410wdt_driver 中的 s3c2410wdt_probe()和 s3c2410wdt_remove()函数都已经介绍过，剩下另外几个重要的函数需要说一下。

1. 关闭函数s3c2410wdt_shutdown()

当看门狗被关闭时，内核会自动调用 s3c2410wdt_shutdown()函数先停止进行看门狗设备，函数代码如下：

```c
static void s3c2410wdt_shutdown(struct platform_device *dev)
{
    struct s3c2410_wdt *wdt = platform_get_drvdata(dev);
    s3c2410wdt_mask_and_disable_reset(wdt, true);
    s3c2410wdt_stop(&wdt->wdt_device);          /*停止看门狗*/
}
```

2. 挂起函数s3c2410wdt_suspend()

当需要暂停看门狗时，可以调用 s3c2410wdt_suspend()函数，函数代码如下：

```c
static int s3c2410wdt_suspend(struct device *dev)
{
    int ret;
    struct s3c2410_wdt *wdt = dev_get_drvdata(dev);
    /*保存看门狗的当前状态，就是WTDAT寄存器和WTCON寄存器，不需要保存WTCNT寄存器*/
    wdt->wtcon_save = readl(wdt->reg_base + S3C2410_WTCON);
    wdt->wtdat_save = readl(wdt->reg_base + S3C2410_WTDAT);
    ret = s3c2410wdt_mask_and_disable_reset(wdt, true);
    if (ret < 0)
        return ret;
    s3c2410wdt_stop(&wdt->wdt_device);          /*停止看门狗*/
    return 0;
}
```

3. 恢复函数s3c2410wdt_resume()

与挂起 s3c2410wdt_suspend()函数相反的是恢复函数 s3c2410wdt_resume()，该函数用于恢复看门狗寄存器的值。函数代码如下：

```c
static int s3c2410wdt_resume(struct device *dev)
{
    int ret;
    struct s3c2410_wdt *wdt = dev_get_drvdata(dev);
    /*恢复看门狗寄存器的值并重置WTCNT为WTDAT */
    writel(wdt->wtdat_save, wdt->reg_base + S3C2410_WTDAT);
    writel(wdt->wtdat_save, wdt->reg_base + S3C2410_WTCNT);
    writel(wdt->wtcon_save, wdt->reg_base + S3C2410_WTCON);
    ret = s3c2410wdt_mask_and_disable_reset(wdt, false);
    if (ret < 0)
        return ret;
    /*打印一些调试信息*/
    dev_info(dev, "watchdog %sabled\n",
        (wdt->wtcon_save & S3C2410_WTCON_ENABLE) ? "en" : "dis");
    return 0;
}
```

13.3.8 看门狗中断处理函数 s3c2410wdt_irq()

当看门狗设备作为定时器使用时，发出中断信号而不发出复位信号。该中断在探测函数 s3c2410wdt_probe() 中通过调用 devm_request_irq() 函数向系统做了申请。中断处理函数的主要功能是喂狗操作，使看门狗重新开始计数，函数的代码如下：

```
static irqreturn_t s3c2410wdt_irq(int irqno, void *param)
{
    struct s3c2410_wdt *wdt = platform_get_drvdata(param);
    dev_info(wdt->dev, "watchdog timer expired (irq)\n");   /*调试信息*/
    s3c2410wdt_keepalive(&wdt->wdt_device);                 /*看门狗喂狗操作*/
    if (wdt->drv_data->quirks & QUIRK_HAS_WTCLRINT_REG)
        writel(0x1, wdt->reg_base + S3C2410_WTCLRINT);
    return IRQ_HANDLED;
}
```

13.4 小　　结

本章首先介绍了看门狗的工作原理，然后详细介绍了看门狗的平台设备模型，最后对看门狗驱动程序进行了详细的分析。看门狗驱动程序中的函数主要用来控制看门狗硬件设备的相关寄存器，从而控制看门狗设备的功能，这是设备驱动程序的一种常见写法，需要引起读者的注意。

13.5 习　　题

一、填空题

1. 平台设备用_____结构体来描述。
2. 看门狗实际上是一个_____器。
3. 混杂设备用结构体_____表示。

二、选择题

1. 下列决定看门狗超时周期的寄存器是（　　）。
   A．WTDAT 寄存器　　　　　　　　　B．WTCON 寄存器
   C．WTCNT 寄存器　　　　　　　　　D．其他
2. 在/drivers/watchdog/s3c2410_wdt.c 文件中，表示看门狗喂狗时间的变量是（　　）。
   A．nowayout　　B．tmr_margin　　C．tmr_atboot　　D．soft_noboot
3. 恢复看门狗寄存器的值的函数是（　　）。
   A．s3c2410wdt_shutdown()　　　　　B．s3c2410wdt_suspend()
   C．s3c2410wdt_resume()　　　　　　D．其他

三、判断题

1. 每一个平台设备都对应两个平台设备驱动。（　　）

2. S3C2440 处理器内部集成了一个看门狗硬件，它提供了 4 个寄存器对看门狗进行操作。（　　）

3. 平台设备模型的优势在于平台设备模型将设备本身的资源注册进内核，由内核统一管理。（　　）

第 14 章 IIC 设备驱动程序

IIC 设备是一种通过 IIC 总线直接连接的设备,由于其简单性,被广泛引用于电子系统中。在现代电子系统中,有很多 IIC 设备相互之间需要进行通信。为了提高硬件的效率和简化电路的设计,PHILIPS 公司开发了 IIC 总线。IIC 总线可以用于设备间的数据通信。本章将对 IIC 设备及其驱动进行详细介绍。

14.1 IIC 设备的总线及其协议

IIC 总线是由 PHILIPS 公司开发的两线式串行总线,用于连接微处理器和外部 IIC 设备。IIC 设备产生于 20 世纪 80 年代,最初专用于音频和视频设备,目前在各种电子设备中都有广泛的应用。

14.1.1 IIC 总线的特点

IIC 总线有两条总线线路,一条是串行数据线(SDA),一条是串行时钟线(SCL)。SDA 负责数据传输,SCL 负责与数据传输的时钟同步。IIC 设备通过这两条总线连接到处理器的 IIC 总线控制器上。一个典型的设备连接如图 14.1 所示。

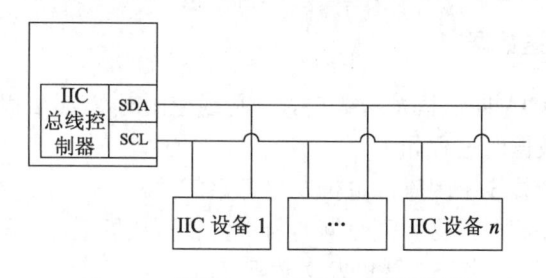

图 14.1 设备与 IIC 总线控制器的连接

与其他总线相比,IIC 总线有许多重要的特点。在选择一种设备来完成特定功能时,这些特点是选择 IIC 设备的重要依据。下面对 IIC 设备的主要特点进行简单总结。
- ❑ 每个连接到总线的设备都可以通过唯一的设备地址单独访问。
- ❑ 串行的 8 位双向数据传输,位速率在标志模式下可以达到 100Kbps,在快速模式下可以达到 400Kbps,在高速模式下可以达到 3.4Mbps。
- ❑ 可以通过外部连线进行在线检测,便于系统故障诊断和调试,如果发生故障可以立即被寻址,也利于软件的标准化和模块化,缩短开发周期。
- ❑ 片上滤波器可以增加抗干扰能力,保证数据的完整传输。

- 连接到一条 IIC 总线上的设备数量只受到最大电容 400pF 的限制。
- IIC 设备是一个多主机系统,在一条总线上可以同时有多个主机存在,通过冲突检测方式和延时等待防止数据被破坏。同一时间只能有一个主机占用总线。

14.1.2 IIC 总线的信号类型

IIC 总线在传输数据的过程中有 3 种信号类型,即开始信号(S)、结束信号(P)和响应信号(ACK)。这些信号由 SDA 线和 SCL 线的电平高低变化来表示。

- 开始信号:当 SCL 为高电平时,SDA 由高电平向低电平跳变,表示将要开始传输数据。
- 结束信号:当 SCL 为高电平时,SDA 由低电平向高电平跳变,表示结束传输数据。
- 响应信号:从主机接收到 8 位数据后,在第 9 个时钟周期拉低 SDA 电平,表示已经收到数据。这个信号称为应答信号。

开始信号和结束信号的波形如图 14.2 所示。

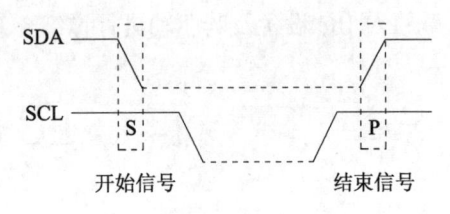

图 14.2 开始信号和结束信号

14.1.3 IIC 总线的数据传输

在分析 IIC 总线的数据传输前需要知道主机和从机的概念。

1. 主机和从机

在 IIC 总线中发送命令的设备称为主机,对于 ARM 处理器来说,主机就是 IIC 控制器。接收命令并响应命令的设备称为从机。

2. 主机向从机发送数据

主机通过数据线 SDA 向从机发送数据。当总线空闲时,SDA 和 SCL 信号都处于高电平。主机向从机发送数据的过程如下。
(1)当主机检测到总线空闲时,主机发出开始信号。
(2)主机发出 8 位数据。这 8 位数据的前 7 位表示从机地址,第 8 位表示数据的传输方向。这时,第 8 位为 0,表示向从机发送数据。
(3)被选中的从机发出响应信号。
(4)从机传输一系列的字节和响应位。
(5)主机接收这些数据并发出结束信号完成本次的数据传输。

14.2 IIC 设备的硬件结构

在写设备驱动程序之前,应该先了解一下 IIC 设备的硬件结构。S3C2440 处理器中集成了一个 IIC 控制器,本节将对这个控制器的硬件结构进行详细讲解。S3C2440 中集成了一个 IIC 控制器，用来管理 IIC 设备，实现设备的数据接收和发送功能。IIC 控制器的内部结构如图 14.3 所示。

由图 14.3 可知，S3C2440 的 IIC 控制器主要是由 4 个寄存器来完成所有的 IIC 操作。这 4 个寄存器是 IICCON、IICSTAT、IICADD、IICCDS。下面对这 4 个寄存器的功能进行介绍。

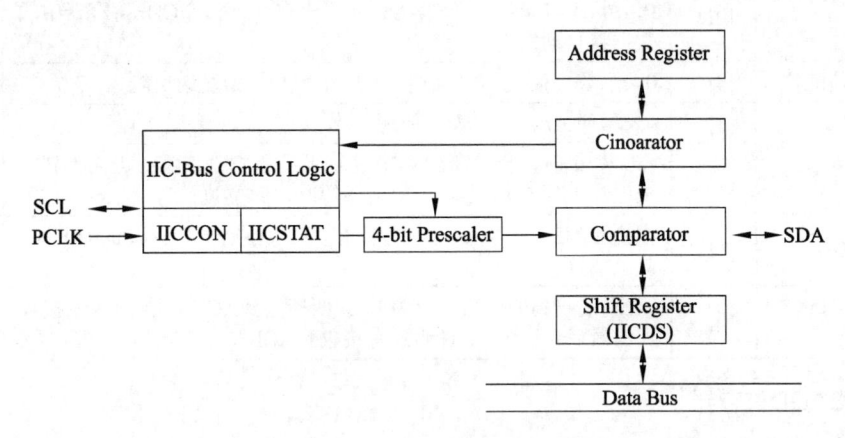

图 14.3 IIC 控制器的内部结构

1. IICCON寄存器

IICCON 寄存器（MULTI-MASTER IIC-BUS CONTROL）用于控制是否发出 ACK 信号、是否开启 IIC 中断等，其各位的说明如表 14.1 所示。

表 14.1 IICCON寄存器

功 能	位	说 明	初始值
ACK信号使能	[7]	0表示禁止；1表示使能 在发送模式中，此位无意义 在接收模式中，SDA线在响应周期类将被拉低，即发出ACK信号	0
发送模式的时钟源选择	[6]	0表示IICCLK为PCLK/16；1表示IICCLK为PCLK/512	0
发送/接收中断使能	[5]	0表示IIC总线接收或者发送一个字节的数据后，不会产生中断；1表示IIC总线接收或者发送一个字节的数据后，会产生一个中断	0
中断标志位	[4]	此位用来表示IIC是否有中断发生，0表示没有中断发生，1表示有中断发生。当此位为1时，SCL线被拉低，此时所有IIC传输将会停止；如果要继续传输数据，需要将此位写0	0
发送模式的时钟分频系数	[3:0]	发送器时钟=IICCLK/(IICCON[3:0]+1)	未定义

2. IICSATA寄存器

IICSTAT 寄存器（MULTI-MASTER IIC-BUS CONTROL/STATUS）的各位说明如表 14.2 所示。

表 14.2 IICSATA寄存器

功能	位	说明	初始值
工作模式	[7:6]	0b00表示从机接收器，0b01表示从机发送器，0b10表示主机接收器，0b11表示主机发送器	00
忙状态位/S信号，P信号	[5]	读此位为0表示总线空闲，为1表示总线忙。写此位为0表示发送P信号，为1表示发送S信号。当发出S信号时，IICDS寄存器中的数据将自动发出	0
串行输出使能位	[4]	0表示禁止接收/发送功能；1表示使能接收/发送功能	0
冲裁状态	[3]	0表示仲裁成功；1表示仲裁失败	0
从机地址状态	[2]	作为主机时，当检测到S/P信号时此位被自动清零；当接收到的地址与IICADD寄存器中的值相等时，此位被置为1	0
0地址状态	[1]	在检测到S/P信号后，此位自动清零；接收的地址位0b0000000，此位被置1	0
最后一位的状态标志	[0]	0表示接收到的最后一位为0，说明接收到ACK信号；1表示接收到的最后一位为1，说明没有接收到ACK信号	0

3. IICADD寄存器

IICADD 寄存器（MULTI-MASTER IIC-BUS ADDRESS）用来表示挂接到总线上的从机地址，该寄存器用到位[7:1]表示从机地址。当 IICADD 寄存器在串行输出使能位 IICSTAT[4]为 0 时才可以写入数据；在任何时间都可以读出数据。

4. IICDS寄存器

IIC 控制器将要发送或者接收到的数据保存在 IICDS 寄存器（MULTI-MASTER IIC-BUS TRANSMIT/RECEIVE DATA SHIFT）的位[7:0]中。IICDS 寄存器在串行输出使能位 IICSTAT[4]为 1 时才可以写入；在任何时间都可以读出。

14.3 IIC 设备驱动程序的层次结构

因为 IIC 设备种类丰富，如果为每一个 IIC 设备都编写一个驱动程序，那么 Linux 内核中关于 IIC 设备的驱动将非常庞大。这种设计方式不符合软件工程中的代码复用规则，因此需要对 IIC 设备驱动中的代码进行规划。

14.3.1 IIC 设备驱动概述

这里简单地将 IIC 设备驱动的层次分为设备层和总线层。理解这两个层次的重点是理解 4 个数据结构，这 4 个数据结构是 i2c_driver、i2c_client、i2c_algorithm 和 i2c_adapter。i2c_driver 和 i2c_client 属于设备层，i2c_algorithm 和 i2c_adapter 属于总线层，如图 14.4 所示。设备层涉及实际的 IIC 设备，如芯片 AT24C08 就是一个 IIC 设备。总线层包括 CPU 中的 IIC 总线控制器和控制总线通信的方法。值得注意的是，在一个系统中可能有多个总线层，也就是包含多个总线控制器；也可能有多个设备层，包含不同的 IIC 设备。

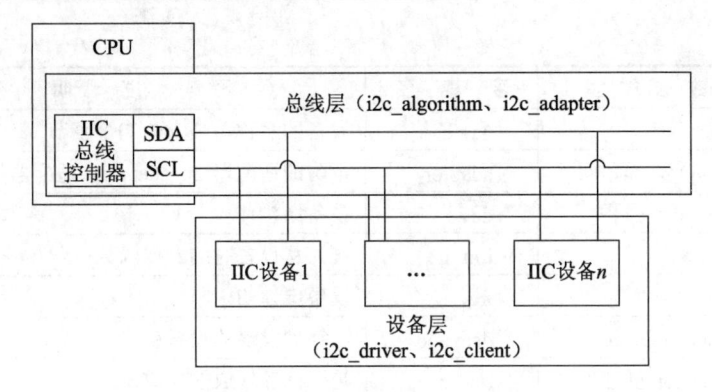

图 14.4　设备层与总线层的关系

14.3.2　IIC 设备层

IIC 设备层由 IIC 设备和对应的设备驱动程序组成，分别用数据结构 i2c_client 和 i2c_driver 表示。

1. IIC设备

由 IIC 总线规范可知，IIC 总线由两条物理线路组成，这两条物理线路是 SDA 和 SCL。只要连接到 SDA 和 SCL 总线上的设备都可以叫作 IIC 设备。一个 IIC 设备由 i2c_client 数据结构表示（/include/linux/i2c.h）。

```
struct i2c_client {
    unsigned short flags;
#define I2C_CLIENT_PEC          0x04
#define I2C_CLIENT_TEN          0x10
#define I2C_CLIENT_SLAVE        0x20
#define I2C_CLIENT_HOST_NOTIFY  0x40
#define I2C_CLIENT_WAKE         0x80
#define I2C_CLIENT_SCCB         0x9000
    unsigned short addr;
    char name[I2C_NAME_SIZE];
    struct i2c_adapter *adapter;
    struct device dev;
    int init_irq;
    int irq;
    struct list_head detected;
#if IS_ENABLED(CONFIG_I2C_SLAVE)
    i2c_slave_cb_t slave_cb;
#endif
    void *devres_group_id;
};
```

i2c_client 结构体常用的成员变量如表 14.3 所示。

表 14.3　i2c_client结构体常用的成员变量

重　要	数 据 类 型	变 量 名	说　　明
*	unsigned short	flags	标志位
*	unsigned short	addr	设备的地址，低7位为芯片地址

续表

重要	数据类型	变量名	说明
*	char	name	设备的名称，最大为20个字节
*	struct i2c_adapter *	adapter	依附的适配器i2c_adapter，适配器指明所属的总线
*	struct device	dev	设备结构体
	int	init_irq	作为从设备时的发送函数
*	int	irq	设备申请的中断号
	struct list_head	detected	已经被发现的设备链表
	struct completion	released	是否已经释放的完成量

2．IIC设备地址

设备结构体 i2c_client 中的 addr 的低 8 位表示设备地址。设备地址由读写位、器件类型和自定义地址组成，如图 14.5 所示。

R/W（1位）	器件类型（4位）	自定义地址（3位）

图 14.5　设备地址格式

第 7 位是 R/W 位，0 表示写，1 表示读（通常在读写信号中，写信号上面有一个横线，表示低电平），因此 IIC 设备通常有两个地址，即读地址和写地址。

类型器件由中间的 4 位组成，这是半导公司生产时就已固化的，也就是说这 4 位是固定的。

自定义地址码由低 3 位组成。这是由用户自己设置的，通常的做法如 EEPROM 这些器件是由外部 I 芯片的 3 个引脚所组合的电平决定的（常用的名字如 A0、A1、A2）。A0、A1 和 A2 就是自定义地址码。自定义地址码只能表示 8 个地址，所以同一 IIC 总线上最多只能挂接 8 个同一型号的芯片。AT24C08 的自定义地址码如图 14.6 所示，A0、A1 和 A2 接低电平，因此自定义地址码为 0。

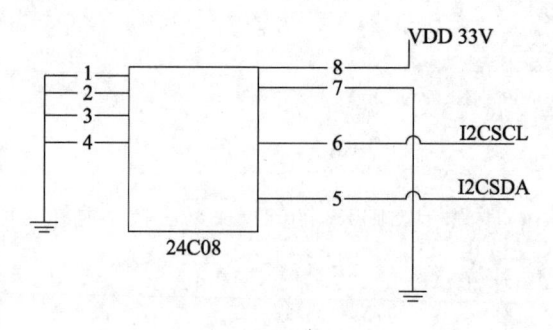

图 14.6　AT24C08 的自定义地址码

如果在两条不同的 IIC 总线上挂接了两块类型和地址相同的芯片，那么这两块芯片的地址是相同的。这显然是地址冲突的，解决办法是为总线适配器指定一个 ID 号，那么新的芯片地址就由总线适配器的 ID 和设备地址组成。

3. IIC设备的注意事项

除了地址之外，IIC 设备（i2c_client）还有一些重要的注意事项：

- i2c_client 数据结构是描述 IIC 设备的"模板"，驱动程序的设备结构体中应该包含该结构。
- adapter 指向设备连接的总线适配器，在系统中可能有多个总线适配器。内核中的静态指针数组 adapters 用于记录所有已经注册的总线适配器设备。

4. IIC设备驱动

每一个 IIC 设备都应该对应一个驱动，也就是每一个 i2c_client 结构都应该对应一个 i2c_driver 结构，它们之间通过指针相互连接。i2c_driver 结构体的代码如下（/include/linux/i2c.h）：

```
01    struct i2c_driver {
02        unsigned int class;                          /*驱动的类型*/
03        int (*probe)(struct i2c_client *client, const struct i2c_device
            _id*id);                                    /*新类型设备的探测函数*/
04        int (*remove)(struct i2c_client *client);   /*新类型设备的移除函数*/
05        int (*probe_new)(struct i2c_client *client);
06        void (*shutdown)(struct i2c_client *client); /*关闭 IIC 设备*/
07        void (*alert)(struct i2c_client *client, enum i2c_alert_protocol
            protocol,unsigned int data);
08        /*使用命令使设备完成特殊的功能，类似 ioctl()函数*/
09        int (*command)(struct i2c_client *client, unsigned int cmd, void
            *arg);
10        struct device_driver driver;                 /*设备驱动结构体*/
11        const struct i2c_device_id *id_table;        /*设备 ID 表*/
12        int (*detect)(struct i2c_client *client, struct i2c_board_info
            *info);                                     /*自动探测设备的回调函数*/
13        /*该设备驱动支持的所有次设备的地址数组*/
14        const unsigned short *address_list;
15        struct list_head clients;                    /*指向驱动支持的设备*/
16    }
```

下面对代码进行简要介绍。

- 第 3~6 行，定义驱动程序函数，这些函数支持 IIC 设备的动态插入和拔出。
- 第 9 行，控制设备的状态。
- 第 10 行，是 IIC 设备内嵌的设备驱动结构体。
- 第 11 行，是一个设备 ID 表，表示这个设备驱动程序支持哪些设备。
- 第 12 行，detect()是自动探测设备的回调函数，这个函数一般不会执行。
- 第 14 行，表示设备驱动支持的所有次设备的地址数组。
- 第 15 行，使用一个 list_head 类型的 clients 链表连接这个驱动支持的所有 IIC 设备。

14.3.3　i2c_driver 和 i2c_client 的关系

结构体 i2c_driver 和 i2c_client 的关系较为简单，其中，i2c_driver 表示一个 IIC 设备驱动程序，i2c_client 表示一个 IIC 设备。这两个结构体之间通过指针连接，其关系如图 14.7 所示。

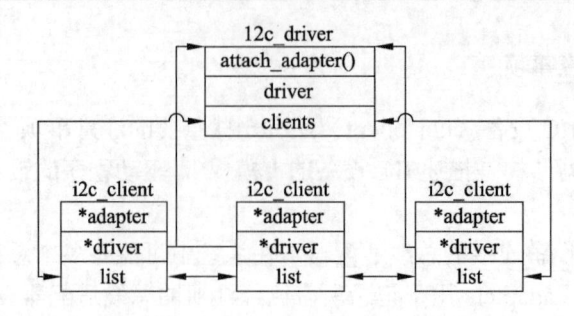

图 14.7 i2c_driver 和 i2c_client 的关系

14.3.4 IIC 总线层

IIC 总线层由总线适配器和适配器驱动程序组成，分别用数据结构 i2c_adapter 和 i2c_algorithm 表示。

1．IIC总线适配器（i2c_adapter）

IIC 总线适配器（i2c_adapter）就是一个 IIC 总线的控制器，在物理上连接若干个 IIC 设备。IIC 总线适配器本质上是一个物理设备，其主要功能是完成 IIC 总线控制器相关的数据通信。i2c_adapter 的代码如下（/include/linux/i2c.h）：

```
01  struct i2c_adapter {
02      struct module *owner;                      /*模块计数*/
03      unsigned int class;                        /*允许探测的驱动类型*/
04      const struct i2c_algorithm *algo;          /*指向适配器的驱动程序*/
05      void *algo_data;      /*指向适配器的私有数据,根据不同情况使用方法不同*/
06      const struct i2c_lock_operations *lock_ops;
07      struct rt_mutex bus_lock;                  /*对总线进行操作时将获得总线锁*/
08      struct rt_mutex mux_lock;
09      int timeout;                               /*超时*/
10      int retries;                               /*重试次数*/
11      struct device dev;                         /*指向适配器设备结构体*/
12      unsigned long locked_flags;
13  #define I2C_ALF_IS_SUSPENDED        0
14  #define I2C_ALF_SUSPEND_REPORTED    1
15      int nr;
16      char name[48];                             /*适配器名称*/
17      struct completion dev_released;            /*连接总线上的设备的链表*/
18      struct mutex userspace_clients_lock;
19      /*用来挂接与适配器匹配成功的从设备 i2c_client 的一个链表头*/
20      struct list_head userspace_clients;
21      struct i2c_bus_recovery_info *bus_recovery_info;
22      const struct i2c_adapter_quirks *quirks;
23      struct irq_domain *host_notify_domain;
24      struct regulator *bus_regulator;
25  };
```

下面对代码进行简要介绍。

❑ 第 4 行，定义了一个 i2c_algorithm 结构体。一个 IIC 适配器上的 IIC 总线通信方法由其驱动程序 i2c_algorithm 结构体描述，该结构体由 algo 指针指向。对于不同的适配器有不同的 i2c_algorithm 结构体。
- 第 9 行和第 10 行，timeout 和 retries 用于超时重传，总线传输数据并不是每次都成功，因此需要超时重传机制。
- 第 17 行，定义了一个完成量，用于表示适配器是否被其他进程使用。

2. IIC总线驱动程序

每一个适配器对应一个驱动程序（i2c_algorithm），该驱动程序描述了适配器与设备之间的通信方法。i2c_algorithm 结构体的代码如下（/include/linux/i2c.h）：

```
01  struct i2c_algorithm {
02      /*传输函数指针*/
03      int (*master_xfer)(struct i2c_adapter *adap, struct i2c_msg *msgs,
                int num);
04      int (*master_xfer_atomic)(struct i2c_adapter *adap,
                    struct i2c_msg *msgs, int num);
05      /*smbus 方式传输函数指针*/
06      int (*smbus_xfer)(struct i2c_adapter *adap, u16 addr,
                unsigned short flags, char read_write,
                u8 command, int size, union i2c_smbus_data *data);
07      int (*smbus_xfer_atomic)(struct i2c_adapter *adap, u16 addr,
                    unsigned short flags, char read_write,
                    u8 command, int size, union i2c_smbus_data *data);
08      /*返回适配器支持的功能*/
09      u32 (*functionality)(struct i2c_adapter *adap);
10  #if IS_ENABLED(CONFIG_I2C_SLAVE)
11      int (*reg_slave)(struct i2c_client *client);
12      int (*unreg_slave)(struct i2c_client *client);
13  #endif
14  };
```

下面对代码进行简要介绍。
- 第 3 行，定义了一个 master_xfer()函数，指向实现 IIC 总线通信协议的函数。
- 第 6 行，定义了一个 smbus_xfer()函数，指向实现 SMBus 总线通信协议的函数。SMBus 总线通信协议基于 IIC 总线通信协议的原理，也是由 2 条总线组成（1 个时钟线，1 个数据线）。SMBus 和 IIC 之间可以通过软件方式兼容，因此这里提供了一个函数，如果要使驱动程序兼容 SMBus 传入方式，就要自己实现 smbus_xfer()函数，该函数的主要工作是实现两种传输方式的兼容。如果不需要支持 SMBus 传输，直接将该指针赋值为 NULL 即可。
- 第 9 行，定义了一个 functionality ()函数，主要用来确定适配器支持哪些传输类型。

14.3.5 IIC 设备层和总线层的关系

IIC 设备驱动程序大致可以分为设备层和总线层。设备层包括一个重要的数据结构 i2c_client。总线层包括两个重要的数据结构，分别是 i2c_adapter 和 i2c_algorithm。一个 i2c_client 结构表示一个物理 IIC 设备；一个 i2c_adapter 结构对应一个物理适配器；一个 i2c_algorithm 结构表示适配器对应的传输数据的方法。这 3 个数据结构的关系如图 14.8 所示。

图 14.8 设备层和总线层的关系

14.3.6 写 IIC 设备驱动的步骤

IIC 设备层次结构较为简单，但是写 IIC 设备驱动程序却相当复杂。当工程师拿到一个新的电路板时，面对复杂的 Linux IIC 子系统，应该如何编程呢？首先需要思考的是哪些工作需要自己完成，哪些工作内核已经提供了，这个问题的答案参见图 14.9 所示。

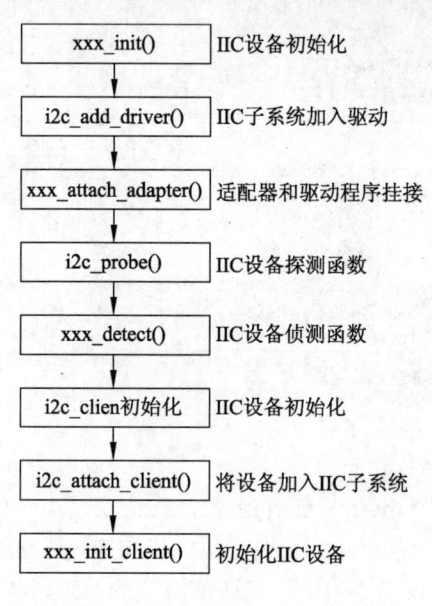

图 14.9 编写设备驱动程序的步骤

14.4 IIC 子系统的初始化

当启动系统时，需要对 IIC 子系统进行初始化。这些初始化函数在 i2c-core.c 文件中。该文件包含 IIC 子系统中的公用代码，驱动开发人员只需要用它，不需要修改它。下面对这些公用代码的主要部分进行介绍。

14.4.1 IIC 子系统初始化函数 i2c_init()

IIC 子系统是作为模块加载到系统中的。在系统启动的模块加载阶段会调用 i2c_init() 函数初始化 IIC 子系统，该函数的代码如下（/drivers/i2c/i2c-core-base.c）：

```
01   static int __init i2c_init(void)
```

```
02  {
03      int retval;                              /*返回值，成功返回 0，错误返回负值*/
04      retval = of_alias_get_highest_id("i2c");
05      down_write(&__i2c_board_lock);
06      if (retval >= __i2c_first_dynamic_bus_num)
07          __i2c_first_dynamic_bus_num = retval + 1;
08      up_write(&__i2c_board_lock);
09      retval = bus_register(&i2c_bus_type);    /*注册一条 IIC 的 BUS 总线*/
10      if (retval)
11          return retval;
12      is_registered = true;
13  #ifdef CONFIG_I2C_COMPAT
        /*注册一个可兼容的适配器类*/
14      i2c_adapter_compat_class = class_compat_register("i2c-adapter");
15      if (!i2c_adapter_compat_class) {
16          retval = -ENOMEM;
17          goto bus_err;
18      }
19  #endif
20      /*将一个空驱动注册到 IIC 总线中*/
21      retval = i2c_add_driver(&dummy_driver);
22      if (retval)
23          goto class_err;
24      if (IS_ENABLED(CONFIG_OF_DYNAMIC))
25          WARN_ON(of_reconfig_notifier_register(&i2c_of_notifier));
26      if (IS_ENABLED(CONFIG_ACPI))
27          WARN_ON(acpi_reconfig_notifier_register(&i2c_acpi_notifier));
28      return 0;
29  class_err:
30  #ifdef CONFIG_I2C_COMPAT
31      class_compat_unregister(i2c_adapter_compat_class);       /*类注销*/
32  bus_err:
33  #endif
34      is_registered = false;
35      bus_unregister(&i2c_bus_type);                           /*总线注销*/
36      return retval;
37  }
```

- 第 9 行，调用设备模型中的 bus_register()函数在系统中注册一条新的总线，该总线的名称是 i2c。适配器设备、IIC 设备和 IIC 设备驱动程序都会连接到这条总线。
- 第 14 行，注册一个可兼容的适配器类，用于 sys 文件系统中。驱动程序开发人员不需要关心这个函数。
- 第 20 行，调用 i2c_add_driver()函数向 i2c 总线注册一个空的 IIC 设备驱动程序，作为特殊用途，驱动开发人员不用关心该空驱动程序。
- 第 29~36 行，用来错误处理。

14.4.2 IIC 子系统退出函数 i2c_exit()

与 i2c_init()函数对应的退出函数是 i2c_exit()，该函数完成与 i2c_init()函数相反的功能。i2c_exit()函数的代码如下（/drivers/i2c/i2c-core-base.c）：

```
01  static void __exit i2c_exit(void)
02  {
03      if (IS_ENABLED(CONFIG_ACPI))
04          WARN_ON(acpi_reconfig_notifier_unregister(&i2c_acpi_notifier));
```

```
05      if (IS_ENABLED(CONFIG_OF_DYNAMIC))
06          WARN_ON(of_reconfig_notifier_unregister(&i2c_of_notifier));
07      i2c_del_driver(&dummy_driver);
08  #ifdef CONFIG_I2C_COMPAT
09      class_compat_unregister(i2c_adapter_compat_class);
10  #endif
11      bus_unregister(&i2c_bus_type);
12      tracepoint_synchronize_unregister();
13  }
```

- 第 7 行，调用 i2c_del_driver()函数注销 IIC 设备驱动程序。该函数较为复杂，但主要的功能是去掉总线中的 IIC 设备驱动程序。
- 第 9 行，调用 class_compat_unregister ()函数注销适配器类。
- 第 11 行，调用 bus_unregister()函数注销 i2c 总线。

14.5 适配器驱动程序

适配器驱动程序是 IIC 设备驱动程序需要实现的主要驱动程序，这个驱动程序需要根据具体的适配器硬件来编写，本节将对适配器驱动程序进行详细的讲解。

14.5.1 S3C2440 对应的适配器结构体

i2c_adapter 结构体为描述各种 IIC 适配器提供了通用"模板"，它定义了注册总线上所有设备的 clients 链表、指向具体 IIC 适配器的总线通信方法 i2c_algorithm 的 algo 指针、实现 i2c 总线操作原子性的 lock 信号量。但 i2c_adapter 结构体只是所有适配器的共有属性，并不能代表所有类型的适配器。

1. s3c24xx_i2c适配器

特定类型的适配器需要在 i2c_adapter 结构体的基础上进行扩充，S3C2440 对应的适配器结构体代码如下（/drivers/i2c/busses/i2c-s3c2410.c）：

```
01  struct s3c24xx_i2c {
02      wait_queue_head_t       wait;
03      kernel_ulong_t          quirks;
04      struct i2c_msg          *msg;
05      unsigned int            msg_num;
06      unsigned int            msg_idx;
07      unsigned int            msg_ptr;
08      unsigned int            tx_setup;
09      unsigned int            irq;            /*适配器申请的中断号*/
10      enum s3c24xx_i2c_state  state;
11      unsigned long           clkrate;
12      void __iomem            *regs;
13      struct clk              *clk;           /*对应的时钟*/
14      struct device           *dev;           /*适配器对应的设备结构体*/
15      struct i2c_adapter      adap;           /*适配器主体结构体*/
16      struct s3c2410_platform_i2c*pdata;
17      struct gpio_desc        *gpios[2];
18      struct pinctrl          *pctrl;
```

```
19  #if defined(CONFIG_ARM_S3C24XX_CPUFREQ)
20      struct notifier_block   freq_transition;
21  #endif
22      struct regmap           *sysreg;
23      unsigned int            sys_i2c_cfg;
24  };
```

下面对代码进行简要的分析。

- 第 2 行，wait 表示等待队列头。由于 IIC 设备是低速设备，所以可以采用"阻塞—中断"的驱动模型，即读写 i2c 设备的用户进程在 IIC 设备操作期间进入阻塞状态，待 IIC 操作完成后总线适配器将引发中断，再在中断处理程序中唤醒受阻的用户进程。因此在 s3c24xx_i2c 结构体中设计了等待队列头部的 wait 成员，用来将阻塞的进程放入等待队列中。
- 第 4 行，i2c_msg 表示从适配器到设备一次传输的单位，用这个结构体将数据包装起来便于操作，在后面的内容中将会详细介绍。
- 第 5 行，msg_num 表示消息个数。
- 第 6 行，msg_idx 表示第几个消息。当完成一个消息时，该值增加。
- 第 7 行，msg_ptr 总是指向当前交互中要传送或接收的下一个字节在 i2c_msg.buf 中的偏移位置。
- 第 8 行，表示写 IIC 设备寄存器的一个时间，这里被设置成 50ms。
- 第 9 行，代表 IIC 设备申请的中断号。
- 第 10 行，表示 IIC 设备目前的状态。这个状态结构体 s3c24xx_i2c_state 将在后面详细讲述。
- 第 12 行，表示 IIC 设备的寄存器地址。
- 第 13 行，表示 IIC 设备对应的时钟。
- 第 15 行，adap 表示内嵌的适配器结构体。

2．IIC 消息

在 s3c24xx_i2c 适配器结构体中有一个 i2c_msg 消息指针。s3c24xx_i2c 适配器结构体是从适配器传输数据到 IIC 设备的基本单位，代码如下（/include/uapi/linux/i2c.h）：

```
struct i2c_msg {
    __u16 addr;                         /*IIC 设备的地址*/
    __u16 flags;                        /*消息类型标志*/
#define I2C_M_RD            0x0001      /*表示从从机到主机读数据*/
#define I2C_M_TEN           0x0010      /*这是有 10 位地址芯片*/
#define I2C_M_DMA_SAFE      0x0200      /*仅在内核空间中使用*/
#define I2C_M_RECV_LEN      0x0400
/*I2C_FUNC_SMBUS_READ_BLOCK_DATA 协议的相关标志*/
#define I2C_M_NO_RD_ACK     0x0800
/*I2C_FUNC_PROTOCOL_MANGLING 协议的相关标志*/
#define I2C_M_IGNORE_NAK    0x1000
/*I2C_FUNC_PROTOCOL_MANGLING 协议的相关标志*/
#define I2C_M_REV_DIR_ADDR  0x2000
/*I2C_FUNC_PROTOCOL_MANGLIN 协议的相关标志*/
#define I2C_M_NOSTART       0x4000
/*I2C_FUNC_PROTOCOL_MANGLING 协议的相关标志*/
#define I2C_M_STOP          0x8000
```

```
    /*I2C_FUNC_PROTOCOL_MANGLING 协议的相关标志 */
    __u16 len;                          /*消息字节长度*/
    __u8 *buf;                          /*指向消息数据的缓冲区*/
};
```

其中，addr 为 IIC 设备的地址。这个字段说明一个适配器在获得总线控制权后，可以与多个 IIC 设备进行交互。buf 指向与 IIC 设备交互的数据缓冲区，其长度为 len。flags 中的标志位用于描述该消息的属性，这些属性由一系列 I2C_M_*宏表示。

14.5.2 IIC 适配器加载函数 i2c_add_adapter()

在驱动开发人员拿到一块新的电路板，并研究了响应的 IIC 适配器之后，就应该使用内核提供的框架函数向 IIC 子系统中添加一个新的适配器。这个过程如下。

（1）分配一个 IIC 适配器并初始化相应的变量。

（2）使用 i2c_add_adapter()函数向 IIC 子系统添加适配器结构体 i2c_adapter，这个结构体已经在第一步初始化。i2c_add_adapter()函数的代码如下（/drivers/i2c/i2c-core-base.c）：

```
01  int i2c_add_adapter(struct i2c_adapter *adapter)
02  {
03      struct device *dev = &adapter->dev;
04      int id;
05      if (dev->of_node) {
06          /*通过设备树配置获取 i2c 的总线编号*/
07          id = of_alias_get_id(dev->of_node, "i2c");
08          if (id >= 0) {
09              adapter->nr = id;
10              /*注册已编号的 adapter，内部调用 i2c_register_adapter()*/
11              return __i2c_add_numbered_adapter(adapter);
12          }
13      }
14      mutex_lock(&core_lock);                        /*锁定内核锁*/
15          /*动态获取 i2c 总线编号*/
16      id = idr_alloc(&i2c_adapter_idr, adapter,
                __i2c_first_dynamic_bus_num, 0, GFP_KERNEL);
17      mutex_unlock(&core_lock);                      /*释放内核锁*/
18      if (WARN(id < 0, "couldn't get idr"))
19          return id;
20      adapter->nr = id;                              /*将 ID 交给适配器存储起来*/
21      return i2c_register_adapter(adapter);   /*注册适配器设备*/
22  }
```

代码第 21 行是向内核注册一个适配器设备。第 3~20 行涉及一个陌生的 IDR 机制，由于 IDR 机制较为复杂，下面单独作为一节内容进行介绍。

14.5.3 IDR 机制

IDR 机制在 Linux 内核中指的就是整数 ID 管理机制。从实质上来讲，这就是一种将一个整数 ID 号和一个指针关联在一起的机制。这个机制最早是在 2003 年 2 月加入内核的，当时是作为 POSIX 定时器的一个补丁，现今在内核的很多地方都可以找到 IDR 的身影。

1. IDR机制原理

IDR 机制适用在那些需要把某个整数和特定指针关联在一起的场景。例如，在 IIC 总线中，每个设备都有自己的地址，要想在总线上找到特定的设备，必须先发送该设备的地址。当适配器要访问总线上的 IIC 设备时，首先要知道它们的 ID 号，同时要在内核中建立一个用于描述该设备的结构体和驱动程序。

此时问题来了，怎么才能将该设备的 ID 号和它的设备结构体联系起来呢？最简单的方法当然是通过数组进行索引，如果 ID 号的范围很大（比如 32 位的 ID 号），则用数组索引会占据大量的内存空间，这显然不可能。另一种方法是用链表，如果总线中实际存在的设备较多，则链表的查询效率会很低。在这种情况下就可以采用 IDR 机制，该机制内部采用红黑树（Radix，类似于二分数）实现，可以很方便地将整数和指针关联起来，并且具有很高的搜索效率。

IDR 机制的主要代码在/include/linux/idr.h 中，下面对 IDR 机制的主要函数进行说明。

2. 定义IDR结构体

IDR 结构体的定义如下：

```
struct idr {
    struct radix_tree_root  idr_rt;
    unsigned int    idr_base;
    unsigned int    idr_next;
};
```

由于我们只需要使用 IDR 结构体，对其成员代表的意义可以不用关心，所以这里不加以解释。

定义一个 IDR 结构体，使用 DEFINE_IDR 宏，该宏定义并且初始化一个名称为 name 的 IDR 结构。

```
#define DEFINE_IDR(name)    struct idr name = IDR_INIT(name)
```

例如，在 S3C2440 的 IIC 设备驱动中定义了一个 i2c_adapter_idr 适配器 IDR 结构体，其功能是在 IIC 设备 ID 和适配器结构地址间建立对应关系。i2c_adapter_idr 的定义在/drivers/i2c/i2c-core-base.c 文件中，具体如下：

```
static DEFINE_IDR(i2c_adapter_idr);
```

3. 通过ID号查询对应的指针

如果知道 ID 号，需要查询对应的指针，则可以使用 idr_find()函数。该函数的原型如下：

```
void *idr_find(const struct idr *idr, unsigned long id);
```

其中，参数 idr 是 DEFINE_IDR 宏定义 IDR 的指针，参数 id 是要查询的 ID 号。如果成功返回，则赋值 ID 相关联的指针，如果没有查询到对应的功能，则返回 NULL。

4. 删除ID

当要删除 ID 号和对应的指针时，可以使用 idr_remove()函数，该函数的原型如下：

```
void *idr_remove(struct idr *idr, unsigned long id);
```

5. 分配ID

使用 idr_alloc()函数可以分配 ID，该函数的原型如下：

```
int idr_alloc(struct idr *idr, void *ptr, int start, int end, gfp_t gfp);
```

参数说明如下：
- idr：DEFINE_IDR 宏定义 IDR 的指针。
- ptr：要与新 ID 关联的指针。
- start：最小 ID。
- end：最大 ID。
- gfp：内存分配标志。

6. 通过ID号获得适配器指针

使用 i2c_get_adapter()函数可以通过 ID 号获得适配器指针，该函数的代码如下：

```
01  struct i2c_adapter *i2c_get_adapter(int nr)
02  {
03      struct i2c_adapter *adapter;            /*适配器指针*/
04      mutex_lock(&core_lock);                 /*锁定内核锁*/
05      /*通过ID号，查询适配器指针*/
06      adapter = idr_find(&i2c_adapter_idr, nr);
07      if (!adapter)
08          goto exit;
09      if (try_module_get(adapter->owner))
10          get_device(&adapter->dev);
11      else
12          adapter = NULL;
13  exit:
14      mutex_unlock(&core_lock);               /*释放内核锁*/
15      return adapter;
16  }
```

第 6 行代码中的 i2c_adapter_idr 是在 i2c-core-base.c 中定义的 IDR 结构体，该定义如下：

```
static DEFINE_IDR(i2c_adapter_idr);
```

14.5.4 适配器卸载函数 i2c_del_adapter()

与适配器加载函数 i2c_add_adapter()对应的卸载函数是 i2c_del_adapter()，该函数完成与加载函数相反的功能。i2c_del_adapter()函数用于注销适配器的数据结构，删除其总线上所有设备的 i2c_client 数据结构和对应的 i2c_driver 驱动程序，并减少其代表总线上所有设备的相应驱动程序数据结构的引用计数（如果到达 0，则卸载设备驱动程序）。i2c_del_adapter()函数的原型如下：

```
void i2c_del_adapter(struct i2c_adapter *adap);
```

14.5.5 IIC 总线通信方法 s3c24xx_i2c_algorithm 结构体

s3c24xx_i2c 适配器的成员变量 adap 中的 algo 成员，指向了该适配器的通信方法 s3c24xx_

i2c_algorithm 结构体。适配器与通信方法的关系如图 14.10 所示。

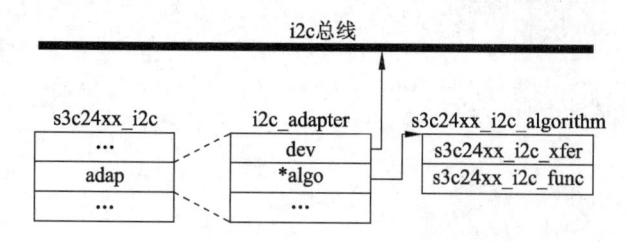

图 14.10 适配器、通信方法和总线的关系

如图 14.10 所示，s3c24xx_i2c 是 S3C2440 相关的适配器数据结构，其包含一个 i2c_adapter 适配器模板。i2c_adapter 通过 device 结构连接到 i2c 总线上。i2c_adapter 的 aglo 指针指向具体的总线通信方法 s3c24xx_i2c_algorithm 结构体。s3c24xx_i2c_algorithm 结构体只实现了 IIC 总线通信协议，代码如下（/drivers/i2c/busses/i2c-s3c2410.c）：

```
static const struct i2c_algorithm s3c24xx_i2c_algorithm = {
    .master_xfer        = s3c24xx_i2c_xfer,
    .functionality      = s3c24xx_i2c_func,
};
```

通信方法因不同的适配器有所不同，因此需要驱动开发人员根据硬件设备自己实现，主要实现的函数如下。

1. 协议支持函数s3c24xx_i2c_func()

s3c24xx_i2c_func()函数非常简单，用于返回总线支持的协议，如 I2C_FUNC_I2C、I2C_FUNC_SMBUS_EMUL_ALL、I2C_FUNC_NOSTART 和 I2C_FUNC_PROTOCOL_MANGLING。该函数的代码如下（/drivers/i2c/busses/i2c-s3c2410.c）：

```
static u32 s3c24xx_i2c_func(struct i2c_adapter *adap)
{
    return I2C_FUNC_I2C | I2C_FUNC_SMBUS_EMUL_ALL | I2C_FUNC_NOSTART |
        I2C_FUNC_PROTOCOL_MANGLING;
}
```

2. 传输函数s3c24xx_i2c_xfer()

s3c24xx_i2c_xfer()函数用于实现 IIC 通信协议，将 i2c_msg 消息传给 IIC 设备。该函数的代码如下（/drivers/i2c/busses/i2c-s3c2410.c）：

```
01  static int s3c24xx_i2c_xfer(struct i2c_adapter *adap,
02              struct i2c_msg *msgs, int num)
03  {
04      /*从适配器的私有数据获得适配器 s3c24xx_i2c 结构体*/
05      struct s3c24xx_i2c *i2c = (struct s3c24xx_i2c *)adap->algo_data;
06      int retry;                          /*传输错误的重发次数*/
07      int ret;                            /*返回值*/
08      ret = clk_enable(i2c->clk);
09      if (ret)
10          return ret;
11      for (retry = 0; retry < adap->retries; retry++) {
12          /*传输到 IIC 设备的具体函数*/
13          ret = s3c24xx_i2c_doxfer(i2c, msgs, num);
14          if (ret != -EAGAIN) {
```

```
15              clk_disable(i2c->clk);
16              return ret;
17         }
           /*重试信息*/
18         dev_dbg(i2c->dev, "Retrying transmission (%d)\n", retry);
19         udelay(100);                                    /*延时100µs*/
20     }
21     clk_disable(i2c->clk);
22     return -EREMOTEIO;                                  /*I/O 错误*/
23 }
```

- 第 5 行，从私有数据 adap->algo_data 中获得指向 s3c24xx_i2c 的指针，该私有数据是在适配器加载时设置的。
- 第 11~20 行，如果发送失败则延时 100µs 后再重试。
- 第 12 行，s3c24xx_i2c_doxfer()函数用来将数据从适配器传到 IIC 设备上。该函数较复杂，将在 14.5.6 小节详细介绍。
- 第 22 行，表示没有成功传输数据，出现 I/O 错误。

14.5.6 适配器的传输函数 s3c24xx_i2c_doxfer()

14.5.5 小节的函数 s3c24xx_i2c_xfer()的第 12 行代码调用了自定义的传输函数 s3c24xx_i2c_doxfer()，该函数操作适配器来完成具体的数据传输任务，代码如下（/drivers/i2c/busses/i2c-s3c2410.c）：

```
01 static int s3c24xx_i2c_doxfer(struct s3c24xx_i2c *i2c,
              struct i2c_msg *msgs, int num)
02 {
03     unsigned long timeout;                 /*传输超时*/
04     int ret;                               /*返回值传输的消息个数*/
05     ret = s3c24xx_i2c_set_master(i2c);
06     if (ret != 0) {                        /*总线繁忙，则传输失败*/
07         dev_err(i2c->dev, "cannot get bus (error %d)\n", ret);
08         ret = -EAGAIN;
09         goto out;
10     }
11     i2c->msg     = msgs;                   /*传输的消息指针*/
12     i2c->msg_num = num;                    /*传输的消息个数*/
13     i2c->msg_ptr = 0;                      /*当前要传输的字节在消息中的偏移*/
14     i2c->msg_idx = 0;                      /*消息数组的索引*/
15     i2c->state   = STATE_START;
16     s3c24xx_i2c_enable_irq(i2c);
17     s3c24xx_i2c_message_start(i2c, msgs);
18     if (i2c->quirks & QUIRK_POLL) {
19         ret = i2c->msg_idx;
20         if (ret != num)
21             dev_dbg(i2c->dev, "incomplete xfer (%d)\n", ret);
22         goto out;
23     }
24     timeout = wait_event_timeout(i2c->wait, i2c->msg_num == 0, HZ * 5);
25     ret = i2c->msg_idx;
26     if (timeout == 0)                      /*在规定的时间没有成功写入数据*/
27         dev_dbg(i2c->dev, "timeout\n");
28     else if (ret != num)                   /*如果未写完规定的消息个数则失败*/
29         dev_dbg(i2c->dev, "incomplete xfer (%d)\n", ret);
```

```
30            if (i2c->quirks & QUIRK_HDMIPHY)
31                goto out;
32            s3c24xx_i2c_wait_idle(i2c);
33            s3c24xx_i2c_disable_bus(i2c);
34      out:
35            i2c->state = STATE_IDLE;
36            return ret;
37      }
```

下面对代码进行简要介绍。

- 第 3 行，定义一个传输超时的时间。
- 第 5 行，调用 s3c24xx_i2c_set_master()函数将适配器设为主机发送状态。
- 第 6~10 行，表示总线繁忙，不能获得总线控制权利。
- 第 11~14 行，填充 msg 结构体，用于传输数据。
- 第 15 行，i2c 的 state 成员表示总线的状态，由枚举结构 s3c24xx_i2c_state 表示，此处被赋值为 STATE_START 状态。

s3c24xx_i2c_state 结构的代码如下：

```
enum s3c24xx_i2c_state {
    STATE_IDLE,                    /*总线空闲状态*/
    STATE_START,                   /*总线开始状态*/
    STATE_READ,                    /*总线写数据状态*/
    STATE_WRITE,                   /*总线读数据状态*/
    STATE_STOP                     /*总线停止状态*/
};
```

- 第 16 行，启动适配器的中断信号，允许适配器发出中断。
- 第 21 行，调用 s3c24xx_i2c_message_start()函数发送数据后，当前进程会进入睡眠状态，等待中断的到来。所以通过 wait_event_timeou()函数将自己挂起到 s3c24xx_i2c.wait 等待队列上，直到等待的条件"i2c->msg_num==0"为真，或者 5s 超时后才被唤醒。注意，一次 i2c 操作可能涉及多个字节，只有第一个字节的发送是在当前进程的文件系统操作执行流中进行的，第一个字节字节操作的完成及后继字节的写入，都由中断处理程序来完成。在此期间，当前进程挂起在 s3c24xx_i2c.wait 等待队列上。

1. 判断总线状态（忙/闲）s3c24xx_i2c_set_master()

在适配器发送数据以前，需要判断总线的状态。使用 s3c24xx_i2c_set_master()函数读取 IICSTAT 寄存器的[5]位，可以判断总线的状态。当该位为 0 时，表示总线空闲；当该位为 1 时，表示总线繁忙。s3c24xx_i2c_set_master()函数的代码如下（/drivers/i2c/busses/i2c-s3c2410.c）：

```
static int s3c24xx_i2c_set_master(struct s3c24xx_i2c *i2c)
{
    unsigned long iicstat;                      /*用于存储 IICSTAT 的状态*/
    int timeout = 400;                          /*用于存储 IICSTAT 的状态*/
    while (timeout-- > 0) {                     /*进行 400 次尝试，获得总线*/
        /*读取状态寄存器 IICSTAT 的值*/
        iicstat = readl(i2c->regs + S3C2410_IICSTAT);
        if (!(iicstat & S3C2410_IICSTAT_BUSBUSY))    /*检查第 5 位是否为 0*/
```

```
        return 0;                         /*返回 0 表示空闲*/
        msleep(1);                        /*等待 1ms*/
    }
    return -ETIMEDOUT;
}
```

如果总线忙，s3c24xx_i2c_set_master()函数会每隔 1ms 检查一次总线是否空闲。如果在 400 次检查中，有一次发现总线为空闲状态，那么函数就返回 0。如果在 400 次检测中总线都为繁忙状态，则函数返回一个负的错误码。

2. 适配器中断使能函数s3c24xx_i2c_enable_irq()

IIC 设备是一种慢速设备，因此在读写数据的过程中，内核进程需要睡眠等待。当数据发送完时，会从总线发送一个中断信号唤醒睡眠中的进程，所以适配器应该使能中断。中断使能由 IICCON 寄存器的[5]位设置，当该位为 0 时表示 Tx/Rx 中断禁止；当该位为 1 时表示 Tx/Rx 中断使能。s3c24xx_i2c_enable_irq()函数用来中断使能，因此向 IICCON 寄存器的[5]位写 1，代码如下（/drivers/i2c/busses/i2c-s3c2410.c）：

```
static inline void s3c24xx_i2c_enable_irq(struct s3c24xx_i2c *i2c)
{
    unsigned long tmp;                              /*寄存器缓存变量*/
    tmp = readl(i2c->regs + S3C2410_IICCON);        /*读 IICCON 寄存器*/
    /*将 IICCON 的第 5 位置 1*/
    writel(tmp | S3C2410_IICCON_IRQEN, i2c->regs + S3C2410_IICCON);
}
```

3. 启动适配器消息传输函数s3c24xx_i2c_message_start()

s3c24xx_i2c_message_start()函数用于获取 S3C2440 适配器对应的寄存器，向 IIC 设备传递开始位和从设备地址，其主要完成两个功能：

❑ 获取 S3C2440 适配器对应的 IICON 和 IICSTAT 寄存器。
❑ 发送从设备地址并发出开始信号。

s3c24xx_i2c_message_start()函数的代码如下（/drivers/i2c/busses/i2c-s3c2410.c）：

```
01  static void s3c24xx_i2c_message_start(struct s3c24xx_i2c *i2c,
                    struct i2c_msg *msg)
02  {
03      /*取从设备的低 7 位地址并向前移动一位*/
04      unsigned int addr = (msg->addr & 0x7f) << 1;
05      unsigned long stat;                 /*缓存 IICSTAT 寄存器的值*/
06      unsigned long iiccon;               /*缓存 IICCON 寄存器的值*/
07      stat = 0;                           /*状态初始化为 0*/
08      /*使能接收和发送功能，使适配器能发送数据*/
09      stat |= S3C2410_IICSTAT_TXRXEN;
10      if (msg->flags & I2C_M_RD) { /*如果消息类型是从 IIC 设备到适配器读数据 */
11          stat |= S3C2410_IICSTAT_MASTER_RX;  /*将适配器设置为主机接收器*/
12          addr |= 1;                          /*将地址的最低位置 1 表示读操作*/
13      } else
14          stat |= S3C2410_IICSTAT_MASTER_TX;  /*将适配器设置为主机发送器*/
15      /*一种新的扩展协议，没有设置该标志*/
16      if (msg->flags & I2C_M_REV_DIR_ADDR)
17          addr ^= 1;
18      s3c24xx_i2c_enable_ack(i2c);            /*使能 ACK 响应信号*/
```

```
19      /*读出 IICCON 寄存器的值*/
20      iiccon = readl(i2c->regs + S3C2410_IICCON);
21      /*设置 IICSTAT 的值,使其为主机发送器,接收使能*/
22      writel(stat, i2c->regs + S3C2410_IICSTAT);
23      dev_dbg(i2c->dev, "START: %08lx to IICSTAT, %02x to DS\n", stat,
        addr);                                    /*打印调试信息*/
24      writeb(addr, i2c->regs + S3C2410_IICDS);   /*写地址寄存器的值*/
25      ndelay(i2c->tx_setup);                /*延时,以便让数据写入寄存器*/
26      dev_dbg(i2c->dev, "iiccon, %08lx\n", iiccon);
27      writel(iiccon, i2c->regs + S3C2410_IICCON);/*写 IICCON 寄存器的值*/
28      stat |= S3C2410_IICSTAT_START;              /*设置为启动状态*/
29      writel(stat, i2c->regs + S3C2410_IICSTAT); /*发出 S 开始信号*/
30      if (i2c->quirks & QUIRK_POLL) {
31          while ((i2c->msg_num != 0) && is_ack(i2c)) {
32              i2c_s3c_irq_nextbyte(i2c, stat);   /*字节传输*/
33              /*读出 IICSTAT 寄存器的值*/
34              stat = readl(i2c->regs + S3C2410_IICSTAT);
35              if (stat & S3C2410_IICSTAT_ARBITR)
36                  dev_err(i2c->dev, "deal with arbitration loss\n");
37          }
38      }
39  }
```

下面对代码进行简要分析。

- 第 4 行,设置 IIC 设备的地址 addr。前 7 位表示设备的地址,最后 1 位表示读写,为 0 时表示写操作,为 1 时表示读操作。
- 第 9 行,使适配器可以接收/发送数据,这由 IICSTAT 寄存器的 [4]位表示。当该位为 0 时表示禁止接收和发送数据;当该位为 1 时表示使能接收和发送数据。
- 第 10~12 行,msg 消息的类型是一个从 IIC 设备到适配器读数据的类型。因此将 IICSTAT 的[7:6]位设置为 0b10,表示适配器是一个主机接收器,用来接收数据和控制总线。在第 10 行中将 addr 的最低位设为 1,表示一个读操作。
- 第 13 行,将 IICSTAT 的[7:6]位设置为 0b11,表示适配器是一个主机发送器,用来发送数据和控制总线。
- 第 16 和 17 行代码是一种扩展的读协议,无须关心。
- 第 18 行,使能 ACK 信号,使适配器可以发送响应信号。
- 第 24 行,将 IIC 设备的地址写入 IICADD 地址寄存器。IICADD 寄存器的位[7:1],表示 IIC 设备地址。IICADD 寄存器必须在输出使能位 IICSTAT[4]为 0 时才可以写入,因此第 22 行代码才先调用 writel()函数设置输出使能位 IICSTAT[4]。
- 第 27 和 28 行,设置开始信号位 IICSTAT[5]。适配器会发出 S 信号,当 S 信号发出后,IICDS 寄存器中的数据将自动发送到总线上。

14.5.7 适配器的中断处理函数 s3c24xx_i2c_irq()

顺着通信函数 s3c24xx_i2c_xfer()的执行流分析,函数最终会返回但并没有传输数据。传输数据的过程交到了中断处理函数中,这是因为 IIC 设备的读写是非常慢的,需要使用中断的方法提高处理器的效率,这在操作系统的过程中很常见。下面首先来了解一下数据通信方法的调用关系。

1．数据通信方法的调用关系

回顾 s3c24xx_i2c_algorithm 通信方法中函数的调用关系。如图 14.11 所示，数据的通信过程如下。

（1）传输数据时，调用 s3c24xx_i2c_algorithm 结构体中的数据传输函数 s3c24xx_i2c_xfer()。

（2）s3c24xx_i2c_xfer()会调用 s3c24xx_i2c_doxfer()进行数据传输。

（3）在 s3c24xx_i2c_doxfer()中向总线发送 IIC 设备地址和开始信号 S 后，便会调用 wait_event_timeout()函数进入等待状态。

（4）当发送准备好的数据时将产生中断，并调用事先注册的中断处理函数 s3c24xx_i2c_irq()。

（5）s3c24xx_i2c_irq()调用下一个字节传输函数 i2c_s3c_irq_nextbyte()来传输数据。

（6）数据传输完成后，会调用 s3c24xx_i2c_stop()函数停止总线工作。

（7）调用 wake_up()函数唤醒等待队列，完成数据传输。

当 S3C2440 的 IIC 适配器处于主机模式时，IIC 操作的第一步总是向 IIC 总线写入设备的地址及开始信号，这一步由前面介绍的函数 s3c24xx_i2c_set_master()和 s3c24xx_i2c_message_start()完成。而收发数据的后继操作都是在 IIC 中断处理函数 s3c24xx_i2c_irq()中完成的。

图 14.11　通信方法与中断的关系

2．中断处理函数s3c24xx_i2c_irq()

IIC 中断的产生有 3 种情况：第 1 种是当总线仲裁失败时产生中断；第 2 种是当发送/接收完一个字节的数据（包括响应位）时产生中断；第 3 种是当发出地址信息或接收到一个 IIC 设备地址并且吻合时产生中断。这 3 种情况都会触发 s3c24xx_i2c_irq()中断处理函数。由于发送/接收完一个字节后会产生中断，所以可以在中断处理函数中处理数据的传输，该函数的代码如下（/drivers/i2c/busses/i2c-s3c2410.c）：

```
01  static irqreturn_t s3c24xx_i2c_irq(int irqno, void *dev_id)
02  {
03      struct s3c24xx_i2c *i2c = dev_id;
04      unsigned long status;                          /*IICSTAT 状态缓存*/
05      unsigned long tmp;                             /*寄存器的缓存*/
06      status = readl(i2c->regs + S3C2410_IICSTAT);/*读 IICSTAT 的值*/
```

```
07      if (status & S3C2410_IICSTAT_ARBITR) { /*因总线仲裁失败引发的中断*/
08          dev_err(i2c->dev, "deal with arbitration loss\n");
09      }
10      /*当总线为空闲状态时，由于非读写引起的中断，将执行下面的分支清除中断信号，继
        续传输数据*/
11      if (i2c->state == STATE_IDLE) {
12          dev_dbg(i2c->dev, "IRQ: error i2c->state == IDLE\n");
13          tmp = readl(i2c->regs + S3C2410_IICCON);    /*读 IICCON 寄存器*/
14          /*将 IICCON 的位[4]清 0，表示清除中断*/
15          tmp &= ~S3C2410_IICCON_IRQPEND;
16          writel(tmp, i2c->regs + S3C2410_IICCON);    /*写 IICCON 寄存器*/
17          goto out;                                    /*跳到"退出，直接返回"这一步*/
18      }
19      i2c_s3c_irq_nextbyte(i2c, status); /*传输或者接收下一个字节*/
20  out:
21      return IRQ_HANDLED;
22  }
```

- 第 6 行，读取 IICSTAT 寄存器的值。
- 第 7 行，判断是否总线仲裁失败。当 IICSTAT 的位[3]为 0 时，表示仲裁成功；为 1 时，表示仲裁失败。
- 第 11~18 行，处理适配器空闲状态下引发的中断。这种中断一般由总线仲裁引起，不会涉及数据的发送，因此清除中断位标志后，第 16 行就直接跳出返回。当 IICCON 寄存器位[4]为 1 时，表示发生中断，总线上的数据传输停止。如果要继续传输数据，则需要写入 0 清除中断。
- 第 19 行是正在接收/发送数据的处理函数，该函数比较复杂，将在 14.5.8 节讲解。

14.5.8 字节传输函数 i2c_s3c_irq_nextbyte()

i2c_s3c_irq_nextbyte()函数用来传送下一个字节，代码如下（/drivers/i2c/busses/i2c-s3c2410.c）：

```
01  static int i2c_s3c_irq_nextbyte(struct s3c24xx_i2c *i2c, unsigned long
    iicstat)
02  {
03      unsigned long tmp;              /*寄存器缓存*/
04      unsigned char byte;             /*寄存器缓存*/
05      int ret = 0;
06      switch (i2c->state) {
07      case STATE_IDLE:                /*如果总线上没有数据传输，则立即返回 0*/
08          dev_err(i2c->dev, "%s: called in STATE_IDLE\n", __func__);
09          goto out;
10      case STATE_STOP:                /*发出停止信号 P*/
11          dev_err(i2c->dev, "%s: called in STATE_STOP\n", __func__);
12          /*接收或者发送数据时不会产生中断*/
13          s3c24xx_i2c_disable_irq(i2c);
14          goto out_ack;
15      case STATE_START:               /*发出开始信号 S*/
16          /*当没有接收到 IIC 设备的应答 ACK 信号时，说明对应地址的 IIC 设备不存在，
17             应停止总线工作*/
18          if (iicstat & S3C2410_IICSTAT_LASTBIT &&
19              !(i2c->msg->flags & I2C_M_IGNORE_NAK)) {
```

```c
20              dev_dbg(i2c->dev, "ack was not received\n");
21              s3c24xx_i2c_stop(i2c, -ENXIO);  /*停止总线工作,发出P信号*/
22              goto out_ack;
23          }
24          if (i2c->msg->flags & I2C_M_RD)
25              i2c->state = STATE_READ;         /*一个读消息*/
26          else
27              i2c->state = STATE_WRITE;        /*一个写消息*/
28          /*is_lastmsg()判断是否只有一条消息,如果这条消息为0字节,那么发送
              停止信号P。0长度的消息用于设备探测probe()时检测设备*/
29          if (is_lastmsg(i2c) && i2c->msg->len == 0) {
30              s3c24xx_i2c_stop(i2c, 0);
31              goto out_ack;
32          }
33          if (i2c->state == STATE_READ)
34              goto prepare_read;               /*直接跳到读命令*/
35          fallthrough;
36      case STATE_WRITE:
37          /*如果没有接收到IIC设备的ACK信号,则表示出错,停止总线传输*/
38          if (!(i2c->msg->flags & I2C_M_IGNORE_NAK)) {
39              if (iicstat & S3C2410_IICSTAT_LASTBIT) {
40                  dev_dbg(i2c->dev, "WRITE: No Ack\n");
41                  s3c24xx_i2c_stop(i2c, -ECONNREFUSED);
42                  goto out_ack;
43              }
44          }
45  retry_write:
46          /*判断一个消息是否结束,如果没有,则执行下面的分支*/
47          if (!is_msgend(i2c)) {
48              /*读出缓存区中的数据并增加偏移*/
49              byte = i2c->msg->buf[i2c->msg_ptr++];
50              /*将一个字节的数据写入IICDS*/
51              writeb(byte, i2c->regs + S3C2410_IICDS);
52              ndelay(i2c->tx_setup);           /*等待数据发送到总线上*/
53          /*如果不是最后一个消息,则移向下一个消息*/
54          } else if (!is_lastmsg(i2c)) {
55              dev_dbg(i2c->dev, "WRITE: Next Message\n");
56              i2c->msg_ptr = 0;
57              i2c->msg_idx++;
58              i2c->msg++;
59              /*不处理这种新类型的消息,直接停止*/
60              if (i2c->msg->flags & I2C_M_NOSTART) {
61                  if (i2c->msg->flags & I2C_M_RD) {
62                      dev_dbg(i2c->dev,
63                          "missing START before write->read\n");
64                      s3c24xx_i2c_stop(i2c, -EINVAL);
65                      break;
66                  }
67                  goto retry_write;
68              } else {
69                  /*开始传输消息,将IICDS的数据发到总线上*/
70                  s3c24xx_i2c_message_start(i2c, i2c->msg);
71                  i2c->state = STATE_START;    /*设置为开始状态*/
72              }
73          } else {
74              s3c24xx_i2c_stop(i2c, 0);        /*所有消息传输结束,停止总线*/
75          }
76          break;
77      case STATE_READ:                         /*读数据*/
```

```
78                /*从数据寄存器中读出数据*/
79                byte = readb(i2c->regs + S3C2410_IICDS);
80                i2c->msg->buf[i2c->msg_ptr++] = byte;   /*将数据放到缓存区中*/
81                if (i2c->msg->flags & I2C_M_RECV_LEN && i2c->msg->len == 1)
82                    i2c->msg->len += byte;
83  prepare_read:
84                if (is_msglast(i2c)) {                  /*一个消息的最后一个字节*/
85                    if (is_lastmsg(i2c))                /*最后一个消息*/
86                        s3c24xx_i2c_disable_ack(i2c);   /*禁止ACK信号*/
87                } else if (is_msgend(i2c)) {            /*读完一个消息*/
88                    if (is_lastmsg(i2c)) {              /*最后一个消息*/
89                        dev_dbg(i2c->dev, "READ: Send Stop\n");
90                        s3c24xx_i2c_stop(i2c, 0);       /*发出停止信号P，并唤醒队列*/
91                    } else {
92                        /*传输下一个消息*/
93                        dev_dbg(i2c->dev, "READ: Next Transfer\n");
94                        i2c->msg_ptr = 0;
95                        i2c->msg_idx++;                 /*移动到下一个消息索引值*/
96                        i2c->msg++;                     /*移动到下一个消息*/
97                    }
98                }
99                break;
100           }
101  out_ack:
102      /*清除中断，否则将重复执行该中断处理函数*/
103      tmp = readl(i2c->regs + S3C2410_IICCON);
104      tmp &= ~S3C2410_IICCON_IRQPEND;
105      writel(tmp, i2c->regs + S3C2410_IICCON);
106  out:
107      return ret;
108  }
```

下面对代码进行简要分析。

- 第3~5行，定义一些局部变量供函数使用。
- 第6行，通过Switch语言判断IIC设备目前的状态，并根据不同的状态进行相应的处理。
- 第7~9行，如果IIC设备处于空闲状态，则跳到out返回ret。
- 第10~14行，如果IIC设备处于停止状态，则发送一个停止信号给IIC适配器。这时即使有数据产生，也不会产生中断信号。
- 第15~35行，如果IIC设备处于开始状态，则发送一个开始信号。然后判断发送的消息是读消息还是写消息，根据不同的消息类型进行不同的读写操作。
- 第36~75行，如果IIC设备处于写状态，则向总线发出信号，开始写数据。
- 第79~98行，如果IIC设备处于读状态，则从总线上读取信号，开始读数据。

14.5.9 适配器传输停止函数 s3c24xx_i2c_stop()

s3c24xx_i2c_stop()函数主要完成以下任务：
- 向总线发出结束的P信号。
- 唤醒在队列s3c24xx_i2c->wait中等待的进程，一次传输完毕。
- 禁止中断，在适配器中不产生中断信号。s3c24xx_i2c_stop()函数的代码如下（/drivers/

i2c/busses/i2c-s3c2410.c):

```
01  static inline void s3c24xx_i2c_stop(struct s3c24xx_i2c *i2c, int ret)
02  {
        /*读 IICSTAT 寄存器*/
03      unsigned long iicstat = readl(i2c->regs + S3C2410_IICSTAT);
04      dev_dbg(i2c->dev, "STOP\n");
05      if (i2c->quirks & QUIRK_HDMIPHY) {
06          iicstat &= ~S3C2410_IICSTAT_TXRXEN;
07      } else {
            /*如果写 IICSTAT 的位[5]为 0，则发出 P 信号*/
08
09          iicstat &= ~S3C2410_IICSTAT_START;
10      }
11      writel(iicstat, i2c->regs + S3C2410_IICSTAT);
12      i2c->state = STATE_STOP;                    /*设置适配器为停止状态*/
13      s3c24xx_i2c_master_complete(i2c, ret);  /*唤醒传输等待队列中的进程*/
14      s3c24xx_i2c_disable_irq(i2c);               /*禁止中断*/
15  }
```

在上述代码中，第 13 行代码是调用 s3c24xx_i2c_master_complete()函数唤醒队列，这个函数非常重要，代码如下（/drivers/i2c/busses/i2c-s3c2410.c）：

```
01  static inline void s3c24xx_i2c_master_complete(struct s3c24xx_i2c *i2c,
        int ret)
02  {
03      dev_dbg(i2c->dev, "master_complete %d\n", ret);
04      i2c->msg_ptr = 0;
05      i2c->msg = NULL;
06      i2c->msg_idx++;
07      i2c->msg_num = 0;                   /*适配器中已经没有待传输的消息*/
08      if (ret)
09          i2c->msg_idx = ret;
10      if (!(i2c->quirks & QUIRK_POLL))
11          wake_up(&i2c->wait);             /*唤醒等待队列中的进程*/
12  }
```

第 11 行的 wake_up()函数用于唤醒在 s3c24xx_i2c_doxfer()函数中调用 wait_event_timeout()函数进入睡眠状态的进程。wake_up()函数的功能见图 14.11 中的箭头所指。一旦唤醒等待队列，表示一次输入和输出操作结束。

14.5.10 中断处理函数的一些辅助函数

在 i2c_s3c_irq_nextbyte()函数中还使用了一些辅助函数，下面集中介绍。

1. is_lastmsg()函数

is_lastmsg()函数用来判断当前处理的消息是否为最后一个消息，如是则返回 1，否则返回 0。代码如下（/drivers/i2c/busses/i2c-s3c2410.c）：

```
static inline int is_lastmsg(struct s3c24xx_i2c *i2c)
{
    return i2c->msg_idx >= (i2c->msg_num - 1);
}
```

2. is_msgend()函数

is_msgend()函数用来判断当前消息是否已经传输完所有字节，代码如下（/drivers/i2c/busses/i2c-s3c2410.c）：

```
static inline int is_msgend(struct s3c24xx_i2c *i2c)
{
    return i2c->msg_ptr >= i2c->msg->len;
}
```

3. 禁止应答信号函数s3c24xx_i2c_disable_ack()

s3c24xx_i2c_disable_ack()函数禁止适配器发出应答 ACK 信号，该函数的代码如下（/drivers/i2c/busses/i2c-s3c2410.c）：

```
static inline void s3c24xx_i2c_disable_ack(struct s3c24xx_i2c *i2c)
{
    unsigned long tmp;
    tmp = readl(i2c->regs + S3C2410_IICCON);
                            /*IICCON 的位[7]为0,表示不发出 ACK 信号*/
    writel(tmp & ~S3C2410_IICCON_ACKEN, i2c->regs + S3C2410_IICCON);
}
```

14.6 IIC设备层驱动程序

本节将详细介绍 IIC 设备层驱动程序。这个驱动程序包括模块加载和卸载函数、探测函数和控制器初始化函数等。

14.6.1 加载和卸载 IIC 设备驱动模块

IIC 设备驱动被作为一个单独的模块加入内核，在模块的加载和卸载函数中需要注册和注销一个 IIC 设备驱动结构体 platform_driver。IIC 设备驱动在第 13 章中已经讲过，不熟悉的读者可以查阅前面的章节。

1. IIC设备驱动模块的加载和卸载

IIC 设备驱动模块的加载函数代码如下（/drivers/i2c/busses/i2c-s3c2410.c）：

```
static int __init i2c_adap_s3c_init(void)
{
    return platform_driver_register(&s3c24xx_i2c_driver);  /*注册驱动程序*/
}
```

与加载函数相对应的卸载函数功能简单，其代码如下（/drivers/i2c/busses/i2c-s3c2410.c）：

```
static void __exit i2c_adap_s3c_exit(void)
{
    platform_driver_unregister(&s3c24xx_i2c_driver);   /*注销平台驱动*/
}
```

2. IIC 设备驱动结构体

IIC 设备驱动是真正对硬件进行访问的函数集合，s3c24xx_i2c_driver 结构体包含对硬件进行探测、移除等函数。代码如下（/drivers/i2c/busses/i2c-s3c2410.c）：

```c
static struct platform_driver s3c24xx_i2c_driver = {
    .probe        = s3c24xx_i2c_probe,
    .remove       = s3c24xx_i2c_remove,
    .id_table     = s3c24xx_driver_ids,
    .driver       = {
        .name = "s3c-i2c",
        .pm = S3C24XX_DEV_PM_OPS,
        .of_match_table = of_match_ptr(s3c24xx_i2c_match),
    },
};
```

14.6.2 探测函数 s3c24xx_i2c_probe()

在 IIC 设备注册函数 platform_driver_register()中会调用探测函数 3c24xx_i2c_probe()，该函数的代码如下（/drivers/i2c/busses/i2c-s3c2410.c）：

```c
01  static int s3c24xx_i2c_probe(struct platform_device *pdev)
02  {
03      struct s3c24xx_i2c *i2c;                             /*适配器指针*/
04      struct s3c2410_platform_i2c *pdata = NULL;           /*IIC 设备相关的数据*/
05      struct resource *res;                                /*指向资源*/
06      int ret;                                             /*返回值*/
07      if (!pdev->dev.of_node) {
08          pdata = dev_get_platdata(&pdev->dev);
09          if (!pdata) {
10              dev_err(&pdev->dev, "no platform data\n");
11              return -EINVAL;
12          }
13      }
14      /*以下代码动态分配一个适配器数据结构并对其动态赋值*/
15      i2c = devm_kzalloc(&pdev->dev, sizeof(struct s3c24xx_i2c), GFP_KERNEL);
16      if (!i2c)
17          return -ENOMEM;
18      i2c->pdata = devm_kzalloc(&pdev->dev, sizeof(*pdata), GFP_KERNEL);
19      if (!i2c->pdata)
20          return -ENOMEM;
21      i2c->quirks = s3c24xx_get_device_quirks(pdev);
22      i2c->sysreg = ERR_PTR(-ENOENT);
23      if (pdata)
24          memcpy(i2c->pdata, pdata, sizeof(*pdata));
25      else
26          s3c24xx_i2c_parse_dt(pdev->dev.of_node, i2c);
27      /*给适配器赋名为 s3c2410-i2c */
28      strlcpy(i2c->adap.name, "s3c2410-i2c", sizeof(i2c->adap.name));
29      i2c->adap.owner = THIS_MODULE;                       /*模块指针*/
30      i2c->adap.algo = &s3c24xx_i2c_algorithm;             /*给适配器一个通信方法*/
31      i2c->adap.retries = 2;                               /*2 次总线仲裁尝试*/
32      i2c->adap.class = I2C_CLASS_DEPRECATED;              /*定义适配器类*/
33      /*数据从适配器传输到总线的时间为 50ns*/
34      i2c->tx_setup = 50;
```

```c
35      init_waitqueue_head(&i2c->wait);                    /*初始化等待队列头部*/
36      i2c->dev = &pdev->dev;
37      i2c->clk = devm_clk_get(&pdev->dev, "i2c");
38      if (IS_ERR(i2c->clk)) {
39          dev_err(&pdev->dev, "cannot get clock\n");
40          return -ENOENT;
41      }
42      dev_dbg(&pdev->dev, "clock source %p\n", i2c->clk);
43      /*获得适配器的寄存器资源*/
44      res = platform_get_resource(pdev, IORESOURCE_MEM, 0);
45      i2c->regs = devm_ioremap_resource(&pdev->dev, res);
46      if (IS_ERR(i2c->regs))
47          return PTR_ERR(i2c->regs);
48      dev_dbg(&pdev->dev, "registers %p (%p)\n",
49          i2c->regs, res);
50      i2c->adap.algo_data = i2c;                          /*将私有数据指向适配器结构体*/
51      i2c->adap.dev.parent = &pdev->dev;  /*组织设备模型*/
52      i2c->pctrl = devm_pinctrl_get_select_default(i2c->dev);
53      if (i2c->pdata->cfg_gpio)
54          i2c->pdata->cfg_gpio(to_platform_device(i2c->dev));
55      else if (IS_ERR(i2c->pctrl) && s3c24xx_i2c_parse_dt_gpio(i2c))
56          return -EINVAL;
57      ret = clk_prepare_enable(i2c->clk);
58      if (ret) {
59          dev_err(&pdev->dev, "I2C clock enable failed\n");
60          return ret;
61      }
62      ret = s3c24xx_i2c_init(i2c);                        /*初始化IIC控制器*/
63      clk_disable(i2c->clk);
64      if (ret != 0) {
65          dev_err(&pdev->dev, "I2C controller init failed\n");
66          clk_unprepare(i2c->clk);
67          return ret;
68      }
69      if (!(i2c->quirks & QUIRK_POLL)) {
70          /*获得平台设备的第一个中断号*/
71          i2c->irq = ret = platform_get_irq(pdev, 0);
72          if (ret < 0) {
73              dev_err(&pdev->dev, "cannot find IRQ\n");
74              clk_unprepare(i2c->clk);
75              return ret;
76          }
77          /*申请一个中断处理函数*/
78          ret = devm_request_irq(&pdev->dev, i2c->irq, s3c24xx_i2c_irq,
79                  0, dev_name(&pdev->dev), i2c);
80          if (ret != 0) {
81              dev_err(&pdev->dev, "cannot claim IRQ %d\n", i2c->irq);
82              clk_unprepare(i2c->clk);
83              return ret;
84          }
85      }
86      /*在内核中注册一个适配器使用的时钟*/
87      ret = s3c24xx_i2c_register_cpufreq(i2c);
88      if (ret < 0) {
89          dev_err(&pdev->dev, "failed to register cpufreq notifier\n");
90          clk_unprepare(i2c->clk);
91          return ret;
92      }
93      i2c->adap.nr = i2c->pdata->bus_num;                 /*适配器的总线编号*/
94      i2c->adap.dev.of_node = pdev->dev.of_node;
```

```
95      platform_set_drvdata(pdev, i2c);
96      pm_runtime_enable(&pdev->dev);
97      /*指定一个最好的总线编号,向内核添加该适配器*/
98      ret = i2c_add_numbered_adapter(&i2c->adap);
99      if (ret < 0) {
100         pm_runtime_disable(&pdev->dev);
101         s3c24xx_i2c_deregister_cpufreq(i2c);
102         clk_unprepare(i2c->clk);
103         return ret;
104     }
105     dev_info(&pdev->dev, "%s: S3C I2C adapter\n",
            dev_name(&i2c->adap.dev));
106     return 0;
107 }
```

下面对代码进行简要的介绍。

- 第 3～13 行,声明一些局部变量供函数使用。
- 第 15 行,分配一个 s3c24xx_i2c 结构体。
- 第 16 行,如果分配失败,则返回错误。
- 第 28 行,给 IIC 适配器赋予一个名称 s3c2410-i2c。
- 第 29～34 行,初始化 i2c 结构体的相关成员变量。其中,第 20 行,为适配器指定一个驱动程序结构体。适配器的主要操作通过 s3c24xx_i2c_algorithm 结构体中的函数来完成。
- 第 37～42 行,获得 IIC 设备的时钟源。
- 第 62 行,调用 s3c24xx_i2c_init()函数初始化 i2c 结构体。
- 第 71～84 行,申请 IIC 设备的中断。
- 第 93～104 行,将适配器加入内核,这样适配器就与总线相关联了。

14.6.3 移除函数 s3c24xx_i2c_remove()

与 s3c24xx_i2c_probe()函数功能相反的函数是 s3c24xx_i2c_remove()函数,它在模块卸载函数调用 platform_driver_unregister()函数时,通过 platform_driver 的 remove 指针被调用,其代码如下:

```
01  static int s3c24xx_i2c_remove(struct platform_device *pdev)
02  {
03      /*得到适配器结构体指针*/
04      struct s3c24xx_i2c *i2c = platform_get_drvdata(pdev);
05      clk_unprepare(i2c->clk);
06      pm_runtime_disable(&pdev->dev);       /*禁止设备的 Runtime PM 支持*/
07      /*删除内核维护的与适配器时钟频率有关的数据结构*/
08      s3c24xx_i2c_deregister_cpufreq(i2c);
09      i2c_del_adapter(&i2c->adap);          /*注销适配器的数据结构*/
10      return 0;
11  }
```

下面对代码进行简要的介绍。

- 第 4 行,从平台设备中获得 S3C24xx 适配器的结构指针。
- 第 6 行,禁止设备的 Runtime PM 支持。
- 第 8 行,设置一个提供给 IIC 设备的频率,使 IIC 设备正常工作。

- 第 9 行，卸载适配器，将适配器从系统中删除。

14.6.4　控制器初始化函数 s3c24xx_i2c_init()

在探测函数 s3c24xx_i2c_probe()中调用 s3c24xx_i2c_init()函数用于初始化适配器，代码如下（/drivers/i2c/busses/i2c-s3c2410.c）：

```
01    static int s3c24xx_i2c_init(struct s3c24xx_i2c *i2c)
02    {
03        struct s3c2410_platform_i2c *pdata;    /*平台设备数据指针*/
04        unsigned int freq;                     /*控制器工作的频率*/
05        pdata = i2c->pdata;                    /*得到平台设备的数据*/
06        /*向IICADD写入IIC设备地址，IICADD的位[7: 1]表示IIC设备地址*/
07        writeb(pdata->slave_addr, i2c->regs + S3C2410_IICADD);
08        /*打印地址信息*/
09        dev_info(i2c->dev, "slave address 0x%02x\n", pdata->slave_addr);
10        writel(0, i2c->regs + S3C2410_IICCON);
11        writel(0, i2c->regs + S3C2410_IICSTAT);
12        /*设置时钟源和时钟频率*/
13        if (s3c24xx_i2c_clockrate(i2c, &freq) != 0) {
14            dev_err(i2c->dev, "cannot meet bus frequency required\n");
15            return -EINVAL;
16        }
17        /*打印频率信息*/
18        dev_info(i2c->dev, "bus frequency set to %d KHz\n", freq);
19        dev_dbg(i2c->dev, "S3C2410_IICCON=0x%02x\n",
              readl(i2c->regs + S3C2410_IICCON));    /*打印IICCON寄存器*/
20        return 0;
21    }
```

下面对代码进行简要的介绍。

- 第 3 行，设置 IICCON 的位[5]为 1，表示发送和接收数据时会引发中断。设置位[7]为 1，表示需要发出 ACK 信号。
- 第 7 行，向 IICADD 写入 IIC 设备地址，IICADD 的位[7:1]表示 IIC 设备地址。
- 第 9 行，打印调试信息。
- 第 13～18 行，设置时钟源和时钟频率。
- 第 19 行，打印 IICCON 寄存器。

14.6.5　设置控制器数据发送频率函数 s3c24xx_i2c_clockrate()

在控制器初始化函数 s3c24xx_i2c_init()中，调用 s3c24xx_i2c_clockrate()函数设置数据的发送频率。此发送频率由 IICCON 寄存器控制。发送频率可以由一个公式得到，这个公式是：

发送频率=IICCLK/（IICCON[3:0]+1）

IICCLK=PCLK/16（当 IICCON[6]=0）或

IICCLK=PCLK/512（当 IICCON[6]=1）

其中，PCLK 是由 clk_get_rate()函数获得的适配器的时钟频率。s3c24xx_i2c_clockrate()函数的第 1 个参数是适配器指针，第 2 个参数是返回的发送频率，该函数的代码如下：

```c
01  static int s3c24xx_i2c_clockrate(struct s3c24xx_i2c *i2c, unsigned int
    *got)
02  {
03      struct s3c2410_platform_i2c *pdata = i2c->pdata;/*得到平台设备数据*/
04      unsigned long clkin = clk_get_rate(i2c->clk);/*获得PCLK时钟频率*/
05      /*两个分频系数,divs表示IICCON位[3:0];div1表示位[6]*/
06      unsigned int divs, div1;
07      unsigned long target_frequency;
08      u32 iiccon;                                    /*缓存IICCON的值*/
09      int freq;                                      /*计算的频率*/
10      i2c->clkrate = clkin;
11      clkin /= 1000;                                 /*将单位转换为kHz*/
12      dev_dbg(i2c->dev, "pdata desired frequency %lu\n",
          pdata->frequency);                           /*打印频率*/
13      target_frequency = pdata->frequency ?: I2C_MAX_STANDARD_MODE_FREQ;
14      target_frequency /= 1000;                      /*目标频率*/
15      freq = s3c24xx_i2c_calcdivisor(clkin, target_frequency, &div1,
          &divs);
16      if (freq > target_frequency) {
17          dev_err(i2c->dev,
18              "Unable to achieve desired frequency %luKHz." \
19              " Lowest achievable %dKHz\n", target_frequency, freq);
20          return -EINVAL;
21      }
22      *got = freq;                                   /*通过传入的指针返回实际频率*/
23      iiccon = readl(i2c->regs + S3C2410_IICCON);/*读出IICCON的值*/
24      iiccon &= ~(S3C2410_IICCON_SCALEMASK | S3C2410_IICCON_TXDIV_512);
25                 /*将IICCON的[6]和[3:0]清零,以避免以前分频系数的影响*/
26      iiccon |= (divs-1);/*设置位[3:0]的分频系数,divs的值 < 16*/
27      if (div1 == 512)    /*如果IICCLK为PCLK / 512,那么设置位[6]为1*/
28          iiccon |= S3C2410_IICCON_TXDIV_512;
29      if (i2c->quirks & QUIRK_POLL)
30          iiccon |= S3C2410_IICCON_SCALE(2);
31      writel(iiccon, i2c->regs + S3C2410_IICCON);
32      /*判断是否为S3C2440*/
33      if (i2c->quirks & QUIRK_S3C2440) {
34          unsigned long sda_delay;
35          if (pdata->sda_delay) {
36              sda_delay = clkin * pdata->sda_delay;
37              sda_delay = DIV_ROUND_UP(sda_delay, 1000000);
38              sda_delay = DIV_ROUND_UP(sda_delay, 5);
39              if (sda_delay > 3)
40                  sda_delay = 3;
41              sda_delay |= S3C2410_IICLC_FILTER_ON;
42          } else
43              sda_delay = 0;
44          dev_dbg(i2c->dev, "IICLC=%08lx\n", sda_delay);
45          writel(sda_delay, i2c->regs + S3C2440_IICLC);
46      }
47      return 0;
48  }
```

下面对代码进行简要的介绍。

❏ 第3行,从i2c->pdata中得到平台数据。

❏ 第4行,调用clk_get_rate()函数从IIC时钟中获得PCLK时钟频率。

❏ 第6行,定义两个分频系数,其中,divs表示IICCON位[3:0];div1表示位[6]。

❏ 第7~9行,定义一些局部变量供函数使用。

- 第 10 行，得到 PCLK 时钟频率。
- 第 11 行，将 PCLK 时钟频率转换为 kHz 为单位的值。
- 第 16~21 行，如果计算频率大于目标频率，则打印错误信息，并返回 EINVA。
- 第 22~28 行，将分频系数写入相应寄存器的相关位中。
- 第 32~46 行，判断是否为 S3C2440，如果是则设置 IICLC。

s3c24xx_i2c_calcdivisor()函数用来计算分频系数，该函数的源代码如下（/drivers/i2c/busses/i2c-s3c2410.c）：

```
01  static int s3c24xx_i2c_calcdivisor(unsigned long clkin, unsigned int wanted,
02                    unsigned int *div1, unsigned int *divs)
03  {
04      unsigned int calc_divs = clkin / wanted;
05      unsigned int calc_div1;
06      if (calc_divs > (16*16))
07          calc_div1 = 512;
08      else
09          calc_div1 = 16;
10      calc_divs += calc_div1-1;
11      calc_divs /= calc_div1;
12      if (calc_divs == 0)
13          calc_divs = 1;
14      if (calc_divs > 17)
15          calc_divs = 17;
16      *divs = calc_divs;
17      *div1 = calc_div1;
18      return clkin / (calc_divs * calc_div1);
19  }
```

下面对代码进行简要的介绍。
- 第 4 行，clkin 表示输入的频率，wanted 表示想要分频的系数。
- 第 6~9 行，如果分频系数大于 256，那么就将其设置为 512，这是为了实现 2 的幂次方的要求。
- 第 10、11 行，按照前面的公式计算分频系数。
- 第 12~15 行，如果分频系数不是合法的，这里将其设置为合法。
- 第 16、17 行，分别计算出两个分频数。
- 第 18 行，得到最终的分频系数并将这个系数写入寄存器。

14.7 小　　结

IIC 设备是嵌入式系统的一种常见设备。由于其生产厂商很多，所以 IIC 设备的种类也很多。主机与 IIC 设备之间的通信需要遵守 IIC 通信协议，本章首先详细介绍了 IIC 总线通信协议，然后重点介绍了 IIC 子系统中几个关键的数据结构和它们之间的关系，最后以一个驱动程序为例，贯穿整个章节的知识点。通过本章的学习，希望读者能够触类旁通，掌握 IIC 设备驱动程序的编写方法。

14.8 习　　题

一、填空题

1. 在 IIC 总线的总线线路中，负责与数据传输的时钟同步线路是_____。
2. 定义一个 IDR 结构使用的宏是_____。
3. IDR 机制内部采用_____实现。

二、选择题

1. IIC 总线在传输数据的过程中不包含的信号是（　　）。
   A. 开始信号　　　B. 结束信号　　　C. 应答信号　　　　　　D. 发送信号
2. 用于控制是否发出 ACK 信号的寄存器是（　　）。
   A. IICCON 寄存器　　　　　　　　B. IICSATA 寄存器
   C. IICADD 寄存器　　　　　　　　D. IICDS 寄存器
3. 用于计算分频系数的函数是（　　）。
   A. s3c24xx_i2c_probe()　　　　　B. s3c24xx_i2c_clockrate()
   C. s3c24xx_i2c_calcdivisor()　　　D. s3c24xx_i2c_init()

三、判断题

1. 在 IIC 总线中发送命令的设备称为从机。　　　　　　　　　　　　　（　　）
2. i2c_s3c_irq_nextbyte()函数用来传送下一个字节。　　　　　　　　　（　　）
3. i2c_client 和 i2c_adapter 属于总线层。　　　　　　　　　　　　　　（　　）

第 15 章　LCD 设备驱动程序

LCD（Liquid Crystal Display）就是我们经常所说的液晶显示器。在日常应用的推动下，LCD 的应用越来越广泛。从手机、掌上电脑、MP3 到大型工业设备，都可以看到 LCD 的身影。LCD 支持彩色图像的显示和视频播放，是一种非常重要的输出设备，本章将对 LCD 设备及其驱动程序进行详细的介绍。

15.1　FrameBuffer 概述

FrameBuffer 是 Linux 系统为显示设备提供的一个接口，它是显示缓冲区的抽象，用来显示缓冲区的数据结构，屏蔽图像硬件的底层差异，允许上层应用程序在图形模式下直接对显示缓冲区进行操作。FrameBuffer 又叫帧缓冲设备，用户应用程序可以通过 FrameBuffer "透明"地访问不同类型的显示设备。从这个方面来说，FrameBuffer 是硬件设备的显示缓存区的抽象。Linux 抽象出 FrameBuffer 这个帧缓冲区，可以供用户应用程序直接读写，更改 FrameBuffer 中的内容，可以立刻显示在 LCD 显示屏上。

1. FrameBuffer是显卡硬件的抽象

FrameBuffer 机制模仿显卡的功能，将显卡硬件结构抽象为一系列的数据结构，可以通过 FrameBuffer 的读写接口直接对显存进行操作。用户可以将 FrameBuffer 看作显示内存的一个映像，将其映射到进程地址空间之后可以直接进行读写操作，而写操作可以立即反映在屏幕上。这种操作是抽象、统一的。用户不必关心物理显存的位置、换页机制等具体细节，这些都是由 FrameBuffer 设备驱动来完成的。

对于 FrameBuffer 而言，只要在帧缓冲区中与显示点对应的区域写入颜色值，对应的颜色会自动在 LCD 屏幕上显示出来，这对于应用程序的编写是非常方便的。

2. FrameBuffer是标准的字符设备

FrameBuffer 是一个标准的字符设备，主设备号是 29，次设备号根据缓存区的数目而定。FrameBuffer 对应/dev/fb%d 设备文件。根据显卡的多少，设备文件可能是/dev/fb0 和/dev/fb1 等。缓冲区设备也是一种普通的内存设备，可以直接对其进行读写。例如，对屏幕进行抓屏，可以使用下面的命令：

```
cp /dev/fb0 myfile.png
```

一个系统上可以有多个显示设备。例如，在一个系统上有一个独立的显卡，那么就有两个缓冲区设备文件/dev/fb1 和/dev/fb2。应用程序向/dev/fb0 或者/dev/fb1 写入数据，就能够在屏幕上立刻看到显示的变化情况。

15.1.1 FrameBuffer 与应用程序的交互

在 Linux 中，FrameBuffer 是一种能够提取图形的硬件设备，是用户进入图形界面的接口。用户不必关心物理显存的位置和换页机制等具体细节，这些都是由 FrameBuffer 设备驱动来完成的。有了 FrameBuffer，用户的应用程序不需要对底层的驱动深入了解就能够做出很好的图形。

对于用户应用程序而言，FrameBuffer 和 /dev 下面的其他设备没有区别，用户可以把 FrameBuffer 看成一块内存，既可以向这块内存写入数据，又可以从这块内存读取数据。显示器根据相应指定内存块的数据显示对应的图形界面,而这一切都由 LCD 控制器和相应的驱动程序来完成。

FrameBuffer 的显示缓冲区位于 Linux 内核态地址空间中。在 Linux 中，每个应用程序都有自己的虚拟地址空间，应用程序不能直接访问物理缓冲区地址。为此，Linux 在文件操作 file_operations 结构中提供了 mmap() 函数，可以将文件的内容映射到用户空间。对于帧缓冲设备，可通过映射操作，将屏幕缓冲区（FrameBuffer）的物理地址映射到用户空间的一段虚拟地址中，之后用户可以通过读写这段虚拟地址来访问屏幕缓冲区并在屏幕上绘图。FrameBuffer 与应用程序的交互如图 15.1 所示。

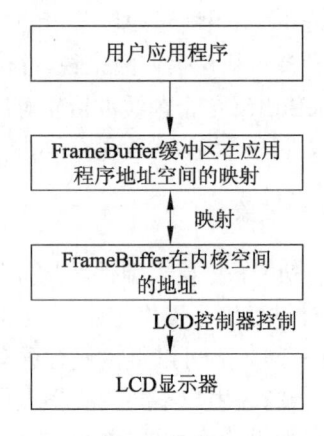

图 15.1 应用程序与 FrameBuffer 的交互

15.1.2 FrameBuffer 的显示原理

通过 FrameBuffer，应用程序可以调用 mmap() 把内存空间（显存）映射到应用程序虚拟地址空间。应用程序只需将要显示的数据写入这个内存空间，然后 LDC 控制器会自动地将这个内存空间中的数据显示在 LCD 显示屏上。

在 Linux 中，由于外设种类繁多，操作方式也各不相同。对于 LCD 驱动，Linux 使用的是帧缓冲设备（FrameBuffer）。帧缓冲设备对应的设备文件为 /dev/fb*，如果系统有多个显示卡，Linux 还支持多个帧缓冲设备，分别为 /dev/fb0 到 /dev/fb31，而 /dev/fb 则为当前默认的帧缓冲设备，通常指向 /dev/fb0。当然，在嵌入式系统中支持一个显示设备就够了。前面已经说过，帧缓冲设备为标准的字符设备，主设备号为 29，次设备号为 0~31，分别对应设备文件/dev/fb0 至/dev/fb31。

15.1.3　LCD 显示原理

简单地讲，FrameBuffer 驱动的功能就是分配一块内存作为显存，然后对 LCD 控制器的寄存器进行一些设置。LCD 显示器会不断地从显存中获得数据，并将其显示在 LCD 显示器上。LCD 显示器可以显示显存中的一个区域或者整个区域。FrameBuffer 驱动程序提供了操作显存的功能，如复制显存、向显存写入数据（画圆、画方型等）。

具体来说，实现这些操作的方法是：填充一个 fbinfo 结构，用 reigster_framebuffer(fbinfo*)将 fbinfo 结构在内核中注册，对于 fbinfo 结构，最主要的是它的 fb_ops 成员，需要针对具体设备实现 fb_ops 中的接口。

15.2　FrameBuffer 结构分析

FrameBuffer 是 LCD 驱动的重要部分。通过 FrameBuffer，Linux 内核可以使用大多数显示设备。本节将对 FrameBuffer 结构进行详细的分析。

15.2.1　FrameBuffer 架构

在 Linux 内核中，FrameBuffer 设备驱动的源码主要位于/include/linux/fb.h 和/drivers/video/fbdev/core/fbmem.c 这两个文件中，它们处于 FrameBuffer 驱动体系结构的中间层，它们为上层的用户程序提供系统调用，为底层的特定硬件驱动提供接口。

首先，在 linux/inlcude/fb.h 文件中定义了一些主要数据结构，FrameBuffer 设备在很大程度上依赖于 3 个数据结构体，分别是 fb_var_screeninfo、fb_fix_screeninfo 和 fb_info。

第 1 个结构体用来描述图形卡的特性，通常是用户设置的；第 2 个结构体定义图形卡的硬件特性，不能改变，在用户选定 LCD 控制器和显示器后，那么硬件特性就定了；第 3 个结构体定义当前图形卡 FrameBuffer 设备的独立状态，一个图形卡可能有两个 FrameBuffer，在这种情况下就需要两个 fb_info 结构。fb_info 结构是唯一内核空间可见的。

下面对这 3 个结构体和其他重要的数据结构体进行介绍。

- fb_cmap 结构体：定义帧缓冲区设备的颜色表（Colormap）信息，可以通过 ioctl()函数的 FBIOGETCMAP 和 FBIOPUTCMAP 命令设置 Colormap。
- fb_info 结构体：包含当前显示卡的状态信息，该结构体只对内核可见。
- fb_ops 结构体：应用程序使用函数操作底层的 LCD 硬件，在 fb_ops 结构中定义的方法用于支持这些操作。这些操作需要驱动开发人员来实现。
- fb_fix_screeninfo 结构体：定义显卡信息，如 FrameBuffer 内存的起始地址和地址长度等。
- fb_var_screeninfo 结构体：描述一种显卡显示模式的所有信息，如宽、高和颜色深度等，不同的显示模式对应不同的信息。

在 FrameBuffer 设备驱动程序中，这些结构体是互相关联、互相配合使用的。只有每一个结构体发挥自身的作用,才能使整个 FrameBuffer 设备驱动程序正常工作。这几个结构体的关系如图 15.2 所示。

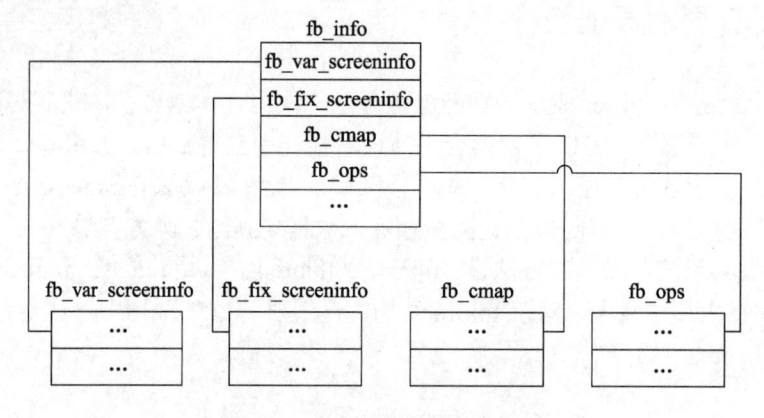

图 15.2 几个数据结构体的关系

其中,fb_info 结构体包含其他 4 个结构体的指针。

15.2.2 FrameBuffer 驱动程序的实现

从应用程序和操作系统方面来看,FrameBuffer 应该提供一些通用的功能配合应用程序和操作系统的绘制。一般来说,应用程序通过内核对 FrameBuffer 的控制主要有以下 3 种方式:

- 读或写/dev/fb 相当于读/写屏幕缓冲区。
- 通过映射操作,可以将屏幕缓冲区的物理地址映射到用户空间的一段虚拟地址中,之后用户就可以通过读写这段虚拟地址访问屏幕缓冲区并在屏幕上绘图。
- I/O 控制帧缓冲设备,设备文件的 ioctl()函数可读取和设置显示设备及屏幕的参数,如分辨率、显示颜色数和屏幕大小等。ioctl()函数是由底层的驱动程序完成的。

因此,FrameBuffer 驱动要完成的工作已经很少了,只需要分配显存的大小、初始化 LCD 控制寄存器、设置修改硬件设备相应的 fb_fix_screeninfo 信息和 fb_var_screeninfo 信息。这些信息与具体的显示设备相关。

帧缓冲设备属于字符设备,采用"文件层—驱动层"的接口方式。在文件层次上,Linux 为其定义了 fb_fops 结构体,其代码如下(/drivers/video/fbdev/core/fbmem.c):

```
static const struct file_operations fb_fops = {
    .owner = THIS_MODULE,
    .read =     fb_read,                    /*读操作*/
    .write = fb_write,                      /*写操作*/
    .unlocked_ioctl = fb_ioctl,             /*控制操作*/
#ifdef CONFIG_COMPAT
    .compat_ioctl = fb_compat_ioctl,
#endif
    .mmap =     fb_mmap,                    /*映射操作*/
    .open =     fb_open,                    /*打开操作*/
    .release =  fb_release,                 /*关闭操作*/
#if defined(HAVE_ARCH_FB_UNMAPPED_AREA) || \
    (defined(CONFIG_FB_PROVIDE_GET_FB_UNMAPPED_AREA) && \
```

```
        !defined(CONFIG_MMU))
    .get_unmapped_area = get_fb_unmapped_area,
#endif
#ifdef CONFIG_FB_DEFERRED_IO
    .fsync = fb_deferred_io_fsync,
#endif
    .llseek =    default_llseek,                /*定位偏移量*/
};
```

在 Linux 中，由于帧缓冲设备是字符设备，应用程序需要按文件的方式打开一个帧缓冲设备。如果打开成功，则可以对帧缓冲设备进行读写等操作。前面已经介绍了帧缓冲设备的地址空间问题，对于操作系统来说，读写帧缓冲设备就是对物理地址空间进行数据读写。当然，对于应用程序来说，物理地址空间是透明的。由此可见，读写帧缓冲设备最主要的任务就是获取帧缓冲设备在内存中的物理地址空间及相应 LCD 的一些特性。应用程序如何通过写帧缓冲设备来显示图形的过程如图 15.3 所示。

在了解了前面所讲的概念后，编写帧缓冲驱动就不复杂了，需要做如下工作。

（1）编写初始化函数：初始化函数首先初始化 LCD 控制器，通过写寄存器设置显示模式和显示颜色数，然后分配 LCD 显示缓冲区。在 Linux 中可通过 kmalloc()函数分配一片连续的空间。例如，采用的 LCD 显示方式为 320×240，256 位灰度，需要分配的显示缓冲区为 240×320=75KB，缓冲区通常分配在大容量的片外 SDRAM 上，起始地址保存在 LCD 控制器寄存器中。最后初始化一个 fb_info 结构体，填充其中的成员变量，并调用 register_framebuffer (&fb_info)将 fb_info 登记入内核。

（2）在结构体 fb_info 中，编写函数指针 fb_ops 对应的成员函数对于嵌入式系统的简单实现，只需要实现少量的函数。这个结构体在上面已经详细解释过，不再赘述。

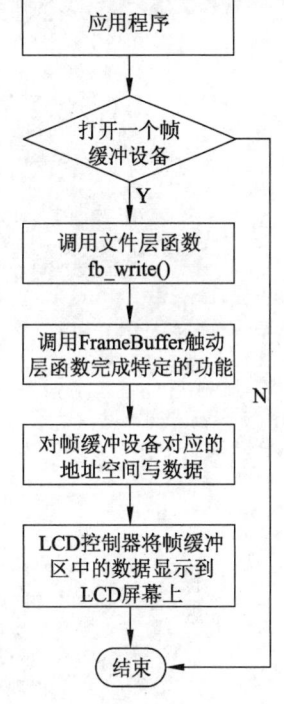

图 15.3 通过写帧缓冲设备显示图形的过程

15.2.3 FrameBuffer 驱动程序的组成

FrameBuffer 驱动程序由几个重要的数据结构组成，分别是 fb_info、fb_ops、fb_cmap、fb_var_screeninfo 和 fb_fix_screeninfo，下面对这些数据结构进行详细的介绍。

1. fb_info结构体

fb_info 是帧缓冲 FrameBuffer 设备驱动中一个非常重要的结构体，它包含驱动实现的底层函数和记录设备状态的数据。一个帧缓冲区对应一个 fb_info 结构体，这个结构体的定义如下（/include/linux/fb.h）：

```
struct fb_info {
    refcount_t count;
    int node;
```

```c
    int flags;
    int fbcon_rotate_hint;
    struct mutex lock;                      /*为open/release/ioctl等函数准备的互斥锁*/
    struct mutex mm_lock;
    struct fb_var_screeninfo var;/*当前缓冲区的可变参数，也就是当前的视频信息*/
    struct fb_fix_screeninfo fix;           /*当前缓冲区的固定参数*/
    struct fb_monspecs monspecs;            /*当前显示器的标志*/
    struct work_struct queue;               /*帧缓冲的事件队列*/
    struct fb_pixmap pixmap;                /*图像硬件mapper*/
    struct fb_pixmap sprite;                /*光标硬件mapper*/
    struct fb_cmap cmap;                    /*当前的颜色板，也叫调色板*/
    struct list_head modelist;              /*模块列表*/
    struct fb_videomode *mode;              /*当前的视频模式*/
#if IS_ENABLED(CONFIG_FB_BACKLIGHT)
    /*对应的背光灯设备，设置bl_dev这个变量，应该在注册FrameBuffer之前*/
    struct backlight_device *bl_dev;
    struct mutex bl_curve_mutex;            /*背光灯层次*/
    u8 bl_curve[FB_BACKLIGHT_LEVELS];       /*调整背光等*/
#endif
#ifdef CONFIG_FB_DEFERRED_IO
    struct delayed_work deferred_work;
    struct fb_deferred_io *fbdefio;
#endif
    const struct fb_ops *fbops;             /*帧缓冲操作函数集合*/
    struct device *device;                  /*指向父设备结构体*/
    struct device *dev;                     /*内嵌的FrameBuffer设备*/
    int class_flag;                         /*私有的sysfs标志*/
#ifdef CONFIG_FB_TILEBLITTING
    struct fb_tile_ops *tileops;            /*图块Blitting*/
#endif
    union {
        char __iomem *screen_base;          /*虚拟基地址*/
        char *screen_buffer;
    };
    unsigned long screen_size;              /*ioremap的虚拟内存大小*/
    void *pseudo_palette;                   /* 伪16位调色板*/
#define FBINFO_STATE_RUNNING    0           /*运行状态*/
#define FBINFO_STATE_SUSPENDED  1           /*挂起状态*/
    u32 state;                              /*硬件的状态，如挂起状态*/
    void *fbcon_par;                        /*fbcon使用的私有数据*/
    void *par;                              /*用来存放私有数据的结构地址*/
    struct apertures_struct {
        unsigned int count;
        struct aperture {
            resource_size_t base;
            resource_size_t size;
        } ranges[0];
    } *apertures;
    bool skip_vt_switch;
};
```

上面的代码注释已经对代码解释得非常清楚了，读者可以仔细查看每一个成员的含义。在 fb_info 结构体中记录了关于帧缓存的全部信息，这些信息包括帧缓冲的设置参数、状态及操作函数集合。需要注意的是，每一个帧设备都有一个 fb_info 结构体。

2. fb_ops结构体

fb_ops 结构体用来实现对帧缓冲设备的操作。用户可以调用 ioctl()函数来操作设备，因为这个帧缓存设备是支持 ioctl()函数操作的。fb_ops 结构体的定义如下（/include/linux/fb.h）：

```
01  struct fb_ops {
02      /*模块计数指针/
03      struct module *owner;
04      /*打开和释放设备指针*/
05      int (*fb_open)(struct fb_info *info, int user);
06      int (*fb_release)(struct fb_info *info, int user);
07      /*下面两个函数对于非线性布局的常规内存无法工作的帧缓冲区设备有效*/
08      ssize_t (*fb_read)(struct fb_info *info, char __user *buf,
                    size_t count, loff_t *ppos);
09      ssize_t (*fb_write)(struct fb_info *info, const char __user *buf,
                    size_t count, loff_t *ppos);
10      /*检测可变参数，并调整为支持的值*/
11      int (*fb_check_var)(struct fb_var_screeninfo *var, struct fb_info
            *info);
12      /*设置视频模式*/
13      int (*fb_set_par)(struct fb_info *info);
14      /*设置 color 寄存器的值*/
15      int (*fb_setcolreg)(unsigned regno, unsigned red, unsigned green,
                    unsigned blue, unsigned transp, struct fb_info *info);
16      /*批量设置颜色寄存器的值，即设置颜色表*/
17      int (*fb_setcmap)(struct fb_cmap *cmap, struct fb_info *info);
18      /*显示空白*/
19      int (*fb_blank)(int blank, struct fb_info *info);
20      /*显示 pan*/
21      int (*fb_pan_display)(struct fb_var_screeninfo *var, struct fb_info
            *info);
22      /*填充一个矩形*/
23      void (*fb_fillrect) (struct fb_info *info, const struct fb_fillrect
            *rect);
24      /*从一个区域复制数据到另一个区域*/
25      void (*fb_copyarea) (struct fb_info *info, const struct fb_copyarea
            *region);
26      /*在屏幕上画一个图像*/
27      void (*fb_imageblit) (struct fb_info *info, const struct fb_image
            *image);
28      /*绘制光标*/
29      int (*fb_cursor) (struct fb_info *info, struct fb_cursor *cursor);
30      /*等待 blit 空闲*/
31      int (*fb_sync)(struct fb_info *info);
32      /*实现 fb 特定的 ioctl 操作*/
33      int (*fb_ioctl)(struct fb_info *info, unsigned int cmd,
                unsigned long arg);
34      /*处理 32 位的兼容 ioctl 操作*/
35      int (*fb_compat_ioctl)(struct fb_info *info, unsigned cmd,
                unsigned long arg);
36      /*实现 fb 特定的 mmap 操作*/
37      int (*fb_mmap)(struct fb_info *info, struct vm_area_struct *vma);
38      /*通过 fb_info 获得 FrameBuffer 显示内容的能力*/
39      void (*fb_get_caps)(struct fb_info *info, struct fb_blit_caps
            *caps,struct fb_var_screeninfo *var);
40      /*销毁与此帧缓冲区相关的所有资源*/
41      void (*fb_destroy)(struct fb_info *info);
```

```
42      int (*fb_debug_enter)(struct fb_info *info);
43      int (*fb_debug_leave)(struct fb_info *info);
44  };
```

下面对主要代码进行介绍。

- 第 3 行，定义驱动程序属于哪个模块指针，这个成员与 file_operator 结构体的 owner 成员相同。
- 第 5 行，定义帧缓冲设备的打开函数 fb_open()，该函数的功能类似文件操作函数 open()。
- 第 6 行，定义帧缓冲设备的关闭函数 fb_release()，该函数的功能类似文件操作函数 release()。
- 第 8 行，定义帧缓存设备的读函数 fb_read()，该函数的功能类似文件操作函数 read()。
- 第 9 行，定义帧缓存设备的读函数 fb_write()，该函数的功能类似文件操作函数 write()。
- 第 11 行，fb_check_var()函数用来检查和改变帧缓存设备的可变参数，当帧缓冲设备中的参数不满足驱动程序要求时，会调用这个函数。
- 第 13 行，fb_set_par()函数会根据 info->var 变量设置视频模式。
- 第 15 行，fb_setcolreg()函数用于设置缓冲区设备的颜色相关寄存器的值。
- 第 17 行，fb_setcmap()函数用于设置缓冲区的颜色表的值。
- 第 19 行，fb_blank()函数用于缓冲区设备的开关操作。
- 第 21 行，fb_pan_display()函数用于设置帧缓冲设备全屏显示。
- 第 23 行，fb_fillrect()函数用于在帧缓冲区中画一个矩形区域。
- 第 25 行，fb_copyarea()函数用于复制一个区域的显示数据到另一个区域。
- 第 27 行，调用 fb_imageblit()函数在屏幕上画一个图像。
- 第 29 行，调用 fb_cursor()函数画一个光标。
- 第 31 行，调用 fb_sync()函数传送数据。
- 第 33 行，调用 fb_ioctl()函数执行 ioctl()操作，该函数的功能类似于字符设备的 ioctl()函数。
- 第 35 行，调用 fb_compat_ioct()函数处理 32 位可兼容的 ioctl()操作。
- 第 37 行，调用 fb_mmap()函数执行帧缓冲设备具体的内存映射。
- 第 39 行，调用 fb_get_caps()函数获得 FrameBuffer 设备显示内容的能力。外部应用程序可以通过这个函数快速地得到设备的信息。

3. fb_cmap结构体

fb_cmap 结构体记录了一个颜色板信息，也可以叫调色板信息。用户空间程序可以使用 ioctl()函数的 FBIOGETCMAP 和 FBIOPUTCMAP 命令读取和设置颜色表的值。struct fb_cmap 结构体的定义如下（/include/uapi/linux/fb.h）：

```
01  struct fb_cmap {
02      __u32 start;
03      __u32 len;
04      __u16 *red;
05      __u16 *green;
```

```
06          __u16 *blue;
07          __u16 *transp;
08    };
```

下面对这个结构体的各个成员进行简要的解释。

- 第 2 行表示颜色板的第一个元素入口位置。
- 第 3 行中的 len 表示元素的个数。
- 第 4 行表示红色分量的值。
- 第 5 行表示绿色分量的值。
- 第 6 行表示蓝色分量的值。
- 第 7 行表示透明度分量的值。

fb_cmap 结构体对应的存储结构如图 15.4 所示。

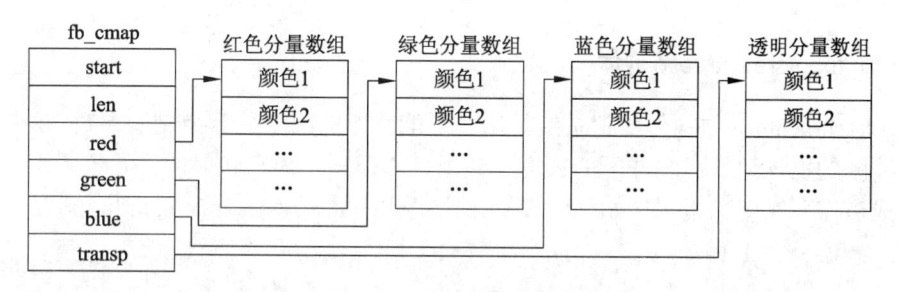

图 15.4 fb_cmap 结构体的存储结构

4. fb_var_screeninfo 结构体

fb_var_screeninfo 结构体中存储的是用户可以修改的显示控制器参数，如屏幕分辨率、每个像素的比特数和透明度等。fb_var_screeninfo 结构体的定义如下（/include/uapi/linux/fb.h）：

```
struct fb_var_screeninfo {
    __u32 xres;                    /*xres 和 yres 表示可见解析度即分辨率*/
    __u32 yres;
    __u32 xres_virtual;            /*虚拟解析度*/
    __u32 yres_virtual;            /*虚拟解析度*/
    __u32 xoffset;                 /*不可见部分与可见部分的偏移地址*/
    __u32 yoffset;
    __u32 bits_per_pixel;          /*每个像素占用的位数*/
    __u32 grayscale;               /*非 0 时的灰度值*/
    /*以下是 FrameBuffer 缓存的 R、G、B 位域*/
    struct fb_bitfield red;
    struct fb_bitfield green;
    struct fb_bitfield blue;
    struct fb_bitfield transp;     /*透明度*/
    __u32 nonstd;                  /*非标准像素格式*/
    __u32 activate;
    __u32 height;                  /*屏幕的高度*/
    __u32 width;                   /*屏幕的宽度*/
    __u32 accel_flags;             /*fb_info 的标志*/
    __u32 pixclock;                /*像素时钟*/
    __u32 left_margin;             /*行切换的时间，从同步到绘图之间的延迟*/
    __u32 right_margin;            /*行切换的时间，从同步到绘图之间的延迟*/
```

```
        __u32 upper_margin;              /*帧切换，从同步到绘图之间的延迟*/
        __u32 lower_margin;              /*帧切换，从同步到绘图之间的延迟*/
        __u32 hsync_len;                 /*水平同步的长度*/
        __u32 vsync_len;                 /*垂直同步的长度*/
        __u32 sync;
        __u32 vmode;
        __u32 rotate;                    /*顺时针旋转的角度*/
        __u32 colorspace;                /*基于 FOURCC 模式的色彩空间*/
        __u32 reserved[5];               /*保留，为以后所用*/
};
```

在 fb_var_screeninfo 结构体中有几个重要的成员需要注意。其中，xres 表示屏幕一行有多少个像素点，yres 表示屏幕一列有多少个像素点，bits_per_pixel 表示每个像素点占用多少个字节。

5. fb_fix_screeninfo结构体

fb_fix_screeninfo 结构体中记录的是用户不能修改的固定显示控制器参数。这些固定参数如缓冲区的物理地址、缓冲区的长度、显示色彩模式和内存映射的开始位置等。这个结构体的成员需要在驱动程序初始化时设置，定义代码如下（/include/uapi/linux/fb.h）：

```
01  struct fb_fix_screeninfo {
02      char id[16];                     /*字符串形式的标识符*/
03      unsigned long smem_start;        /*FrameBuffer 缓冲区的开始位置*/
04      __u32 smem_len;                  /*FrameBuffer 缓冲区的长度*/
05      __u32 type;                      /*FB_TYPE_*类型*/
06      __u32 type_aux;                  /*分界*/
07      __u32 visual;                    /*屏幕使用的色彩模式*/
08      __u16 xpanstep;                  /*如果没有硬件 panning，则赋值为 0*/
09      __u16 ypanstep;                  /*同上*/
10      __u16 ywrapstep;                 /*同上*/
11      __u32 line_length;               /*屏幕上的行的字节数*/
12      unsigned long mmio_start;        /*内存映射 I/O 的开始位置*/
13      __u32 mmio_len;                  /*内存映射 I/O 的开始位置*/
14      __u32 accel;                     /*特定的芯片*/
15      __u16 capabilities;              /*查看 FB_CAP_*     */
16      __u16 reserved[3];               /*保留，为将来扩充所用*/
17  };
```

需要注意的是，第 7 行的 visual 表示屏幕使用的色彩模式，Linux 支持多种色彩模式。第 11 行代码表示屏幕中一行数据占用的内存字节数，具体占用多少字节由显示模式来决定。在第 16 行代码中保留了 6 个字节，为以后扩充备用。

15.3 LCD 驱动程序分析

LCD 设备驱动程序以平台设备的方式实现，其中涉及关于 LCD 控制器的一些重要概念。下面对 LCD 设备驱动程序涉及的主要函数进行详细介绍。

15.3.1 LCD 模块的加载和卸载函数

LCD 设备驱动可以作为一个单独的模块加入内核，在模块的加载和卸载函数中需要注册和注销一个平台设备驱动结构体 platform_driver。平台设备驱动在第 13 章中已经详细讲过，不熟悉的读者可以查阅前面的章节。本节以 LCD 驱动程序为例，分析 LCD 驱动程序的编写过程。

1. 平台驱动的加载和卸载

LCD 控制器驱动程序的加载函数由 s3c2410fb_init()函数实现，在该函数中调用 platform_driver_register()函数注册一个平台驱动 s3c2410fb_driver。加载函数的代码如下（/drivers/video/fbdev/s3c2410fb.c）：

```
01  int __init s3c2410fb_init(void)
02  {
03      int ret = platform_driver_register(&s3c2410fb_driver);
04      if (ret == 0)
05          ret = platform_driver_register(&s3c2412fb_driver);
06      return ret;
07  }
```

- 第 3～5 行调用内核提供的函数 platform_driver_register()，注册平台驱动 s3c2410fb_driver。该函数将平台驱动添加到虚拟总线上，以便与设备进行关联。platform_driver_register()函数会调用 s3c2410fb_driver 中定义的 s3c2412fb_probe()函数进行设备探测，从而将驱动程序和设备都加入总线。
- 第 5 行，又一次调用 platform_driver_register()函数。这是因为 platform_driver_register()函数返回 0，表示驱动注册成功，但并不表示探测函数 s3c2412fb_probe()探测 LCD 控制器设备成功。有可能在第 3 行，因为硬件资源被占用而探测失败，所以为了保证探测成功率，在第 5 行又重新注册并探测了一次设备。因为进行了两次注册平台驱动，所以在模块卸载函数中也要进行两次注销平台驱动的操作。

LCD 控制器驱动程序的卸载函数由 s3c2410fb_cleanup()函数实现，在该函数中调用 platform_driver_unregiste()函数注销了一个平台驱动 s3c2410fb_driver。因为进行了两次注册平台驱动，所以在模块卸载函数中也要进行两次注销平台驱动。卸载函数的代码如下（/drivers/video/fbdev/s3c2410fb.c）：

```
01  static void __exit s3c2410fb_cleanup(void)
02  {
03      platform_driver_unregister(&s3c2410fb_driver);
04      platform_driver_unregister(&s3c2412fb_driver);
05  }
```

2. 平台驱动s3c2410_i2c_driver

平台驱动是真正对硬件进行访问的函数集合。该结构体包含对硬件进行探测、移除、挂起等函数。平台驱动的定义代码如下（/drivers/video/fbdev/s3c2410fb.c）：

```
01  static struct platform_driver s3c2412fb_driver = {
02      .probe      = s3c2412fb_probe,        /*探测函数*/
```

· 273 ·

```
03        .remove      = s3c2410fb_remove,          /*移除函数*/
04        .suspend     = s3c2410fb_suspend,         /*挂起函数*/
05        .resume      = s3c2410fb_resume,          /*恢复函数*/
06        .driver      = {
07              .name  = "s3c2412-lcd",             /*驱动名字*/
08        },
09  };
```

下面对该结构体进行简单分析。

- 第 2 行定义一个设备探测函数。
- 第 3 行定义一个设备移除函数。
- 第 4 行定义一个挂起函数,如果内核和设备都支持电源管理,那么可以使用这个函数使设备进入省电状态。
- 第 5 行定义一个从省电状态中恢复的函数。
- 第 6~8 行是内嵌的驱动 device_driver 结构体,其中指定了该平台驱动的名字是 s3c2412-lcd。

15.3.2 LCD 驱动程序的平台数据

为了方便管理,Linux 内核将 LCD 驱动程序归入平台设备的范畴。这样就可以使用操作平台设备的方法操作 LCD 设备。LCD 驱动程序的平台设备定义为 s3c_device_lcd 结构体,该结构体的定义如下(/arch/arm/mach-s3c/devs.c):

```
01  struct platform_device s3c_device_lcd = {
02      .name          = "s3c2410-lcd",             /*平台设备的名称*/
03      .id            = -1,                         /*一般设为-1*/
04      .num_resources = ARRAY_SIZE(s3c_lcd_resource), /*资源数量*/
05      .resource      = s3c_lcd_resource,           /*资源指针*/
06      .dev           = {
07          .dma_mask           = &samsung_device_dma_mask,
08          .coherent_dma_mask  = DMA_BIT_MASK(32),
09      }
10  };
```

- 第 3 行,id 表示 LCD 设备的编号,id=-1 表示只有这一个设备。
- 第 4 行和第 5 行,指定平台设备使用的资源为 resource s3c_lcd_resource,S3C2410 处理器的 LCD 平台设备使用了一块 I/O 内存资源和一个 IRQ 资源。将资源定义在平台设备中,是为了统一管理平台设备的资源。这些资源都是与特定处理器相关的,需要驱动开发者查阅相关的处理器数据手册来编写。S3C2410 处理器的 LCD 设备资源代码如下(/arch/arm/mach-s3c/devs.c):

```
static struct resource s3c_lcd_resource[] = {
    [0] = DEFINE_RES_MEM(S3C24XX_PA_LCD, S3C24XX_SZ_LCD),
    [1] = DEFINE_RES_IRQ(IRQ_LCD),
};
```

除此之外,LCD 驱动程序还定义了一个 s3c2410fb_mach_info 结构体,该结构体表示 LCD 显示器的平台信息,代码如下(/include/linux/platform_data/fb-s3c2410.h):

```
struct s3c2410fb_mach_info {
    struct s3c2410fb_display *displays;             /*存储相似信息*/
```

```
    unsigned    num_displays;                      /*显示缓冲的数量*/
    unsigned    default_display;
    /*GPIO 引脚*/
    unsigned long       gpcup;
    unsigned long       gpcup_mask;
    unsigned long       gpccon;
    unsigned long       gpccon_mask;
    unsigned long       gpdup;
    unsigned long       gpdup_mask;
    unsigned long       gpdcon;
    unsigned long       gpdcon_mask;
    void __iomem *      gpccon_reg;
    void __iomem *      gpcup_reg;
    void __iomem *      gpdcon_reg;
    void __iomem *      gpdup_reg;
    /*lpc3600 控制寄存器*/
    unsigned long       lpcsel;
};
```

结构体 s3c2410fb_display 用来表示 LCD 设备的机器信息，例如 LCD 显示器的宽度、高度和每个像素占多少位等信息，该结构体的定义如下（/include/linux/platform_data/fb-s3c2410.h）：

```
01  /* LCD 描述符，描述 LCD 设备的机器信息*/
02  struct s3c2410fb_display {
03      unsigned type;                              /*LCD 显示屏的类型*/
04      ...
05      unsigned short width;                       /*屏幕的宽度*/
06      unsigned short height;                      /*屏幕的高度*/
07      /*以下 3 行存储的是屏幕信息*/
08      unsigned short xres;
09      unsigned short yres;
10      unsigned short bpp;
11      ...
12      unsigned long  lcdcon5;                     /*LCD 配置寄存器*/
13      ...
14  };
```

s3c2410fb_hw 结构体对应 LCD 设备的寄存器，通过该结构体可以映射到 LCD 的 5 个配置寄存器，该结构体的定义如下（/include/linux/platform_data/fb-s3c2410.h）：

```
struct s3c2410fb_hw {                               /*5 个 LCD 配置寄存器*/
    unsigned long   lcdcon1;
    unsigned long   lcdcon2;
    unsigned long   lcdcon3;
    unsigned long   lcdcon4;
    unsigned long   lcdcon5;
};
```

15.3.3 LCD 模块的探测函数

s3c2412fb_probe()函数中调用了 s3c24xxfb_probe()函数，该函数的第 2 个参数是处理器类型。s3c2412fb_probe()函数的代码如下（/drivers/video/fbdev/s3c2410fb.c）：

```
static int s3c2410fb_probe(struct platform_device *pdev)
{
```

```
        return s3c24xxfb_probe(pdev, DRV_S3C2410);
}
```

s3c24xxfb_probe()函数实现了真正的探测函数的功能,该函数的代码如下(/drivers/video/fbdev/s3c2410fb.c):

```
01   static int s3c24xxfb_probe(struct platform_device *pdev,
02                    enum s3c_drv_type drv_type)
03   {
04       struct s3c2410fb_info *info;
05       struct s3c2410fb_display *display;
06       struct fb_info *fbinfo;
07       struct s3c2410fb_mach_info *mach_info;
08       struct resource *res;
09       int ret;
10       int irq;
11       int i;
12       int size;
13       u32 lcdcon1;
14       /*保存从内核中获取的平台设备数据*/
15       mach_info = dev_get_platdata(&pdev->dev);
16       /*判断mach_info是否为空值*/
17       if (mach_info == NULL) {
18           dev_err(&pdev->dev,
19               "no platform data for lcd, cannot attach\n");
20           return -EINVAL;
21       }
22       if (mach_info->default_display >= mach_info->num_displays) {
23           dev_err(&pdev->dev, "default is %d but only %d displays\n",
24               mach_info->default_display, mach_info->num_displays);
25           return -EINVAL;
26       }
27       display = mach_info->displays + mach_info->default_display;
28       irq = platform_get_irq(pdev, 0);
29       if (irq < 0) {
30           dev_err(&pdev->dev, "no irq for device\n");
31           return -ENOENT;
32       }
33       fbinfo = framebuffer_alloc(sizeof(struct s3c2410fb_info), &pdev->dev);
34       if (!fbinfo)
35           return -ENOMEM;
36       platform_set_drvdata(pdev, fbinfo);
37       info = fbinfo->par;
38       info->dev = &pdev->dev;
39       info->drv_type = drv_type;
40       res = platform_get_resource(pdev, IORESOURCE_MEM, 0);
41       if (res == NULL) {
42           dev_err(&pdev->dev, "failed to get memory registers\n");
43           ret = -ENXIO;
44           goto dealloc_fb;
45       }
46       size = resource_size(res);
47       info->mem = request_mem_region(res->start, size, pdev->name);
48       if (info->mem == NULL) {
49           dev_err(&pdev->dev, "failed to get memory region\n");
50           ret = -ENOENT;
51           goto dealloc_fb;
52       }
53       info->io = ioremap(res->start, size);
54       if (info->io == NULL) {
```

```c
55          dev_err(&pdev->dev, "ioremap() of registers failed\n");
56          ret = -ENXIO;
57          goto release_mem;
58      }
59      if (drv_type == DRV_S3C2412)
60          info->irq_base = info->io + S3C2412_LCDINTBASE;
61      else
62          info->irq_base = info->io + S3C2410_LCDINTBASE;
63      dprintk("devinit\n");
64      strcpy(fbinfo->fix.id, driver_name);
65      lcdcon1 = readl(info->io + S3C2410_LCDCON1);
66      writel(lcdcon1 & ~S3C2410_LCDCON1_ENVID, info->io +
        S3C2410_LCDCON1);
67      fbinfo->fix.type            = FB_TYPE_PACKED_PIXELS;
68      fbinfo->fix.type_aux        = 0;
69      fbinfo->fix.xpanstep        = 0;
70      fbinfo->fix.ypanstep        = 0;
71      fbinfo->fix.ywrapstep       = 0;
72      fbinfo->fix.accel           = FB_ACCEL_NONE;
73      fbinfo->var.nonstd          = 0;
74      fbinfo->var.activate        = FB_ACTIVATE_NOW;
75      fbinfo->var.accel_flags     = 0;
76      fbinfo->var.vmode           = FB_VMODE_NONINTERLACED;
77      fbinfo->fbops               = &s3c2410fb_ops;
78      fbinfo->flags               = FBINFO_FLAG_DEFAULT;
79      fbinfo->pseudo_palette      = &info->pseudo_pal;
80      for (i = 0; i < 256; i++)
81          info->palette_buffer[i] = PALETTE_BUFF_CLEAR;
82      ret = request_irq(irq, s3c2410fb_irq, 0, pdev->name, info);
83      if (ret) {
84          dev_err(&pdev->dev, "cannot get irq %d - err %d\n", irq, ret);
85          ret = -EBUSY;
86          goto release_regs;
87      }
88      info->clk = clk_get(NULL, "lcd");
89      if (IS_ERR(info->clk)) {
90          dev_err(&pdev->dev, "failed to get lcd clock source\n");
91          ret = PTR_ERR(info->clk);
92          goto release_irq;
93      }
94      clk_prepare_enable(info->clk);
95      dprintk("got and enabled clock\n");
96      usleep_range(1000, 1100);
97      info->clk_rate = clk_get_rate(info->clk);
98      /*找到为显示需要的最大内存*/
99      for (i = 0; i < mach_info->num_displays; i++) {
100         unsigned long smem_len = mach_info->displays[i].xres;
101         smem_len *= mach_info->displays[i].yres;
102         smem_len *= mach_info->displays[i].bpp;
103         smem_len >>= 3;
104         if (fbinfo->fix.smem_len < smem_len)
105             fbinfo->fix.smem_len = smem_len;
106     }
107     ret = s3c2410fb_map_video_memory(fbinfo);
108     if (ret) {
109         dev_err(&pdev->dev, "Failed to allocate video RAM: %d\n", ret);
110         ret = -ENOMEM;
111         goto release_clock;
112     }
113     dprintk("got video memory\n");
114     fbinfo->var.xres = display->xres;
```

```
115        fbinfo->var.yres = display->yres;
116        fbinfo->var.bits_per_pixel = display->bpp;
117        s3c2410fb_init_registers(fbinfo);
118        s3c2410fb_check_var(&fbinfo->var, fbinfo);
119        ret = s3c2410fb_cpufreq_register(info);
120        if (ret < 0) {
121            dev_err(&pdev->dev, "Failed to register cpufreq\n");
122            goto free_video_memory;
123        }
124        ret = register_framebuffer(fbinfo);
125        if (ret < 0) {
126            dev_err(&pdev->dev, "Failed to register framebuffer device: %d\n",
127                ret);
128            goto free_cpufreq;
129        }
130        ret = device_create_file(&pdev->dev, &dev_attr_debug);
131        if (ret)
132            dev_err(&pdev->dev, "failed to add debug attribute\n");
133        dev_info(&pdev->dev, "fb%d: %s frame buffer device\n",
134            fbinfo->node, fbinfo->fix.id);
135        return 0;
136 free_cpufreq:
137        s3c2410fb_cpufreq_deregister(info);
138 free_video_memory:
139        s3c2410fb_unmap_video_memory(fbinfo);
140 release_clock:
141        clk_disable_unprepare(info->clk);
142        clk_put(info->clk);
143 release_irq:
144        free_irq(irq, info);
145 release_regs:
146        iounmap(info->io);
147 release_mem:
148        release_mem_region(res->start, size);
149 dealloc_fb:
150        framebuffer_release(fbinfo);
151        return ret;
152 }
```

下面对代码进行详细分析。

- 第 4～13 行，定义一些局部变量供探测函数使用。
- 第 15 行，得到 s3c2410fb_mach_info 类型的结构体变量 mach_info.mach_info 中保存的从内核中获取的平台设备数据。
- 第 17～21 行，如果 mach_info 为空值，表示没有相关的平台设备，LCD 驱动程序提前退出。
- 第 27 行，获得在内核中定义的 FrameBuffer 平台设备的 LCD 配置信息结构体数据。
- 第 28 行，在系统定义的 LCD 平台设备资源中获取 LCD 中断号，platform_get_irq() 函数定义在 platform_device.h 中。
- 第 29～32 行，如果 irq 的值小于 0，则说明该设备没有中断，返回相应的错误。
- 第 33～35 行，调用 framebuffer_alloc() 函数申请一个 struct s3c2410fb_info 结构体的空间。该结构体主要存储 FrameBuffer 设备相关的数据。如果申请空间失败，则

- 返回相应的错误。
- 第 36~39 行，填充 info 结构体变量的相应信息。
- 第 40~45 行，获取 LCD 平台设备使用的 I/O 端口资源，这个资源空间为 1MB。注意这个 IORESOURCE_MEM 标志应和 LCD 平台设备中的定义一致。如果申请失败，则返回相应的错误码。
- 第 47 行，申请 LCD 设备的 I/O 端口占用的 I/O 空间。
- 第 48~52 行，判断申请 I/O 空间是否成功，如果失败则返回。
- 第 53 行，将 LCD 的 I/O 端口占用的这段 I/O 空间映射到内存的虚拟地址，ioremap() 函数定义在 io.h 中。注意：I/O 空间要映射后才能使用，以后对虚拟地址的操作就是对 I/O 空间的操作。
- 第 54~58 行，判断映射是否成功，如果失败则退出。
- 第 88 行，从平台时钟队列中获取 LCD 的时钟，这里要获取这个时钟的原因是，从 LCD 屏的时序图上看，各种控制信号的延迟都与 LCD 时钟有关。
- 第 107~112 行，调用 s3c2410fb_map_video_memory()函数分配 DRAM 内存给 FrameBuffer，并且初始化这段内存。
- 第 117 行，调用 s3c2410fb_init_registers()函数初始化 LCD 控制器的相关寄存器，这个函数对寄存器的初始化工作可以参考 S3C2410 处理器的芯片手册。
- 第 118 行，调用 s3c2410fb_check_var()函数检查 FrameBuffer 的相关参数，如果传递的参数不合法则进行修改。
- 第 124~129 行，调用 register_framebuffer()函数在系统中注册帧缓冲设备 fb_info，register_framebuffer()函数定义在 fb.h 中在 fbmem.c 中实现。
- 第 130 行，对设备文件系统的支持，创建 frambuffer 设备文件，device_create_file() 函数定义在 include/linux/device.h 中。
- 第 136 行开始是上面错误处理的跳转点，用来执行错误处理，包括释放时钟、取消内存映射和释放资源等。

15.3.4 移除函数

与 s3c2412fb_probe()函数功能相反的函数是 s3c2410fb_remove()，它在模块卸载函数调用 platform_driver_unregister()函数时，通过 platform_driver 的 remove 指针被调用，代码如下（/drivers/video/fbdev/s3c2410fb.c）：

```
01  static int s3c2410fb_remove(struct platform_device *pdev)
02  {
03      struct fb_info *fbinfo = platform_get_drvdata(pdev);
04      struct s3c2410fb_info *info = fbinfo->par;
05      int irq;
06      unregister_framebuffer(fbinfo);
07      s3c2410fb_cpufreq_deregister(info);
08      s3c2410fb_lcd_enable(info, 0);
09      usleep_range(1000, 1100);
10      s3c2410fb_unmap_video_memory(fbinfo);
11      if (info->clk) {
12          clk_disable_unprepare(info->clk);
```

```
13              clk_put(info->clk);
14              info->clk = NULL;
15         }
16         irq = platform_get_irq(pdev, 0);
17         free_irq(irq, info);
18         iounmap(info->io);
19         release_mem_region(info->mem->start, resource_size(info->mem));
20         framebuffer_release(fbinfo);
21         return 0;
22    }
```

下面对代码进行简要分析。

- 第 3 行，调用 platform_get_drvdata()函数从平台设备中获得 fbinfo 结构体指针。该结构体中包含 FrmaeBuffer 的主要信息。
- 第 4 行，从 fbinfo->par 中获得 info 指针。
- 第 6 行，调用 unregister_framebuffer()函数注销帧缓存设备。
- 第 8 行，调用 s3c2410fb_lcd_enable()函数关闭 LCD 控制器，第 2 个参数传递 0 表示关闭。
- 第 9 行，等待 1ms 时间，待向 LCD 控制器的寄存器写入成功。因为寄存器的写入速度比程序的执行速度慢得多。
- 第 10 行，调用 s3c2410fb_unmap_video_memory()函数释放显示缓冲区。
- 第 11~15 行，释放时钟源。关于时钟源的释放，在很多驱动程序中都有说明，这里不再详细解释。
- 第 16 行和 17 行，释放 IRQ 中断。
- 第 18 行，取消寄存器的内存映射。
- 第 20 行，向内核注销 FrameBuffer 设备。

15.4 小   结

本章首先简要介绍了 LCD 设备的工作原理，然后讲述了 FrameBuffer 的显示技术，重点讲解了操作 FrameBuffer 的主要数据结构和函数，最后着重讲述了基于 FrameBuffer 机制的 LCD 设备驱动程序的实现过程，以及 LCD 控制器设备的初始化和卸载函数等。此外，本章还介绍了通过 LCD 控制器驱动程序如何操作 FrameBufffer 的方法。

15.5 习   题

一、填空题

1．FrameBuffer 又叫_____。
2．FrameBuffer 的显示缓冲区位于 Linux 的_____地址空间中。
3．通过 FrameBuffer，应用程序用_____函数把显存映射到应用程序的虚拟地址空间上。

二、选择题

1. 下列用来定义显卡信息的结构体是（　　）。
   A．struct fb_var_screeninfo　　　　B．struct fb_info
   C．struct fb_fix_screeninfo　　　　D．其他
2. 下列不属于 fb_cmap 结构体成员的是（　　）
   A．start　　　　B．red　　　　C．yellow　　　　D．blue
3. LCD 驱动程序的平台设备定义的结构体是（　　）。
   A．s3c_device_lcd　　　　　　B．s3c2412fb_driver
   C．s3c2410fb_mach_info　　　　D．其他

三、判断题

1. FrameBuffer 是一个标准的字符设备，主设备号是 32。　　　　（　　）
2. LCD 控制器驱动程序的加载函数由 s3c2410fb_init()函数实现。　（　　）
3. s3c2412fb_probe()实现了真正的探测函数的功能。　　　　　（　　）

第 16 章　触摸屏设备驱动程序

由于触摸屏设备使用简单、价格相对低廉，因此它的应用随处可见。在消费类电子产品、工业控制系统甚至航空领域都有其应用。随着触摸屏设备技术的成熟和价格逐渐降低，在日常生活中也经常使用带触摸屏的设备。例如，银行的 ATM 机、机场的查询登机系统、手机、MP3 和掌上电脑等。正因为触摸屏设备应用如此广泛，所以掌握触摸屏设备驱动程序的编写对驱动开发者来说非常重要。本章将对触摸屏设备驱动程序进行详细分析。

16.1　触摸屏设备的工作原理

本节将对触摸屏设备的工作原理进行简要的介绍，并介绍触摸屏设备的主要类型，其中将重点介绍电阻式触摸屏设备，这些都是写触摸屏设备驱动程序的基础。

16.1.1　触摸屏设备简介

触摸屏作为一种最新的计算机输入设备，是目前使用最简单、方便和自然的一种人机交互方式。它具有坚固耐用、反应速度快、节省空间和易于交流等许多优点。利用这种设备，用户只要用手指轻轻地碰计算机显示屏上的图片或文字就能实现对主机操作，从而使人机交互更为直接，这种技术大大方便了那些不懂计算机操作的用户。事实上，触摸屏是一个使多媒体信息系统"改头换面"的设备，它赋予多媒体系统崭新的"面貌"，是极富吸引力的全新多媒体交互设备。

16.1.2　触摸屏设备类型

从技术原理来区分触摸屏，可将触摸屏分为 5 类，分别是矢量压力传感技术触摸屏、红外线技术触摸屏、电容技术触摸屏、电阻技术触摸屏和表面声波技术触摸屏。

其中：矢量压力传感技术触摸屏已退出历史舞台；红外线技术触摸屏价格低廉，但其外框易碎，容易产生光干扰，曲面情况下易失真；电容技术触摸屏设计构思合理，但其图像失真问题很难得到根本解决；电阻技术触摸屏的定位准确，但其价格高且怕刮易损；表面声波触摸屏解决了以往触摸屏的各种缺陷，清晰且不容易损坏，适用于各种场合，缺点是屏幕表面如果有水滴和尘土会使触摸屏变得迟钝。

每类触摸屏都有其各自的优缺点，要了解哪种触摸屏适用于哪种场合，关键是要了解每类触摸屏技术的工作原理和特点。目前最常用的触摸屏是使用电阻技术的触摸屏，因此下面主要基于电阻式触摸屏来分析触摸屏设备的驱动程序。

16.1.3 电阻式触摸屏

电阻触摸屏的屏体部分是一块与显示器表面相匹配的多层复合薄膜，它由一层玻璃或有机玻璃作为基层，外表面涂有一层透明的导电层，上面再覆盖一层经过硬化处理，光滑防刮的塑料层。电阻触摸屏的内表面也涂有一层透明导电层，在两层导电层之间有许多细小（小于千分之一英寸）的透明隔离点把它们隔开绝缘。

电阻式触摸屏中最常用和普及的是四项式触摸屏，其结构由 X 层和 Y 层组成，中间由微小的绝缘点隔开。当触摸屏没有压力时，X 层和 Y 层处于断开状态。当触摸屏有压力时，触摸屏 X 层和 Y 层导通。通过 X 层的探针可以侦测出 Y 层接触点的电压，通过电压可以确定触摸点在 Y 层的位置。同样，通过 Y 层的探针可以侦测出 X 层接触点的电压，通过电压可以确定触摸点在 X 层的位置。这样，就可以得到触摸点在触摸屏上的位置(x, y)。四项式触摸屏的工作原理如图 16.1 所示。

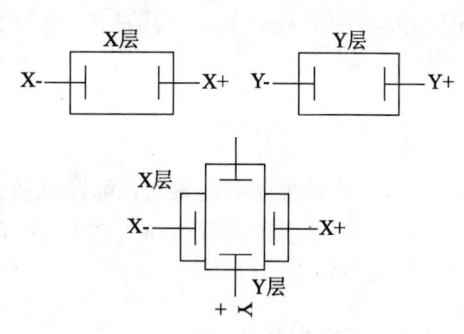

图 16.1 四项式触摸屏的工作原理

16.2 触摸屏设备的硬件结构

要完全理解触摸屏设备驱动程序，必须对触摸屏接口有所了解。本节将通过 S3C2440 处理器的触摸屏接口，对触摸屏接口的硬件原理进行详细介绍。

16.2.1 S3C2440 触摸屏接口简介

S3C2440 芯片支持触摸屏接口。这个触摸屏接口包括一个外部晶体管控制逻辑和一个模数转换器 ADC。S3C2440 芯片具有一个 8 通道的 10 位 CMOS 模数转换器（ADC），它将输入的模拟信号转换为 10 位的二进制数字数据。在 2.5MHz 的 A/D 转换器频率下，最大转换速率可达到 500ksps。A/D 转换器支持片上采样和保持功能，并支持掉电模式。

触摸屏接口包含引脚控制逻辑和一个 ADC 模数转换逻辑。通过中断，触摸屏接口可以控制这两个逻辑。S3C2440 的触摸屏接口具有如下特点。

- 分辨率：10 位。
- 微分线性度误差：±1.0LSB。
- 积分线性度误差：±2.0LSB。
- 最大转换速率：500ksps。
- 低功耗。
- 供电电压：3.3V。
- 输入模拟电压范围：0～3.3V。
- 片上采样保持功能。

- 普通转换模式。
- 分离的 X/Y 轴坐标转换模式。
- 自动（连续）X/Y 轴坐标转换模式。
- 等待中断模式。

16.2.2 S3C2440 触摸屏接口的工作模式

S3C2440 触摸屏接口有 4 种工作模式。在不同的工作模式下，触摸屏设备完成不同的功能。在某些情况下，几种工作模式需要互相配合才能发挥作用。这 4 种工作模式分别如下。

1．正常转换模式

当不使用触摸屏设备时，可以单独使用触摸屏接口中共用的模数转换器 ADC。在这种模式下，可以通过设置 ADCCON 寄存器来启动普通的 A/D 转换，当转换结束时，结果被写到 ADCDAT0 寄存器中。

2．等待中断模式

当设置触摸屏接口控制器的 ADCTSC 寄存器为 0xD3 时，触摸屏就处于等待中断模式，这时触摸屏等待触摸信号的到来。当触摸信号到来时，触摸屏接口控制器将通过 INT_TC 线产生中断信号，表示有触摸动作发生。当中断发生，触摸屏可以转换为其他两种状态来读取触摸点的位置(x, y)。这两种模式是独立的 X/Y 位置转换模式和自动 X/Y 位置转换模式。

3．独立的 X/Y 位置转换模式

独立的 X/Y 位置转换模式由两个子模式组成，分别是 X 位置模式和 Y 位置模式。X 位置模式将转换后的 X 坐标写到 ADCDAT0 寄存器的 XPDATA 位。转换后，触摸屏接口控制器会通过 INT_ADC 中断线产生中断信号，由中断处理函数来处理。Y 位置模式将转换后的 Y 坐标写到 ADCDAT1 寄存器的 YPDATA 位。同样，转换后，触摸屏接口控制器会通过 INT_ADC 中断线产生中断信号，由中断处理函数来处理。

4．自动 X/Y 位置转换模式

自动 X/Y 位置转换模式可以自动转换 X 位置和 Y 位置。位置转换后，模式触摸屏接口控制器自动将转换后的 X 坐标写到 ADCDAT0 寄存器的 XPDATA 位；将转换后的 Y 坐标写到 ADCDAT1 寄存器的 YPDATA 位。转换完成后，触摸屏接口控制器会通过 INT_ADC 中断线产生中断信号。

16.2.3 S3C2440 触摸屏设备寄存器

寄存器是主机控制设备的主要方式之一。下面对触摸屏设备的相关寄存器进行详细介绍，这些寄存器包括 ADC 控制寄存器、ADC 触摸屏控制寄存器、ADC 延时寄存器、ADC 转换数据寄存器。在具体代码中遇到对这些寄存器的操作时，读者可以对照本节知识，深

入理解程序的功能。

1. ADCCON寄存器

ADCCON 寄存器又叫模数转换控制寄存器（ADC CONTROL REGISTER），用于控制 AD 转换、是否使用分频、设置分频系数、读取 AD 转换器的状态等，其各位的含义如表 16.1 所示。

表 16.1 ADCCON寄存器

ADCCON	位	描 述	初 始 状 态
ECFLG	[15]	AD转换结束标志（只读） 0 = AD转换操作中 1 = AD转换结束	0
PRSCEN	[14]	AD转换器预分频器使能 0 = 停止 1 = 使能	0
PRSCVL	[13:6]	AD 转换器预分频器数值： 数据值范围：1～255 注意：当预分频的值为N时，除数实际上为（N+1） 注意：ADC频率应该设置成小于PLCK的5倍 （例如，如果PCLK = 10MHz，ADC频率 ＜2MHz）	0xFF
SEL_MUX	[5:3]	模拟输入通道选择 000 = AIN 0 001 = AIN 1 010 = AIN 2 011 = AIN 3 100 = AIN 4 101 = AIN 5 110 = AIN 6 111 = AIN 7 (XP)	0
STDBM	[2]	Standby模式选择 0 = 普通模式 1 = Standby模式	1
READ_START	[1]	通过读取来启动AD转换 0 = 停止通过读取启动 1 = 使能通过读取启动	0
ENABLE_START	[0]	通过设置该位来启动AD操作。如果READ_START是使能的，那么这个值就无效 0 = 无操作 1 = AD转换启动，启动后该位被清零	0

2. ADCDLY寄存器

ADCDLY 寄存器又叫 ADC 延时寄存器（ADC START DELAY REGISTER），用于在正常模式下和等待中断模式下的延时操作，其各位的含义如表 16.2 所示。

3. ADCDAT0寄存器

ADCDAT0 寄存器又叫 ADC 转换数据寄存器 0（ADC CONVERSION DATAREGISTER），用于存储触摸屏的点击状态、工作模式和 X 坐标等，其各位的含义如表 16.3 所示。

表 16.2 ADCDLY寄存器

ADCDLY	位	描述	初始状态
DELAY	[15:0]	（1）正常转换模式： 分离X/Y轴坐标转换模式和自动（连续）X/Y轴坐标转换模式，X/Y轴坐标转换延时值设置 （2）等待中断模式： 在等待中断模式下触笔点击发生时，这个寄存器以几毫秒的时间间隔为自动X/Y轴坐标转换产生中断信号（INT_TC） 注意：不能使用0值（0x0000）	00ff

表 16.3 ADCDAT0 寄存器

ADCDAT0	位	描述	初始状态
UPDOWN	[15]	等待中断模式下触笔的点击或提起状态 0 = 触笔点击状态 1 = 触笔提起状态	
AUTO_PST	[14]	自动连续X/Y轴坐标转换模式 0 = 普通ADC转换 1 = X/Y轴坐标连续转换	
XY_PST	[13:12]	手动X/Y轴坐标转换模式 00 =无操作 01 = X轴坐标转换 10 = Y轴坐标转换 11 =等待中断模式	
保留	[11:10]	保留	
YPDATA	[9:0]	X轴坐标转换数据值（或者普通ADC转换数据值） 数据值范围为0～3FF	

4. ADCDAT1寄存器

ADCDAT1 寄存器又叫 ADC 转换数据寄存器 1（ADC CONVERSION DATAREGISTER），用于存储触摸屏的点击状态、工作模式和 Y 坐标等，其各位的含义如表 16.4 所示。

表 16.4 ADCDAT1 寄存器

ADCDAT1	位	描述	初始状态
UPDOWN	[15]	等待中断模式下触笔的点击或提起状态 0 = 触笔点击状态 1 = 触笔提起状态	
AUTO_PST	[14]	自动连续X/Y轴坐标转换模式 0 = 普通ADC转换 1 = X/Y轴坐标连续转换	
XY_PST	[13:12]	手动X/Y轴坐标转换模式 00 =无操作 01 = X轴坐标转换 10 = Y轴坐标转换 11 =等待中断模式	
保留	[11:10]	保留	
YPDATA	[9:0]	Y轴坐标转换数据值 数据值范围为0～3FF	

使用 ADCDAT0 和 ADCDAT1 寄存器时，需要注意以下问题：

- 寄存器的第 15 位 ADCDAT0 和 ADCDAT1，表示 X 和 Y 方向上检测到的触摸屏是否被点击。只有当 ADCDAT0 和 ADCDAT1 寄存器的第 15 位，即两个寄存器的 UPDOWN 都等于 0 时，才表示触摸屏被点击，或者有触笔点击触摸屏。如果用 updown 变量表示触摸屏是否被点击，那么判断触摸屏被点击与否的代码如下：

```
int updown;                             /*触摸屏是否被按下*/
/*省略了一些代码，data0 中存储的是 ADCDAT0 寄存器的值，data1 中存储的是 ADCDAT1 寄存器的
  值。S3C2410_ADCDAT0_UPDOWN 表示 ADCDAT0 寄存器的第 15 位掩码；S3C2410_ADCDAT1_
  UPDOWN 表示 ADCDAT1 寄存器的第 15 位掩码*/
updown = (!(data0 & S3C2410_ADCDAT0_UPDOWN)) &&
         (!(data1 & S3C2410_ADCDAT1_UPDOWN));
    if (updown)                         /*如果 updown 等于 1，则表示触摸屏被点击*/
    {
       printk(KERN_INFO "You touch the screen\n");
    }
    else                                /*如果 updown 等于 0，则表示触摸屏没有被点击*/
    {
       printk(KERN_INFO "You do not touch the screen\n");
    }
```

5．ADCTSC寄存器

ADCTSC 寄存器又叫 ADC 触摸屏控制寄存器（ADC TOUCH SCREEN CONTROL REGISTER），用于存储触摸屏的 YMON、nYPON、nXPON 和 XMON 等状态，其各位的含义如表 16.5 所示。

表 16.5　ADCTSC寄存器

ADCTSC	位	描　　述	初始状态
保留	[8]	该位应该为0	0
YM_SEN	[7]	选择YMON的输出值 0 = YMON 输出是0（YM =高阻） 1 = YMON 输出是1（YM = GND）	0
YP_SEN	[6]	选择nYPON的输出值 0 = nYPON 输出是0（YP =外部电压） 1 = nYPON 输出是1（YP连接AIN[5]）	1
XM_SEN	[5]	选择XMON的输出值 0 = XMON 输出是 0（XM = 高阻） 1 = XMON 输出是1（XM = GND）	0
XP_SEN	[4]	选择nXPON的输出值 0 = nXPON输出是0（XP = 外部电压） 1 = nXPON输出是1（XP连接AIN[7]）	1
PULL_UP	[3]	上拉切换使能 0 = XP 上拉使能 1 = XP 上拉禁止	1
AUTO_PST	[2]	自动连续转换X轴坐标和Y轴坐标 0 = 普通ADC转换 1 = 自动（连续）X/Y轴坐标转换模式	0

续表

ADCTSC	位	描述	初始状态
XY_PST	[1:0]	手动测量X轴坐标和Y轴坐标 00＝无操作模式 01＝对X轴坐标进行测量 10＝ 对Y轴坐标进行测量 11＝ 等待中断模式	0

16.3 触摸屏设备驱动程序分析

在 Linux 5.15 内核中已经实现了 S3C2440 处理器的触摸屏驱动程序。由于 S3C2440 与 S3C2410 的触摸屏硬件变化不大，所以稍微对 S3C2410 的触摸屏驱动进行一些改写，就能够得到 S3C2440 处理器的触摸屏驱动程序。本节将对这个驱动程序进行详细分析，通过该驱动程序的学习，希望读者能举一反三，写出其他更好的驱动程序。

16.3.1 触摸屏设备驱动程序构成

触摸屏设备驱动程序的构成示意如图 16.2 所示。

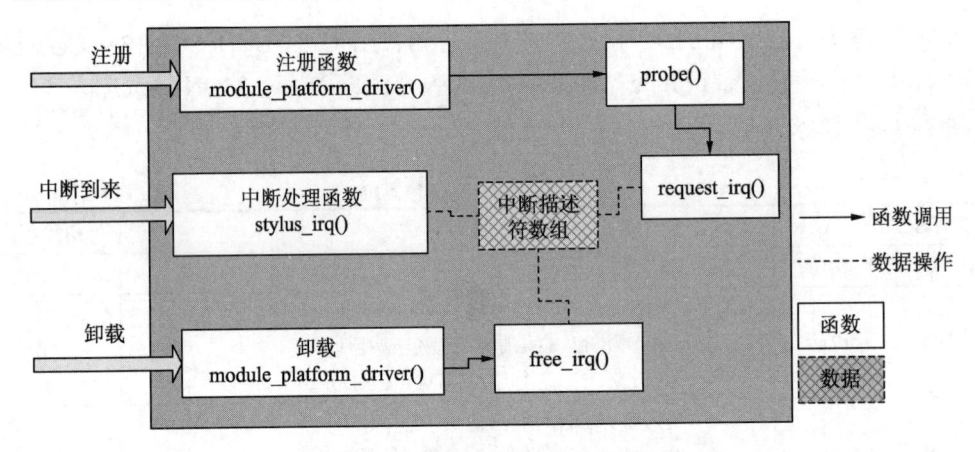

图 16.2 触摸屏设备驱动程序构成示意

- 当驱动注册时，会调用 module_platform_driver()函数。在该函数中会调用 probe()函数，该函数又会调用 request_irq()函数中断注册。中断处理函数是 stylus_irq()。request_irq()函数会操作内核中的一个中断描述符数组结构 irq_desc。该数组结构比较复杂，主要功能是记录中断号对应的中断处理函数。
- 当中断到来时，会到中断描述符数组中询问中断号对应的中断处理函数，然后执行该函数。在本实例中，这个中断处理函数是 stylus_irq()。
- 当卸载模块时，会调用 module_platform_driver()。在该函数中会调用 free_irq()函数释放设备所使用的中断号。free_irq()函数也会操作中断描述符数组结构 irq_desc，将该设备对应的中断处理函数删除。

16.3.2 S3C2440 触摸屏设备驱动程序的注册和卸载

首先分析触摸屏设备驱动程序的初始化和退出方法，了解触摸屏设备驱动程序的加载和卸载函数的实现过程。

1．注册和卸载

看门狗驱动的注册和卸载使用的是 module_platform_driver()宏函数，代码如下：

```
module_platform_driver(s3c_ts_driver);
```

module_platform_driver()宏函数会间接调用 platform_driver_register()和 platform_driver_unregister()函数。其中：platform_driver_register()用来注册平台设备驱动；platform_driver_unregister()用来注销平台设备驱动，回收驱动所占用的系统资源。

2．触摸屏设备驱动结构体

在调用 module_platform_driver()函数注册触摸屏设备驱动程序时，传递了一个重要的 s3c_ts_driver 结构体指针，该结构体的定义如下（/drivers/input/touchscreen/s3c2410_ts.c）：

```
01   static struct platform_driver s3c_ts_driver = {
02       .driver        = {
03           .name    = "samsung-ts",
04   #ifdef CONFIG_PM
05           .pm = &s3c_ts_pmops,
06   #endif
07       },
08       .id_table    = s3cts_driver_ids,
09       .probe       = s3c2410ts_probe,
10       .remove      = s3c2410ts_remove,
11   };
```

- 第 3 行，定义触摸屏设备驱动程序的名称为 samsung-ts。
- 第 5 行，定义触摸屏设备驱动程序的电源管理操作接口。
- 第 8 行，定义触摸屏设备驱动程序支持的设备列表。
- 第 9 行，定义触摸屏设备驱动程序的探测函数 s3c2410ts_probe()，该函数将在模块加载函数完成且驱动和设备匹配成功后执行。
- 第 10 行，定义触摸屏设备驱动程序的 remove()函数为 s3c2410ts_remove()，该函数与 s3c2410ts_probe()函数的功能相反。

16.3.3 S3C2440 触摸屏驱动模块探测函数

调用 driver_register()函数注册成功之后，内核会以 s3c2410ts_driver 中的 name 成员为依据，在系统中查找已经注册的具有相同名称的设备。如果找到相应的设备，就调用 s3c2410ts_driver 中定义的探测函数 probe()。

这里的 probe()函数就是 s3c2410ts_probe()。这个函数用于在触摸屏设备初始化过程中，检查设备是否准备就绪、映射物理地址到虚拟地址、注册相应的中断等。s3c2410ts_probe()函数的代码如下（/drivers/input/touchscreen/s3c2410_ts.c）：

```c
01  static int s3c2410ts_probe(struct platform_device *pdev)
02  {
03      struct s3c2410_ts_mach_info *info;        /*接收平台设备的私有资源*/
04      struct device *dev = &pdev->dev;
05      struct input_dev *input_dev;              /*输入型设备*/
06      struct resource *res;
07      int ret = -EINVAL;
08      memset(&ts, 0, sizeof(struct s3c2410ts)); /*将全局变量ts清零*/
09      ts.dev = dev;
10      info = dev_get_platdata(dev);
11      if (!info) {
12          dev_err(dev, "no platform data, cannot attach\n");
13          return -EINVAL;
14      }
15      dev_dbg(dev, "initialising touchscreen\n");
16      ts.clock = clk_get(dev, "adc");           /*获取时钟*/
17      if (IS_ERR(ts.clock)) {
18          dev_err(dev, "cannot get adc clock source\n");
19          return -ENOENT;
20      }
21      ret = clk_prepare_enable(ts.clock);       /*使能时钟*/
22      if (ret) {
23          dev_err(dev, "Failed! to enabled clocks\n");
24          goto err_clk_get;
25      }
26      dev_dbg(dev, "got and enabled clocks\n");
27      ts.irq_tc = ret = platform_get_irq(pdev, 0);  /*获得触摸屏中断*/
28      if (ret < 0) {
29          dev_err(dev, "no resource for interrupt\n");
30          goto err_clk;
31      }
32      /*获得I/O资源*/
33      res = platform_get_resource(pdev, IORESOURCE_MEM, 0);
34      if (!res) {
35          dev_err(dev, "no resource for registers\n");
36          ret = -ENOENT;
37          goto err_clk;
38      }
39      /*将物理地址转化为虚拟地址*/
40      ts.io = ioremap(res->start, resource_size(res));
41      if (ts.io == NULL) {
42          dev_err(dev, "cannot map registers\n");
43          ret = -ENOMEM;
44          goto err_clk;
45      }
46      if (info->cfg_gpio)                       /*如果有cfg_gpio,就调用,初始化gpio*/
47          info->cfg_gpio(to_platform_device(ts.dev));
48      /*注册申请获得ADC服务的客户,设置好select和convert回调函数*/
49      ts.client = s3c_adc_register(pdev, s3c24xx_ts_select,
50                  s3c24xx_ts_conversion, 1);
51      if (IS_ERR(ts.client)) {
52          dev_err(dev, "failed to register adc client\n");
53          ret = PTR_ERR(ts.client);
54          goto err_iomap;
55      }
56      if ((info->delay & 0xffff) > 0)           /*初始化模数转换ADC寄存器*/
57          writel(info->delay & 0xffff, ts.io + S3C2410_ADCDLY);
58      writel(WAIT4INT | INT_DOWN, ts.io + S3C2410_ADCTSC);
59      input_dev = input_allocate_device();      /*分配一个输入型设备*/
```

```
 60         if (!input_dev) {
 61             dev_err(dev, "Unable to allocate the input device !!\n");
 62             ret = -ENOMEM;
 63             goto err_iomap;
 64         }
 65         ts.input = input_dev;
 66         ts.input->evbit[0] = BIT_MASK(EV_KEY) | BIT_MASK(EV_ABS);
 67         ts.input->keybit[BIT_WORD(BTN_TOUCH)] = BIT_MASK(BTN_TOUCH);
 68         input_set_abs_params(ts.input, ABS_X, 0, 0x3FF, 0, 0);
 69         input_set_abs_params(ts.input, ABS_Y, 0, 0x3FF, 0, 0);
 70         ts.input->name = "S3C24XX TouchScreen";
 71         ts.input->id.bustype = BUS_HOST;
 72         ts.input->id.vendor = 0xDEAD;
 73         ts.input->id.product = 0xBEEF;
 74         ts.input->id.version = 0x0102;
 75         ts.shift = info->oversampling_shift;
 76         ts.features = platform_get_device_id(pdev)->driver_data;
 77         ret = request_irq(ts.irq_tc, stylus_irq, 0,
 78                 "s3c2410_ts_pen", ts.input);       /*申请触摸屏设备中断*/
 79         if (ret) {
 80             dev_err(dev, "cannot get TC interrupt\n");
 81             goto err_inputdev;
 82         }
 83         dev_info(dev, "driver attached, registering input device\n");
 84         ret = input_register_device(ts.input);      /* 注册输入设备*/
 85         if (ret < 0) {
 86             dev_err(dev, "failed to register input device\n");
 87             ret = -EIO;
 88             goto err_tcirq;
 89         }
 90         return 0;
 91 /*错误处理*/
 92     err_tcirq:
 93         free_irq(ts.irq_tc, ts.input);
 94     err_inputdev:
 95         input_free_device(ts.input);
 96     err_iomap:
 97         iounmap(ts.io);
 98     err_clk:
 99         clk_disable_unprepare(ts.clock);
100         del_timer_sync(&touch_timer);
101     err_clk_get:
102         clk_put(ts.clock);
103         return ret;
104 }
```

下面对代码进行详细分析。

- 第 3 行，定义 S3C2410 触摸屏接口相关硬件的配置信息结构体指针。这个指针的类型是 s3c2410_ts_mach_info，定义代码如下（/include/linux/platform_data/touchscreen-s3c2410.h）：

```
struct s3c2410_ts_mach_info {
    int delay;                                          /*延时时间*/
    int presc;                                          /*预分频值*/
    int oversampling_shift;                             /*输入数据的缓冲区大小*/
    void (*cfg_gpio)(struct platform_device *dev);      /*用于设置gpio*/
};
```

- 第 8 行，调用 memset()函数将驱动程序的全局变量 ts 的各个成员初始化为 0。其中，ts 是 struct s3c2410ts 的一个实例，其定义代码如下：(/drivers/input/touchscreen/s3c2410_ts.c)

```
struct s3c2410ts {
    struct s3c_adc_client *client;    /*注册一个ADC设备的客户记录*/
    struct device *dev;               /*这里得到的是平台设备的device成员*/
    struct input_dev *input;          /*输入设备*/
    struct clk *clock;
    void __iomem *io;                 /*映射后的寄存器基址*/
    unsigned long xp;                 /*x 坐标*/
    unsigned long yp;                 /*y 坐标*/
    int irq_tc;
    int count;
    int shift;
    int features;
};
static struct s3c2410ts ts;
```

- 第 10 行，获得平台设备的私有数据。
- 第 16 行，调用 clk_get()函数获得 ADC 的时钟源并赋给 adc_clock 指针。
- 第 17~20 行，如果没有正确地获得 ADC 时钟源，则表示错误，立刻返回退出。
- 第 40 行，调用 ioremap()函数把一个 ADC 控制寄存器的物理内存地址映射到一个虚拟地址中。
- 第 41~45 行，如果映射失败，则退出驱动程序。
- 第 46、47 行，初始化 gpio 管脚，这个 cfg_gpio 是设备提供的接口，其参数是一个宏，返回的是 struct platform_device 结构体指针，这个宏用到了 container_of 宏，container_of 宏的作用是根据结构体的成员返回结构体的首地址。
- 第 49、50 行，注册申请获得 ADC 服务的客户，设置 select 和 convert 回调函数。
- 第 56、57 行，写延时时间到 ADCDLY 寄存器。
- 第 58 行，写 ADC 触摸屏设备的 ADCTSC 寄存器，使触摸屏设备处于等待中断模式。
- 第 59 行，使用 input_allocate_device()函数分配一个输入型设备。
- 第 68、69 行，设置 AD 转换的 X 坐标和 Y 坐标。
- 第 65~67 行和 70~76 行，初始化触摸屏设备自定义的全局变量 ts 的各个成员。
- 第 77~82 行，调用 request_irq()函数申请触摸屏设备中断，并为其准备 stylus_irq()函数，这个函数将在中断到来时被调用。
- 第 84 行，调用 input_register_device()函数将触摸屏设备注册到输入子系统中。

在大多数 Linux 设备驱动程序中，执行完 module_platform_driver()函数间接调用的 platform_driver_register()函数后，都会执行 probe()函数，读者应该注意这个函数。在触摸屏设备驱动程序的 probe()函数中，完成了物理地址到内核地址的映射、配置相应的寄存器和注册输入设备等工作。

16.3.4 触摸屏设备驱动程序中断处理函数

触摸屏设备驱动程序的探测函数 s3c2410ts_probe()执行完成之后，驱动程序处于等待状态。在等待状态中，驱动程序可以接收一个中断信号并触发中断处理函数 stylus_irq()。

这个中断是触屏中断（IRQ_TC），在 s3c2410ts_probe()函数中调用 request_irq()函数注册这个中断，当触摸屏被点击时会产生触摸中断信号 IRQ_TC，该信号会激发 stylus_irq()函数，代码如下（/drivers/input/touchscreen/s3c2410_ts.c）：

```
01    static irqreturn_t stylus_irq(int irq, void *dev_id)
02    {
03        unsigned long data0;
04        unsigned long data1;
05        bool down;
06        data0 = readl(ts.io + S3C2410_ADCDAT0);
07        data1 = readl(ts.io + S3C2410_ADCDAT1);
08        down = get_down(data0, data1);
09        if (down)
10            s3c_adc_start(ts.client, 0, 1 << ts.shift);
11        else
12            dev_dbg(ts.dev, "%s: count=%d\n", __func__, ts.count);
13        if (ts.features & FEAT_PEN_IRQ) {
14            writel(0x0, ts.io + S3C64XX_ADCCLRINTPNDNUP);
15        }
16        return IRQ_HANDLED;
17    }
```

下面对代码进行简要分析。

- 第 3 行和第 4 行，定义两个变量 data0 和 data1，用来存储 ADCDAT0 和 ADCDAT1 寄存器的值。这两个寄存器在 16.2.3 节已经详细讲述，不熟悉的读者可以复习一下前面的内容。
- 第 5 行，定义一个布尔类型的 down 变量，用来表示触摸屏是否被点击。
- 第 6 行，调用 readl()函数读取 ADCDAT0 寄存器的值并将其存入变量 data0 中。该寄存器的地址由宏 S3C2410_ADCDAT0 定义，其值是 0x580000C。
- 第 7 行，调用 readl()函数读取 ADCDAT1 寄存器的值并将其存入变量 data1 中。该寄存器的地址由宏 S3C2410_ADCDAT1 定义，其值是 0x58000010。
- 第 8 行，调用 get_down()函数判断触摸屏是否被点击。
- 第 9 行和第 10 行，屏幕被点击，启动 ADC。
- 第 16 行，如果以上代码正确执行，则返回 IRQ_HANDLED，这是一个中断句柄，实际上是一个整数。

16.3.5　S3C2440 触摸屏设备驱动模块的 remove()函数

remove()函数是 Linux 设备驱动模块中非常重要的一个函数，这个函数实现了与 probe() 函数相反的功能，体现了 Linux 内核资源分配和释放的思想。资源应该在使用时分配，不使用时释放。触摸屏设备驱动程序的 remove()函数由 s3c2410ts_remove()函数实现，在这个函数中释放申请的中断和时钟等。函数代码如下（/drivers/input/touchscreen/s3c2410_ts.c）：

```
01    static int s3c2410ts_remove(struct platform_device *pdev)
02    {
03        free_irq(ts.irq_tc, ts.input);
04        del_timer_sync(&touch_timer);
05        clk_disable_unprepare(ts.clock);
06        clk_put(ts.clock);
07        input_unregister_device(ts.input);
08        iounmap(ts.io);
```

```
09          return 0;
10      }
```

下面对代码进行简要分析。

- 第 3 行，调用 free_irq()函数释放中断。
- 第 4 行，调用 del_timer_sync()函数删除计时器同步。
- 第 5 行，调用 clk_disable_unprepare()函数关闭时钟。
- 第 7 行，调用 input_unregister_device()函数注销输入设备。
- 第 8 行，调用 iounmap()函数释放映射的虚拟内存地址。

经过以上分析，触摸屏设备驱动程序的代码基本已经分析完毕。为了加强理解，读者可以对照完整的源代码再分析一次，更深入地领会触摸屏设备驱动程序的写法。

16.4 测试触摸屏设备驱动程序

测试触摸屏设备驱动程序是否正确工作，最简单的方法是在驱动程序中加入一些打印坐标的信息，从这些坐标中分析触摸屏设备驱动程序是否正常工作。touch_timer_fire()函数会不断地被调用去读输入缓冲区中的数据，在 touch_timer_fire()函数中加入第 13～20 行代码，就能够打印出调试信息。修改后的 touch_timer_fire()函数代码如下：

```
01  static void touch_timer_fire(struct timer_list *unused)
02  {
03      unsigned long data0;
04      unsigned long data1;
05      bool down;
06      data0 = readl(ts.io + S3C2410_ADCDAT0);
07      data1 = readl(ts.io + S3C2410_ADCDAT1);
08      down = get_down(data0, data1);
09      if (down) {
10          if (ts.count == (1 << ts.shift)) {
11              ts.xp >>= ts.shift;
12              ts.yp >>= ts.shift;
13  #ifdef CONFIG_TOUCHSCREEN_S3C2410_DEBUG
14              {
15                  struct timeval tv;
16                  do_gettimeofday(&tv);
17                  printk(DEBUG_LVL "T: %06d, X: %03ld, Y: %03ld\n",
                           (int)tv.tv_usec, ts.xp, ts.yp);
18                  printk(KERN_INFO "T: %06d, X: %03ld, Y: %03ld\n",
                           (int)tv.tv_usec, ts.xp, ts.yp);
19              }
20  #endif
21              dev_dbg(ts.dev, "%s: X=%lu, Y=%lu, count=%d\n",
22                      __func__, ts.xp, ts.yp, ts.count);
23              input_report_abs(ts.input, ABS_X, ts.xp);
24              input_report_abs(ts.input, ABS_Y, ts.yp);
25              input_report_key(ts.input, BTN_TOUCH, 1);
26              input_sync(ts.input);
27              ts.xp = 0;
28              ts.yp = 0;
29              ts.count = 0;
30          }
31          s3c_adc_start(ts.client, 0, 1 << ts.shift);
32      } else {
```

```
33              ts.xp = 0;
34              ts.yp = 0;
35              ts.count = 0;
36              input_report_key(ts.input, BTN_TOUCH, 0);
37              input_sync(ts.input);
38              writel(WAIT4INT | INT_DOWN, ts.io + S3C2410_ADCTSC);
39          }
40      }
```

下面对代码的修改部分进行简要分析。

在上述代码第 13 行中出现了一个宏 CONFIG_TOUCHSCREEN_S3C2410_DEBUG，如果定义了这个宏，则执行第 14~19 行的代码，打印出触摸点的相关信息。

- 第 15 行，定义一个时间结构体。
- 第 16 行，调用 do_gettimeofday()函数获得当前的时间。
- 第 17 行和第 18 行，打印某个时间的 X 和 Y 坐标。两个 printk()函数分别接收 DEBUG_LVL 和 KERN_INFO 宏，表示在不同的位置打印坐标信息。

要使 touch_timer_fire()函数能够打印出坐标信息，只需要定义 CONFIG_TOUCHSCREEN_s3c2410_DEBUG 宏就可以了，该宏的定义如下：

```
#define CONFIG_TOUCHSCREEN_S3C2410_DEBUG 1
```

16.5 小　　结

本章对触摸屏设备驱动程序进行了详细分析。首先对触摸屏设备的硬件原型进行了详细介绍，然后对触摸屏设备的接口电路和寄存器也进行详细的讲述，接着介绍了触摸屏设备驱动程序的注册和卸载、probe()函数和中断处理函数等。通过对本章的学习，读者对触摸屏设备在 Linux 中的具体实现有一定了解。

16.6 习　　题

一、填空题

1. 在电阻式触摸屏中最常用和最普及的是_____触摸屏。
2. S3C2440 芯片具有一个 8 通道的 10 位_____模数转换器。
3. ADCDLY 寄存器又叫_____寄存器。

二、选择题

1. 下列已经退出历史舞台的触摸屏是（　　）。
   A. 矢量压力传感技术触摸屏　　　　B. 红外线技术触摸屏
   C. 电阻技术触摸屏　　　　　　　　D. 表面声波触摸屏
2. 下列不属于 S3C2440 触摸屏接口的工作模式的是（　　）。
   A. 正常转换模式　　　　　　　　　B. 自动 X/Y 位置转换模式

  C．手动 X/Y 位置转换模式   D．等待中断模式
  3．下列用于控制 AD 转换的寄存器是（ ）。
  A．ADCDAT0 寄存器   B．ADCCON 寄存器
  C．ADCDAT1 寄存器   D．其他

三、判断题

  1．触摸屏设备的中断处理函数有两个。   （ ）
  2．触摸屏具有坚固耐用、反应速度快、节省空间和易于交流等许多优点。（ ）
  3．在 s3c2410ts_probe()函数中调用了一个 memset()函数，该函数的 ts 参数是 struct s3c2410_ts_mach_info 的一个实例。   （ ）

第 17 章　输入子系统设计

本章将介绍 Linux 输入子系统的驱动开发过程。Linux 的输入子系统不仅支持鼠标、键盘等常规输入设备，还支持蜂鸣器和触摸屏等设备。

17.1　input 子系统入门

输入子系统又叫 input 子系统，其构建非常灵活，只需要调用一些简单的函数，就可以将一个输入设备的功能呈现给应用程序。本节以一个实例为基础，介绍编写输入子系统驱动程序的方法。

17.1.1　简单的实例

本节将讲述一个简单的输入设备驱动实例。这个输入设备只有一个按键，按键被连接到一条中断线上，当按键被按下时将产生一个中断，内核检测到这个中断然后对其进行处理。实例代码如下：

```
01  #include <linux/input.h>
02  #include <linux/module.h>
03  #include <linux/init.h>
04  #include <linux/irqreturn.h>
05  #include <linux/interrupt.h>
06  #include <asm/irq.h>
07  #include <asm/io.h>
08  #define BUTTON_IRQ 123
09  static struct input_dev *button_dev;     /*输入设备结构体*/
10  /*中断处理函数*/
11  static irqreturn_t button_interrupt(int irq, void *dummy)
12  {
13      /*向输入子系统报告产生按键事件*/
14      input_report_key(button_dev, BTN_0, inb(BUTTON_IRQ) &1);
15      input_sync(button_dev);                /*通知接收者，一个报告发送完毕*/
16      return IRQ_HANDLED;
17  }
18  static int __init button_init(void)      /*加载函数*/
19  {
20      int error;
21      /*申请中断处理函数*/
22      if (request_irq(BUTTON_IRQ, button_interrupt, 0, "button", NULL)
23      {
24          /*如果申请失败，则打印出错信息*/
25          printk(KERN_ERR "button.c: Can't allocate irq %d\n",
                 BUTTON_IRQ);
```

```
26              return -EBUSY;
27          }
28          button_dev = input_allocate_device();    /*分配一个设备结构体*/
29          if (!button_dev)                         /*判断分配是否成功*/
30          {
31              printk(KERN_ERR "button.c: Not enough memory\n");
32              error = -ENOMEM;
33              goto err_free_irq;
34          }
35      button_dev->evbit[0] = BIT_MASK(EV_KEY);     /*设置按键信息*/
36      button_dev->keybit[BIT_WORD(BTN_0)] = BIT_MASK(BTN_0);
37      error = input_register_device(button_dev);   /*注册一个输入设备*/
38      if (error)
39      {
40          printk(KERN_ERR "button.c: Failed to register device\n");
41          goto err_free_dev;
42      }
43      return 0;
44  err_free_dev:                                    /*以下是错误处理*/
45      input_free_device(button_dev);
46  err_free_irq:
47      free_irq(BUTTON_IRQ, button_interrupt);
48      return error;
49  }
50  static void __exit button_exit(void)
51  {
52      input_unregister_device(button_dev);         /*注销按键设备*/
53      free_irq(BUTTON_IRQ, button_interrupt);      /*释放按键占用的中断线*/
54  }
55  module_init(button_init);
56  module_exit(button_exit);
57  MODULE_LICENSE("GPL v2");
```

这个实例的代码比较简单，在初始化函数 button_init() 中注册了一个中断处理函数，然后调用 input_allocate_device() 函数分配一个 input_dev 结构体，并调用 input_register_device() 函数对其进行注册。在中断处理函数 button_interrupt() 中，将接收到的按键信息上报给 input 子系统，从而通过 input 子系统，向用户态程序提供按键输入信息。

本实例采用了中断方式，除了相关的代码外，实例中还包含一些 input 子系统提供的函数，下面对其中一些重要的函数进行分析。

第 28 行的 input_allocate_device() 函数在内存中为输入设备结构体分配一个空间，并对其主要的成员进行初始化。为了更深入地了解 input 子系统，驱动开发人员应该对其代码有所了解，该函数的代码如下（/drivers/input/input.c）：

```
struct input_dev *input_allocate_device(void)
{
    static atomic_t input_no = ATOMIC_INIT(-1);
    struct input_dev *dev;
    /*分配一个 input_dev 结构体并初始化为 0*/
    dev = kzalloc(sizeof(*dev), GFP_KERNEL);
    if (dev) {
        dev->dev.type = &input_dev_type;          /*初始化设备的类型*/
        dev->dev.class = &input_class;            /*设置为输入设备类*/
        device_initialize(&dev->dev);             /*初始化 device 结构*/
        mutex_init(&dev->mutex);                  /*初始化互斥锁*/
        spin_lock_init(&dev->event_lock);         /*初始化事件自旋锁*/
```

```
        timer_setup(&dev->timer, NULL, 0);
        INIT_LIST_HEAD(&dev->h_list);                /*初始化链表*/
        INIT_LIST_HEAD(&dev->node);                  /*初始化链表*/
        dev_set_name(&dev->dev, "input%lu",
                 (unsigned long)atomic_inc_return(&input_no));
        __module_get(THIS_MODULE);                   /*模块引用技术加1*/
    }
    return dev;
}
```

input_allocate_device()函数返回一个指向 input_dev 类型的指针,该结构体是一个输入设备结构体,包含输入设备的一些相关信息,如设备支持的按键码、设备的名称和设备支持的事件等。后面将对这个结构体进行详细介绍,此处将注意力集中在实例中的函数上。

17.1.2 注册函数 input_register_device()

在前面的 button_init()函数中,第 34 行代码是调用 input_register_device()函数注册输入设备结构体。input_register_device()函数是输入子系统核心层提供的函数。该函数将 input_dev 结构体注册到输入子系统核心中,input_dev 结构体必须由前面讲的 input_allocate_device()函数来分配。如果 input_register_device()函数注册失败,那么必须调用 input_free_device()函数释放分配的空间。如果该函数注册成功,那么在卸载函数中应该调用 input_unregister_device()函数来注销输入设备结构体。

1. input_register_device()函数

input_register_device()函数的代码如下(/drivers/input/input.c):

```
01  int input_register_device(struct input_dev *dev)
02  {
03      struct input_devres *devres = NULL;
04      struct input_handler *handler;
05      unsigned int packet_size;
06      const char *path;
07      int error;
08      if (test_bit(EV_ABS, dev->evbit) && !dev->absinfo) {
09          dev_err(&dev->dev,
10              "Absolute device without dev->absinfo, refusing to
                register\n");
11          return -EINVAL;
12      }
13      if (dev->devres_managed) {
14          devres = devres_alloc(devm_input_device_unregister,
15                  sizeof(*devres), GFP_KERNEL);
16          if (!devres)
17              return -ENOMEM;
18          devres->input = dev;
19      }
20      __set_bit(EV_SYN, dev->evbit);
21      __clear_bit(KEY_RESERVED, dev->keybit);
22      input_cleanse_bitmasks(dev);
23      packet_size = input_estimate_events_per_packet(dev);
24      if (dev->hint_events_per_packet < packet_size)
25          dev->hint_events_per_packet = packet_size;
26      dev->max_vals = dev->hint_events_per_packet + 2;
27      dev->vals = kcalloc(dev->max_vals, sizeof(*dev->vals),
```

```c
            GFP_KERNEL);
28      if (!dev->vals) {
29          error = -ENOMEM;
30          goto err_devres_free;
31      }
32      if (!dev->rep[REP_DELAY] && !dev->rep[REP_PERIOD])
33          input_enable_softrepeat(dev, 250, 33);
34      if (!dev->getkeycode)
35          dev->getkeycode = input_default_getkeycode;
36      if (!dev->setkeycode)
37          dev->setkeycode = input_default_setkeycode;
38      if (dev->poller)
39          input_dev_poller_finalize(dev->poller);
40      error = device_add(&dev->dev);
41      if (error)
42          goto err_free_vals;
43      path = kobject_get_path(&dev->dev.kobj, GFP_KERNEL);
44      pr_info("%s as %s\n",
45          dev->name ? dev->name : "Unspecified device",
46          path ? path : "N/A");
47      kfree(path);
48      error = mutex_lock_interruptible(&input_mutex);
49      if (error)
50          goto err_device_del;
51      list_add_tail(&dev->node, &input_dev_list);
52      list_for_each_entry(handler, &input_handler_list, node)
53          input_attach_handler(dev, handler);
54      input_wakeup_procfs_readers();
55      mutex_unlock(&input_mutex);
56      if (dev->devres_managed) {
57          dev_dbg(dev->dev.parent, "%s: registering %s with devres.\n",
58              __func__, dev_name(&dev->dev));
59          devres_add(dev->dev.parent, devres);
60      }
61      return 0;
62  err_device_del:
63      device_del(&dev->dev);
64  err_free_vals:
65      kfree(dev->vals);
66      dev->vals = NULL;
67  err_devres_free:
68      devres_free(devres);
69      return error;
70  }
```

下面对主要代码进行分析。

- 第 3～7 行，定义一些将要用到的局部变量。
- 第 8～12 行，如果是绝对设备却没有坐标信息，则拒绝注册。
- 第 20 行，调用 __set_bit() 函数设置 input_dev 所支持的事件类型。事件类型由 input_dev 的 evbit 成员来表示，EV_SYN 表示设备支持所有的事件。注意，一个设备可以支持一种或者多种事件类型。常用的事件类型如下（/include/uapi/linux/input-event-codes.h）：

```
#define EV_SYN          0x00        /*表示设备支持所有的事件*/
#define EV_KEY          0x01        /*键盘或者按键，表示一个键码*/
#define EV_REL          0x02        /*鼠标设备，表示一个相对的光标位置结果*/
#define EV_ABS          0x03        /*手写板产生的值，其是一个绝对整数值*/
```

```
#define EV_MSC          0x04            /*其他类型*/
#define EV_LED          0x11            /*LED 灯设备*/
#define EV_SND          0x12            /*蜂鸣器，输入声音*/
#define EV_REP          0x14            /*允许重复按键类型*/
#define EV_PWR          0x16            /*电源管理事件*/
```

- 第 32、33 行，如果 dev->rep[REP_DELAY]和 dev->rep[REP_PERIOD]没有设置，则调用 input_enable_softrepeat()函数使能自动重复，其实就是设置这 2 个时间以及添加定时器处理函数。代码如下（/drivers/input/input.c）：

```
void input_enable_softrepeat(struct input_dev *dev, int delay, int period)
{
    dev->timer.function = input_repeat_key;
    dev->rep[REP_DELAY] = delay;
    dev->rep[REP_PERIOD] = period;
}
```

- 第 34~37 行，检查 getkeycode()函数和 setkeycode()函数是否被定义，如果没有定义，则使用默认的处理函数，这两个函数为 input_default_getkeycode()和 input_default_setkeycode()。input_default_getkeycode()函数用来获取指定位置的键值。input_default_setkeycode()函数用来设置键值。
- 第 40 行，使用 device_add()函数将 input_dev 包含的 device 结构注册到 Linux 设备模型中，并可以在 sysfs 文件系统中表现出来。
- 第 43~47 行，打印设备的路径，输出调试信息。
- 第 51 行，调用 list_add_tail()函数将 input_dev 加入 input_dev_list 链表，input_dev_list 链表包含系统所有的 input_dev 设备。
- 第 52、53 行，调用 input_attach_handler()函数，该函数将在下面专门解释。
- 第 62~68 行代码为错误处理。

2. input_attach_handler()函数

input_attach_handler()函数用来匹配 input_dev 和 Handler，只有匹配成功，才能进行下一步的关联操作。input_attach_handler()函数的代码如下（/drivers/input/input.c）：

```
01  static int input_attach_handler(struct input_dev *dev, struct
    input_handler *handler)
02  {
03      const struct input_device_id *id;              /*输入设备的指针*/
04      int error;
05      id = input_match_device(handler, dev);
06      if (!id)
07          return -ENODEV;
08      error = handler->connect(handler, dev, id);   /*连接设备和处理函数*/
09      if (error && error != -ENODEV)
10          pr_err("failed to attach handler %s to device %s, error: %d\n",
11                  handler->name, kobject_name(&dev->dev.kobj), error);
12      return error;
13  }
```

下面对代码进行简要分析。

- 第 3 行，定义一个 input_device_id 结构体指针。该结构体表示设备的标识，标识中存储的是设备信息，其定义如下（/include/linux/mod_devicetable.h）：

```
struct input_device_id {
    kernel_ulong_t flags;                    /*标志信息*/
    __u16 bustype;                           /*总线类型*/
    __u16 vendor;                            /*制造商 ID*/
    __u16 product;                           /*产品 ID*/
    __u16 version;                           /*版本号*/
    ...
    kernel_ulong_t driver_info;              /*驱动额外的信息*/
};
```

- 第 5~7 行，调用 input_match_device()函数匹配 handle->id_table 和 dev->id 中的数据。如果不成功则返回。handle->id_table 也是一个 input_device_id 类型的指针，其表示驱动支持的设备列表。
- 第 8 行，如果匹配成功，则调用 handler->connect()函数将 Handler 与 input_dev 连接起来。

3. input_match_device ()函数

input_match_device ()函数用来与 input_dev 和 Handler 进行匹配。在 Handler 的 id_table 表中定义了其支持的 input_dev 设备。该函数的代码如下（/drivers/input/input.c）：

```
01  static const struct input_device_id *input_match_device(struct
        input_handler *handler,  struct input_dev *dev)
02  {
03      const struct input_device_id *id;
04      for (id = handler->id_table; id->flags || id->driver_info; id++) {
05          if (input_match_device_id(dev, id) &&
06              (!handler->match || handler->match(handler, dev))) {
07              return id;
08          }
09      }
10      return NULL;
11  }
```

下面对代码进行简要解释。
- 第 4 行代码是一个 for 循环，依次遍历 handler->id_table 所指向的 input_device_id 数组中的各个元素。
- 第 5 行代码是一个 if 语句，在其中调用 input_match_device_id()函数实现匹配。该函数的代码如下（/drivers/input/input.c）：

```
bool input_match_device_id(const struct input_dev *dev,
        const struct input_device_id *id)
{
    /*匹配总线 ID*/
    if (id->flags & INPUT_DEVICE_ID_MATCH_BUS)
        if (id->bustype != dev->id.bustype)
            return false;
    /*匹配生产商 ID*/
    if (id->flags & INPUT_DEVICE_ID_MATCH_VENDOR)
        if (id->vendor != dev->id.vendor)
            return false;
    /*匹配产品 ID*/
    if (id->flags & INPUT_DEVICE_ID_MATCH_PRODUCT)
        if (id->product != dev->id.product)
            return false;
```

```
            /*匹配版本*/
            if (id->flags & INPUT_DEVICE_ID_MATCH_VERSION)
                if (id->version != dev->id.version)
                    return false;
        /*__bitmap_subset(A, B):判断 A 位图是否 B 位图的子集*/
        if (!bitmap_subset(id->evbit, dev->evbit, EV_MAX) ||
            !bitmap_subset(id->keybit, dev->keybit, KEY_MAX) ||
            !bitmap_subset(id->relbit, dev->relbit, REL_MAX) ||
            !bitmap_subset(id->absbit, dev->absbit, ABS_MAX) ||
            !bitmap_subset(id->mscbit, dev->mscbit, MSC_MAX) ||
            !bitmap_subset(id->ledbit, dev->ledbit, LED_MAX) ||
            !bitmap_subset(id->sndbit, dev->sndbit, SND_MAX) ||
            !bitmap_subset(id->ffbit, dev->ffbit, FF_MAX) ||
            !bitmap_subset(id->swbit, dev->swbit, SW_MAX) ||
            !bitmap_subset(id->propbit, dev->propbit, INPUT_PROP_MAX)) {
                return false;
        }
        return true;
    }
```

简而言之，注册 input device 的过程就是为 input device 设置默认值，并将其挂以 input_dev_list，与挂载在 input_handler_list 中的 Handler 相匹配。如果匹配成功，就调用 Handler 的 connect()函数。

17.1.3 向子系统报告事件

在 17.1.1 小节的 button_interrupt()函数代码中，第 12 行代码调用了 input_report_key() 函数向输入子系统报告发生的事件，这就是一个按键事件。在 button_interrupt()中断函数中，不需要考虑重复按键的重复点击情况，input_report_key()函数会自动检查这个问题。该函数的代码如下（/include/linux/input.h）：

```
01  static inline void input_report_key(struct input_dev *dev, unsigned int
    code, int value)
02  {
03      input_event(dev, EV_KEY, code, !!value);
04  }
```

input_report_key()函数的第 1 个参数是产生事件的输入设备，第 2 个参数是产生的事件，第 3 个参数是事件的值。需要注意的是，第 2 个参数可以取类似 BTN_0、BTN_1、BTN_LEFT、BTN_RIGHT 等值，这些键值被定义在/include/uapi/linux/input-event-codes.h 文件中。当第 2 个参数为按键时，第 3 个参数表示按键的状态，当 value 值为 0 时表示按键被释放，为非 0 时表示按键被按下。

1. input_report_key()函数

在 input_report_key()函数中真正起作用的函数是 input_event()函数，该函数用来向输入子系统报告输入设备发生的事件，这个函数非常重要，它的代码如下（/drivers/input/input.c）：

```
01  void input_event(struct input_dev *dev,
02          unsigned int type, unsigned int code, int value)
03  {
04      unsigned long flags;
05      if (is_event_supported(type, dev->evbit, EV_MAX)) {
06          spin_lock_irqsave(&dev->event_lock, flags);
```

```
07                input_handle_event(dev, type, code, value);
08                spin_unlock_irqrestore(&dev->event_lock, flags);
09          }
10      }
```

input_event()函数的第 1 个参数是 input_device 设备，第 2 个参数是事件的类型，可以取 EV_KEY、EV_REL 和 EV_ABS 等值。在前面的按键时间报告函数 input_report_key() 中传递的就是 EV_KEY 值，表示发生一个按键事件。input_event()的第 3、4 个参数与 input_report_key()函数的参数相同，下面对 input_event()函数进行简要分析。

- 第 5 行，调用 is_event_supported()函数检查输入设备是否支持该事件，该函数的代码如下（/drivers/input/input.c）：

```
01  static inline int is_event_supported(unsigned int code,
02                       unsigned long *bm, unsigned int max)
03  {
04      return code <= max && test_bit(code, bm);
05  }
```

is_event_supported()函数检查 input_dev.evbit 中的相应位是否已设置，如果已设置则返回 1，否则返回 0。每一种类型的事件都在 input_dev.evbit 中用一个位来表示，这些位构成一个位图，如果某位为 1，表示输入设备支持这类事件，如果为 0，表示输入设备不支持这类事件。如图 17.1 为 input_dev.evbit 各位支持的事件，其中省略了一些事件类型，目前 Linux 支持十多种事件类型，因此用一个长整型变量就可以全部表示了。

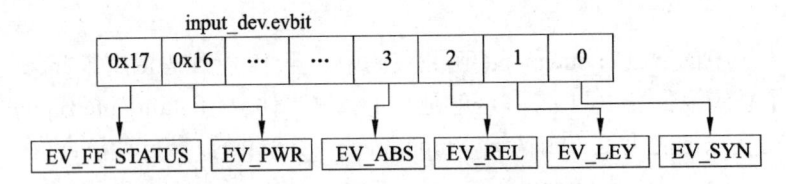

图 17.1 input_dev.evbit 各位支持的事件

这里可以回顾一下 17.1.1 小节 button_init()函数的第 32 行：

```
32      button_dev->evbit[0] = BIT_MASK(EV_KEY);              /*设置按键信息*/
```

这一行代码是设置输入设备 button_dev 支持的事件类型，BIT_MASK 是用来构造 input_dev.evbit 这个位图的宏，代码如下（/include/linux/bits.h）：

```
#define BIT_MASK(nr)            (UL(1) << ((nr) % BITS_PER_LONG))
```

- 第 6 行，调用 spin_lock_irqsave()函数将事件锁锁定。
- 第 7 行，调用 input_handle_event()函数继续为输入子系统的相关模块发送数据。该函数较为复杂，下面专门进行分析。

2. input_handle_event()函数

input_handle_event()函数向输入子系统传送事件信息，第 1 个参数是输入设备的名称 input_dev，第 2 个参数是事件的类型，第 3 个参数是键码，第 4 个参数是键值。该函数的代码如下（/drivers/input/input.c）：

```
01  static void input_handle_event(struct input_dev *dev,
02                  unsigned int type, unsigned int code, int value)
03  {
```

```
04      int disposition;
05      if (dev->inhibited)
06          return;
07      disposition = input_get_disposition(dev, type, code, &value);
08      if (disposition != INPUT_IGNORE_EVENT && type != EV_SYN)
09          add_input_randomness(type, code, value);
10      if ((disposition & INPUT_PASS_TO_DEVICE) && dev->event)
11          dev->event(dev, type, code, value);
12      if (!dev->vals)
13          return;
14      if (disposition & INPUT_PASS_TO_HANDLERS) {
15          struct input_value *v;
16          if (disposition & INPUT_SLOT) {
17              v = &dev->vals[dev->num_vals++];
18              v->type = EV_ABS;
19              v->code = ABS_MT_SLOT;
20              v->value = dev->mt->slot;
21          }
22          v = &dev->vals[dev->num_vals++];
23          v->type = type;
24          v->code = code;
25          v->value = value;
26      }
27      if (disposition & INPUT_FLUSH) {
28          if (dev->num_vals >= 2)
29              input_pass_values(dev, dev->vals, dev->num_vals);
30          dev->num_vals = 0;
31          dev->timestamp[INPUT_CLK_MONO] = ktime_set(0, 0);
32      } else if (dev->num_vals >= dev->max_vals - 2) {
33          dev->vals[dev->num_vals++] = input_value_sync;
34          input_pass_values(dev, dev->vals, dev->num_vals);
35          dev->num_vals = 0;
36      }
37  }
```

下面对 input_handle_event()函数进行简要分析。

- 第 4 行，定义一个 disposition 变量。
- 第 7 行，调用 input_get_disposition()函数获得事件处理者身份。该函数的定义代码如下（/drivers/input/input.c）：

```
01  static int input_get_disposition(struct input_dev *dev,
02              unsigned int type, unsigned int code, int *pval)
03  {
04      int disposition = INPUT_IGNORE_EVENT;
05      int value = *pval;
06      switch (type) {
07      case EV_SYN:
08          switch (code) {
09          case SYN_CONFIG:
10              disposition = INPUT_PASS_TO_ALL;
11              break;
12          case SYN_REPORT:
13              disposition = INPUT_PASS_TO_HANDLERS | INPUT_FLUSH;
14              break;
15          case SYN_MT_REPORT:
16              disposition = INPUT_PASS_TO_HANDLERS;
17              break;
18          }
19          break;
20      case EV_KEY:
```

```c
21          if (is_event_supported(code, dev->keybit, KEY_MAX)) {
22              if (value == 2) {
23                  disposition = INPUT_PASS_TO_HANDLERS;
24                  break;
25              }
26              if (!!test_bit(code, dev->key) != !!value) {
27                  __change_bit(code, dev->key);
28                  disposition = INPUT_PASS_TO_HANDLERS;
29              }
30          }
31          break;
32      case EV_SW:
33          if (is_event_supported(code, dev->swbit, SW_MAX) &&
34              !!test_bit(code, dev->sw) != !!value) {
35              __change_bit(code, dev->sw);
36              disposition = INPUT_PASS_TO_HANDLERS;
37          }
38          break;
39      case EV_ABS:
40          if (is_event_supported(code, dev->absbit, ABS_MAX))
41              disposition = input_handle_abs_event(dev, code, &value);
42          break;
43      case EV_REL:
44          if (is_event_supported(code, dev->relbit, REL_MAX) && value)
45              disposition = INPUT_PASS_TO_HANDLERS;
46          break;
47      case EV_MSC:
48          if (is_event_supported(code, dev->mscbit, MSC_MAX))
49              disposition = INPUT_PASS_TO_ALL;
50          break;
51      case EV_LED:
52          if (is_event_supported(code, dev->ledbit, LED_MAX) &&
53              !!test_bit(code, dev->led) != !!value) {
54              __change_bit(code, dev->led);
55              disposition = INPUT_PASS_TO_ALL;
56          }
57          break;
58      case EV_SND:
59          if (is_event_supported(code, dev->sndbit, SND_MAX)) {
60              if (!!test_bit(code, dev->snd) != !!value)
61                  __change_bit(code, dev->snd);
62              disposition = INPUT_PASS_TO_ALL;
63          }
64          break;
65      case EV_REP:
66          if (code <= REP_MAX && value >= 0 && dev->rep[code] != value) {
67              dev->rep[code] = value;
68              disposition = INPUT_PASS_TO_ALL;
69          }
70          break;
71      case EV_FF:
72          if (value >= 0)
73              disposition = INPUT_PASS_TO_ALL;
74          break;
75      case EV_PWR:
76          disposition = INPUT_PASS_TO_ALL;
77          break;
78      }
```

```
79        *pval = value;
80        return disposition;
81    }
```

下面对代码进行简要分析。

- 第 4 行，定义一个 disposition 变量，该变量表示使用什么方式处理事件。此处初始化为 INPUT_IGNORE_EVENT，表示如果后面没有对该变量重新赋值，则忽略这个事件。
- 第 6~78 行是一个重要的 switch 结构，在该结构中对各种事件进行一些必要的检查，并设置相应的 disposition 变量的值。这里只需要关心第 20~31 行代码即可。
- 第 8 和 9 行，处理 EV_SYN 事件。
- 第 10 和 11 行，首先判断 disposition 等于 INPUT_PASS_TO_DEVICE，然后判断 dev->event 是否对其指定了一个处理函数，如果这些条件都满足，则调用自定义的 dev->event()函数处理事件。有些事件是发送给设备而不是发送给 Handler 处理的。event()函数用于向输入子系统报告一个将要发送给设备的事件，例如，让 LED 灯点亮事件、蜂鸣器鸣叫事件等。当事件报告给输入子系统时，设备就要处理这个事件。
- 第 14~26 行，如果事件处理者身份为 INPUT_PASS_TO_HANDLERS，表示交给 input device 处理。
- 第 20~31 行，对 EV_KEY 事件进行处理。在第 21 行中调用 is_event_supported()函数判断是否支持该按键。
- 第 26 行，调用 test_bit()函数测试按键状态是否已改变。
- 第 27 行，调用 __change_bit()函数改变键的状态。
- 第 23、28 行，将 disposition 变量设置为 INPUT_PASS_TO_HANDLERS，表示事件需要 Handler 来处理。disposition 的取值有如下几种：

```
#define INPUT_IGNORE_EVENT    0
#define INPUT_PASS_TO_HANDLERS 1
#define INPUT_PASS_TO_DEVICE   2
#define INPUT_PASS_TO_ALL(INPUT_PASS_TO_HANDLERS | INPUT_PASS_TO_DEVICE)
```

INPUT_IGNORE_EVENT 表示忽略事件，不处理；INPUT_PASS_TO_HANDLERS 表示将事件交给 Handler 来处理；INPUT_PASS_TO_DEVICE 表示将事件交给 input_dev 来处理；INPUT_PASS_TO_ALL 表示将事件交给 Handler 和 input_dev 共同处理。

- 第 8、9 行，处理 EV_SYN 事件，这里无须关心。
- 第 10、11 行，首先判断 disposition 是否等于 INPUT_PASS_TO_DEVICE，然后判断 dev->event 是否对其指定了一个处理函数，如果这些条件都满足，则调用自定义的 dev->event()函数处理事件。有些事件是发送给设备而不是发送给 Handler 处理的。event()函数用来向输入子系统报告一个将要发送给设备的事件，如让 LED 灯点亮事件、让蜂鸣器鸣叫事件等。当事件报告给输入子系统时，要求设备要处理这个事件。
- 第 14~26 行，如果事件处理者身份为 INPUT_FLUSH，则表示交给 input device 处理。
- 第 27~31 行，如果事件处理者身份为 INPUT_FLUSH，则表示需要 Handler 立即处理。

17.2　Handler 处理器注册分析

input_handler 是输入子系统的主要数据结构，一般将其称为 Handler 处理器，用于处理输入事件。input_handler 为输入设备的功能实现了一个接口，输入事件最终传递给 Handler 处理器，Handler 处理器根据一定的规则对事件进行处理，具体的规则将在下面详细介绍。在此之前需要了解一下输入子系统的构成。

17.2.1　输入子系统的构成

前面主要讲解了 input_dev 相关的函数，为了使读者对输入子系统有整体的了解，本小节将对输入子系统的构成进行简要的介绍。后面的章节将围绕输入子系统的各个构成部分来学习。如图 17.2 为输入子系统的构成示意。

图 17.2　输入子系统的构成示意

输入子系统由驱动层、输入子系统核心层（Input Core）和事件处理层（Event Handler）3 部分构成。一个输入事件，如鼠标移动，键盘按键按下等通过驱动层→系统核心层→事件处理层到达用户空间层并传给应用程序使用。其中，输入子系统核心层由 driver/input/input.c 及相关头文件实现，其向下提供了设备驱动接口，向上提供了事件处理层的编程接口。输入子系统主要涉及 input_dev、input_handler 和 input_handle 等结构体，如表 17.1 所示。

表 17.1　输入子系统的关键数据结构体

数据结构体	位　　置	说　　明
input_dev	input.h	物理输入设备的基本数据结构，包含设备的一些相关信息
input_handler	input.h	事件处理结构体，定义处理事件的逻辑
input_handle	input.h	用于创建 input_dev 和 input_handler 关系的结构体

17.2.2　input_handler 结构体

input_handler 是输入设备的事件处理接口，为处理事件提供了一个统一的函数模板，程序员可以根据具体需要实现其中的一些函数，并将其注册到输入子系统中。input_handler 结构体的定义如下（/include/linux/input.h）：

```
01    struct input_handler {
02        void *private;
03        void (*event)(struct input_handle *handle, unsigned int type,
```

```
                         unsigned int code, int value);
04       void (*events)(struct input_handle *handle,
                 const struct input_value *vals, unsigned int count);
05       bool (*filter)(struct input_handle *handle, unsigned int type,
                 unsigned int code, int value);
06       bool (*match)(struct input_handler *handler, struct input_dev
             *dev);
07       int (*connect)(struct input_handler *handler, struct
             input_dev *dev, const struct input_device_id *id);
08       void (*disconnect)(struct input_handle *handle);
09       void (*start)(struct input_handle *handle);
10       bool legacy_minors;
11       int minor;
12       const char *name;
13       const struct input_device_id *id_table;
14       struct list_head    h_list;
15       struct list_head    node;
16    };
```

下面对代码简要分析如下。

- 第 2 行，定义一个 private 指针，表示驱动特定的数据。这里的驱动指的就是 Handler 处理器。
- 第 3 行，定义一个 event() 处理函数，这个函数被输入子系统调用去处理发送给设备的事件。例如，发送一个事件命令 LED 灯点亮，实际控制硬件的点亮操作就可以放在 event() 函数中实现。
- 第 4 行，定义一个 events() 函数，该函数是一个事件序列处理程序。
- 第 5 行，定义一个 filter () 函数，类似于 event() 函数，将普通事件处理程序与"过滤器"分离。
- 第 6 行，定义一个 match() 函数，在比较设备的 ID 和处理程序的 id_table 之后调用该函数，能够在设备和处理程序之间执行细粒度匹配。
- 第 7 行，定义一个 connect() 函数，该函数用来连接 Handler 和 input_dev。在 input_attach_handler() 函数的第 8 行代码中（见 17.1.2 小节），就是回调的这个自定义函数。
- 第 8 行，定义一个 disconnect() 函数，该函数用来断开 Handler 和 input_dev 之间的联系。
- 第 11 行，表示设备的次设备号。
- 第 12 行，定义一个 name，表示 Handler 的名称并显示在/proc/bus/input/handlers 目录中。
- 第 13 行，定义一个 id_table 表，表示驱动能够处理的表。
- 第 14 行，定义一个链表 h_list，表示与这个 input_handler 联系的下一个 Handler。
- 第 15 行，定义一个链表 node，将其连接到全局的 input_handler_list 链表中，所有的 input_handler 都连接在其中。

17.2.3　注册 input_handler

input_register_handler() 函数用于注册一个新的 input handler 处理器，这个 Handler 将供输入设备使用，一个 Handler 可以添加到支持它的多个设备中，也就是一个 Handler 可以处理多个输入设备的事件。input_handler()函数的参数传入简要注册的 input_handler 指针,该函数的代码如下(/drivers/input/input.c):

```
01   int input_register_handler(struct input_handler *handler)
02   {
03       struct input_dev *dev;
04       int error;
05       error = mutex_lock_interruptible(&input_mutex);
06       if (error)
07           return error;
08       INIT_LIST_HEAD(&handler->h_list);
09       list_add_tail(&handler->node, &input_handler_list);
10       list_for_each_entry(dev, &input_dev_list, node)
11           input_attach_handler(dev, handler);
12       input_wakeup_procfs_readers();
13       mutex_unlock(&input_mutex);
14       return 0;
15   }
```

下面对代码进行简要分析。
- 第 3 和第 4 行,定义一些局部变量。
- 第 5~7 行,对 input_mutex 进行加锁。如果加锁失败则返回。
- 第 8 行,初始化 h_list 链表,该链表用于连接与 input_handler 相连的下一个 Handler。
- 第 9 行,调用 list_add_tail()函数将 Handler 加入全局的 input_handler_list 链表中,该链表包含系统所有的 input_handler。
- 第 10 和 11 行,调用 input_attach_handler()函数,该函数在 17.1.2 小节的 input_register_device()函数的第 53 行出现过。input_attach_handler()函数的作用是匹配 input_dev_list 链表中的 input_dev 与 Handler,如果成功,则会将 input_dev 与 Handler 连接起来。
- 第 12 行,与 procfs 文件系统有关,这里不需要关心。
- 第 13 和 14 行,解开互斥锁并退出。

17.2.4 input_handle 结构体

input_register_handle()函数用来将一个新的 handle 注册到输入子系统中。input_handle 的主要功能是连接 input_dev 和 input_handler,其结构如下(/include/linux/input.h):

```
01   struct input_handle {
02       void *private;
03       int open;
04       const char *name;
05       struct input_dev *dev;
06       struct input_handler *handler;
07       struct list_head    d_node;
08       struct list_head    h_node;
09   };
```

下面对 input_handler 结构体的成员进行简要介绍。
- 第 2 行,定义 private 表示 Handler 特定的数据。
- 第 3 行,定义一个 open 变量,表示是否正在使用 Handle,如果正在使用,则将事件分发给设备进行处理。

- 第4行，定义一个 name 变量，表示 handle 的名称。
- 第5行，定义 dev 变量指针，表示该 handle 依附的 input_dev 设备。
- 第6行，定义一个 Handler 变量指针指向 input_handler，该 Handler 处理器就是与设备相关的处理器。
- 第7行，定义一个 d_node 变量，使用这个变量将 handle 放到与设备相关的链表中，也就是放到 input_dev->h_list 表示的链表中。
- 第8行，定义一个 h_node 变量，使用这个变量将 handle 放到与 input_handler 相关的链表中，也就是放到 handler->h_list 表示的链表中。

17.2.5　注册 input_handle

input_handle 是连接 input_dev 和 input_handler 的一个中间结构体。事件通过 input_handle 从 input_dev 上发送到 input_handler 上或从 input_handler 上发送到 input_dev 上进行处理。在使用 input_handle 之前，需要对其进行注册，注册函数是 input_register_handle()。

1. 注册函数input_register_handle()

input_register_handle()函数用于在输入子系统中注册一个新的 Handler。该函数接收一个 input_handle 类型的指针，该指针变量用于在注册前对其成员进行初始化。input_register_handle()函数的代码如下：

```
01  int input_register_handle(struct input_handle *handle)
02  {
03      struct input_handler *handler = handle->handler;
04      struct input_dev *dev = handle->dev;
05      int error;
06      error = mutex_lock_interruptible(&dev->mutex);
07      if (error)
08          return error;
09      if (handler->filter)
10          list_add_rcu(&handle->d_node, &dev->h_list);
11      else
12          list_add_tail_rcu(&handle->d_node, &dev->h_list);
13      mutex_unlock(&dev->mutex);
14      list_add_tail_rcu(&handle->h_node, &handler->h_list);
15      if (handler->start)
16          handler->start(handle);
17      return 0;
18  }
```

下面对代码进行简要分析。
- 第3行，从 handle 中取出一个指向 input_handler 的指针供后面的操作使用。
- 第4行，从 handle 中取出一个指向 input_dev 的指针供后面的操作使用。
- 第6行，给竞争区域加一个互斥锁。
- 第12行，调用 list_add_tail_rcu()函数将 handle 加入输入设备的 dev->h_list 链表中。
- 第15和16行，如果定义 start()函数，则调用它。

2. input_dev、input_handler和input_handle的关系

从前面的代码分析中可以看出，input_dev、input_handler 和 input_handle 三者是相互

联系的，如图 17.3 所示。

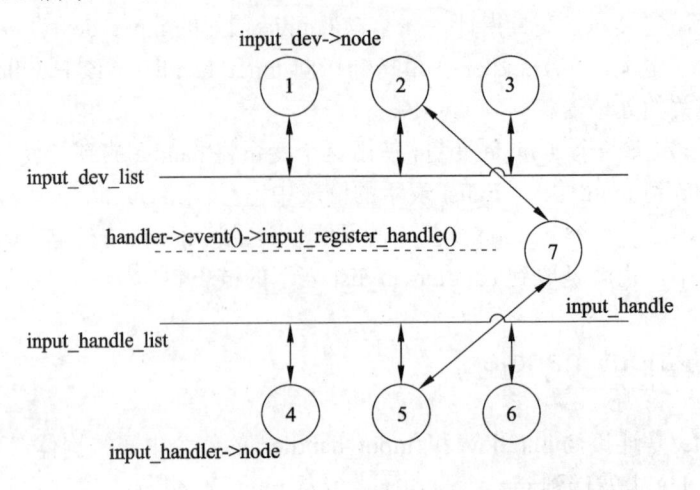

图 17.3 input_dev、input_handler 和 input_handle 的关系

结点 1、2、3 表示 input_dev 设备，其通过 input_dev->node 变量连接到全局输入设备链表 input_dev_list 中。结点 4、5、6 表示 input_handler 处理器，其通过 input_handler->node 连接到全局 handler 处理器链表 input_handler_list 中。结点 7 是一个 input_handle 的结构体，其用来连接 input_dev 和 input_handler。input_handle 的 dev 成员指向了对应的 input_dev 设备，input_handle 的 handler 成员指向了对应的 input_handler。另外，结点 7 的 input_handle 通过 d_node 连接到了结点 2 的 input_dev 上的 h_list 链表上。另一方面，结点 7 的 input_handle 通过 h_node 连接到了结点 5 的 input_handler 的 h_list 链表上。通过这种关系，将 input_dev 和 input_handler 连接起来。

17.3　input 子系统

在 Linux 中，输入子系统作为一个模块向上为用户层提供接口函数，向下为驱动层程序提供统一的接口函数。这样就能够使输入设备的事件通过输入子系统发送给用户层应用程序，用户层应用程序也可以通过输入子系统通知驱动程序完成某项功能。输入子系统作为一个模块，必然有一个初始化函数。在/drivers/input/input.c 文件中定义了输入子系统的初始化函数 input_init()，该函数的代码如下：

```
01    static int __init input_init(void)
02    {
03        int err;
04        err = class_register(&input_class);
05        if (err) {
06            pr_err("unable to register input_dev class\n");
07            return err;
08        }
09        err = input_proc_init();
10        if (err)
11            goto fail1;
12        err = register_chrdev_region(MKDEV(INPUT_MAJOR, 0),
13                INPUT_MAX_CHAR_DEVICES, "input");
```

```
14          if (err) {
15              pr_err("unable to register char major %d", INPUT_MAJOR);
16              goto fail2;
17          }
18          return 0;
19  fail2: input_proc_exit();
20  fail1: class_unregister(&input_class);
21          return err;
22  }
```

下面对代码进行简要分析。

- 第 4 行，调用 class_register()函数先注册一个名称为 input 的类，所有 input device 都属于这个类。在 sysfs 中就是，所有 input device 代表的目录都位于/dev/class/input 下。input_class 类的定义如下：

```
struct class input_class = {
    .name       = "input",
    .devnode    = input_devnode,
};
```

- 第 9 行，调用 input_proc_init()函数在/proc 下建立相关的交互文件。
- 第 12、13 行，调用 register_chrdev_region()函数申请字符设备号。

17.4　evdev 输入事件驱动程序分析

evdev 输入事件驱动程序为输入子系统提供了一个默认的事件处理方法，其接收来自底层驱动的大多数事件，并使用相应的逻辑对事件进行处理。evdev 输入事件驱动从底层接收事件信息，然后将其反映到 sys 文件系统中，用户程序通过对 sys 文件系统的操作，就能够达到处理事件的目的。下面先对 evdev 的初始化进行简要的分析。

17.4.1　evdev 的初始化

evdev 以模块的方式存在于内核中，与其他模块一样，evdev 也包含初始化函数和卸载函数。evdev 的初始化主要完成一些注册工作，使内核知道 evdev 的存在。

1．evdev_init()初始化函数

evdev 模块定义在/drivers/input/evdev.c 文件中，该模块的初始化函数是 evdev_init()。在初始化函数中注册了一个 evdev_handler 结构体，用来对一些通用的抽象事件进行统一处理，该函数的代码如下：

```
01  static int __init evdev_init(void)
02  {
03      return input_register_handler(&evdev_handler);
04  }
```

第 3 行代码调用 input_register_handler()函数注册 evdev_handler 事件处理器，input_register_handler()函数在前面已经详细解释过，下面对其参数 evdev_handler 进行讲解，其定义如下：

```
01  static struct input_handler evdev_handler = {
02      .event      = evdev_event,
03      .events     = evdev_events,
04      .connect    = evdev_connect,
05      .disconnect = evdev_disconnect,
06      .legacy_minors = true,
07      .minor      = EVDEV_MINOR_BASE,
08      .name       = "evdev",
09      .id_table   = evdev_ids,
10  };
```

- 第 7 行，定义 minor 为 EVDEV_MINOR_BASE（64）。因为一个 Handler 可以处理 32 个设备，所以 evdev_handler 所能处理的设备文件范围为（13,64）～（13,64+32），其中，13 是所有输入设备的主设备号。
- 第 9 行，定义 id_table 结构。回忆前面几节的内容，由 input_attach_handler()函数可知，input_dev 与 Handler 匹配成功的关键在于 Handler 中的 blacklist 和 id_talbe。evdev_handler 只定义了 id_table，其定义如下：

```
static const struct input_device_id evdev_ids[] = {
    { .driver_info = 1 },    /* Matches all devices */
    { },            /* Terminating zero entry */
};
```

evdev_ids 没有定义 flags，也没有定义匹配属性值。这个 evdev_ids 的意思就是：evdev_handler 可以匹配所有的 input_dev 设备，也就是说，所有的 input_dev 发出的事件，都可以由 evdev_handler 来处理。另外，由前面的分析可以知道，匹配成功之后会调用 handler->connect()函数连接对应的设备。

2．evdev_connect()函数

在 evdev_handler 的第 3 行代码中定义了 evdev_connect()函数。evdev_connect()函数主要用来连接 input_dev 和 input_handler，这样事件的流通链才能建立。流通链建立后，才能知道事件该由谁处理，以及处理之后将向谁返回结果。

```
01  static int evdev_connect(struct input_handler *handler, struct input_dev *dev,
02              const struct input_device_id *id)
03  {
04      struct evdev *evdev;
05      int minor;
06      int dev_no;
07      int error;
08      minor = input_get_new_minor(EVDEV_MINOR_BASE, EVDEV_MINORS, true);
09      if (minor < 0) {
10          error = minor;
11          pr_err("failed to reserve new minor: %d\n", error);
12          return error;
13      }
14      evdev = kzalloc(sizeof(struct evdev), GFP_KERNEL);
15      if (!evdev) {
16          error = -ENOMEM;
17          goto err_free_minor;
18      }
19      INIT_LIST_HEAD(&evdev->client_list);
20      spin_lock_init(&evdev->client_lock);
21      mutex_init(&evdev->mutex);
```

```
22          evdev->exist = true;
23          dev_no = minor;
24          if (dev_no < EVDEV_MINOR_BASE + EVDEV_MINORS)
25              dev_no -= EVDEV_MINOR_BASE;
26          dev_set_name(&evdev->dev, "event%d", dev_no);
27          evdev->handle.dev = input_get_device(dev);
28          evdev->handle.name = dev_name(&evdev->dev);
29          evdev->handle.handler = handler;
30          evdev->handle.private = evdev;
31          evdev->dev.devt = MKDEV(INPUT_MAJOR, minor);
32          evdev->dev.class = &input_class;
33          evdev->dev.parent = &dev->dev;
34          evdev->dev.release = evdev_free;
35          device_initialize(&evdev->dev);
36          error = input_register_handle(&evdev->handle);
37          if (error)
38              goto err_free_evdev;
39          cdev_init(&evdev->cdev, &evdev_fops);
40          error = cdev_device_add(&evdev->cdev, &evdev->dev);
41          if (error)
42              goto err_cleanup_evdev;
43          return 0;
44      err_cleanup_evdev:
45          evdev_cleanup(evdev);
46          input_unregister_handle(&evdev->handle);
47      err_free_evdev:
48          put_device(&evdev->dev);
49      err_free_minor:
50          input_free_minor(minor);
51          return error;
52      }
```

下面对代码进行简要分析。

- 第 4~7 行，声明一些必要的局部变量。
- 第 8 行，调用 input_get_new_minor()函数获取一个没有被使用的次设备号。
- 第 14~18 行，分配一个 struct evdev 的空间，如果分配失败则释放此设备号并退出。
- 第 19~21 行，对分配的 evdev 结构进行初始化，主要对链表和互斥锁做必要的初始化。在 evdev 中封装了一个 handle 结构，这个结构与 Handler 是不同的。可以把 handle 看成 Handler 和 input device 的信息集合体，这个结构用来联系匹配成功的 Handler 和 input device。
- 第 27~30 行，对 evdev 进行必要的初始化，其中主要对 handle 进行初始化。初始化的目的是使 input_dev 和 input_handler 联系起来。
- 第 31~35 行，在设备驱动模型中注册一个 evdev->dev 的设备，并初始化一个 evdev->dev 的设备。这里，使 evdev->dev 所属的类指向 input_class。这样在/sysfs 中创建的设备目录就会在/sys/class/input/下显示。
- 第 36 行，调用 input_register_handle()函数注册一个 input_handle 结构体。
- 第 41~51 行，进行一些必要的错误处理。

17.4.2 打开 evdev 设备

用户程序通过输入子系统创建的设备结点函数 open()、read()和 write()等，打开和读写输入设备。创建的设备结点显示在/dev/input/目录下，由 eventx 表示。

1. evdev_open()函数

对主设备号为 INPUT_MAJOR 的设备结点进行操作，会将操作集转换成 Handler 的操作集。在 evdev_handler 中定义了一个 fops 集合，并被赋值为 evdev_fops 指针。evdev_fops 就是设备结点的操作集，其定义代码如下：

```
01  static const struct file_operations evdev_fops = {
02      .owner          = THIS_MODULE,
03      .read           = evdev_read,
04      .write          = evdev_write,
05      .poll           = evdev_poll,
06      .open           = evdev_open,
07      .release        = evdev_release,
08      .unlocked_ioctl = evdev_ioctl,
09  #ifdef CONFIG_COMPAT
10      .compat_ioctl   = evdev_ioctl_compat,
11  #endif
12      .fasync         = evdev_fasync,
13      .llseek         = no_llseek,
14  };
```

evdev_fops 结构体是一个 file_operations 类型。当用户层调用类似代码 open("/dev/input/event1", O_RDONLY)函数打开设备结点时，会调用 evdev_fops 中的 evdev_open()函数，该函数的代码如下：

```
01  static int evdev_open(struct inode *inode, struct file *file)
02  {
03      struct evdev *evdev = container_of(inode->i_cdev, struct evdev,
            cdev);
04      unsigned int bufsize = evdev_compute_buffer_size
            (evdev->handle.dev);
05      struct evdev_client *client;
06      int error;
07      client = kvzalloc(struct_size(client, buffer, bufsize),
            GFP_KERNEL);
08      if (!client)
09          return -ENOMEM;
10      init_waitqueue_head(&client->wait);
11      client->bufsize = bufsize;
12      spin_lock_init(&client->buffer_lock);
13      client->evdev = evdev;
14      evdev_attach_client(evdev, client);
15      error = evdev_open_device(evdev);
16      if (error)
17          goto err_free_client;
18      file->private_data = client;
19      stream_open(inode, file);
20      return 0;
21  err_free_client:
22      evdev_detach_client(evdev, client);
23      kvfree(client);
24      return error;
25  }
```

下面对代码进行简要分析。

❑ 第3～6行，定义一些局部变量。

- 第 7~20 行，分配并初始化一个 client 结构体，然后将它和 evdev 关联起来。关联的内容是，将 client->evdev 指向 evdev，调用 evdev_attach_client()将 client 挂到 evdev->client_list 上。第 18 行，将 client 赋给 file 的 private_data。
- 第 15 行，调用 evdev_open_device()函数打开输入设备。该函数的具体功能将在后面详细介绍。
- 第 21~24 行，进行一些错误处理。

2. evdev_open_device()函数

evdev_open_device()函数用来打开相应的输入设备，使设备准备好接收或者发送数据。evdev_open_device()函数先获得互斥锁，然后检查设备是否存在，并判断设备是否已经被打开。如果没有打开，则调用 input_open_device()函数打开设备。evdev_open_device()函数的代码如下：

```
01    static int evdev_open_device(struct evdev *evdev)
02    {
03        int retval;
04        retval = mutex_lock_interruptible(&evdev->mutex);
05        if (retval)
06            return retval;
07        if (!evdev->exist)
08            retval = -ENODEV;
09        else if (!evdev->open++) {
10            retval = input_open_device(&evdev->handle);
11            if (retval)
12                evdev->open--;
13        }
14        mutex_unlock(&evdev->mutex);
15        return retval;
16    }
```

下面对代码进行简要分析。
- 第 7 行，判断设备是否存在，如果不存在则返回设备不存在。
- 第 9~12 行，如果 evdev 是第一次打开，就调用 input_open_device()打开 evdev 对应的 handle；否则不做任何操作，直接返回。

3. input_open_device()函数

在 input_open_device()函数中，递增 handle 的打开计数。如果是第一次打开，则调用 input_dev 的 open()函数。input_open_device()函数定义如下（/drivers/input/input.c）：

```
01    int input_open_device(struct input_handle *handle)
02    {
03        struct input_dev *dev = handle->dev;
04        int retval;
05        …
06        handle->open++;
07        …
08        if (dev->open) {
09            retval = dev->open(dev);
10            …
11        }
12    }
```

```
13        …
14        return retval;
15   }
```

17.5 小　　结

本章分析了整个输入子系统的架构。Linux 设备驱动采用了分层的模式，从最底层的设备模型到设备、驱动程序、总线再到 input 子系统最后到 input device，这样的分层结构使最上层的驱动程序不必关心下层是怎么实现的，而下层驱动程序又为多种型号但功能相同的驱动程序提供了一个统一的接口。

17.6 习　　题

一、填空题

1. 表示设备标识的结构体是_____。
2. 在 input_report_key()函数中真正起作用的函数是_____函数。
3. input_handle 是用来连接_____和 input_handler 的一个中间结构体。

二、选择题

1. 以下用来表示电源管理事件的事件类型为（　　）。
   A．EV_SYN　　　　B．EV_SND　　　　C．EV_REP　　　　D．EV_PWR
2. 输入子系统的组成中不包含（　　）。
   A．驱动层　　　　　　　　　　　　B．输入子系统核心层
   C．事件处理层　　　　　　　　　　D．软件层
3. 在 struct input_handle 结构中，表示该 handle 依附的 input_dev 设备的成员是（　　）。
   A．private;　　　　B．dev　　　　C．name　　　　D．h_node

三、判断题

1. 对主设备号为 INPUT_MAJOR 的设备结点进行操作，会将操作集转换成 Handler 的操作集。（　　）
2. INPUT_IGNORE_EVENT 表示将事件交给 Handler 处理。（　　）
3. evdev 输入事件驱动从顶接收事件信息，将其反映到 sys 文件系统中。（　　）

第 18 章　块设备驱动程序

在 Linux 系统中除了字符设备、网络设备之外，还有块设备。字符设备和块设备在内核中的结构有明显的区别，总体来说，块设备要比字符设备复杂很多。块设备主要包含磁盘设备和 SD 卡等，这些设备是 Linux 系统不可缺少的存储设备。在计算机中也需要这样的设备来存储数据，因此学会编写块设备驱动程序是非常重要的。

18.1　块设备概述

本节将对块设备的相关概念进行简要介绍，理解这些概念对编写块设备驱动程序具有十分重要的意义。

18.1.1　块设备简介

在 Linux 内核中，I/O 设备大致分为两类，即块设备和字符设备。块设备将信息存储在固定大小的块中，每个块都有自己的地址。数据块的大小通常在 512B 到 4KB 之间。块设备的基本特征是每个块都能独立于其他块而读写，磁盘就是最常见的块设备。在 Linux 内核中，块设备与内核其他模块的关系如图 18.1 所示。

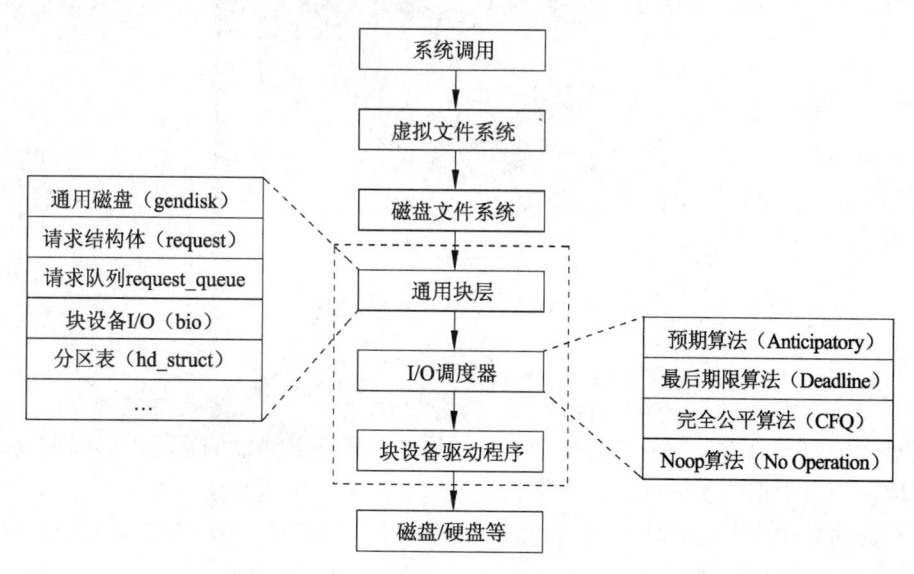

图 18.1　块设备与文件系统的关系

块设备的处理过程涉及内核的很多模块。这里结合图18.1，将这个过程简述如下。

（1）当一个用户程序要向磁盘写数据时，将给内核发出一个write()系统调用指令。

（2）内核调用虚拟文件系统中的一个适当函数，然后将需要写入的文件描述符和文件内容指针传递给这个函数。

（3）内核需要确定写入磁盘的位置，通过映射层确定应该写到磁盘的哪一个块上。

（4）系统根据磁盘的文件格式，调用不同文件格式的写入函数并将数据发送到通用块层。例如，Ext 2文件的写入函数与Ext 3文件的写入函数是不一样的。这些函数已由内核开发者实现，驱动开发者不需要重写这些函数。

（5）数据到达通用块层，对块设备发出写请求。内核利用通用块层启动I/O调度器，对数据进行排序。

（6）通用块层下面是"I/O调度器"。调度器的作用是把物理上相邻的读写磁盘请求合并为一个请求，提高读写的效率。

（7）块设备驱动程序向磁盘发送命令和数据，将数据写入磁盘。这样一次write()操作就完成了。

18.1.2 块设备的结构

在写块设备驱动程序之前，了解典型块设备的结构是非常重要的。如图18.2为磁盘的一个盘面，一些重要的概念将在下面讲述。

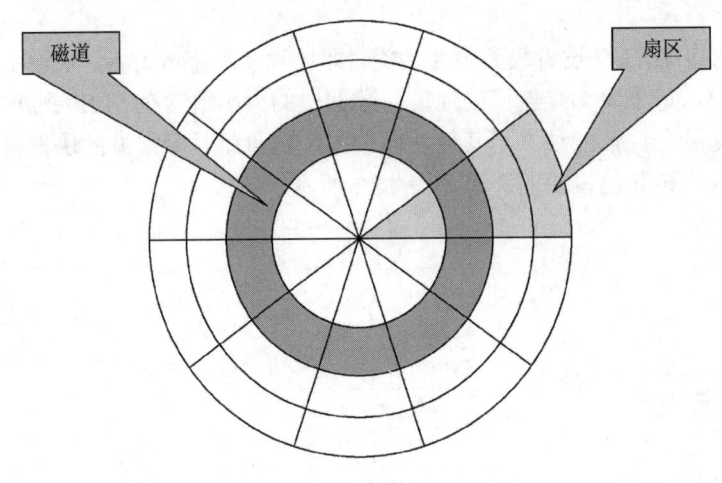

图 18.2 磁盘设备

1. 扇区

磁盘上的每个磁道被等分为若干个弧段，这些弧段便是磁盘的扇区。磁盘驱动器在向磁盘读取和写入数据时要以扇区为单位。必须以扇区为单位进行读写有两个原因：一是磁盘设备很难对单个字节进行定位；二是为了达到良好的性能，一次传送一组数据的效率比一次传送一个字节的效率要高。

在大多数磁盘设备中，扇区的大小一般是512B，但也有使用更大扇区的块设备（1024B

或者 2048B）。注意，即使程序只读取 1B 的数据，也应该传递一个扇区的数据。在 Linux 系统中，扇区的大小一直都是 512B，内核模块中都是以 512B 来定义扇区大小的。这就引发了一个问题，目前很多块设备的扇区也有大于 512B 的，应该怎么解决呢？Linux 的解决方式是，内核依然使用 512B 的扇区。例如，光盘设备的扇区大小是 2048B，光驱读取一次将返回 2048B，内核将这 2048B 看成 4 个连续的扇区。在内核看来，好像读取了 4 次块设备一样。

2. 块

扇区是硬件设备传送数据的基本单位，硬件一次传送一个扇区到内存中。与扇区不同，块是虚拟文件系统传送数据的基本单位。在 Linux 系统中，块的大小必须是 2 的幂，而且不能超过一个页的大小。此外，块必须是扇区大小的整数倍，因此一个块可以包含若干个扇区。在 x86 平台上，页的大小是 4096B，所以块的大小可以是 512B、1024B、2048B、4096B，下面的公式为块的取值范围：

$$扇区(12)块 \leq 页(096) \quad 块 = n \times 扇区(n 为整数)$$

Linux 系统的块大小是可以配置的，默认情况下为 1024B。

3. 段

一个段就是一个内存页或者内存页的一部分。例如，页的大小是 4096B，块的大小为 2 个扇区，即 1024B，那么段的大小可以是 1024B、2048B、3072B、4096B。也就是说，段的大小只与块有关，是块的整数倍并且不超过一个页。这是因为 Linux 内核一次读取磁盘的数据是一个块而不是一个扇区。页中的块的开始位置必须是块的整数倍偏移的位置，也就是 0、1024、2048、3072。一个大小为 1024B 的段可以开始于页的如下位置，如图 18.3 所示。

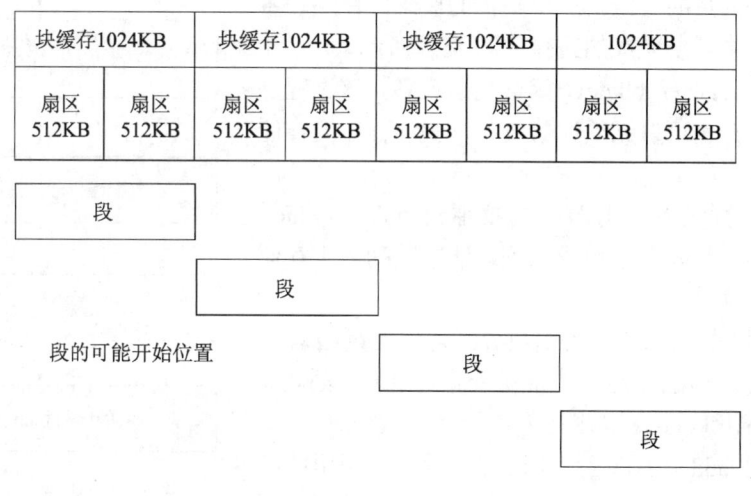

图 18.3 段可能开始的位置

4. 扇区、块和段的关系

理解扇区、块和段的概念对驱动开发非常重要。扇区是物理磁盘层面概念；块缓冲区是内核代码层面的概念；段是块缓冲区层面的概念，它是块缓存的倍数但不超过一页；这三者的关系如图 18.4 所示。

页（4KB）								
					段bio_vec			
块缓存1024KB		块缓存1024KB		块缓存1024KB		1024KB	
扇区512KB	扇区512KB	扇区512KB	扇区512KB	扇区512KB	扇区512KB	扇区512KB	扇区512KB

图 18.4 扇区、块和段的关系

18.2 块设备驱动程序架构

相对于字符设备来说，块设备的驱动程序架构要稍微复杂一些，其中涉及很多重要的概念。对这些概念的理解是编写驱动程序的前提，本节将对块设备的整体架构进行详细讲解。

18.2.1 块设备的加载过程

在块设备的模块加载函数中需要完成一些重要工作，这些工作涉及的一些重要概念将在后面的内容中进行讲解，本节的目的是给出一个整体的概念。在块设备驱动加载模块中需要完成的工作如图 18.5 所示。

（1）通过 register_blkdev() 函数注册设备，该过程是一个可选过程，也可以无须注册设备，驱动程序同样能够工作。

（2）在进行设备注册时，需要通过 blk_mq_init_queue() 函数为该设备分配请求队列，请求队列用于存储向设备发送的读写请求。

（3）使用 blk_alloc_disk() 函数分配通用磁盘结构。

（4）设置通用磁盘结构的成员变量，如给 gendisk 的 major、fops 和 queue 等赋初值。

（5）使用 add_disk() 函数激活磁盘设备。调用此函数可以立刻对磁盘设备进行操作，因此该函数的调用必须在所有准备工作就绪之后。

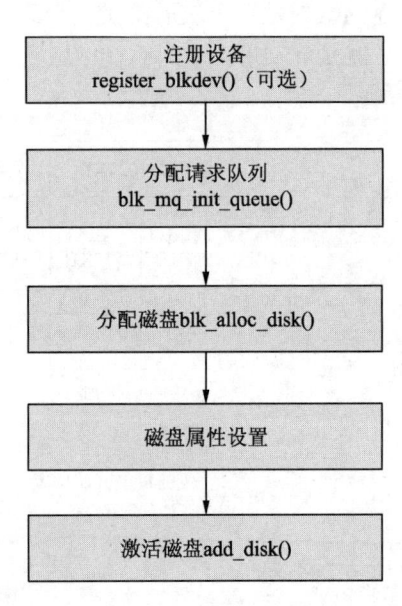

图 18.5 块设备的注册过程

18.2.2 块设备的卸载过程

在块设备驱动的卸载模块中完成与模块加载函数相反的工作，如图 18.6 所示。

（1）使用 del_gendisk()函数删除磁盘设备，并使用 put_disk()函数删除对磁盘设备的引用。

（2）使用 blk_cleanup_queue()函数清除请求队列，并释放请求队列所占用的资源。

（3）如果在模块加载函数中使用的是 register_blkdev()注册设备，那么需要在模块卸载函数中使用 unregister_blkdev()函数注销块设备，并释放对块设备的引用。

图 18.6 块设备的卸载过程

18.3 通用块层

通用块层是块设备驱动的核心部分，这部分主要包含块设备驱动程序的通用代码。本节将介绍通用块层的主要函数和数据结构。

18.3.1 通用块层简介

通用块层是一个内核组件，用于处理来自系统其他组件发出的块设备请求。换句话说，通用块层包含块设备操作的一些通用函数和数据结构。如图 18.7 是块设备加载函数用到的一些重要数据结构，如通用磁盘结构 gendisk、请求队列结构 request_queue、请求结构 request、块设备 I/O 操作结构 bio 和块设备操作结构 block_device_operations 等。这些结构将在后面详细介绍。

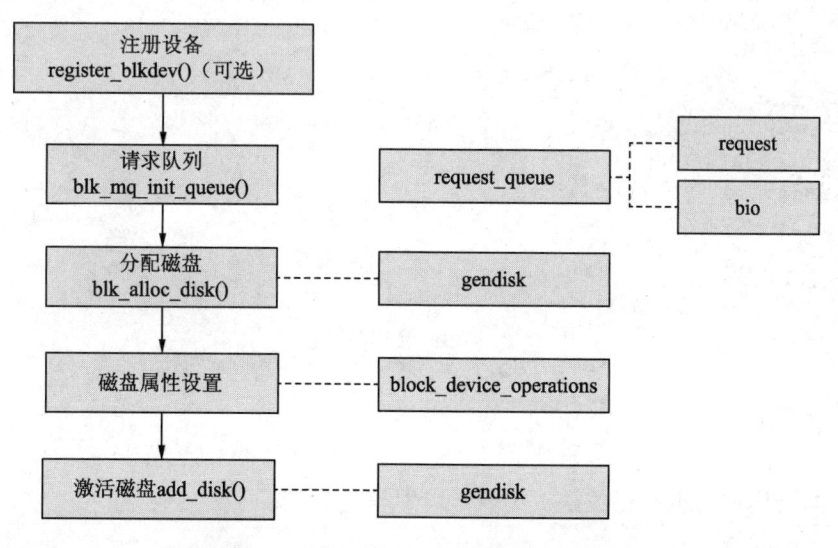

图 18.7 加载函数用到的通用块层数据结构

18.3.2 blk_alloc_disk()函数对应的 gendisk 结构体

在现实生活中有许多具体的物理块设备如磁盘、光盘等。不同的物理块设备其结构是不一样的，为了将这些块设备公用属性在内核中统一，内核开发者定义了一个 gendisk 结构体来描述磁盘。gendisk 是 general disk 的简称，一般称为通用磁盘。

1. gendisk结构体

在 Linux 内核中，gendisk 结构体可以表示一个磁盘，也可以表示一个分区。这个结构体的定义代码如下（/include/linux/genhd.h）：

```c
struct gendisk {
    int major;              /*设备的主设备号*/
    int first_minor;        /*第一次设备号*/
    int minors;             /*磁盘可以进行分区的最大数目，如果为1，则磁盘不能分区*/
    char disk_name[DISK_NAME_LEN];      /* 设备名称 */
    unsigned short events;
    unsigned short event_flags;
    struct xarray part_tbl;
    struct block_device *part0;
    const struct block_device_operations *fops;
    struct request_queue *queue;
    void *private_data;
    int flags;
    unsigned long state;
#define GD_NEED_PART_SCAN       0
#define GD_READ_ONLY            1
#define GD_DEAD                 2
    struct mutex open_mutex;
    unsigned open_partitions;
    struct backing_dev_info *bdi;
    struct kobject *slave_dir;
#ifdef CONFIG_BLOCK_HOLDER_DEPRECATED
    struct list_head slave_bdevs;
#endif
    struct timer_rand_state *random;
    atomic_t sync_io;
    struct disk_events *ev;
#ifdef  CONFIG_BLK_DEV_INTEGRITY
    struct kobject integrity_kobj;
#endif
#if IS_ENABLED(CONFIG_CDROM)
    struct cdrom_device_info *cdi;
#endif
    int node_id;
    struct badblocks *bb;
    struct lockdep_map lockdep_map;
    u64 diskseq;
};
```

gendisk 结构体的主要参数说明如表 18.1 所示。

表 18.1 gendisk结构体

重要	数 据 类 型	变 量 名	说　　　明
*	int	major	磁盘的主设备号，在/proc/devices中可以显示
*	int	first_minor	该磁盘的第一个次设备号
*	int	minors	该磁盘的次设备号数量，也就是分区数量
*	char[32]	disk_name	磁盘的名称，如had、hdb、sda、sdb
	xarray	part_tbl	磁盘分区的数组
*	block_device	part0	磁盘分区描述符
*	block_device_operations*	fops	块设备的操作函数指针
*	request_queue*	queue	连接到磁盘的请求队列指针
*	void *	private_data	私有数据指针，可以指向其他的关联数据
*	int	flags	描述磁盘类型的标志。如果磁盘是可以移动的，如软盘和光盘，那么需要设置GENHD_FL_REMO-VABLE标志；如果磁盘被初始化为可以使用状态，那么应该加上GENHD_FL_UP标志
	kobject*	slave_dir	内嵌的kobject结构，用户内核对设备模型的分层管理

Linux 内核提供了一组函数来操作 gendisk 结构体，这些函数介绍如下。

2．分配gendisk

gendisk 结构体是动态的，其成员是随系统状态不断变化的，因此不能静态地分配该结构并对其成员赋值。对该结构体的分配，应该使用内核提供的专用函数 blk_alloc_disk()，其函数定义如下（/include/linux/genhd.h）：

```
#define blk_alloc_disk(node_id)                          \
({                                                       \
    static struct lock_class_key __key;                  \
                                                         \
    __blk_alloc_disk(node_id, &__key);                   \
})
```

node_id 参数是要分配的块设备节点的 ID。

3．设置gendisk的属性

使用 blk_alloc_disk()函数分配一个 disk 结构体后，需要对该结构体的一些成员进行设置，代码如下：

```
01  xxx->gendisk->major = VIRTUAL_BLKDEV_DEVICEMAJOR;  /* 主设备号 */
02  xxx->gendisk->first_minor = 0;                     /* 起始次设备号 */
03  xxx->gendisk->fops = &xxx_fops;                    /* 操作函数 */
04  xxx->gendisk->private_data = set;                  /* 私有数据 */
05  dev->gendisk->queue = xxx->queue;                  /* 请求队列 */
06  sprintf(xxx->gendisk->disk_name, xxx_NAME);        /* 名字 */
07  set_capacity(xxx->gendisk, xxx_SIZE/512);   /* 设备容量(单位为扇区)*/
```

需要注意的是第 7 行的 set_capacity()函数，该函数用来设置磁盘的容量，但不是以字节为单位，而是以扇区为单位。为了将 set_capacity()函数解释清楚，这里将扇区分为两种，一种是物理设备的真实扇区，另一种是内核中的扇区。物理设备的真实扇区大小有 512B、

1024B 和 2048B 等，但不管真实扇区的大小是多少，内核中的扇区都被定义为 512B。set_capacity()函数是以 512B 为单位的，所以第 7 行 set_capacity()函数的第 2 个参数是 xxx_SIZE/512，表示设备的字节容量除以 512 后得到的内核扇区数。

4. 激活gendisk

使用 blk_alloc_disk()函数分配 gendisk，并设置相关属性后，就可以调用 add_disk()函数向系统激活这个磁盘设备了。add_disk()函数的原型如下（/include/linux/genhd.h）：

```
static inline int add_disk(struct gendisk *disk)
```

需要特别注意的是，一旦调用 add_disk()函数，那么磁盘设备就开始工作了，因此对于 gendisk 的初始化必须在调用 add_disk()函数之前完成。

5. 删除gendisk

当不再需要磁盘时，应该删除 gendisk 结构体，可以使用 del_gendisk()函数来完成，该函数和 alloc_disk()函数是对应的。del_gendisk()函数的原型如下（/include/linux/genhd.h）：

```
extern void del_gendisk(struct gendisk *gp);
```

6. 删除gendisk的引用计数

调用 del_gendisk()函数之后，需要使用 put_disk()函数减少 gendisk 的引用计数，因为在 add_disk()函数中增加了对 gendisk 的引用计数。put_disk()函数的原型如下（/include/linux/genhd.h）：

```
extern void put_disk(struct gendisk *disk);
```

18.3.3 块设备的注册和注销

为了使内核知道块设备的存在，需要使用块设备注册函数。当不使用块设备时，需要注销块设备。

1. 注册块设备函数register_blkdev()

与字符设备的 register_chrdev()函数对应的是 register_blkdev()函数。对于大多数块设备驱动程序来说，第一项工作就是在内核中进行注册。值得注意的是，在 Linux 5.x 内核中，对 register_blkdev()函数的调用是可选的，因为 register_blkdev()函数的功能已经逐渐减少。在 Linux 5.x 之后的新版本内核中，一般只完成两件事情：

- ❏ 根据参数分配一个块设备号。
- ❏ 在/proc/devices 中新增一行数据，表示块设备的设备号信息。

块设备的注册函数 register_blkdev()的原型如下（/include/linux/genhd.h）：

```
#define register_blkdev(major, name) \
    __register_blkdev(major, name, NULL)
```

register_blkdev()函数的第 1 个参数是设备需要申请的主设备号，如果传入的主设备号是 0，那么内核将动态分配一个主设备号给块设备。第 2 个参数是块设备的名称，该名称将在/proc/devices 文件中显示。当 register_blkdev()函数执行成功时，返回申请的设备号；

当register_blkdev()函数执行失败时，将返回一个负的错误码。register_blkdev()函数可能以后会被去掉，但是目前大多数驱动程序仍然在使用它。使用register_blkdev()函数的一个例子如下：

```
xxx->major = register_blkdev(VIRTUAL_BLKDEV_DEVICEMAJOR, RAMDISK_NAME);
```

2. 注销块设备函数unregister_blkdev()

与 register_blkdev()函数对应的是注销函数 unregister_blkdev()，其函数原型如下（/include/linux/genhd.h）：

```
void unregister_blkdev(unsigned int major, const char *name);
```

unregister_blkdev()函数的第 1 个参数是设备需要释放的主设备号，这个主设备号是由register_blkdev()函数申请的，第 2 个参数是设备的名称。当该函数执行成功时将返回 0，如果失败，则返回-EINVAL。

使用unregister_blkdev()函数的一个例子如下：

```
unregister_blkdev(xxx->major, RAMDISK_NAME);
```

18.3.4 请求队列

简单地讲，一个块设备的请求队列就是包含块设备 I/O 请求的一个队列。这个队列使用链表线性地排列。请求队列中存储的是未完成的块设备 I/O 请求，并不是所有的 I/O 块请求都可以顺利地加入请求队列。请求队列中定义了系统处理的块设备请求限制，这些限制包括请求的最大尺寸、一个请求能够包含的独立段数、磁盘扇区大小等。

请求队列还提供了一些处理函数，使不同的块设备可以使用不同的 I/O 调度器甚至不使用 I/O 调度器。I/O 调度器的作用是以最大的性能来优化请求的顺序。大多数 I/O 调度器控制着所有的请求并根据请求执行的顺序和位置进行排序，从而使块设备能够以最快的速度将数据写入或读出。

请求队列使用request_queue 结构体来描述，在<include/linux/blkdev.h>中定义了该结构体和其相应的操作函数。对于请求队列的这些了解是远远不够的，后面涉及请求队列时，还会详细解释。

18.3.5 设置 gendisk 属性中的 block_device_operations 结构体

在块设备中，有一个和字符设备中的 file_operations 对应的结构体 block_device_operations，它也是一个对块设备操作的函数集合，定义代码如下（/include/linux/blkdev.h）：

```
struct block_device_operations {
    blk_qc_t (*submit_bio) (struct bio *bio);
    int (*open) (struct block_device *, fmode_t);
    void (*release) (struct gendisk *, fmode_t);
    int (*rw_page)(struct block_device *, sector_t, struct page *, unsigned int);
    int (*ioctl) (struct block_device *, fmode_t, unsigned, unsigned long);
    int (*compat_ioctl) (struct block_device *, fmode_t, unsigned, unsigned long);
```

```
        unsigned int (*check_events) (struct gendisk *disk,
                    unsigned int clearing);
        void (*unlock_native_capacity) (struct gendisk *);
        int (*getgeo)(struct block_device *, struct hd_geometry *);
        int (*set_read_only)(struct block_device *bdev, bool ro);
        void (*swap_slot_free_notify) (struct block_device *, unsigned long);
        int (*report_zones)(struct gendisk *, sector_t sector,
              unsigned int nr_zones, report_zones_cb cb, void *data);
        char *(*devnode)(struct gendisk *disk, umode_t *mode);
        struct module *owner;
        const struct pr_ops *pr_ops;
        int (*alternative_gpt_sector)(struct gendisk *disk, sector_t *sector);
};
```

下面对 block_device_operations 结构体的主要成员进行分析。

1. 打开和释放函数

open()函数在设备被打开时被调用，release()函数在设备关闭时被调用。这两个函数的功能与字符设备的打开和关闭函数相似。

```
        int (*open) (struct block_device *, fmode_t);
        void (*release) (struct gendisk *, fmode_t);
```

2. I/O 控制函数

ioctl()函数是设备驱动程序中的设备控制接口函数。它可以实现设备的打开、关闭、读和写等功能。

```
        int (*ioctl) (struct block_device *, fmode_t, unsigned, unsigned long);
```

3. 获得驱动器信息的函数

getgeo()函数根据驱动器的硬件信息填充一个 hd_geometry 结构体，hd_geometry 结构体包含磁盘的磁头、扇区、柱面等信息。

```
        int (*getgeo)(struct block_device *, struct hd_geometry *);
```

4. 模块指针

```
        struct module *owner;
```

在大部分驱动程序中，owner 成员被初始化为 THIS_MODULE，表示这个结构属于目前运行的模块。

18.4　I/O 调度器

在 Linux 内核中，I/O 调度器涉及很多复杂的数据结构，而结构之间的关系又非常复杂。要掌握这些知识，远非一章或一节的内容能够讲清楚的。本节力图给读者把涉及的概念讲清楚，随着内核的升级，有些概念可能有细微的变化，但主要原理是基本不变的。在详细讲解 I/O 调度器之前，需要知道数据是怎样从内存到达磁盘的。

18.4.1 数据从内存到磁盘的过程

内存是一个线性的结构，Linux 系统将内存分为页。一页最大可以是 64KB，但是目前主流的系统页的大小都是 4KB。假设数据存储在内存的相邻几页中，希望将这些数据写到磁盘上，那么每一页的数据会先被封装为一个段，用 bio_vec 表示。多个页会被封装成多个段，这些段被组成以一个 bio_vec 为元素的数组，这个数组用 bi_io_vec 表示。

bi_io_vec 是 bio 中的一个指针。一个或者多个 bio 组成一个 request 请求描述符。request 将被连接到请求队列 request_queue 中，或者被合并到已有的请求队列 request_queue 已有的 request 中。合并的条件是两个相邻的 request 请求所表示的扇区位置相邻。最后这个请求队列将被处理，数据将写入磁盘。理解这些关系请对照图 18.8 所示。

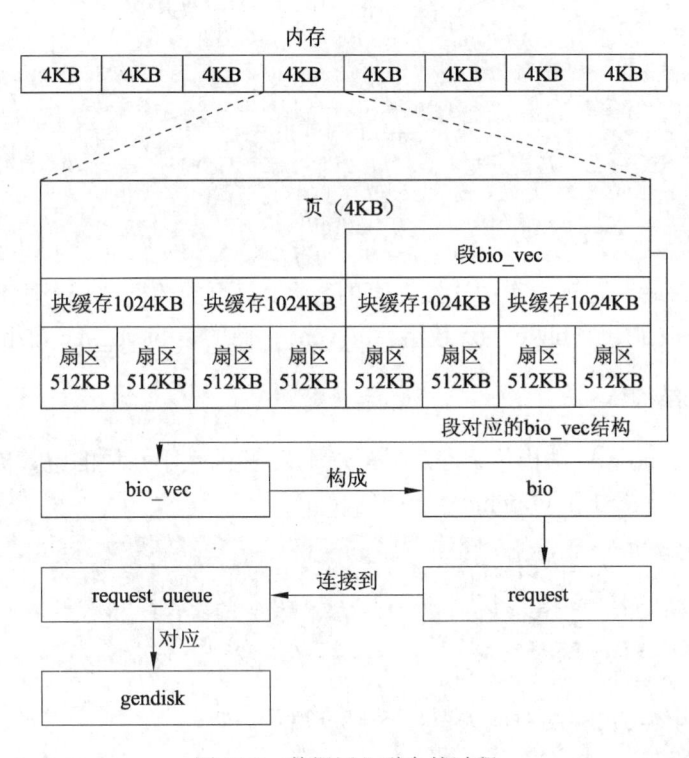

图 18.8 数据写入磁盘的过程

18.4.2 块 I/O 请求

数据从内存到磁盘或者从磁盘到内存的过程叫作 I/O 操作。内核使用一个核心数据结构体 bio 来描述 I/O 操作。

1．bio 结构体

bio 结构体包含一个块设备完成一次 I/O 操作所需要的一切信息。无论将数据从块设备读到内存，还是从内存写到块设备，bio 结构体都可以胜任。bio 结构体包含一个段的数组

（bi_io_vec），这个段的数组就是要操作的数据。bio 结构体的主要成员变量如下（/include/linux/blk_types.h）：

```
struct bio {
    struct bio              *bi_next;       /*指向下一个bio结构*/
    struct block_device     *bi_bdev;       /*表示与该bio结构体相关的块设备*/
    unsigned int            bi_opf;
    unsigned short          bi_flags;       /*描述是读请求还是写请求等的标志*/
    unsigned short          bi_ioprio;      /* I/O 操作优先级*/
    unsigned short          bi_write_hint;  /* I/O 操作写入类型*/
    blk_status_t            bi_status;      /*表示 I/O 操作状态*/
    atomic_t                __bi_remaining;
    struct bvec_iter        bi_iter;
    bio_end_io_t            *bi_end_io;
    /*bio 中表述的数据写入或读出后需要调用的方法，可以为 NULL*/
    void                    *bi_private;    /*私有数据指针*/
    ...
    unsigned short          bi_vcnt;        /*用于标识 bi_io_vec 数组中 bio_vec 的个数*/
    unsigned short          bi_max_vecs;    /*bi_io_vec 数组中允许的最大段个数 */
    atomic_t                __bi_cnt;       /*bio 的引用计数*/
    struct bio_vec          *bi_io_vec;     /*实际的 bi_io_vec 数组指针 */
    struct bio_set          *bi_pool;
    struct bio_vec          bi_inline_vecs[];
};
```

可以将 bio 理解为描述内存中连续几页的数据，每页的数据由一个段 bio_vec 表示，因此几页数据就组成了一个 bi_io_vec 数组。bi_vcnt 存储的是 bi_io_vec 数组中的元素个数。

2. bio_vec结构体

bio 中的段用 bio_vec 结构体来表示。再次强调：段的大小是块的整数倍且不大于 1 页。bio_vec 结构体的组成如下（/include/linux/bvec.h）：

```
struct bio_vec {
    struct page     *bv_page;       /*指向内存中的一页*/
    unsigned int    bv_len;         /*一个段的大小是块的整数倍且大于1页*/
    unsigned int    bv_offset;      /*页中从块的整数倍偏移开始*/
};
```

bio_vec 结构体与内存的对应关系如图 18.9 所示。

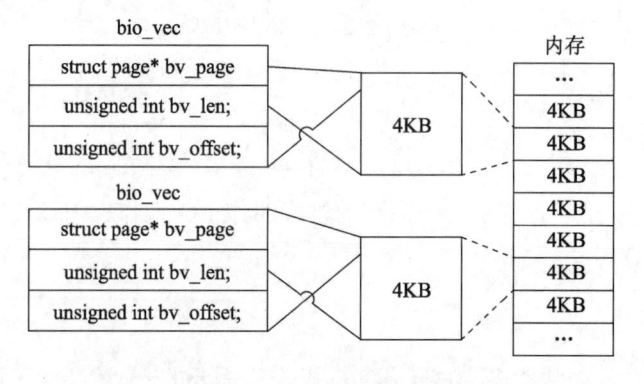

图 18.9 bio_vec 结构体与内存的对应关系

3. bio结构体的相关宏

为了程序的可移植性，在写驱动程序时，不应该直接操作 bio 结构体和 bi_io_vec 数组，应该使用内核开发者提供的一系列宏。由于在驱动中会使用这些宏，这里对主要的宏介绍一下。bio_for_each_segment 宏用来遍历一个 bio 中的 bi_io_vec 数组，宏定义如下（/include/linux/bio.h）：

```
#define __bio_for_each_segment(bvl, bio, iter, start)         \
    for (iter = (start);                                       \
         (iter).bi_size &&                                     \
         ((bvl = bio_iter_iovec((bio), (iter))), 1);           \
         bio_advance_iter_single((bio), &(iter), (bvl).bv_len))

#define bio_for_each_segment(bvl, bio, iter)                  \
    __bio_for_each_segment(bvl, bio, iter, (bio)->bi_iter)
```

参数 bvl 是一个 bio_vec 结构体指针，参数 bio 是需要遍历的 bio 结构体，参数 iter 是一个整型变量。例如，遍历一个 bio 中的所有段，可以使用以下模板代码来实现。

```
int idx;                                        /*段号*/
struct bio_vec * vec                            /*指向正在操作的段*/
bio_for_each_segment(vec, bio, idx)
{
    ...                                         /*关于段的操作,如 vec->xxx*/
}
```

bio_data_dir 宏返回 I/O 操作的数据方向，读表示从磁盘到内存，写表示从内存到磁盘，宏定义如下（/include/linux/bio.h）：

```
#define bio_data_dir(bio) \
    (op_is_write(bio_op(bio)) ? WRITE : READ)
```

bio_page 宏返回指向下一个传输页的 page 指针，宏定义如下（/include/linux/bio.h）：

```
#define bio_page(bio)        bio_iter_page((bio), (bio)->bi_iter)
```

bio_offset 宏返回页中数据的偏移量，宏定义如下（/include/linux/bio.h）：

```
#define bio_offset(bio)      bio_iter_offset((bio), (bio)->bi_iter)
```

bio_sectors 宏返回当前段中需要参数的扇区数，扇区以 512B 为单位，宏定义如下（/include/linux/bio.h）：

```
#define bio_sectors(bio)     bvec_iter_sectors((bio)->bi_iter)
```

18.4.3 请求结构

几个连续的页面可以组成一个 bio 结构，几个相邻的 bio 结构体就会组成一个请求结构 request。这样当磁盘接收一个与 request 对应的命令时，就不需要大幅移动磁头，节省了 I/O 操作的时间。

1. request结构体定义

每个块设备的待处理请求都用一个请求结构 request 表示。request 结构体的主要成员变量如下（/include/linux/blkdev.h）：

```c
struct request {
    struct request_queue *q;                        /*指向请求队列头*/
    /*指向blk_mq_ctx结构体的指针，表示当前请求所属的上下文信息*/
    struct blk_mq_ctx *mq_ctx;
    /*指向blk_mq_hw_ctx结构体的指针，表示当前请求所属的硬件上下文信息*/
    struct blk_mq_hw_ctx *mq_hctx;
    unsigned int cmd_flags;                         /*表示I/O请求的标志位*/
    req_flags_t rq_flags;                           /*表示请求队列的标志位*/
    int tag;                                        /*表示I/O请求的唯一标识符*/
    int internal_tag;                               /*表示I/O请求的内部标识符*/
    unsigned int __data_len;                        /*表示I/O请求的数据长度*/
    sector_t __sector;                              /*要传递的第一个扇区号*/
    struct bio *bio;                                /*指向第一个未完成的bio结构*/
    struct bio *biotail;                            /*请求链表中最后一个bio*/
    struct list_head queuelist;                     /*请求队列链表*/
    ...
    struct gendisk *rq_disk;                        /*指向请求所属的磁盘*/
    struct block_device *part;
#ifdef CONFIG_BLK_RQ_ALLOC_TIME
    u64 alloc_time_ns;
#endif
    u64 start_time_ns;
    u64 io_start_time_ns;
#ifdef CONFIG_BLK_WBT
    unsigned short wbt_flags;
#endif
    unsigned short stats_sectors;
    unsigned short nr_phys_segments;                /*请求的物理段数*/
#if defined(CONFIG_BLK_DEV_INTEGRITY)
    unsigned short nr_integrity_segments;
#endif
#ifdef CONFIG_BLK_INLINE_ENCRYPTION
    struct bio_crypt_ctx *crypt_ctx;
    struct blk_ksm_keyslot *crypt_keyslot;
#endif
    unsigned short write_hint;
    unsigned short ioprio;                          /*请求的优先级*/
    enum mq_rq_state state;
    refcount_t ref;
    unsigned int timeout;
    unsigned long deadline;
    union {
        struct __call_single_data csd;
        u64 fifo_time;
    };
    rq_end_io_fn *end_io;    /* 指向块设备驱动程序中的回调函数的指针，用于在I/O
                                请求完成时通知驱动程序进行清理和回收资源*/
    void *end_io_data;   /*用于传递额外参数给驱动程序中的end_io回调函数的指针*/
};
```

每一个请求结构 request 中包含一个或者多个 bio 结构。初始化 request 结构体时，其包含一个 bio 结构。然后 I/O 调度器或者向 request 的第一个 bio 中新增加一个 bio_vec 段，或者将另一个 bio 结构体连接到请求结构 request 中，从而扩展该请求。可能存在新的 bio 与请求中已经存在的 bio 相邻的情况，那么 I/O 调度器将会合并这两个 bio 结构。

2．遍历request结构的rq_for_each_segment宏

请求结构 request 中的 bio 字段指向第一个 bio 结构，biotail 字段指向最后一个 bio 结构，属于该请求的所有 bio 结构组成了一个单向链表。rq_for_each_segment 宏是一个两层循环，第一层循环遍历请求结构 request 中的每一个 bio 结构，第二层循环遍历 bio 中的每一个段。宏代码如下（/include/linux/blkdev.h）：

```
#define for_each_bio(_bio)              \
    for (; _bio; _bio = _bio->bi_next)
#define __rq_for_each_bio(_bio, rq)     \
    if ((rq->bio))                      \
        for (_bio = (rq)->bio; _bio; _bio = _bio->bi_next)

#define rq_for_each_segment(bvl, _rq, _iter)        \
    __rq_for_each_bio(_iter.bio, _rq)               \
        bio_for_each_segment(bvl, _iter.bio, _iter.iter)
```

要遍历一个请求的所有段，可以使用以下模板代码：

```
struct bio_vec *bv;                 /*指向要处理的段的指针*/
struct req_iterator iter;           /*包含一个bio和整型i的结构，用于遍历*/
struct request req;                 /*请求队列*/
...                                 /*省略关于请求队列的其他操作*/
rq_for_each_segment(bv, &req, iter) {   /*遍历所有段结构*/
    ...                             /*省略bv的相关处理代码*/
}
```

3．request中成员变量的动态变化

请求结构 request 中的一些成员是随着 I/O 请求的执行动态变化的。例如，当成员 bio 指向的块数据全部传送完成时，成员 bio 会立即更新到链表中的下一个 bio，因此成员 bio 总是指向下一个要完成的 bio。在此期间，新的 bio 可能会被加入请求结构 request 的 bio 链表的尾部，所以 biotail 的值也会发生变化。当磁盘数据块被传送时，请求结构 request 的一些字段会被 I/O 调度器或者设备驱动程序修改。

18.4.4　请求队列

每个块设备驱动程序都维护着自己的请求队列 request_queue，其包含设备将要处理的请求链表。请求队列主要用来连接对同一个块设备的多个 request 请求结构。同时请求队列中的一些字段还保存了块设备所支持的请求类型信息、请求的个数、段的大小、硬件扇区数等与设备相关的信息。总之，内核负责对请求队列进行正确配置，从而避免请求队列给块设备发送一个不能处理的请求。请求队列 request_queue 的主要成员如下：

```c
struct request_queue {
    struct request       *last_merge;
    /*用于表示上一次合并的 I/O 请求,用于优化 I/O 请求的合并过程*/
    struct elevator_queue   *elevator;        /*需要使用的电梯调度算法指针*/
    struct percpu_ref    q_usage_counter;     /*记录 I/O 请求队列的使用情况*/
    struct blk_queue_stats  *stats;           /*记录请求队列的统计信息*/
    struct rq_qos        *rq_qos;             /*记录请求队列的服务质量(QoS)信息*/
    const struct blk_mq_ops *mq_ops;          /*记录请求队列的多队列操作函数*/
    struct blk_mq_ctx __percpu *queue_ctx;    /*记录请求队列的上下文信息*/
    unsigned int         queue_depth;         /*记录请求队列的深度信息*/
    struct blk_mq_hw_ctx **queue_hw_ctx;      /*记录请求队列的硬件上下文信息*/
    unsigned int         nr_hw_queues;        /*记录请求队列支持的硬件队列的数量*/
    void                 *queuedata;          /*记录请求队列的私有数据指针*/
    unsigned long        queue_flags;         /*记录请求队列的标志位*/
    atomic_t             pm_only;
    int                  id;                  /*请求的唯一标识符*/
    /*用于保护 I/O 请求队列的自旋锁,用于保证多线程环境下对请求队列的读写同步性*/
    spinlock_t           queue_lock;
    struct gendisk       *disk;               /*将队列持久化到磁盘时使用的块设备*/
    struct kobject kobj;                      /*表示请求队列的内核对象*/
    struct kobject *mq_kobj;
#ifdef CONFIG_BLK_DEV_INTEGRITY
    struct blk_integrity integrity; /*表示请求队列所在的块设备的完整性检查信息*/
#endif
#ifdef CONFIG_PM
    struct device        *dev;                /*表示请求队列所在的块设备*/
    enum rpm_status      rpm_status;          /*表示块设备的电源管理状态*/
#endif
    unsigned long        nr_requests;         /*表示请求队列中最大的 I/O 请求数目*/
    unsigned int         dma_pad_mask;        /*表示 DMA 缓冲区的对齐方式*/
    unsigned int         dma_alignment;       /*表示 DMA 缓冲区的对齐大小*/
#ifdef CONFIG_BLK_INLINE_ENCRYPTION
    struct blk_keyslot_manager *ksm;          /*表示请求队列所在块设备的密钥槽管理器*/
    ...                                       /*省略其他成员*/
};
```

内核将请求队列 request_queue 设计为一个双向链表,它的每一个元素是一个请求结构 request。在请求队列中,请求结构 request 的排序对于一个给定的块设备是特定的。其实,对 request 结构体的排序方法就是 I/O 调度的方法。

18.4.5 请求队列、请求结构和 bio 的关系

可能读者对请求队列 request_queue、请求结构 request、bio、bio_vec、gendisk 等的关系还并不清楚,除了建议读者查阅内核源码外,认真查看图 18.10 也是不错的方法。

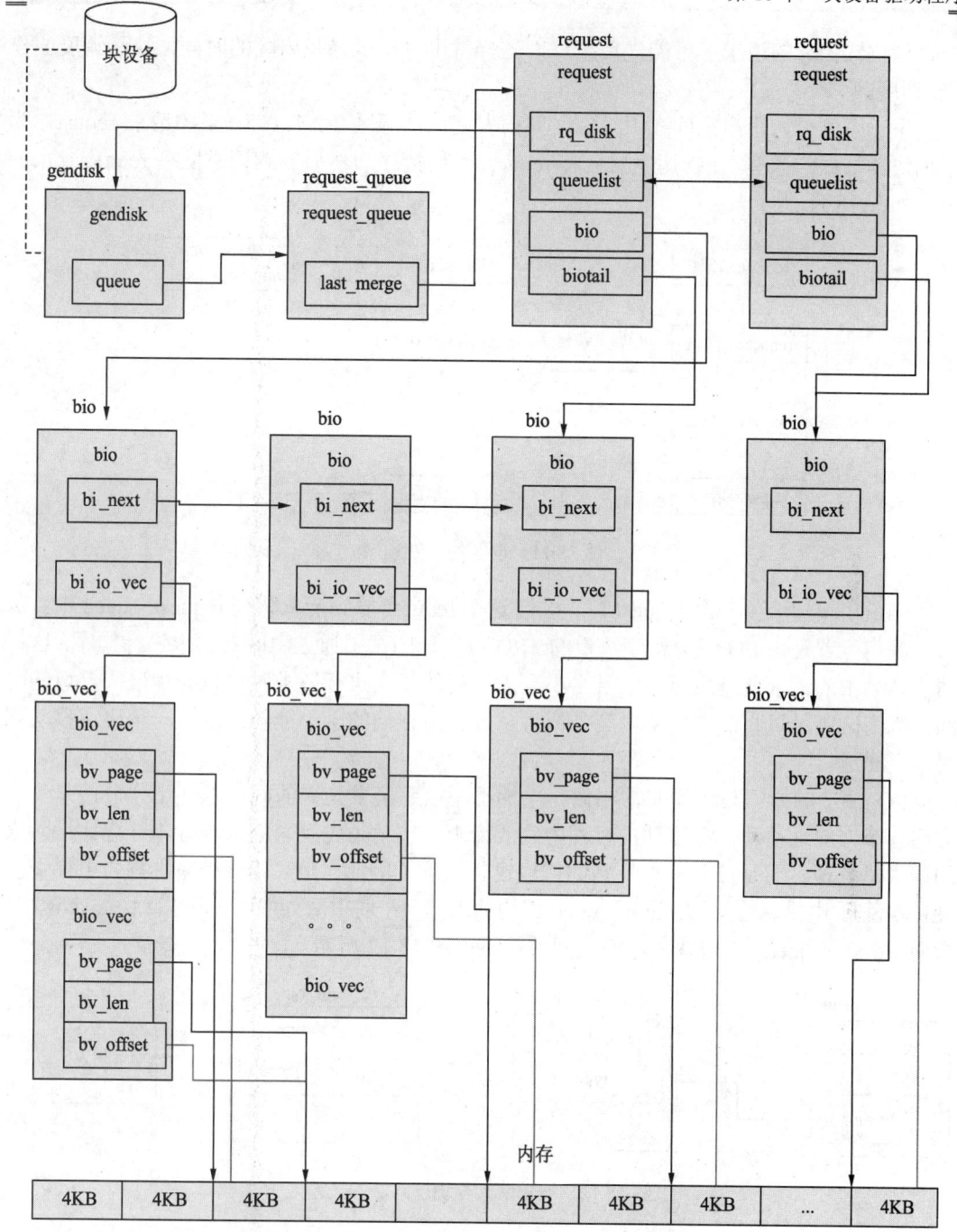

图 18.10 请求队列、请求结构和 bio 等的关系

18.4.6 四种调度算法

对于像磁盘这样的块设备来说，是不能随机访问数据的。在访问实际的扇区数据以前，磁盘控制器必须花费很多时间来寻找扇区的位置，如果两个请求写的操作在磁盘中的位置相离很远，那么写操作的大部分时间将花在寻找扇区上。因此内核需要提供一些调度方法，

使物理位置相邻的请求尽可能先后执行，这样就可以减少寻找扇区的时间，这种调度叫作 I/O 调度。

举一个例子，用户空间在很短的时间内发起了读扇区 1、11、5、4 的请求 requst，为了加快读数据的效率，I/O 调度器会将 request 重新排序，然后放到请求队列 request_queue 中，如图 18.11 所示。

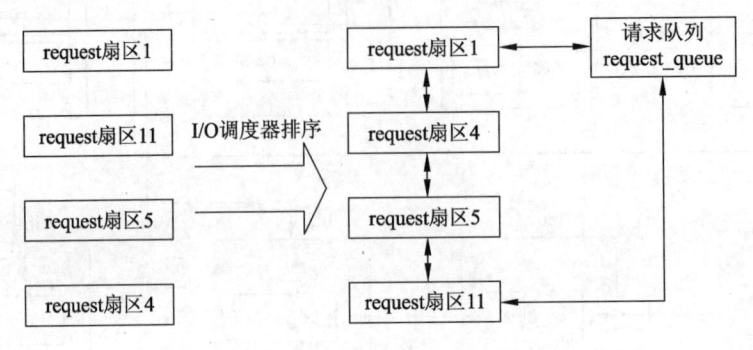

图 18.11　扇区的调整顺序

当通用块层产生一个 request 时，会将这个 request 放到请求队列 request_queue 中。放入的确切位置是由 I/O 调度程序决定的。I/O 调度程序试图通过扇区对请求进行排序，这样请求队列中的请求就是按照扇区号由小到大排列的，当执行请求时可以减少磁头寻道的时间，因为磁头是以直线方向从内到外或者从外到内移动的，不能随意地从一个磁道移动到另一个磁道。

I/O 调度的原理与电梯非常相似。电梯不是按照请求到来的时间顺序工作，而是一个方向一个方向地移动，在移动的过程中完成请求。也就是先到来的请求并不一定比后到来的请求早处理，而是按照一种特殊的排序进行处理。因此，I/O 调度程序也称为电梯调度（Elevator）。电梯调度用 elevator_queue 结构体表示，在请求队列中有一个指针 elevator，其指向 elevator_queue 结构体，它们之间的关系如图 18.12 所示。

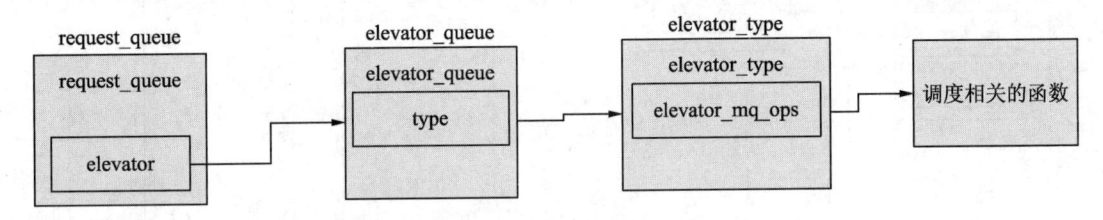

图 18.12　请求队列与调度算法的关系

Linux 中提供了 4 种 I/O 调度算法或者电梯算法，分别是预期算法（Anticipatory）、最后期限算法（Deadline）、CFQ 完全公平队列算法（Complete Fairness Queueing）、Noop 无操作算法（No Operation）。

❑ 预期算法：假设一个块设备只有一个物理查找磁头（如一个单独的 SATA 硬盘），将多个随机的小数据写入流合并成一个大数据写入流，用写入延时换取最大的写入吞吐量。该算法适用于大多数环境特别是写入较多的环境（如文件服务器）。

❑ 最后期限算法：使用轮询的调度器，简洁小巧，提供了最小的读取延迟和较好的吞吐量，特别适用于读取数据较多的环境（如数据库）。

- CFQ 完全公平队列算法：使用 QoS 策略为所有任务分配等量的带宽，避免进程被饿死并实现了较低的延迟。最后期限算法可以认为是上述两种调度算法的折中，适用于有大量进程的多用户系统。
- Noop 无操作算法：不使用调度队列的情况。

了解这些调度算法的原理对于编写驱动程序来说没有太大的帮助，因此这里暂不对这些算法原理展开介绍。

18.5 编写块设备驱动程序

块设备函数驱动程序主要由一个加载函数、卸载函数和一个自定义的请求处理函数组成。本节将手把手地教读者编写一个虚拟的块设备驱动程序 Virtual_blkdev。这个驱动程序在内存中开辟了一个 8MB 的内存空间用于模拟实际的物理块设备。这个块设备驱动程序的代码比较简单，但功能非常强大。对实际物理设备的操作命令同样可以应用在 Virtual_blkdev 这个块设备上，如 mkdir 和 mkesfs 等命令。Virtual_blkdev 块设备驱动程序如图 18.13 所示。

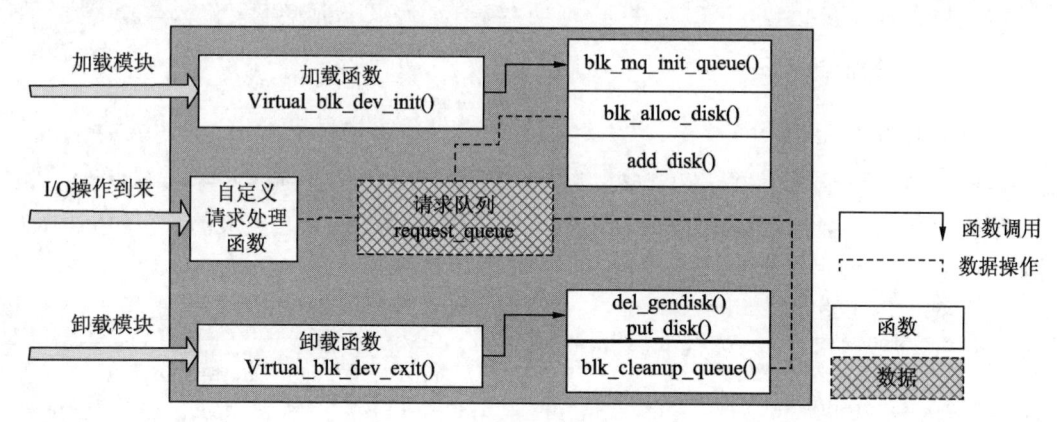

图 18.13 块设备驱动程序

18.5.1 宏定义和全局变量

在 Virtual_blkdev 块设备驱动中定义了一些重要的宏和全局指针，包括主设备号、设备名和设备大小等。代码如下：

```
#define VIRTUAL_BLKDEV_SIZE (2 * 1024 * 1024)           /*设备大小为2MB*/
#define VIRTUAL_BLKDEV_DISKNAME "Virtual_blkdev"        /*设备名称*/
#define VIRTUAL_BLKDEV_DEVICEMAJOR COMPAQ_SMART2_MAJOR  /*主设备号*/
struct Virtual_blkdev *vbd = NULL;      /* Virtual_blkdev 设备指针*/
```

其中，需要注意的几个地方如下：

1. Virtual_blkdev设备的大小

Virtual_blkdev 设备在内核空间中分配了 2MB 的空间来存储数据。代码如下：

```
#define VIRTUAL_BLKDEV_SIZE(2 * 1024 * 1024)              /*设备的大小为2MB*/
```

2. 主设备号的选择技巧

每个块设备都需要一个主设备号和次设备号。设备号的分配方式有动态和静态两种。在/include/uapi/linux/major.h 头文件中定义了内核开发者为使用特定设备的设备号，其中的很多设备号在实际系统中根本没有用到，因此使用这些设备号基本不会发生冲突。例如，专为康柏公司的设备准备的设备号就很少使用，以下代码是为康柏的磁盘阵列设备保留的8个设备号。

```
#define COMPAQ_SMART2_MAJOR    72
#define COMPAQ_SMART2_MAJOR1   73
#define COMPAQ_SMART2_MAJOR2   74
#define COMPAQ_SMART2_MAJOR3   75
#define COMPAQ_SMART2_MAJOR4   76
#define COMPAQ_SMART2_MAJOR5   77
#define COMPAQ_SMART2_MAJOR6   78
#define COMPAQ_SMART2_MAJOR7   79
```

在 Virtual_blkdev 设备中，将主设备号定义为 COMPAQ_SMART2_MAJOR，其值为 72，宏代码如下：

```
#define VIRTUAL_BLKDEV_DEVICEMAJOR COMPAQ_SMART2_MAJOR    /*主设备号*/
```

3. 块设备的指针

块设备的指针定义如下：

```
struct Virtual_blkdev *vbd = NULL;       /* Virtual_blkdev 设备指针*/
```

代码中定义了一个 Virtual_blkdev 指针 vbd，Virtual_blkdev 是自定义的一个块结构，代码如下：

```
struct Virtual_blkdev{
    int major;                           /*主设备号*/
    unsigned char *vbdbuf;               /*内存空间，用于模拟块设备*/
    struct gendisk *gendisk;             /*通用磁盘*/
    struct request_queue *queue;         /*请求队列*/
    struct blk_mq_tag_set tag_set;
    spinlock_t lock;                     /*自旋锁*/
};
```

在上面的代码中，tag_set 的结构是 blk_mq_tag_set，该结构是 Linux 内核中的一种数据结构，用于管理块设备 I/O 请求的标记。它包含一个标记队列和一些相关的元数据，如队列长度、标记大小等。代码如下：

```
struct blk_mq_tag_set {
    struct blk_mq_queue_map map[HCTX_MAX_TYPES];
    unsigned int    nr_maps;
    const struct blk_mq_ops *ops;
    /*一个指向 struct blk_mq_ops 结构体的指针，表示块设备驱动程序使用的操作集合*/
    unsigned int    nr_hw_queues;        /*系统支持的硬件队列的数量*/
    unsigned int    queue_depth;
    unsigned int    reserved_tags;
    unsigned int    cmd_size;            /*块设备驱动程序用于I/O请求的命令缓冲区大小*/
    int             numa_node;           /*硬件队列所在的NUMA 结点*/
    unsigned int    timeout;             /*I/O 请求超时时间，以ms 为单位*/
```

```
        unsigned int       flags;                      /*标志位*/
        void             *driver_data;                 /*驱动程序私有数据指针*/
        atomic_t          active_queues_shared_sbitmap;
        struct sbitmap_queue    __bitmap_tags;         /*表示可用的I/O请求标记*/
        struct sbitmap_queue    __breserved_tags;
        struct blk_mq_tags  **tags;
        struct mutex       tag_list_lock;              /*一个互斥锁，用于保护标记链表*/
        struct list_head tag_list;                     /*一个链表，用于保存所有标记*/
};
```

18.5.2 加载函数

Virtual_blkdev 设备的加载函数主要完成内存的申请、自旋锁的初始化、创建请求队列、创建块设备等。代码如下：

```
01  static int __init Virtual_blkdev_init(void)
02  {
03      int ret = 0;
04      struct Virtual_blkdev * dev;
05      /*申请内存*/
06      dev = kzalloc(sizeof(*dev), GFP_KERNEL);
07      if(dev == NULL) {
08          return -ENOMEM;
09      }
10      dev->vbdbuf = kmalloc(VIRTUAL_BLKDEV_SIZE, GFP_KERNEL);
11      if(dev->vbdbuf == NULL) {
12          return -ENOMEM;
13      }
14      vbd = dev;
15      /*初始化自旋锁*/
16      spin_lock_init(&dev->lock);
17      /*注册块设备*/
18      dev->major = register_blkdev(VIRTUAL_BLKDEV_DEVICEMAJOR,
            VIRTUAL_BLKDEV_DISKNAME);
19      if(dev->major < 0) {
20          goto register_blkdev_fail;
21      }
22      /*创建多队列*/
23      dev->queue = create_req_queue(&dev->tag_set);
24      if(dev->queue == NULL) {
25          goto create_queue_fail;
26      }
27      /*创建块设备*/
28      ret = create_req_gendisk(dev);
29      if(ret < 0)
30          goto create_gendisk_fail;
31      return 0;
32  create_gendisk_fail:
33      blk_cleanup_queue(dev->queue);
34      blk_mq_free_tag_set(&dev->tag_set);
35  create_queue_fail:
36      unregister_blkdev(dev->major, VIRTUAL_BLKDEV_DISKNAME);
37  register_blkdev_fail:
38      kfree(dev->vbdbuf);
39      kfree(dev);
40      return -ENOMEM;
41  }
```

以下是对代码的一些介绍。

1. 创建请求队列

代码 23 行调用 create_req_queue()函数实现对请求队列的创建，此函数是自定义的，以下是此函数的代码：

```
01   static struct request_queue * create_req_queue(struct blk_mq_tag_set
     *set)
02   {
03       struct request_queue *q;
04   #if 0
05       q = blk_mq_init_sq_queue(set, &mq_ops, 2, BLK_MQ_F_SHOULD_MERGE);
06   #else
07       int ret;
08       memset(set, 0, sizeof(*set));
09       set->ops = &mq_ops;                      //操作函数
10       set->nr_hw_queues = 2;                   //硬件队列
11       set->queue_depth = 2;                    //队列深度
12       set->numa_node = NUMA_NO_NODE;           //numa 结点
13       set->flags = BLK_MQ_F_SHOULD_MERGE;      //标记在 bio 下发时需要合并
14       ret = blk_mq_alloc_tag_set(set);         //使用函数进行再次初始化
15       if (ret) {
16           printk(KERN_WARNING "sblkdev: unable to allocate tag set\n");
17           return ERR_PTR(ret);
18       }
19       q = blk_mq_init_queue(set);              //分配请求队列
20       if(IS_ERR(q)) {
21           blk_mq_free_tag_set(set);
22           return q;
23       }
24   #endif
25       return q;
26   }
```

- 第 3 行，声明一个请求队列的指针 q。
- 第 4、5 行，如果常量为 0，则使用默认方式创建请求队列。
- 第 8 行，清空 blk_mq_tag_set。
- 第 9~13 行，对 blk_mq_tag_set 进行设置。
- 第 14 行，调用 blk_mq_alloc_tag_set()函数为全体硬队列分配 blk_mq_tags 指针数组，每个硬队列对应一个 blk_mq_tags 指针。
- 第 19 行，调用 blk_mq_init_queue()函数实现对请求队列的分配。

2. 创建请求队列

代码 28 行调用 create_req_gendisk()函数实现对块设备的创建，此函数是自定义的，以下是此函数的代码：

```
01   static int create_req_gendisk(struct Virtual_blkdev *set)
02   {
03       struct Virtual_blkdev *dev = set;
04       dev->gendisk = blk_alloc_disk(1);
05       if(dev == NULL)
06           return -ENOMEM;
07       dev->gendisk->major = VIRTUAL_BLKDEV_DEVICEMAJOR;   /* 主设备号 */
```

```
08          dev->gendisk->first_minor = 0;                  /* 起始次设备号 */
09          dev->gendisk->fops = &Virtual_blkdev_fops;       /* 操作函数 */
10          dev->gendisk->private_data = set;                /* 私有数据 */
11          dev->gendisk->queue = dev->queue;                /* 请求队列 */
            /* 名字 */
12          sprintf(dev->gendisk->disk_name, VIRTUAL_BLKDEV_DISKNAME);
            /* 设备容量(单位为扇区)*/
13          set_capacity(dev->gendisk, VIRTUAL_BLKDEV_SIZE/512);
14          add_disk(dev->gendisk);
15          return 0;
16      }
```

- 第 3 行，为块设备分配一个 gendisk 结构体。
- 第 9~12 行，对 gendisk 的成员变量进行设置。
- 第 14 行，调用 add_disk()函数激活磁盘设备。

18.5.3 卸载函数

Virtual_blkdev 设备的卸载函数主要完成与设备加载函数相反的工作：
- 使用 del_gendisk()函数删除 gendisk 设备。
- 使用 put_disk()函数清除 gendisk 的引用计数。
- 使用 blk_cleanup_queue()函数清除请求队列。
- 使用 blk_mq_free_tag_set()函数释放 blk_mq_tag_set。
- 使用 unregister_blkdev()函数注销块设备。

Virtual_blkdev 设备的卸载函数的代码如下：

```
static void __exit Virtual_blkdev_exit(void)
{
    /* 释放 gendisk */
    del_gendisk(vbd->gendisk);
    put_disk(vbd->gendisk);
    /* 清除请求队列 */
    blk_cleanup_queue(vbd->queue);
    /* 释放 blk_mq_tag_set */
    blk_mq_free_tag_set(&vbd->tag_set);
    /* 注销块设备 */
    unregister_blkdev(vbd->major, VIRTUAL_BLKDEV_DISKNAME);
    /* 释放内存 */
    kfree(vbd->vbdbuf);
    kfree(vbd);
}
```

18.5.4 自定义请求处理函数

以下是自定义请求处理函数的代码：

```
01  static blk_status_t Virtual_blkdev_do_request(struct blk_mq_hw_ctx
    *hctx, const struct
02  blk_mq_queue_data* bd)
03  {
04      struct request *req = bd->rq;           /* 通过 bd 获取 request 队列*/
05      struct Virtual_blkdev *dev = req->rq_disk->private_data;
```

```
06          int ret;
07          blk_mq_start_request(req);              /* 开启处理队列 */
08          spin_lock(&dev->lock);
09          ret = Virtual_blkdev_transfer(req);     /* 处理数据 */
10          blk_mq_end_request(req, ret);           /* 结束处理队列 */
11          spin_unlock(&dev->lock);
12          return BLK_STS_OK;
13      }
```

代码第 9 行调用了一个自定义函数 Virtual_blkdev_transfer()，此函数用来对数据进行处理，代码如下：

```
static int Virtual_blkdev_transfer(struct request *req)
{
    unsigned long start = blk_rq_pos(req) << 9;
    unsigned long len   = blk_rq_cur_bytes(req);
    void *buffer = bio_data(req->bio);
    if(rq_data_dir(req) == READ)                    /* 读数据 */
        memcpy(buffer, vbd->vbdbuf + start, len);
    else if(rq_data_dir(req) == WRITE)              /* 写数据 */
        memcpy(vbd->vbdbuf + start, buffer, len);
    return 0;
}
```

18.5.5　驱动测试

为了了解 Virtual_blkdev 这个块设备的特性，需要对其各方面进行测试，下面具体介绍。

1. 编译Virtual_blkdev.c文件

首先进入 Virtual_blkdev.c 文件所在的目录，执行 make 命令编译该文件，命令如下：

```
# make
make -C /usr/src/linux-headers-5.15.0-56-generic/ M=/root/桌面/Linux 驱动开发入门与实战/18.5 modules
make[1]: 进入目录 "/usr/src/linux-headers-5.15.0-56-generic"
  CC [M]  /root/桌面/Linux 驱动开发入门与实战/18.5/Virtual_blkdev.o
  MODPOST /root/桌面/Linux 驱动开发入门与实战/18.5/Module.symvers
  CC [M]  /root/桌面/Linux 驱动开发入门与实战/18.5/Virtual_blkdev.mod.o
  LD [M]  /root/桌面/Linux 驱动开发入门与实战/18.5/Virtual_blkdev.ko
  BTF [M] /root/桌面/Linux 驱动开发入门与实战/18.5/Virtual_blkdev.ko
Skipping BTF generation for /root/桌面/Linux 驱动开发入门与实战/18.5/Virtual_blkdev.ko due to unavailability of vmlinux
make[1]: 离开目录 "/usr/src/linux-headers-5.15.0-56-generic"
```

编译命令 make 执行后会在当前目录下生成一个模块文件 Virtual_blkdev.ko。

2. 加载模块文件

使用 ls 命令列出当前目录下的文件，其中有一个 Virtual_blkdev.ko 文件。使用 insmod 命令将 Virtual_blkdev.ko 模块加入内核。

```
# ls
Makefile         Virtual_blkdev.c    Virtual_blkdev.mod.c
modules.order    Virtual_blkdev.ko   Virtual_blkdev.mod.o
```

```
Module.symvers  Virtual_blkdev.mod  Virtual_blkdev.o
# insmod Virtual_blkdev.ko
```

3．查看模块

可以使用 lsmod 命令查看当前系统中的模块，以检验 Virtual_blkdev.ko 是否加载成功。该命令如下：

```
# lsmod
Module                  Size  Used by
Virtual_blkdev         16384  0
```

4．创建块设备文件

如果系统支持 udev 文件系统，那么系统将自动创建一个/dev/Virtual_blkdev 块设备文件，设备文件名称是 gendisk.disk_name 中设置的 Virtual_blkdev。如果系统不支持 udev 文件系统，那么需要通过 mknod 命令自己创建 Virtual_blkdev 设备文件系统，命令如下：

```
[root@tom chapter18]# mknod /dev/Virtual_blkdev b 72 0
```

以上命令创建了一个主设备号为 72，次设备号为 0 的块设备文件。可以使用 ls 命令查看该设备文件是否存在，如果存在，还可以看到该块设备文件的详细信息。从 ls 命令中可以看出该设备可读、可写，命令如下：

```
# ls -l /dev/Virtual_blkdev
brw-rw---- 1 root disk 72, 0 3月  29 16:21 /dev/Virtual_blkdev
```

5．在设备上创建VFAT文件系统

Virtual_blkdev 相当于一个实际的物理块设备，在这个设备上可以创建不同的文件系统。这里以比较熟悉的 VFAT 文件系统为例，使用 mkfs 命令在 Virtual_blkdev 设备上创建一个 VFAT 文件系统。命令如下：

```
# mkfs.vfat /dev/Virtual_blkdev
mkfs.fat 4.1 (2017-01-24)
```

6．挂载文件系统

在访问 Virtual_blkdev 设备之前，需要将该设备挂接到一个目录下，一般挂接到/mnt 目录下。在/mnt 目录下创建一个 temp 目录用来挂载 Virtual_blkdev，代码如下：

```
# cd /mnt
# mkdir temp
# ls -la temp
total 8
drwxr-xr-x 2 root root 4096 3月  29 16:27 .
drwxr-xr-x 4 root root 4096 3月  29 16:27 ..
# mount /dev/Virtual_blkdev /mnt/temp
```

挂载 Virtual_blkdev 设备后，Virtual_blkdev 的引用计数加 1，可以使用 lsmod 命令查看：

```
# lsmod
Module                  Size  Used by
Virtual_blkdev         16384  1
```

7. 测试文件系统

将 Virtual_blkdev 挂载到/mnt/temp 目录下，对/mnt/temp 目录的操作就等于对 Virtual_blkdev 设备的操作。测试步骤如下：

（1）检测/mnt/temp 目录是否为空，并检查 Virtual_blkdev 设备的使用情况，命令如下：

```
# ls temp
# df
Filesystem           1K-blocks     Used Available Use% Mounted on
udev                   4019452        0   4019452   0% /dev
tmpfs                   810528     1888    808640   1% /run
/dev/sda5             19992176  9514048   9439536  51% /
tmpfs                  4052632        0   4052632   0% /dev/shm
tmpfs                     5120        4      5116   1% /run/lock
tmpfs                  4052632        0   4052632   0% /sys/fs/cgroup
...
/dev/loop10             354688   354688         0 100% /snap/gnome-3-38-2004/119
/dev/Virtual_blkdev       2028        0      2028   0% /mnt/temp
```

可以看出，temp 目录为空，表示设备中没有数据。使用 df 命令查看设备的使用情况可知，Virtual_blkdev 已经使用 0 个块。

（2）向/mnt/temp 目录中复制数据，并检查 Virtual_blkdev 设备的使用情况，命令如下：

```
# cp ~/桌面/Linux 驱动开发入门与实战/18.5/* /mnt/temp
# ls
Makefile          Virtual_blkdev.c    Virtual_blkdev.mod.c
modules.order     Virtual_blkdev.ko   Virtual_blkdev.mod.o
Module.symvers    Virtual_blkdev.mod  Virtual_blkdev.o
# df
Filesystem           1K-blocks     Used Available Use% Mounted on
udev                   4019452        0   4019452   0% /dev
tmpfs                   810528     1892    808636   1% /run
/dev/sda5             19992176  9770432   9183152  52% /
tmpfs                  4052632        0   4052632   0% /dev/shm
tmpfs                     5120        4      5116   1% /run/lock
tmpfs                  4052632        0   4052632   0% /sys/fs/cgroup
...
/dev/loop10             354688   354688         0 100% /snap/gnome-3-38-2004/119
/dev/Virtual_blkdev       2028      796      1232  40% /mnt/temp
```

使用 cp 命令将"~/桌面/Linux 驱动开发入门与实战/18.5/"目录下的数据复制到/mnt/temp 目录下。这时使用 ls 命令发现，在/mnt/temp 目录下添加了"~/桌面/Linux 驱动开发入门与实战/18.5/"目录下的文件。最后使用 df 命令查看设备的使用情况，发现 Virtual_blkdev 已经使用了 796 个块，比之前多使用了 796 个块容量。

（3）删除/mnt/temp 目录下的数据并检查 Virtual_blkdev 设备的使用情况，命令如下：

```
# rm -rf /mnt/temp/*
# df
Filesystem           1K-blocks     Used Available Use% Mounted on
udev                   4019452        0   4019452   0% /dev
tmpfs                   810528     1892    808636   1% /run
/dev/sda5             19992176  9869560   9084024  53% /
tmpfs                  4052632        0   4052632   0% /dev/shm
tmpfs                     5120        4      5116   1% /run/lock
tmpfs                  4052632        0   4052632   0% /sys/fs/cgroup
...
/dev/loop10             354688   354688         0 100% /snap/gnome-3-38-2004/119
```

```
/dev/Virtual_blkdev       2028      0      2028     0% /mnt/temp
```

8．卸载和移除设备模块

设备使用完后，需要卸载设备并移除设备模块，命令如下：

```
# umount /mnt/temp
# rmmod Virtual_blkdev
```

18.6 小　　结

块设备的操作与字符设备不同，本章介绍了大量的与块设备相关的数据结构，如 request_queue、request 和 bio 等。关于块设备的更多知识，读者需要自己查找相关资料或者阅读源代码进行学习。

18.7 习　　题

一、填空题

1．硬件设备传送数据的基本单位是_____。
2．在 Linux 内核中，I/O 设备大致分为两类，即_____设备和字符设备。
3．数据从内存到磁盘或者从磁盘到内存的过程叫作_____操作。

二、选择题

1．下列用来删除 gendisk 的引用计数函数是（　　）。
　A．put_disk()　　　　　　　　B．del_gendisk()
　C．unregister_blkdev()　　　　D．remove_gendisk()
2．下列不属于 Linux 提供的 I/O 调度算法的是（　　）。
　A．预期算法　　　　　　　　　B．最后期限算法
　C．完全公平队列算法　　　　　D．二进制操作算法
3．下列返回页数据的偏移量的宏是（　　）。
　A．bio_data_dir　　　　　　　B．bio_page
　C．bio_offset　　　　　　　　 D．bio_sectors

三、判断题

1．Linux 系统将内存分为页，一页最大可以是 128KB。　　　　　　　　　（　　）
2．一个段就是一个内存页或者内存页的一部分。　　　　　　　　　　　（　　）
3．几个连续的页面可以组成一个请求结构 request。　　　　　　　　　　（　　）

第 19 章　USB 设备驱动程序

USB 设备是计算机中的一种常见设备，如 U 盘就是其中之一。从长远来看，USB 设备将成为计算机中主流的可插拔设备，越来越多的外设会使用 USB 规范来设计。由常见的外置光驱、移动硬盘、鼠标、键盘、手写笔，到外置网卡、蓝牙、手机数据接口、数码相机等，可见 USB 设备的使用广泛，不久的将来，甚至可以想象两台计算机之间可以直接通过 USB 线进行数据传输，其速度可以达到 40Gbps。随着 USB 设备在日常生活中的广泛应用，学习编写 USB 设备驱动程序的意义也越来越重要，本章将对编写 USB 设备驱动进行详细的阐述。

19.1　USB 概述

USB 作为一种重要的通信规范，目前应用越来越广泛。在 USB 协议中，除了定义了通信物理层和电气层的标准外，还定义了一套比较完整的软件协议栈。这样就使大多数符合协议的 USB 设备能够很容易地工作在各种平台上。基本上，各个平台上的 USB 设备的驱动逻辑都很相似。由于 USB 协议是一套规范的协议，所以编写各种 USB 设备的驱动程序也非常相似，本节将对 USB 协议的相关内容进行简要的介绍。

19.1.1　USB 的发展版本

USB 是一个外部总线标准，用于规范计算机与外部设备的连接和通信。USB 接口支持设备即插即用和热插拔功能。USB 接口可用于连接多达 128 种外设，如鼠标、调制解调器和键盘等。USB 是在 1994 年底由 Intel、康柏、IBM 和微软等多家公司联合提出的，自 1996 年推出后，已成功替代串口和并口，并成为个人计算机和大量智能设备必配的接口之一。从 1994 年 11 月 11 日发布 USB V0.7 版本以后，USB 版本经历了多年的发展，到现在已经发展为 4.0 版本。下面对 USB 的主要版本进行简要介绍。

1. USB 1.0版本

USB 1.0 是在 1996 年出现的，传输速率只有 1.5Mbps；1998 年升级为 USB 1.1，速度大大提升到 12Mbps，在部分旧设备上还能看到这种标准的接口。USB 1.1 是较为普遍的 USB 规范，其高速方式的传输速率为 12Mbps，低速方式的传输速率为 1.5Mbps。

Mbps 中的 b 是 bit 的意思，1MB/s（兆字节/秒）=8Mbps（兆位/秒），12Mbps=1.5MB/s。大部分 MP3 都为此接口类型。

2．USB 2.0版本

USB 2.0 规范是由 USB 1.1 规范演变而来的。它的传输速率达到了 480Mbps，折算 MB 为 60MB/s，足以满足大多数外设的速率要求。USB 2.0 中的"增强主机控制器接口"（EHCI）定义了一个与 USB 1.1 相兼容的架构，它可以用 USB 2.0 的驱动程序驱动 USB 1.1 设备。也就是说，所有支持 USB 1.1 的设备都可以直接在 USB 2.0 的接口上使用而不必担心兼容性问题，而且像 USB 线、插头等附件也可以直接使用。

使用 USB 为打印机应用带来的变化是速度大幅度提升，USB 接口提供了 12Mbps 的传输速率，相比并口速率提高了 10 倍以上，这使打印文件的传输时间大大缩短。USB 2.0 标准进一步将传输速率提高到 480Mbps，是普通 USB 速度的 40 倍，更大幅度降低了打印文件的传输时间。

3．USB 3.0版本

由 Intel、微软、惠普、德州仪器、NEC 和 ST-NXP 等业界巨头组成的 USB 3.0 Promoter Group 负责制定的新一代 USB 3.0 标准于 2008 年 11 月发布。该规范提供了高于 USB 2.0 10 倍的传输速率和更高的节能效率，可广泛适用于 PC 外围设备和消费类电子产品。

USB 3.0 在实际设备应用中被称为 USB SuperSpeed，顺应此前的 USB 1.1 FullSpeed 和 USB 2.0 HighSpeed。USB 3.0 版本对 USB 2.0 版本做了很多优化。

4．USB 4.0版本

USB 4.0 版本是 2019 年发布的，在硬件接口上，最新一代的 USB 4.0 采用了 Type-C 的硬件接口，它本质上使用的是 Intel 公司的雷电 3（Thunderbolt 3）技术，也支持 USB 标准，能够兼容 Thunderbolt 3、USB 3.2、USB 3.1 及 USB 2.0 等协议。随着各种移动端设备向轻薄化、便携化方向发展，加上 USB 4.0 也使用了 Type-C 接口，以后的设备接口选型方向将会统一采用 USB 4.0 协议的 Type-C 接口。

19.1.2 USB 的特点

USB 设备应用非常广泛，如 USB 键盘、USB 鼠标、USB 光驱和 U 盘等，并且在许多手持设备中也提供了 USB 接口，方便与计算机或其他设备传递数据。USB 设备之所以被大量应用，主要是因为它有以下特点：

（1）可以热插拔。这就让用户在使用外接设备时，不需要重复"关机，将并口或串口电缆接上再开机"这样的动作，而是在计算机工作时可以直接将 USB 电缆插上使用。

（2）携带方便。USB 设备大多以"小、轻、薄"见长，对用户来说，同样 20GB 的硬盘，USB 硬盘比 IDE 硬盘的重量轻一半，当想要随身携带存储了大量数据的设备时，USB 硬盘当然是首要之选。

（3）标准统一。常见的外部设备有 IDE 接口的硬盘、串口的鼠标键盘、并口的打印机扫描仪，有了 USB 之后，这些应用外部设备统统可以用同样的标准与个人计算机连接，因而出现了 USB 硬盘、USB 鼠标和 USB 打印机等 USB 设备。

（4）可以连接多个设备。USB 在个人计算机上往往具有多个接口，可以同时连接几个设备，如果接上一个有 4 个端口的 USB HUB，就可以再连接 4 个 USB 设备，以此类推，可以将你家的设备同时连接在一台个人计算机上而不会有任何问题（注：最高可连接 127 个设备）。USB 设备的这种特性可以用 USB 总线拓扑结构来解释。

19.1.3　USB 总线拓扑结构

USB 设备的连接如图 19.1 所示，对于每个 PC 来说，都有一个或者多个称为主机（Host）控制器的设备，该主机控制器和一个根集线器（Hub）作为一个整体。这个根 Hub 下可以接多级的 Hub，每个子 Hub 又可以接子 Hub。每个 USB 设备作为一个结点接在不同级别的 Hub 上。

1．USB 主机控制器

每个 PC 的主板上都会有多个主机控制器，每个主机控制器其实就是一个 PCI 设备，挂载在 PCI 总线上，嵌入式设备也如此。在 Linux 系统中，驱动开发人员应该给主机控制器提供驱动程序，用 usb_hcd 结构来表示。

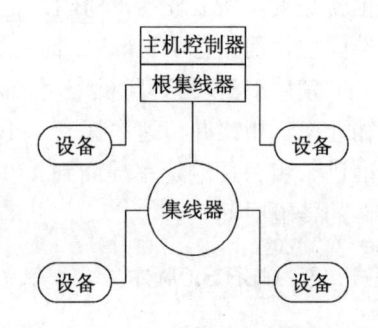

图 19.1　USB 设备物理拓扑结构

2．USB 集线器

每个 USB 主机控制器都会自带一个 USB 集线器(USB Hub)，这个集线器称为根(Root) Hub。这个根 Hub 可以接子（Sub）Hub，每个 Hub 上可以挂载 USB 设备。一般的 PC 有 8 个 USB 口，通过外接 USB Hub，可以插更多的 USB 设备。当 USB 设备插入 USB Hub 或从其上拔出时，都会发出电信号通知系统，这样可以枚举 USB 设备。

3．USB 设备

USB 设备就是插在 USB 总线上工作的设备，广义地讲 USB Hub 也算是 USB 设备。每个根 USB Hub 下可以直接或间接地连接 127 个设备，并且彼此不会干扰。对于用户来说，可以看成 USB 设备和 USB 控制器直接相连，它们之间的通信需要满足 USB 的通信协议。

19.1.4　USB 驱动总体架构

在 Linux 系统中，USB 驱动由 USB 主机控制器驱动和 USB 设备驱动组成。USB 主机控制器驱动主要用来驱动芯片上的主机控制器硬件。USB 设备驱动是指具体的如 USB 鼠标和 USB 摄像头等设备驱动。如图 19.2 是 USB 驱动总体架构。

1．USB 主机控制器硬件

如图 19.2 所示，在 Linux 驱动中，USB 驱动处于最底层的是 USB 主机控制器硬件。USB 主机控制器硬件用来实现 USB 协议规定的相关操作，完成与 USB 设备之间的通信。在嵌入式系统中，USB 主机控制器硬件一般集成在 CPU 芯片中。事实上，要使 USB 设备正常工作，除了 USB 设备本身之外，在计算机系统中还依赖于 USB 主机控制器。

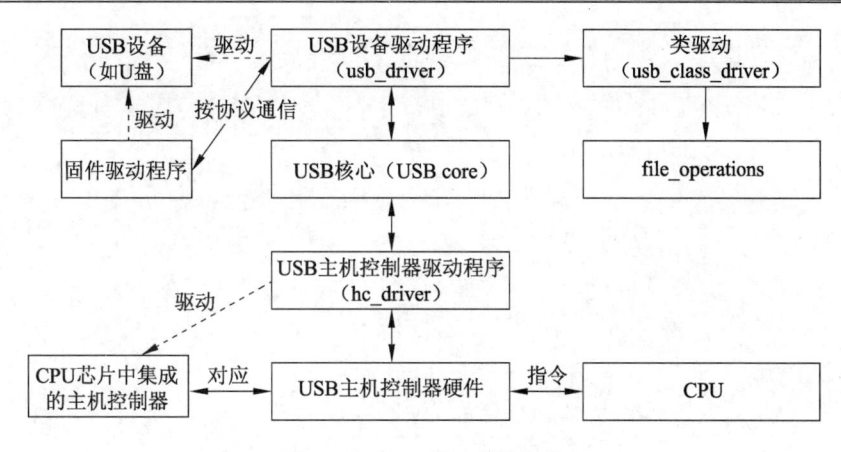

图 19.2　USB 驱动总体架构

顾名思义，USB 主机控制器就是用来控制 USB 设备与 CPU 之间通信的。通常，计算机的 CPU 并不是直接和 USB 设备通信，而是和 USB 主机控制器通信。CPU 要对设备做什么，会先通知 USB 主机控制器，而不是直接发送指令给 USB 设备。USB 主机控制器接收到 CPU 的命令后，会指挥 USB 设备完成相应的任务。这样，CPU 把命令传给 USB 主机控制器后就不用管余下的工作了，CPU 会转向处理其他事情。

2．USB主机控制器驱动程序

USB 主机控制器硬件必须由 USB 主机控制器驱动程序驱动才能运行。USB 主机控制器驱动程序用 hc_driver 表示，在计算机系统中，每一个主机控制器都有一个对应的 hc_driver 结构体，该结构体在/include/linux/usb/hcd.h 文件中定义，代码如下：

```
01  struct hc_driver {
02      const char   *description;
03      const char   *product_desc;
04      size_t       hcd_priv_size;
05      irqreturn_t (*irq) (struct usb_hcd *hcd);
06      int flags;
07  #define HCD_MEMORY   0x0001
08  #define HCD_DMA      0x0002
09  #define HCD_SHARED   0x0004
10  #define HCD_USB11    0x0010
11  #define HCD_USB2     0x0020
12  #define HCD_USB25    0x0030
13  #define HCD_USB3     0x0040
14  #define HCD_USB31    0x0050
15  #define HCD_USB32    0x0060
16  #define HCD_MASK     0x0070
17  #define HCD_BH       0x0100
18      int (*reset) (struct usb_hcd *hcd);
19      int (*start) (struct usb_hcd *hcd);
20      int (*pci_suspend)(struct usb_hcd *hcd, bool do_wakeup);
21      int (*pci_resume)(struct usb_hcd *hcd, bool hibernated);
22      void   (*stop) (struct usb_hcd *hcd);
23      void   (*shutdown) (struct usb_hcd *hcd);
24      int (*get_frame_number) (struct usb_hcd *hcd);
25      int (*urb_enqueue)(struct usb_hcd *hcd,
26             struct urb *urb, gfp_t mem_flags);
27      int (*urb_dequeue)(struct usb_hcd *hcd,
28             struct urb *urb, int status);
```

```c
29      int     (*map_urb_for_dma)(struct usb_hcd *hcd, struct urb *urb,
30                      gfp_t mem_flags);
31      void    (*unmap_urb_for_dma)(struct usb_hcd *hcd, struct urb *urb);
32      void    (*endpoint_disable)(struct usb_hcd *hcd,
33                      struct usb_host_endpoint *ep);
34      void    (*endpoint_reset)(struct usb_hcd *hcd,
35                      struct usb_host_endpoint *ep);
36      int     (*hub_status_data) (struct usb_hcd *hcd, char *buf);
37      int     (*hub_control) (struct usb_hcd *hcd,
38                      u16 typeReq, u16 wValue, u16 wIndex,
39                      char *buf, u16 wLength);
40      int     (*bus_suspend)(struct usb_hcd *);
41      int     (*bus_resume)(struct usb_hcd *);
42      int     (*start_port_reset)(struct usb_hcd *, unsigned port_num);
43      unsigned long   (*get_resuming_ports)(struct usb_hcd *);
44      void    (*relinquish_port)(struct usb_hcd *, int);
45      int     (*port_handed_over)(struct usb_hcd *, int);
46      void    (*clear_tt_buffer_complete)(struct usb_hcd *,
47                      struct usb_host_endpoint *);
48      int     (*alloc_dev)(struct usb_hcd *, struct usb_device *);
49      void    (*free_dev)(struct usb_hcd *, struct usb_device *);
50      int     (*alloc_streams)(struct usb_hcd *hcd, struct usb_device *udev,
51              struct usb_host_endpoint **eps, unsigned int num_eps,
52              unsigned int num_streams, gfp_t mem_flags);
53      int     (*free_streams)(struct usb_hcd *hcd, struct usb_device *udev,
54              struct usb_host_endpoint **eps, unsigned int num_eps,
55              gfp_t mem_flags);
56      int     (*add_endpoint)(struct usb_hcd *, struct usb_device *,
57                      struct usb_host_endpoint *);
58      int     (*drop_endpoint)(struct usb_hcd *, struct usb_device *,
59                      struct usb_host_endpoint *);
60      int     (*check_bandwidth)(struct usb_hcd *, struct usb_device *);
61      void    (*reset_bandwidth)(struct usb_hcd *, struct usb_device *);
62      int     (*address_device)(struct usb_hcd *, struct usb_device *udev);
63      int     (*enable_device)(struct usb_hcd *, struct usb_device *udev);
64      int     (*update_hub_device)(struct usb_hcd *, struct usb_device *hdev,
65                      struct usb_tt *tt, gfp_t mem_flags);
66      int     (*reset_device)(struct usb_hcd *, struct usb_device *);
67      int     (*update_device)(struct usb_hcd *, struct usb_device *);
68      int     (*set_usb2_hw_lpm)(struct usb_hcd *, struct usb_device *, int);
69      int     (*enable_usb3_lpm_timeout)(struct usb_hcd *,
70              struct usb_device *, enum usb3_link_state state);
71      int     (*disable_usb3_lpm_timeout)(struct usb_hcd *,
72              struct usb_device *, enum usb3_link_state state);
73      int     (*find_raw_port_number)(struct usb_hcd *, int);
74      int     (*port_power)(struct usb_hcd *hcd, int portnum, bool enable);
75 #define EHSET_TEST_SINGLE_STEP_SET_FEATURE 0x06
76      int     (*submit_single_step_set_feature)(struct usb_hcd *,
77              struct urb *, int);
78 };
```

和大多数驱动程序结构体一样，如 usb_driver 和 pci_driver，每个 driver 都由一组函数指针组成。这些函数指针由驱动程序开发人员来完成，用来驱动 USB 主机控制器，使其完成相应的功能。下面对代码进行简要分析。

- 第 2 行，定义一个 description 字符串指针，表示驱动的名称，例如，如果是 EHCI 控制器，那么其名称就是 ehci_hcd，UHCI 的控制器的名称就是 uhci_hcd。
- 第 3 行，定义一个 product_desc 字符串指针，表示产品的生产厂商等信息。
- 第 4 行，定义一个 hcd_priv_size，指向控制器的私有数据的大小。每个主机控制器驱动都有一个私有结构体，存储在 struct usb_hcd 结构体最后的那个变长的数组里。对于不同的设备，其长度是不一样的。在创建 usb_hcd 时，需要使用 hcd_priv_size 的值来确定申请多大的内存。
- 第 6 行，定义一个 flags 标志，表示主机控制器的一些状态。
- 第 18 行和 19 行，定义初始化主机控制器和根集线器的函数。reset()函数表示重置，start()函数表示初始化。每一个主机控制器都应该有一个根集线器。即使在一些资源宝贵的嵌入式系统中，硬件上的主机控制器没有根集线器，也会用软件虚拟一个根集线器。根集线器虽然位于主机控制器中，但是和其他集线器在功能上并没有什么区别。在 USB 驱动架构中，应该将根集线器看成一个 USB 设备，同样需要 USB 设备驱动对其进行控制。USB 根集线器应该被注册到内核中，由内核来管理，具体的内容将在后面讲述。
- 第 20 行，定义 pci_suspend()函数，当挂起集线器时被调用。
- 第 21 行，定义 pci_resume()函数，在恢复集线器之前被调用。
- 第 22 行，定义 stop()函数，该函数停止向内存写数据和向设备写数据。
- 第 23 行，定义 shutdown()函数，该函数用来关闭主机控制器。
- 第 25～28 行，定义管理 URB 请求的函数，urb_enqueue()函数用来将 URB 放入请求队列，urb_dequeue()函数用来将 URB 取出队列。
- 第 32 和 33 行，定义 endpoint_disable()函数，该函数的功能使端点不可用。

3. USB核心

USB 主机控制器驱动再往上一层是 USB 核心，其负责对 USB 设备的整体控制，包括实现 USB 主机控制器与 USB 设备之间的数据通信。本质上，USB 核心是为设备驱动程序提供服务的程序，包含内存分配和一些设备驱动公用的函数，如初始化 Hub、初始化主机控制器等。USB 核心的代码存放在/drivers/usb/core 目录下。

4. USB设备驱动程序

最上一层是 USB 设备驱动程序，用来驱动相应的 USB 设备。USB 设备驱动程序用 usb_driver 表示，它主要用于将 USB 设备挂接到 USB 核心中并启动 USB 设备，让其正常工作。关于 usb_driver 结构体的详细说明将在后面介绍。

5. USB设备与USB驱动之间的通信

要理解 USB 设备和 USB 驱动之间是怎样通信的，需要清楚两个概念：一是 USB 设备固件；二是 USB 协议。这里的 USB 驱动包括 USB 主机控制器驱动和 USB 设备驱动。

固件（Firmware）就是写入 EROM 或 EPROM（可编程只读存储器）的程序，通俗地理解就是"固化的软件"。更简单地说，固件就是 BIOS（基本输入/输出系统）软件，但它又与普通软件完全不同，它是固化在集成电路内部的程序代码，负责控制和协调集成电路的功能。USB 固件包含 USB 设备的出厂信息，标识该设备的厂商 ID、产品 ID、主版本号和次版本号等。

另外 USB 固件中还有一组程序，这组程序主要完成两个任务，即 USB 协议的处理和设备的读写操作。例如，将数据从设备发送到总线上，或从总线中将数据读取到设备存储器中。对设备的读写需要固件程序来完成，因此固件程序应该了解对读写设备的方法。驱动程序只是将 USB 规范定义的请求发送给固件程序，固件程序负责将数据写入设备的存储器中。一些 U 盘病毒，如 exe 文件夹图标病毒，可以破坏 USB 固件中的程序，导致 U 盘损坏，在使用 U 盘时需要用户注意。

USB 设备固件和 USB 驱动之间的通信是通过 USB 协议来完成的。通俗地讲，USB 协议规定了 USB 设备之间是如何通信的。图 19.3 是 USB 设备固件和 USB 驱动通信的示意图。

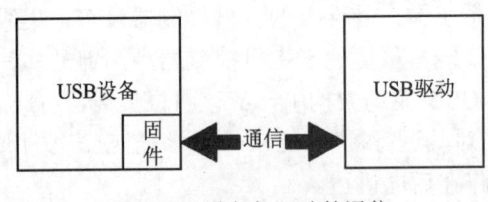

图 19.3　设备与驱动的通信

19.2　USB 设备驱动模型

在 USB 驱动程序中最重要的是 USB 设备驱动模型。USB 设备驱动模型是 Linux 设备驱动模型的补充和扩展。USB 设备驱动模型紧密地融入内核中，为写 USB 设备驱动程序提供了标准的接口，本节将对 USB 设备驱动模型进行详细的讲解。

19.2.1　USB 设备驱动初探

Linux 操作系统提供了大量的默认驱动程序。一般来说，这些驱动程序适用于大多数硬件，但也有许多特殊功能的硬件不能在操作系统中找到相应的驱动程序。驱动开发人员一般可以在内核中找到一份相似的驱动代码，根据实际的硬件情况进行修改即可。因此，通过什么样的方法找到相似的驱动程序非常重要。

Linux 内核源码具有很好的分类目录，/drivers/usb/storage/目录便是常见的 USB 设备驱动程序目录。该目录下实现了一个重要的 usb-storage 模块，该模块支持常用的 USB 存储设备。找到了 USB 设备驱动程序目录后，哪些才是 USB 驱动程序相关的重要文件呢？请看下面的分析。

1．寻找驱动程序的主要文件

大部分驱动程序的相关代码都在 drivers 目录下，在这个目录下使用 ls 命令可以看到很多子目录和文件，命令如下：

```
# cd drivers
# ls
accessibility   dax        i2c         misc        power       ssb
acpi            dca        i3c         mmc         powercap    staging
amba            devfreq    idle        most        pps         target
android         dio        iio         mtd         ps3         tc
ata             dma        infiniband  mux         ptp         tee
atm             dma-buf    input       net         pwm         thermal
```

第 19 章 USB 设备驱动程序

```
auxdisplay      edac            interconnect    nfc             rapidio         thunderbolt
base            eisa            iommu           ntb             ras             tty
bcma            extcon          ipack           nubus           regulator       uio
block           firewire        irqchip         nvdimm          remoteproc      usb
bluetooth       firmware        isdn            nvme            reset           vdpa
bus             fpga            Kconfig         nvmem           rpmsg           vfio
cdrom           fsi             leds            of              rtc             vhost
char            gnss            macintosh       opp             s390            video
clk             gpio            mailbox         parisc          sbus            virt
clocksource     gpu             Makefile        parport         scsi            virtio
comedi          greybus         mcb             pci             sh              visorbus
connector       hid             md              pcmcia          siox            vlynq
counter         hsi             media           perf            slimbus         vme
cpufreq         hv              memory          phy             soc             w1
cpuidle         hwmon           memstick        pinctrl         soundwire       watchdog
crypto          hwspinlock      message         platform        spi             xen
cxl             hwtracing       mfd             pnp             spmi            zorro
```

drivers 目录下包含大部分驱动程序的代码,其中,USB 目录包含所有 USB 设备的驱动程序。USB 目录包含自己的子目录,用来组织 USB 设备驱动的层次关系,如下所示:

```
# cd usb/
# ls
atm         class       dwc3        image       misc        phy         storage
c67x00      common      early       isp1760     mon         renesas_usbhs   typec
cdns3       core        gadget      Kconfig     mtu3        roles       usbip
chipidea    dwc2        host        Makefile    musb        serial      usb-skeleton.c
```

在 USB 目录下有一个重要的 storage 目录,这里面的代码就是需要讲解的 USB 设备驱动的代码。我们日常生活中频繁使用的 U 盘驱动程序,就放在这个目录下。由于 USB 设备非常复杂,storage 目录下的代码与其他目录下的代码有千丝万缕的联系,在以后的学习中再逐步讲解。storage 目录下的主要文件可以用 ls 命令查看,具体如下:

```
# cd storage/
# ls
alauda.c            onetouch.o          uas.mod             ums-usbat.mod
alauda.o            option_ms.c         uas.o               ums-usbat.o
built-in.a          option_ms.h         ums-alauda.mod      unusual_alauda.h
cypress_atacb.c     option_ms.o         ums-alauda.o        unusual_cypress.h
cypress_atacb.o     protocol.c          ums-cypress.mod     unusual_datafab.h
datafab.c           protocol.h          ums-cypress.o       unusual_devs.h
datafab.o           protocol.o          ums-datafab.mod     unusual_ene_ub6250.h
debug.c             realtek_cr.c        ums-datafab.o       unusual_freecom.h
debug.h             realtek_cr.o        ums-eneub6250.mod   unusual_isd200.h
ene_ub6250.c        scsiglue.c          ums-eneub6250.o     unusual_jumpshot.h
ene_ub6250.o        scsiglue.h          ums-freecom.mod     unusual_karma.h
freecom.c           scsiglue.o          ums-freecom.o       unusual_onetouch.h
freecom.o           sddr09.c            ums-isd200.mod      unusual_realtek.h
initializers.c      sddr09.o            ums-isd200.o        unusual_sddr09.h
initializers.h      sddr55.c            ums-jumpshot.mod    unusual_sddr55.h
initializers.o      sddr55.o            ums-jumpshot.o      unusual_uas.h
isd200.c            shuttle_usbat.c     ums-karma.mod       unusual_usbat.h
isd200.o            shuttle_usbat.o     ums-karma.o         usb.c
jumpshot.c          sierra_ms.c         ums-onetouch.mod    usb.h
jumpshot.o          sierra_ms.h         ums-onetouch.o      usb.o
karma.c             sierra_ms.o         ums-realtek.mod     usb-storage.mod
karma.o             transport.c         ums-realtek.o       usb-storage.o
Kconfig             transport.h         ums-sddr09.mod      usual-tables.c
Makefile            transport.o         ums-sddr09.o        usual-tables.o
```

```
modules.order       uas.c              ums-sddr55.mod
onetouch.c          uas-detect.h       ums-sddr55.o
```

为了使读者有整体认识，可以使用 wc 命令查看 storage 目录下有多少代码。经过统计，该目录下约有 276 395 行代码。

```
# wc -l *
  ...
  276395 总用量
```

2．获取主要文件的方法

即使已经找到了 USB 设备的主要目录，但是确定哪些文件为主要的驱动文件仍然不是一件容易的事情。除了阅读相应的 readme 文件之外，就是分析 Makefile 文件和 Kconfig 文件。基本上，在 Linux 内核源代码中，几乎每一个目录都有一个 Makefile 文件和 Kconfig 文件。Makefile 文件用来定义哪些文件需要编译，哪些文件不需要编译。Kconfig 文件用来组织需要编译入内核的模块和功能，其给用户提供一个选择配置内核的机会。

Makefile 文件和 Kconfig 文件组合起来就像一个公园的导航图，可以带领我们了解内核源代码这个复杂的结构。首先来看/drivers/usb/storage/目录下的 Makefile 文件，内容如下：

```
01  ccflags-y := -I $(srctree)/drivers/scsi
02  ccflags-y += -DDEFAULT_SYMBOL_NAMESPACE=USB_STORAGE
03  obj-$(CONFIG_USB_UAS)           += uas.o
04  obj-$(CONFIG_USB_STORAGE)       += usb-storage.o
05  usb-storage-y := scsiglue.o protocol.o transport.o usb.o
06  usb-storage-y += initializers.o sierra_ms.o option_ms.o
07  usb-storage-y += usual-tables.o
08  usb-storage-$(CONFIG_USB_STORAGE_DEBUG) += debug.o
09  obj-$(CONFIG_USB_STORAGE_ALAUDA)       += ums-alauda.o
10  obj-$(CONFIG_USB_STORAGE_CYPRESS_ATACB) += ums-cypress.o
11  obj-$(CONFIG_USB_STORAGE_DATAFAB)      += ums-datafab.o
12  obj-$(CONFIG_USB_STORAGE_ENE_UB6250)   += ums-eneub6250.o
13  obj-$(CONFIG_USB_STORAGE_FREECOM)      += ums-freecom.o
14  obj-$(CONFIG_USB_STORAGE_ISD200)       += ums-isd200.o
15  obj-$(CONFIG_USB_STORAGE_JUMPSHOT)     += ums-jumpshot.o
16  obj-$(CONFIG_USB_STORAGE_KARMA)        += ums-karma.o
17  obj-$(CONFIG_USB_STORAGE_ONETOUCH)     += ums-onetouch.o
18  obj-$(CONFIG_USB_STORAGE_REALTEK)      += ums-realtek.o
19  obj-$(CONFIG_USB_STORAGE_SDDR09)       += ums-sddr09.o
20  obj-$(CONFIG_USB_STORAGE_SDDR55)       += ums-sddr55.o
21  obj-$(CONFIG_USB_STORAGE_USBAT)        += ums-usbat.o
22  ums-alauda-y         := alauda.o
23  ums-cypress-y        := cypress_atacb.o
24  ums-datafab-y        := datafab.o
25  ums-eneub6250-y      := ene_ub6250.o
26  ums-freecom-y        := freecom.o
27  ums-isd200-y         := isd200.o
28  ums-jumpshot-y       := jumpshot.o
29  ums-karma-y          := karma.o
30  ums-onetouch-y       := onetouch.o
31  ums-realtek-y        := realtek_cr.o
32  ums-sddr09-y         := sddr09.o
33  ums-sddr55-y         := sddr55.o
34  ums-usbat-y          := shuttle_usbat.o
```

- 第 1 行，ccflags-y 是一个编译标志，-I 选项表示需要编译的目录。当 Makefile 文件被编译器读取时，先判断 drivers/scsi 目录下的文件是否已经被编译，如果没被编译，则先编译该目录下的文件，之后再转到该 Makefile 文件中。
- 第 3、4 行和 9~21 行是一些可选的编译选项，只有在 make menuconfig 阶段配置的选项才会被编译。诸如 CONFIG_USB_XXX 之类的变量是在 Kconfig 文件中定义的。usb-storage.o 是编译后的中间文件，其源代码对应 usb-storage.c 和 usb-storage.h 文件。
- 第 5~7 行，定义 usb-storage 模块必须包含的文件，这些文件是 scsiglue.c、protocol.c、transport.c、usb.c、initializers.c、sierra_ms.c、option_ms.c、usual-tables.c 和其对应的头文件。这些文件将是主要分析文件。

Kconfig 文件中有许多相关选项，如是否支持 USB 存储设备、是否支持开发时调试、是否支持 DATAFAB 公司生产的 U 盘、是否支持 SanDisk 智能卡等。在这些选项中，需要真正注意的是 CONFIG_USB_STORAGE 选项。在 Kconfig 文件中有关 CONFIG_USB_STORAGE 选项的内容如下：

```
config USB_STORAGE
    tristate "USB Mass Storage support"
    depends on SCSI
    help
      Say Y here if you want to connect USB mass storage devices to your
      computer's USB port. This is the driver you need for USB
      floppy drives, USB hard disks, USB tape drives, USB CD-ROMs,
      USB flash devices, and memory sticks, along with
      similar devices. This driver may also be used for some cameras
      and card readers.

      This option depends on 'SCSI' support being enabled, but you
      probably also need 'SCSI device support: SCSI disk support'
      (BLK_DEV_SD) for most USB storage devices.

      To compile this driver as a module, choose M here: the
      module will be called usb-storage.
```

config 关键字后的 USB_STORAGE 便是选项名，需要在前面加一个 CONFIG_构成一个完整的选项名。从这个选项的注释和帮助信息中可以看出，这个选项依赖于 USB 选项和 SCSI 选项。USB Mass Storage 是一类 USB 存储设备，这类设备由 USB 协议支持。该选项支持很多种 USB 设备，这些设备有 USB 磁盘、USB 硬盘、USB 磁带机、USB 光驱、U 盘、记忆棒、智能卡和一些 USB 摄像头等。

只有配置了这个选项，才能够编译 usb-storage.c 文件，USB 设备才有可能运行。

19.2.2 USB 设备驱动模型实现原理

理解 USB 设备驱动程序，首先需要理解什么是 USB 设备驱动模型。Linux 的设备驱动模型在前面的章节中已经讲过，USB 设备驱动模型是 Linux 设备驱动模型的扩展，这里主要介绍 USB 设备驱动模型。

1. 总线、设备和驱动

在 Linux 设备驱动模型中有 3 个重要的数据结构，分别是总线、设备和驱动。这 3 个数据结构在 Linux 内核源码中分别对应 struct bus_type、struct device 和 struct device_driver。

Linux 系统中的总线概念与实际物理主机中的总线概念是不同的。物理主机中的总线是实际的物理线路，如数据总线、地址总线。而在 Linux 系统中，总线是一种用来管理设备和驱动程序的数据结构，它与实际的物理总线相对应。在计算机系统中，总线有很多种，如 USB 总线、SCSI 总线、PCI 总线等，在内核代码中分别对应 usb_bus_type、scsi_bus_type 和 pci_bus_type 变量，这些变量的类型是 bus_type。

此处需要关注 bus_type 结构体中的 subsys_private 结构体，bus_type 结构体（/include/linux/device/bus.h）和 subsys_private 结构体（/drivers/base/base.h）的省略定义如下：

```
struct bus_type {
    ...
    struct subsys_private *p;
}
struct subsys_private {
    struct kset subsys;
    struct kset *devices_kset;
    struct list_head interfaces;
    struct mutex mutex;
    struct kset *drivers_kset;
    struct klist klist_devices;
    struct klist klist_drivers;
    struct blocking_notifier_head bus_notifier;
    unsigned int drivers_autoprobe:1;
    struct bus_type *bus;
    struct kset glue_dirs;
    struct class *class;
};
```

subsys_private 结构体表示总线拥有的私有数据，其中，drivers_kset 和 devices_kset 这两个数据非常重要，其他结构体在此处可以忽略。内核设计者将总线与两个链表联系起来，这两个链表分别是 drivers_kset 和 devices_kset。drivers_kset 链表表示连接到该总线上的所有驱动程序，devices_kset 链表表示连接到该总线上的所有设备。它们之间的关系如图 19.4 所示。

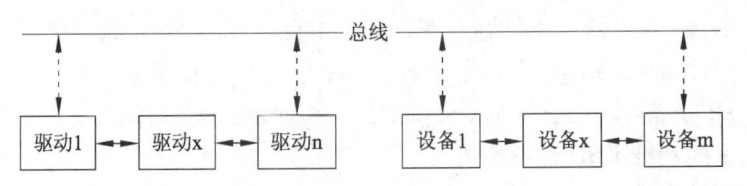

图 19.4　总线、驱动和设备的关系

在内核中，总线、驱动和设备三者之间是通过指针互相联系的。知道其中任何一个结构，都可以通过指针获得其他结构。

2．设备与驱动的绑定

设备需要驱动程序才能工作，因此当系统检测到设备时，应该将其与对应的驱动程序绑定。只有在同一总线上的设备与驱动之间才能进行设备与驱动的绑定。

在设备模型中，如果知道一条总线的数据结构，就可以找到这条总线所连接的设备和驱动程序。要实现这种联系，就要求每次总线上有新设备出现时，系统就要向总线汇报，告知有新设备添加到系统中。系统会为设备分配一个 struct device 数据结构，并将其挂接到 devices_kset 链表中。特别是在开机时，系统会扫描连接了哪些设备，并为每一个设备分配一个 struct device 数据结构，同样将其挂接在总线的 devices_kset 链表中。

当驱动程序开发者申请一条总线时，用 bus_type 表示，这时总线并不知道连在总线上的设备有哪些，驱动程序有哪些。总线、设备和驱动程序的连接，需要相应总线的核心代码来实现。对 USB 总线，通过 USB 核心（USB core）来实现总线、驱动和设备的连接。

USB core 会完成总线的初始化工作，然后再扫描 USB 总线，看 USB 总线上连接了哪些设备。当 USB core 发现设备时，会为其分配一个 struct device 结构体，并将其连到总线上。当发现所有设备时，USB 总线上的设备链表就建立好了。

相比设备的连接，将驱动连接到总线上就容易多了。当驱动注册时，其会在总线上注册并与总线的驱动链表连接。这时，驱动会遍历总线的设备链表，寻找自己适合的设备，并将其通过内部指针连接起来。

19.2.3　USB 设备驱动结构 usb_driver

在 USB 设备驱动模型中，USB 设备驱动使用 usb_driver 结构体表示，该结构体包含与具体设备相关的核心函数。对于不同的 USB 设备，驱动开发人员需要实现不同功能的函数，USB 核心通过在框架中调用这些自定义的函数完成相应的功能。下面对 usb_driver 结构体进行简要的介绍。

1. usb_driver结构体

挂接在 USB 总线上的驱动程序，使用 usb_driver 结构体表示，这个结构体在系统驱动注册时将加载到 USB 设备驱动子系统中。usb_driver 结构体的具体定义代码如下（/include/linux/usb.h）：

```
01    struct usb_driver {
02        const char *name;                                      /*设备驱动名称*/
03        int (*probe) (struct usb_interface *intf,
                  const struct usb_device_id *id);               /*探测函数*/
04        void (*disconnect) (struct usb_interface *intf);       /*断开函数*/
05        int (*unlocked_ioctl) (struct usb_interface *intf, unsigned
              int code,void *buf);     /*用于驱动程序，希望通过usbfs与用户空间对话*/
          /*挂起函数*/
06        int (*suspend) (struct usb_interface *intf, pm_message_t message);
07        int (*resume) (struct usb_interface *intf);            /*恢复函数*/
08        int (*reset_resume)(struct usb_interface *intf);       /*重置函数*/
09        /*完成恢复前的一些工作*/
10        int (*pre_reset)(struct usb_interface *intf);
11        /*完成恢复之后的工作*/
12        int (*post_reset)(struct usb_interface *intf);
13        const struct usb_device_id *id_table;  /*USB驱动支持的设备列表*/
14        const struct attribute_group **dev_groups;
15        struct usb_dynids dynids;
16        struct usbdrv_wrap drvwrap;
17        unsigned int no_dynamic_id:1;                /*是否允许动态加载该驱动*/
18        unsigned int supports_autosuspend:1;    /*是否支持自动挂起驱动*/
```

```
19            unsigned int disable_hub_initiated_lpm:1;
20            unsigned int soft_unbind:1;
21       };
```

- 第 2 行的 name 字段是指向驱动程序名称的指针。在 USB 总线上这个驱动程序的名称必须是唯一的，可以从/sys/bus/bus/drivers 目录下找到这个驱动的名称。
- 第 3 行的 probe()函数指向 USB 驱动程序的探测函数。当有 USB 设备插入时，USB 核心会调用该函数进行设备的初始化工作。
- 第 4 行的 disconnect()函数指向 USB 驱动的断开函数。当驱动程序从内核中卸载时，将调用该函数做一些卸载工作。该函数的调用时机由 USB 核心控制。
- 第 5 行的 unlocked_ioctl()函数用于通过 USBFS 文件系统与用户空间对话的驱动程序。
- 第 6 行和第 7 行的函数分别对应于电源管理的挂起和恢复函数。当设备挂起时，能节省更多电能，suspend()函数通过控制硬件的工作状态，达到节省电能的目的。在设备恢复正常工作时，USB 核心应该调用 resume()函数。
- 第 8~12 行表示设备重启时调用的函数。
- 第 11 行的 id_table 表包含驱动支持的设备列表。驱动怎样通过这个表和设备关联，将在后面详细讲述。
- 第 15~20 行的代码驱动程序开发人员不用关心，这里不再介绍。

2. 驱动程序支持的设备列表结构体usb_device_id

前面已经说过，一个设备只能绑定一个驱动程序，但是一个驱动程序却可以支持很多设备。例如，用户插入两块不同厂商的 U 盘，它们都符合 USB 2.0 协议，那么只需要一个支持 USB 2.0 协议的驱动程序即可。也就是说，不论插入多少个同类型的 U 盘，系统只使用一个驱动程序，这样有效减少了模块的引用，节省了系统的内存开销。

既然一个驱动可以支持多个设备，那么怎样知道驱动支持哪些设备呢？通过 usb_driver 结构体中的 id_table 成员就可以完成这个功能。id_table 成员描述了一个 USB 设备所支持的所有 USB 设备列表，它指向一个 usb_device_id 数组。usb_device_id 结构体包含 USB 设备的制造商 ID、产品 ID、产品版本和结构类等信息。

usb_device_id 结构体就像一张实名制火车票，车票上有姓名、车次、车厢号和座位。旅客上车时，乘务员会检查这些信息，只有这些信息都相同时，乘务员才允许旅客上车。USB 设备也一样，在 USB 设备中有一个固件程序，固件程序中就存储了这些信息。当 USB 设备中的信息和总线上驱动的 id_table 信息中的一项相同时，就将 USB 设备与驱动绑定。由于一个驱动可以适用于多个设备，因此在 id_table 表项中可能有很多项。usb_device_id 结构体定义如下（/include/linux/mod_devicetable.h）：

```
01   struct usb_device_id {
02       __u16       match_flags;        /*匹配标志，定义下面哪些项应该被匹配*/
03       __u16       idVendor;           /*制造商 ID*/
04       __u16       idProduct;          /*产品 ID*/
05       __u16       bcdDevice_lo;       /*产品的最小版本号*/
06       __u16       bcdDevice_hi;       /*产品的最大版本号*/
07       __u8        bDeviceClass;       /*设备的类型*/
08       __u8        bDeviceSubClass;    /*设备的子类型*/
```

```
09        __u8           bDeviceProtocol;       /*设备使用的协议*/
10        __u8           bInterfaceClass;       /*设备的接口类型*/
11        __u8           bInterfaceSubClass;    /*设备的接口子类型*/
12        __u8           bInterfaceProtocol;    /*设备的接口协议*/
13        __u8           bInterfaceNumber;      /*设备的接口编号*/
14        kernel_ulong_t  driver_info
              __attribute__((aligned(sizeof(kernel_ulong_t))));
                                                /*保存驱动程序使用的信息*/
15    };
```

- 第 2 行的 match_flags 字段是匹配标志，用于定义设备的固件信息与 usb_device_id 的哪些字段相匹配，才能认为驱动适合该设备。这个标志可以取下列标志的组合。

```
/*这是用来创建 struct usb_device_id 的宏*/
#define USB_DEVICE_ID_MATCH_VENDOR           0x0001
#define USB_DEVICE_ID_MATCH_PRODUCT          0x0002
#define USB_DEVICE_ID_MATCH_DEV_LO           0x0004
#define USB_DEVICE_ID_MATCH_DEV_HI           0x0008
#define USB_DEVICE_ID_MATCH_DEV_CLASS        0x0010
#define USB_DEVICE_ID_MATCH_DEV_SUBCLASS     0x0020
#define USB_DEVICE_ID_MATCH_DEV_PROTOCOL     0x0040
#define USB_DEVICE_ID_MATCH_INT_CLASS        0x0080
#define USB_DEVICE_ID_MATCH_INT_SUBCLASS     0x0100
#define USB_DEVICE_ID_MATCH_INT_PROTOCOL     0x0200
#define USB_DEVICE_ID_MATCH_INT_NUMBER       0x0400
```

例如，一个驱动只需要比较厂商 ID（厂商 ID 是公司向相关机构申请的一个唯一数值）和产品 ID，那么只需要对 match_flags 进行如下赋值就可以了：

```
.match_flags=(USB_DEVICE_ID_MATCH_VENDOR | USB_DEVICE_ID_MATCH_PRODUCT)
```

- 第 3 行的 idVendor 字段表示 USB 设备的制造商 ID。该 ID 编号是由 USB 论坛指定给各个公司的，不能由其他组织或者个人指定。
- 第 4 行的 idProduct 字段表示某厂商生产的产品 ID，厂商可以根据自己的管理需要对产品 ID 随意赋值。
- 第 5 行和第 6 行分别表示产品的最低版本号和最高版本号。在这两个版本号之间的设备都被支持。
- 第 7～9 行分别定义了设备的类型、子类型和协议。这些编号由 USB 类型指定，定义在 USB 规范中。一般不需要使用这些字段。
- 第 10～12 行分别定义接口的类型、子类型和协议。这些编号由 USB 类型指定，定义在 USB 规范中。
- 第 13 行用来区分不同设备的信息。

3．初始化 usb_device_id 结构体的宏

驱动程序开发人员应该知道自己所写的驱动程序适用于哪些设备，当决定驱动某个设备时，应该初始化一个 usb_device_id 结构体，并将其放在 usb_driver 的 id_table 中。为了方便开发人员，内核提供了一系列的宏来初始化 usb_device_id 结构体，常用的宏如下（/include/linux/usb.h）：

```
#define USB_DEVICE(vend,prod) \
    .match_flags = USB_DEVICE_ID_MATCH_DEVICE, \
```

```
    .idVendor = (vend), \
    .idProduct = (prod)
```

USB_DEVICE(vend,prod)宏用来创建一个 struct usb_device_id 结构体,该结构体仅与指定的制造商和产品 ID 值匹配。USB_DEVICE(vend,prod)宏用来指定一个需要特定驱动程序的 USB 设备。

```
#define USB_DEVICE_VER(vend, prod, lo, hi) \
    .match_flags = USB_DEVICE_ID_MATCH_DEVICE_AND_VERSION, \
    .idVendor = (vend), \
    .idProduct = (prod), \
    .bcdDevice_lo = (lo), \
    .bcdDevice_hi = (hi)
```

USB_DEVICE_VER(vend, prod, lo, hi)宏用来创建一个 struct usb_device_id 结构体,该结构体中存储了 4 条信息,分别是厂商 ID、产品 ID、版本范围的最小值和最大值。

```
#define USB_DEVICE_INFO(cl, sc, pr) \
    .match_flags = USB_DEVICE_ID_MATCH_DEV_INFO, \
    .bDeviceClass = (cl), \
    .bDeviceSubClass = (sc), \
    .bDeviceProtocol = (pr)
```

#define USB_DEVICE_INFO 宏用来创建一个 struct usb_device_id 结构体,在该结构体中存储了设备的类型和协议信息,这些类型和协议的分类在 USB 规范中定义,可以参考相应的规范资料。

除此之外还有其他宏,这些宏是 USB_DEVICE_INTERFACE_PROTOCOL、USB_INTERFACE_INFO、USB_DEVICE_AND_INTERFACE_INFO。这里写一个只需要匹配厂商 ID 和产品 ID 的 usb_device_id 结构体,代码如下(/drivers/usb/usb-skeleton.c):

```
static const struct usb_device_id skel_table [] = {
    { USB_DEVICE(USB_SKEL_VENDOR_ID, USB_SKEL_PRODUCT_ID) },
    { }                     /* 空{}表示表项结束*/
};
MODULE_DEVICE_TABLE(usb, skel_table);
```

如上面代码所示,skel_table 表中有一个表项,指定了设备相应的公司 ID 和产品 ID。MODULE_DEVICE_TABLE 宏用来向用户空间展示驱动程序支持的设备信息。

4. USB驱动注册函数usb_register()

编写好驱动模块之后,经常会使用 insmod、modprobe 和 rmmod 命令来加载、卸载驱动模块。当调用 insmod 或者 modprobe 命令后,控制流将从内核转移,内核会调用模块的初始化函数 module_init()。在初始化函数中,需要先注册一个 USB 驱动,注册 USB 驱动的函数是 usb_register(),该函数是一个宏。需要注意的是,调用 usb_register()函数之前应该对 usb_driver 进行必要的初始化,并且使用 MODULE_DEVICE_TABLE(usb, …)宏来展示设备信息。usb_register()函数的代码如下(/include/linux/usb.h):

```
#define usb_register(driver) \
    usb_register_driver(driver, THIS_MODULE, KBUILD_MODNAME)
```

usb_register()函数其实指代的就是 usb_register_driver()函数,该函数用来进行真正的注册。在程序设计中,将真正的函数包装起来是为了方便程序员调用,这是一个经常使用的技巧。在这里给 usb_register_driver()函数的第 2 个和第 3 个参数传递一个固定值,是避免程序员忘记传入这两个参数。为了简单起见，内核开发者封装了 usb_register()函数，在调用时不会增大系统的开销。usb_register_driver()函数的代码如下（/drivers/usb/core/driver.c）：

```c
01  int usb_register_driver(struct usb_driver *new_driver, struct module *owner,
02                  const char *mod_name)
03  {
04      int retval = 0;
05      if (usb_disabled())
06          return -ENODEV;
07      new_driver->drvwrap.for_devices = 0;
08      new_driver->drvwrap.driver.name = new_driver->name;
09      new_driver->drvwrap.driver.bus = &usb_bus_type;
10      new_driver->drvwrap.driver.probe = usb_probe_interface;
11      new_driver->drvwrap.driver.remove = usb_unbind_interface;
12      new_driver->drvwrap.driver.owner = owner;
13      new_driver->drvwrap.driver.mod_name = mod_name;
14      new_driver->drvwrap.driver.dev_groups = new_driver->dev_groups;
15      spin_lock_init(&new_driver->dynids.lock);
16      INIT_LIST_HEAD(&new_driver->dynids.list);
17      retval = driver_register(&new_driver->drvwrap.driver);
18      if (retval)
19          goto out;
20      retval = usb_create_newid_files(new_driver);
21      if (retval)
22          goto out_newid;
23      pr_info("%s: registered new interface driver %s\n",
24              usbcore_name, new_driver->name);
25  out:
26      return retval;
27  out_newid:
28      driver_unregister(&new_driver->drvwrap.driver);
29      pr_err("%s: error %d registering interface driver %s\n",
30              usbcore_name, retval, new_driver->name);
31      goto out;
32  }
```

下面对 usb_register_driver()函数进行简要的分析。

- 第 1 行，usb_register_driver()函数的第 2 个参数 owner 是一个 struct module *类型的结构体指针。每个 struct module 在内核中表示一个独立的模块，但其代表什么模块，只有初始化子模块的父模块才知道。现在回忆一下加载模块的过程，首先使用 insmod 或者 modprobe 命令加载模块，此时会调用一个系统调用函数 sys_init_module()，该函数会继续调用 load_module()函数，load_module()函数根据需要加载的模块情况创建一个内核模块并返回一个整型数值，这样内核就知道这个结构体代表那个模块了。usb_register_driver()函数传入的 THIS_MODULE 就表示模块本身的 struct module 结构指针。

- 第 5 行和第 6 行，调用 usb_disabled()函数禁用 USB 设备，不允许访问。

- 第 7~16 行，对 new_driver->drvwrap.driver 完成一些必要的初始化。

- 第 17 行，调用 driver_register()函数，将 new_driver->drvwrap.driver 注册到设备驱动模型中。这样，驱动就被挂接到总线管理的驱动链表上。

- 第 18 行和第 19 行，表示注册失败。

19.3　USB设备驱动程序

USB 设备的驱动程序相对比较复杂，比较简单的是加载和卸载函数。在加载函数中完成对 USB 设备的大部分初始化工作，同时涉及很多重要的数据结构。

19.3.1　USB设备驱动程序加载和卸载函数

USB 设备驱动程序对应一个 usb_driver 结构体，这个结构体相当于 Linux 设备驱动模型中的 driver 结构体。下面对 usb_driver 结构体进行详细的介绍。

1. usb_driver结构体

要实现对 USB 设备的驱动，首先需要定义一个 usb_driver 结构变量作为要注册到 USB 核心的设备驱动程序。这里定义了一个变量 usb_storage_driver 进行注册，变量 usb_storage_driver 是由 USB 设备模块中的加载模块的 usb_register() 函数加入系统的，这个函数在 19.2.3 节已经详细讲述。usb_storage_driver 变量的定义如下（/drivers/usb/storage/usb.c）：

```
01   static struct usb_driver usb_storage_driver = {
02       .name =      DRV_NAME,
03       .probe =     storage_probe,
04       .disconnect =  usb_stor_disconnect,
05       .suspend =   usb_stor_suspend,
06       .resume =    usb_stor_resume,
07       .reset_resume = usb_stor_reset_resume,
08       .pre_reset =   usb_stor_pre_reset,
09       .post_reset =  usb_stor_post_reset,
10       .id_table =  usb_storage_usb_ids,
11       .supports_autosuspend = 1,
12       .soft_unbind = 1,
13   };
```

- 第 2 行，定义设备驱动的名称为 DRV_NAME，它是一个宏，指代 usb-storage 字符串。
- 第 3 行，定义 USB 设备驱动程序的 probe() 函数，该函数由 storage_probe() 函数实现。
- 第 4 行，定义 USB 设备驱动程序的 disconnect() 函数，该函数由 usb_stor_disconnect() 函数实现，在设备驱动注销时被调用。
- 第 10 行，定义 USB 设备驱动的 id_table 为 usb_storage_usb_ids，表示该驱动支持的 USB 设备。
- 其他行代码与电源管理有关，可以不用关注，在此不再介绍。

2. USB设备驱动程序加载/卸载函数module_usb_stor_driver()

USB 设备驱动变量 usb_storage_drive 是在函数 module_usb_stor_driver() 中注册进内核的。此函数不仅可以实现加载功能，也可以实现卸载功能。代码如下：

```
module_usb_stor_driver(usb_storage_driver, usb_stor_host_template, DRV_NAME);
```

module_usb_stor_driver()函数其实是一个宏。它的定义形式如下（/drivers/usb/storage/usb.h）：

```
#define module_usb_stor_driver(__driver, __sht, __name) \
static int __init __driver##_init(void) \
{ \
    usb_stor_host_template_init(&(__sht), __name, THIS_MODULE); \
    return usb_register(&(__driver)); \
} \
module_init(__driver##_init); \
static void __exit __driver##_exit(void) \
{ \
    usb_deregister(&(__driver)); \
} \
module_exit(__driver##_exit)
```

从定义形式中可以看出，module_usb_stor_driver()其实定义了两个函数，分别为加载函数 __driver##_init()和卸载函数 __driver##_exit()。在加载函数中调用 usb_register()函数注册驱动，该函数是 USB core 提供的。通过 usb_register()，可以告诉总线一个设备驱动需要挂接到总线上。在卸载函数中，调用 usb_deregister()函数对设备驱动进行注销。

19.3.2　探测函数 probe()的参数 usb_interface

前面已经讲了 USB 设备驱动程序函数 module_usb_stor_driver()。从代码中可以看出，在实现加载功能后，该函数的执行流程已经结束，此时，我们几乎不知道程序会从哪里开始执行。事实上，在 module_usb_stor_driver()函数的加载功能执行完成后，就没有代码再执行了，除非有事件触发使 USB 设备驱动程序开始工作。

触发事件是什么呢？当 USB 设备插入 USB 插槽时，会使一个电信号发生变化，主机控制器捕获这个电信号，并命令 USB 核心处理对设备的加载工作。USB 核心读取 USB 设备固件中关于 USB 设备的信息，并与挂接在 USB 总线上的驱动程序相比较，如果找到合适的驱动程序 usb_driver，就会调用驱动程序的 probe()函数。本节讲解的 probe()函数就是 storage_probe()。probe()函数的原型如下：

```
int (*probe) (struct usb_interface *intf,const struct usb_device_id *id);
```

probe()函数的第一个参数 usb_interface 是 USB 设备驱动程序中最重要的一个结构体，它代表设备的一种功能，与一个 usb_driver 相对应。usb_interface 在 USB 设备驱动程序中只有一个，由 USB 核心负责维护，需要注意的是，以后提到的 usb_interface 指的都是同一个 usb_interface。要了解 usb_interface，需要先了解一些 USB 协议的内容。下面先介绍一下 USB 协议中的设备。

19.3.3　USB 协议中的设备

USB 核心调用 probe()函数并传递 struct usb_interface 和 struct usb_device_id*类型的参数，要理解 struct usb_interface 参数的意义，就需要了解什么是 USB 设备（usb_device）。要了解什么是 usb_device，就需要了解什么是 USB 协议。

1. USB设备的逻辑结构

无论硬件设计人员，还是软件设计人员，在设计 USB 硬件或者软件时，都会参考 USB 协议。没有人能够凭空想象出一种 USB 硬件，也没有人可以不参考 USB 协议就能编写驱动 USB 设备的软件。

USB 协议规定，USB 设备的逻辑结构包含设备、配置、接口和端点。所谓逻辑结构是指其中的每一项并不与实际的物理设备对应，每一项只是一种软件编程上的划分而已。设备、配置、接口和端点这 4 项表明了 USB 设备的硬件特性。在 Linux 系统中，这 4 项分别用 usb_device、usb_host_config、usb_interface 和 usb_host_endpoint 表示，它们的关系如图 19.5 所示。

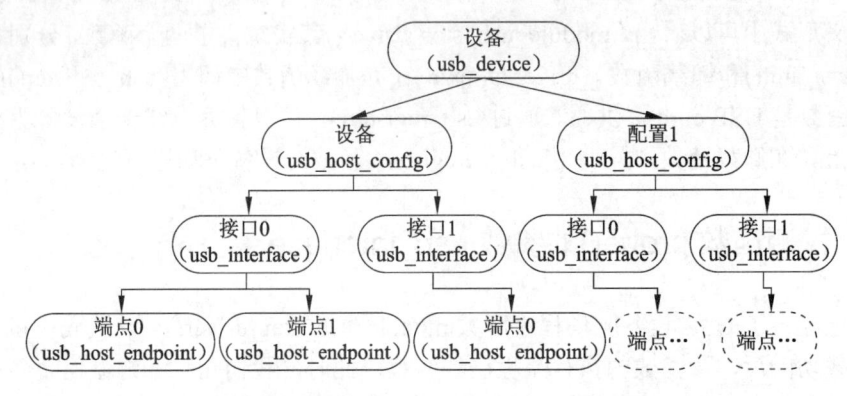

图 19.5 设备、配置、接口和端点的关系

2. 设备

在 Linux 内核中，一个 USB 设备（包括复合设备）用 usb_device 结构体表示。复合设备是指多功能设备，如一个多功能打印机，其有扫描、复印和打印功能。usb_device 结构体表示封装在一起的整个设备。这与设备驱动模型中的 device 结构体不同。

从设备驱动模型的观念来看，复合设备的每一个功能都可以用一个 device 结构体表示。所以从多功能打印机的例子来看，这个表示整体的 usb_device 包含 3 个表示局部功能的 device 结构体。但在实际的 usb_device 结构体中只有一个 device 结构体，代码如下（/include/linux/usb.h）：

```
struct usb_device {
    ...
    struct device dev;
    ...
}
```

为什么一个 usb_device 中只有一个 device 结构体呢？按照上面的分析，对于有 3 种功能的复合设备来说，usb_device 应该包含 3 个 device 结构体才对。另一方面，对于一个有 3 种功能的复合设备，在加载时，需要将 3 个 device 结构体加入设备驱动模型中，这不仅相当麻烦而且影响效率。所以对于 USB 设备，驱动程序开发者引入了一个新的接口结构体（usb_interface）来代替 device 的一些功能。这样在本例中，这个复合设备（usb_device）就有 3 个 usb_interface 结构体。关于接口的详细内容将在后面介绍。

3. 配置

一个配置是一组不同功能的组合。一个 USB 设备（usb_device）可以有多个配置（usb_host_config），配置之间可以切换，以改变设备的状态。例如，对于前面介绍的多功能打印机有 3 种功能，可以将这 3 种功能分为 2 个配置。第 1 个配置包含扫描功能，第 2 个配置包含复印和打印功能。一般情况下，Linux 系统在同一时刻只能激活一个配置。

例如，对于一个允许下载固件升级的 MP3 来说，一般可以有 3 种配置。第 1 种是播放配置 0，第 2 种是充电配置 1，第 3 种是下载固件配置 2。当需要下载固件时，需要将 MP3 设置为配置 2 状态。

在 Linux 中，使用 usb_host_config 结构体表示配置。USB 设备驱动程序通常不需要操作 usb_host_config 结构体，该结构体中的成员由 USB core 维护，这里就不详细介绍了。

```
struct usb_host_config {
    struct usb_config_descriptor    desc;
    char *string;                                          /*配置字符串*/
    /*这个配置中关联的接口描述符*/
    struct usb_interface_assoc_descriptor *intf_assoc[USB_MAXIADS];
    /*使用特定的顺序存储的接口描述符*/
    struct usb_interface *interface[USB_MAXINTERFACES];
    /* 即使配置不被激活，这些接口也可以使用*/
    struct usb_interface_cache *intf_cache[USB_MAXINTERFACES];
    unsigned char *extra;                                  /*额外的描述符*/
    int extralen;
};
```

4. 接口

在 USB 协议中，接口（usb_interface）代表一个基本功能。USB 接口只处理一种 USB 逻辑连接，例如鼠标、键盘或者音频流。多功能打印机具有 3 个基本功能，所以有 3 个接口，即一个扫描功能接口、一个复印功能接口和一个打印功能接口。因为一个 USB 接口代表一个基本功能，根据设备驱动模型的定义，每一个 USB 驱动程序（usb_driver）控制一个接口。因此，以多功能打印机为例，Linux 需要 3 个不同的驱动程序来处理硬件设备。

内核使用 struct usb_interface 结构体来表示 USB 接口。USB 核心在设备插入时会读取 USB 设备接口信息，并创建一个 usb_interface 结构体。接着 USB 核心在 USB 总线上找到合适的 USB 设备驱动程序，并调用驱动程序的 probe()函数将 usb_interface 传递给驱动程序。probe()函数在前面已经反复讲过，它的原型如下：

```
int (*probe) (struct usb_interface *intf,const struct usb_device_id *id);
```

probe()函数的第一个参数就是指向 USB 核心分配的 usb_interface 结构体的指针，驱动程序从这里得到这个接口结构体，并且负责控制该结构体。因为一个接口代表一个基本功能，所以驱动程序只负责该接口所设置的功能。probe()函数的第二个参数是从 USB 设备上读取 usb_device_id 信息，用来与 USB 驱动程序匹配。

USB 核心处理 usb_interface 中的大量成员，只有少数几个成员驱动程序会用到，usb_interface 的定义如下（/include/linux/usb.h）：

```
01  struct usb_interface {
02      struct usb_host_interface *altsetting;
```

```
03          struct usb_host_interface *cur_altsetting;
04          unsigned num_altsetting;
05          struct usb_interface_assoc_descriptor *intf_assoc;
06          int minor;
07          enum usb_interface_condition condition;
08          unsigned sysfs_files_created:1;
09          unsigned ep_devs_created:1;
10          unsigned unregistering:1;
11          unsigned needs_remote_wakeup:1;
12          unsigned needs_altsetting0:1;
13          unsigned needs_binding:1;
14          unsigned resetting_device:1;
15          unsigned authorized:1;
16          struct device dev;
17          struct device *usb_dev;
18          struct work_struct reset_ws;
19    };
```

下面对代码进行简要分析。

- Linux 设备模型中的 struct device 对应 USB 子系统中的两个结构体，一个是 usb_device，另一个是 usb_interface。一个 USB 设备为什么会对应两个设备结构体呢？这是因为一台多功能打印机包含 3 个基本功能（扫描、复印和打印），所以用一个 usb_device 来代表这个设备，用一个 usb_interface 来表示不同的功能。对程序员来说，经常对功能进行编程，因此这里将功能独立出来，用接口表示。
- 第 2 行，定义 altsetting，表示一组可选的设置，用这个指针指向一个可选的数组。
- 第 3 行，定义 cur_altsetting，表示当前正在使用的设置。
- 第 4 行，定义 num_altsetting，表示可选设置 altsetting 的数量。
- 第 6 行，定义一个 minor，表示分配给接口的次设备号。Linux 中的硬件设备都用设备文件来表示，一个设备文件中有主设备号和次设备号，在/dev/目录下显示。一般来说，主设备号表明使用哪种设备，即设备对应哪个驱动程序，而次设备号是因为一个驱动程序要支持多个同类设备，为了让驱动程序区分这些设备而设置的。也就是说，主设备号用来查找对应的驱动程序，次设备号用来决定对哪个设备进行操作。
- 第 7 行，定义一个 condition 变量，表示接口和驱动的绑定状态。在 Linux 设备驱动模型中，设备和驱动是彼此关联且互相依靠的。每一个设备或者驱动都在 USB 总线中寻找属于它的另一半，如果找到，则彼此绑定。这里的 condition 变量被定义为 enum usb_interface_condition 类型，表示这个接口（相当于设备）状态，其定义如下（/include/linux/usb.h）：

```
enum usb_interface_condition {
    USB_INTERFACE_UNBOUND = 0,              /*usb_interface 为绑定*/
    USB_INTERFACE_BINDING,                  /*正在绑定中*/
    USB_INTERFACE_BOUND,                    /*已经绑定*/
    USB_INTERFACE_UNBINDING,                /*在取消绑定这个过程之中*/
};
```

- 第 11 行定义一个 needs_remote_wakeup 变量，表示是否支持远程唤醒功能。远程唤醒允许挂起的设备给主机发信号，通知主机它将从挂起状态恢复。注意，如果此时主机处于挂起状态，就会唤醒主机，否则主机仍然处于挂起状态。USB 协议中并没有要求 USB 设备一定要实现远程唤醒功能，即使实现了，也可以通过主机打开或关闭 USB 设备。

- 第 16 和 17 行定义 struct device dev 和 struct device *usb_dev 变量。其中，struct device dev 就是在设备驱动模型中 device 内嵌在 usb_interface 结构体中的设备。而 struct device *usb_dev 则不是内嵌的设备对象。当接口使用 USB_MAJOR 作为主设备号时，才会用到 usb_dev。在整个内核中，只有 usb_register_dev()和 usb_deregister_dev()两个函数才会用到 usb_dev 变量，usb_dev 指向的就是在 usb_register_dev()函数中创建的 usb class device。

5. 端点

端点（usb_host_endpoint）是 USB 通信的基本形式。主机只能通过端点与 USB 设备进行通信，也就是只能通过端点传输数据。USB 只能向一个方向传输数据，或者从主机到设备，或者从设备到主机。从这个特性来看，端点就像一个单向管道，只负责数据的单向传输。

从主机到设备传输数据的端点叫作输出端点；相反，从设备到主机传输数据的端点叫作输入端点。对于 U 盘这种可以存取数据的设备，至少需要一个输入端点，一个输出端点。另外还包含一个端点 0，叫作控制端点，用来控制初始化 U 盘的参数等工作。因此 U 盘应该有 3 个端点，其中，端点 0 对于任何设备来说是不可缺少的。后面会对端点 0 进行详细介绍。usb_host_endpoint 的定义如下（/include/linux/usb.h）：

```
01  struct usb_host_endpoint {
02      struct usb_endpoint_descriptor          desc;
03      struct usb_ss_ep_comp_descriptor    ss_ep_comp;
04      struct usb_ssp_isoc_ep_comp_descriptor ssp_isoc_ep_comp;
05      struct list_head            urb_list;
06      void                        *hcpriv;
07      struct ep_device            *ep_dev;
08      unsigned char *extra;
09      int extralen;
10      int enabled;
11      int streams;
12  };
```

下面对代码进行简要的分析。

- 第 2 行定义 desc，表示端点描述符。端点描述符是 USB 协议中不可缺少的一个描述符，也在/include/uapi/linux/usb/ch9.h 中定义，端点描述符将在后面详细介绍。
- 第 5 行的 usb_list，表示端点要处理的 URB 队列。URB（USB Request Block，USB 请求块）是 USB 通信的主角，它包含执行 USB 传输需要的所有信息。如果要和 USB 设备通信，就需要创建一个 URB 结构体，为它赋予初始值并交给 USB core，它会找到合适的 Host Controller 进行数据传输。设备中的每个端点都可以处理一个 URB 队列。
- 第 6 行的 hcpriv 是给主机控制器驱动程序使用的私有数据。
- 第 7 行的 ep_dev 是供 sysfs 文件系统使用。使用 ls 命令可以查看端点 ep_00 中的文件，该文件就是由系统根据 ep_dev 结构生成的。

```
# ls /sys/bus/usb/devices/usb1/ep_00/
bEndpointAddress  bLength         direction  power  uevent
```

| bInterval | bmAttributes | interval | type | wMaxPacketSize |

- 第 8 行的 extra 和第 9 行的 extralen 表示一些额外扩展的描述符，这些描述符与端点相关。如果请求从设备里获得描述符信息，那么它们会在标准的端点描述符后返回。

6. 端点描述符

端点是数据发送和接收的一个抽象。按照数据从端点进出的情况，可以将端点分为输入端点和输出端点。端点的定义如下：

```
01   struct usb_endpoint_descriptor {
02       __u8  bLength;
03       __u8  bDescriptorType;
04       __u8  bEndpointAddress;
05       __u8  bmAttributes;
06       __le16 wMaxPacketSize;
07       __u8  bInterval;
08       __u8  bRefresh;
09       __u8  bSynchAddress;
10   } __attribute__ ((packed));
```

usb_endpoint_descriptor 端点描述符定义可参考 USB 规范的第 9 章。需要注意的是：0 号端点是特殊的控制端点，它没有自己的端点描述符。

- 第 2 行的 bLength 表示端点描述符的长度，以字节为单位。
- 第 3 行的 bDescriptorType 表示描述符的类型，这里对于端点就是 USB_DT_ENDPOINT，0x05。
- 第 4 行的 bEndpointAddress 表示很多信息，如这个端点是输入端点还是输出端点，这个端点的地址及端点号等。bEndpointAddress 的 0～3 位表示端点号，可以使用 0x0f 和它相与，得到端点号。bEndpointAddress 的最高位表示端点的方向，一个端点只有一个方向，要双向传输数据，至少需要两个端点。可以使用掩码 USB_ENDPOINT_DIR_MASK 来计算端点方向，其值为 0x80。内核定义了 USB_DIR_IN 和 USB_DIR_OUT 宏来判断端点的方向，这两个宏在驱动程序中经常用到。

```
#define USB_DIR_OUT        0        /*表示从主机到设备*/
#define USB_DIR_IN         0x80     /*表示从设备到主机*/
```

- 第 5 行的 bmAttributes 表示一种属性，总共有 8 位。其中，位 1 和位 0 共同称为传输类型。有 4 种传输类型，00 表示控制，01 表示等时，10 表示批量，11 表示中断。端点 4 的 4 种传输方式将在后面详细介绍。
- 第 6 行的 wMaxPacketSize 表示端点一次可以处理的最大字节数。如果发送的数据量大于端点的最大传输字节，则会把数据分成多次来传输。
- 第 7 行的 bInterval 表示查询端点进行数据传输的时间间隔，这个间隔在设备中用帧或者微帧表示。不同的传输类型的取值不一样，这些在 USB 协议中有具体规定。
- 第 8 行和第 9 行是与视频传输相关的端点信息，不是 USB 规范中定义的，不需要了解。

7. 设备、配置、接口、端点之间的关系

综合前面的内容，设备、配置、接口、端点之间的关系总结如下：

❑ 设备通常有一个或者多个配置。
❑ 配置通常有一个或者多个接口。
❑ 接口通常有一个或者多个端点。

8. 4种设备描述符之间的关系

USB 设备主要包含 4 种描述符，分别是设备描述符（usb_device_descriptor）、配置描述符（usb_config_descriptor）、接口描述符（usb_interface_descriptor）和端点描述符（usb_endpoint_descriptor）。这几个描述符的关系如图 19.6 所示。一个设备描述符包含一个或多个配置描述符；一个配置描述符包含一个或多个接口描述符；一个接口描述符必须有一个控制端点描述符，另外，根据实际需要，还应该有其他端点描述符。

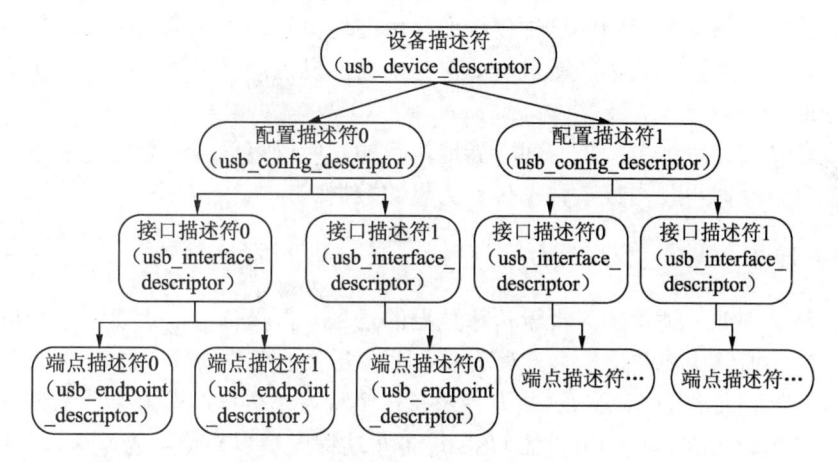

图 19.6 设备描述符、配置描述符、接口描述符和端点描述符的关系

19.3.4 端点的传输方式

前文已经对设备、接口、配置和端点进行了介绍。但是对于 USB 驱动来说，端点的说明还不够。USB 通信就是通过端点进行的。这里以 U 盘为例，其至少有一个控制端点和两个传输端点。那么端点到底是干什么的呢？简单地说，端点就是用来传输数据的。

USB 协议规定了 USB 设备的端点有 4 种通信方式，分别是控制传输、中断传输、批量传输和等时传输。USB 协议规定不同通信方式的目的是提高通信效率，因为不同的通信方式对通信量、通信数据和通信时间的要求是不一样的。

在实际编程开发中，不同的设备需要使用不同的通信方式，下面分别对这些通信方式进行介绍。

1. 控制传输

控制传输可以访问一个设备的不同部分，其主要用于向设备发送配置信息、获取设备信息、发送命令到设备，或者获取设备的状态报告。控制传输是任何 USB 设备都应该支持的一种传输方式，它用来传输一些控制信息。例如，想查询某个接口的信息，那么就应该使用控制传输方式来获取这些信息。

控制传输发送的数据量一般较小,不能用于大规模的数据传输。每一个 USB 设备都有一个名为"端点 0"的控制端点。当插入 USB 设备时,USB 核心使用端点 0 对设备进行配置。另外,USB 协议可以保证这些端点始终有足够的保留带宽来传输数据。但有一种情况与其他端点不一样,那就是端点 0 是可以双向传输的。

2. 中断传输

每当主机要求设备传输数据时,中断端点就以一个固定的速率来传输少量的数据。USB 键盘和鼠标使用的就是这种传输方式。

这里所说的中断,与硬件上下文中所说的中断是不一样的。它不是设备主动地发送一个中断请求,而是主机控制器在保证不大于某个时间间隔内安排一次传输。从这一点来看,中断传输发生得非常频繁,因此这种传输通常用在通信量不大的场景中。但是中断传输对时间的要求比较严格,如鼠标和键盘需要快速地向主机控制器发送数据,因此这种情况下一般使用中断传输。

由于中断传输是以一个间隔时间不断地执行的,所以可以用中断传输不断地检测某个设备,当条件满足时再使用批量传输传送大量的数据。

3. 批量传输

批量传输(Bulk)适用于大批量传输数据的场景。批量传输端点要比中断传输端点大得多。批量传输通常用在数据量大、对数据实时性要求不高的场景,如 USB 打印机、扫描仪、大容量存储设备和 U 盘等。这些设备还有一个特点是数据的传输是非周期性的,由用户随时驱动其传输数据。我们所讲的 USB 设备驱动程序基本都使用的是这种传输方式。

4. 等时传输

等时传输(Isochronous)同样可以传输大批量的数据,但是对数据是否到达没有保证。等时传输端点用于数据经常丢失的设备,这类设备更注重于保持一个恒定的数据流,也就是对实时性的要求很高。例如音频、视频等设备,这些设备对数据延迟很敏感,但是并不要求数据 100%准确地传输,少量的错误是可以接受的。

例如,在进行视频聊天的过程中,用户希望视频和声音都应该是连续的,而视频和音频的质量可以稍微差一点。首先,要实现视频和声音的连续性,就应该有一个比较稳定的传输数据流,而且单位时间传输的数据量应该比较稳定。其次,用户可以容忍视频和音频的质量差一点,也就是说在传输过程中可以发生一些小的错误。这些都是等时传输的特点。

19.3.5 设置

一部手机可能有多个配置,如振动和铃声可以算两种配置。当配置确定后,还可以调节其大小,如铃声的大小,这可以算是一种设置。通常用大小关系来表示 USB 协议中的概念更好理解,设备大于配置,配置大于接口,接口大于设置。也就是说,一个设备可以有多个配置,一个配置可以有一个或者多个接口,一个接口也可以有一个或者多个设置。

1. usb_host_interface结构体

前面在 struct usb_interface 结构体中介绍了它的成员 altsetting 和 cur_altsetting，它们都是 usb_host_interface 结构体，这个结构体被定义在/include/linux/usb.h 文件中，其代码如下：

```
01  struct usb_host_interface {
02      struct usb_interface_descriptor   desc;
03      struct usb_host_endpoint *endpoint;
04      char *string;
05      unsigned char *extra;
06      int extralen;
07  };
```

下面对代码进行简单分析。

- 第 2 行，定义一个结构体描述符 desc。USB 的描述符是一个带有预定义格式的数据结构，里面保存了 USB 设备的各种属性及相关信息。使用 USB 描述符可以简洁地保存各个配置（usb_host_interface）的属性。USB 描述符里存储了 USB 设备的名称、生产厂商和型号等信息。USB 描述符作为 USB 固件的一部分，被存储在 USB 设备的 EEPROM 中，一般通过量产工具对这些设备描述符进行设置。
- 第 3 行的 endpoint 是一个数组，表示这个设置使用的端点。USB 协议中规定了端点的结构，在 Linux 中使用 struct usb_host_endpoint 结构体来表示。
- 第 4 行的 string 字符串指针用来保存从设备固件中取出来的字符串描述符信息，既然字符串描述符可有可无，那么这里的指针也有可能为空。
- 第 5 行的 extra 和第 6 行的 extralen 表示额外的描述符。除了设备描述符、配置描述符、接口描述符和端点描述符这 4 个不能缺少的描述符和字符串描述符外，还可能有另外一些字符信息的描述符，这些信息由开发厂商自己指定。

2. 接口描述符

接口描述符（usb_interface_descriptor）用于描述接口本身的信息。因为一个接口可以有多个设置，使用不同的设置，描述接口的信息也会有所不同，所以接口描述符并没有放在 struct usb_interface 结构中，而是放在表示接口设置的 struct usb_host_interface 结构中。usb_host_interface 中的 desc 成员就是接口的某个配置的描述符，定义在/include/uapi/linux/usb/ch9.h 文件中。usb_interface_descriptor 结构体的定义如下：

```
01  struct usb_interface_descriptor {
02      __u8 bLength;
03      __u8 bDescriptorType;
04      __u8 bInterfaceNumber;
05      __u8 bAlternateSetting;
06      __u8 bNumEndpoints;
07      __u8 bInterfaceClass;
08      __u8 bInterfaceSubClass;
09      __u8 bInterfaceProtocol;
10      __u8 iInterface;
11  } __attribute__ ((packed));
```

下面对代码进行简单分析。

- 第 2 行的 bLength 表示接口描述符的字节长度。在 USB 协议里，每个描述符必须以表示描述符长度的一个字节开始，标准接口描述符是 9 个字节，因此这里 bLength

的值是 9。

- 第 3 行，定义 bDescriptorType，表示接口描述符的类型。各种描述符的类型都在 ch9.h 文件中有定义。对于接口描述符来说，值为 USB_DT_INTERFACE，也就是 0x04。在 USB 规范中定义的描述符类型如表 19.1 所示。

表 19.1 描述符类型

描述符类型	取 值	说 明
USB_DT_DEVICE	0x01	设备描述符
USB_DT_CONFIG	0x02	配置描述符
USB_DT_STRING	0x03	字符串描述符
USB_DT_INTERFACE	0x04	接口描述符
USB_DT_ENDPOINT	0x05	端点描述符
USB_DT_DEVICE_QUALIFIER	0x06	设备限定描述符
USB_DT_OTHER_SPEED_CONFIG	0x07	其他关于速度的描述符
USB_DT_INTERFACE_POWER	0x08	接口电源描述符

- 第 4 行的 bInterfaceNumber 表示接口号。每个配置可以包含多个接口，这个值就是它们的索引值。
- 第 5 行的 bAlternateSetting 表示接口使用的是哪个可选设置。USB 协议规定，接口默认使用的设置为 0 号设置。
- 第 6 行的 bNumEndpoints 表示接口拥有的端点数量。这里并不指端点 0，因为端点 0 是所有的设备都必须提供的。如果值为 0，则表示使用默认端口 0。
- 第 7~9 行，分别定义 bInterfaceClass、bInterfaceSubClass 和 bInterfaceProtocol，表示接口的类型、接口的子类型和接口的协议。现实中有很多 USB 设备，USB 协议将各种设备分为不同的类，然后将每个类又分成一些子类。USB 协议规定，每个 Device 或 Interface 属于一个 Class，Class 下面又分为 SubClass。在 USB 协议中为每一种 Class、SubClass 和 Protocol 定义了一个数值，如 mass storage 的 Class 就是 0x08，hub 的 Class 就是 0x09。
- 第 10 行的 iInterface 表示接口对应的字符串描述符的索引值。字符串描述符主要提供一些设备接口相关的描述性信息，如厂商的名称和产品序列号等。字符串描述符可以有多个，这里的索引值就是用来区分它们的。
- 第 11 行的__attribute__ ((packed))是一个编译选项。设置编译器在结构体的每个元素之间不添加填充位。如果使用添加了填充位的结构体向设备请求描述符，则设备无法识别这个描述符，从而导致请求失败。

19.3.6 探测函数 storage_probe()

对于前面介绍的 usb-storage 模块，module_usb_stor_driver()函数是 usb-storage 模块的启动位置，已经在前面讲过了。对于 U 盘驱动程序，真正驱动 U 盘正常工作的是 storage_probe()函数。storage_probe()函数是在 usb_storage_driver 中指定的。如果读者还不知道这个函数的由来，那么一定是跳过了前面的章节，忽略了一些重要内容。

USB 核心为设备寻找合适的驱动程序并不是一件简单的事情。当 USB 设备插入时，USB 核心会为每一个 USB 设备调用总线上所有驱动的 probe()函数，检查驱动是否真的和 USB 设备匹配。在 probe()函数中应该尽量多了解 USB 设备的相关信息，这样才能知道驱动是否支持这个设备。

对于 U 盘驱动程序，由 storage_probe()函数开始，由 usb_stor_disconnect()函数结束。其中，storage_probe()函数相当复杂，下面将对其进行详细的分析。storage_probe()函数的代码如下：

```
static int storage_probe(struct usb_interface *intf,
        const struct usb_device_id *id)
{
    const struct us_unusual_dev *unusual_dev;
    struct us_data *us;
    int result;
    int size;
    ...
    /*探测的第一部分*/
    result = usb_stor_probe1(&us, intf, id, unusual_dev,
            &usb_stor_host_template);
    if (result)
        return result;
    /*探测的第二部分*/
    result = usb_stor_probe2(us);
    return result;
}
```

从代码中可以看到，U 盘驱动的探测分为两部分，即 usb_stor_probe1()部分和 usb_stor_probe2()部分。首先介绍第一部分，即 usb_stor_probe1()函数，它的代码如下：

```
01  int usb_stor_probe1(struct us_data **pus,
02          struct usb_interface *intf,
03          const struct usb_device_id *id,
04          const struct us_unusual_dev *unusual_dev,
05          struct scsi_host_template *sht)
06  {
07      struct Scsi_Host *host;
08      struct us_data *us;
09      int result;
10      dev_info(&intf->dev, "USB Mass Storage device detected\n");
11      host = scsi_host_alloc(sht, sizeof(*us));
12      if (!host) {
13          dev_warn(&intf->dev, "Unable to allocate the scsi host\n");
14          return -ENOMEM;
15      }
16      host->max_cmd_len = 16;
17      host->sg_tablesize = usb_stor_sg_tablesize(intf);
18      *pus = us = host_to_us(host);
19      mutex_init(&(us->dev_mutex));
20      us_set_lock_class(&us->dev_mutex, intf);
21      init_completion(&us->cmnd_ready);
22      init_completion(&(us->notify));
23      init_waitqueue_head(&us->delay_wait);
24      INIT_DELAYED_WORK(&us->scan_dwork, usb_stor_scan_dwork);
25      result = associate_dev(us, intf);
26      if (result)
27          goto BadDevice;
28      result = get_device_info(us, id, unusual_dev);
29      if (result)
```

```
30              goto BadDevice;
31          get_transport(us);
32          get_protocol(us);
33          return 0;
34      BadDevice:
35          usb_stor_dbg(us, "storage_probe() failed\n");
36          release_everything(us);
37          return result;
38      }
```

以下对代码进行简单分析。

- 第 7 行，定义一个 Scsi_Host，表示与主机控制器相关的一些信息。
- 第 8 行，定义一个重要的数据结构体 us_data。在整个 usb-storage 模块中都会用到这个 usb_data 结构体。us_data 表示与设备相关的信息，每一个设备中都会有这样一个结构体。
- 第 11 行，调用 scsi_host_alloc() 函数分配一个 Scsi_Host 结构体，并传入一个 us_data 结构的大小，为其分配空间。
- 第 12～15 行，判断为 Scsi_Host 结构体申请的内存是否成功。在 Linux 内核中，申请内存空间的代码无处不在，在每次申请内存的语句后面都有一段检查申请是否成功的代码。如果失败，则提前结束程序，如果成功，则继续执行。在申请内存的过程中，无论需要申请的内存大小是多少，都有可能失败。如果失败之后程序继续运行，那么除了使内核崩溃之外并没有什么好处。
- 第 18 行，调用 host_to_us() 函数从 host 结构体中提取出 us_data 结构体。
- 第 19～23 行，初始化一些锁和等待量。这些变量用来控制驱动程序的一些状态，后面用到时会详细介绍。
- 第 25 行，调用 associate_dev() 函数将 us_data 结构体与 USB 设备相关联。
- 第 28 行，调用 get_device_info() 函数获取设备信息并存储到 result 中。
- 第 31 和 32 行，分别调用了 get_transport() 和 get_protocol() 函数。
- 第 34～37 行，错误处理 get_transport() 和 get_protocol() 函数获取传输方式和传输协议。

第一部分的探测讲解完后，在来看第二部分的探测，即 usb_stor_probe2()，它的代码如下：

```
01  int usb_stor_probe2(struct us_data *us)
02  {
03      int result;
04      struct device *dev = &us->pusb_intf->dev;
05      if (!us->transport || !us->proto_handler) {
06          result = -ENXIO;
07          goto BadDevice;
08      }
09      usb_stor_dbg(us, "Transport: %s\n", us->transport_name);
10      usb_stor_dbg(us, "Protocol: %s\n", us->protocol_name);
11      if (us->fflags & US_FL_SCM_MULT_TARG) {
12          us->max_lun = 7;
13          us_to_host(us)->this_id = 7;
14      } else {
15          us_to_host(us)->max_id = 1;
16          if (us->transport == usb_stor_Bulk_transport)
17              us_to_host(us)->no_scsi2_lun_in_cdb = 1;
18      }
```

```
19          if (us->fflags & US_FL_SINGLE_LUN)
20              us->max_lun = 0;
21          result = get_pipes(us);
22          if (result)
23              goto BadDevice;
24          if (us->fflags & US_FL_INITIAL_READ10)
25              set_bit(US_FLIDX_REDO_READ10, &us->dflags);
26          result = usb_stor_acquire_resources(us);
27          if (result)
28              goto BadDevice;
29          usb_autopm_get_interface_no_resume(us->pusb_intf);
30          snprintf(us->scsi_name, sizeof(us->scsi_name), "usb-storage %s",
31                      dev_name(&us->pusb_intf->dev));
32          result = scsi_add_host(us_to_host(us), dev);
33          if (result) {
34              dev_warn(dev,
35                      "Unable to add the scsi host\n");
36              goto HostAddErr;
37          }
38          set_bit(US_FLIDX_SCAN_PENDING, &us->dflags);
39          if (delay_use > 0)
40              dev_dbg(dev, "waiting for device to settle before scanning\n");
41          queue_delayed_work(system_freezable_wq, &us->scan_dwork,
42                  delay_use * HZ);
43          return 0;
44      HostAddErr:
45          usb_autopm_put_interface_no_suspend(us->pusb_intf);
46      BadDevice:
47          usb_stor_dbg(us, "storage_probe() failed\n");
48          release_everything(us);
49          return result;
50      }
```

下面对代码进行简单分析。

- 第 5～8 行，如果传输或协议没有设置，就跳转到 BadDevice 执行。
- 第 9 和 10 行，调用 usb_stor_dbg() 函数显示传输方式和传输协议的名称。
- 第 21 行，调用 get_pipes() 函数获取管道。
- 第 26 行，调用 usb_stor_acquire_resources() 函数获取资源。
- 第 32 行，在 scsi_host_alloc 之后，必须执行 scsi_add_host() 函数。这样，SCSI 核心层才能知道有这么一个 host 存在。如果 scsi_add_host() 函数执行成功则返回 0，否则返回出错代码。
- 第 44～49 行，错误处理。

19.4 获得 USB 设备信息

在主机与 USB 设备通信之前，需要获得 USB 设备的相关信息。这个过程涉及一次 USB 通信。下面对这个过程进行详细的介绍。

19.4.1 设备关联函数 associate_dev()

在探测函数 storage_probe() 的第 25 行有一个关联设备的函数 associate_dev()，该函数主要使用 usb_interface 结构体初始化 us 指针，代码如下（/drivers/usb/storage/usb.c）：

```
01  static int associate_dev(struct us_data *us, struct usb_interface *intf)
02  {
03      us->pusb_dev = interface_to_usbdev(intf);
04      us->pusb_intf = intf;
05      us->ifnum = intf->cur_altsetting->desc.bInterfaceNumber;
06      usb_stor_dbg(us, "Vendor: 0x%04x, Product: 0x%04x, Revision: 0x%04x\n",
07              le16_to_cpu(us->pusb_dev->descriptor.idVendor),
08              le16_to_cpu(us->pusb_dev->descriptor.idProduct),
09              le16_to_cpu(us->pusb_dev->descriptor.bcdDevice));
10      usb_stor_dbg(us, "Interface Subclass: 0x%02x, Protocol: 0x%02x\n",
11              intf->cur_altsetting->desc.bInterfaceSubClass,
12              intf->cur_altsetting->desc.bInterfaceProtocol);
13      usb_set_intfdata(intf, us);
14      us->cr = kmalloc(sizeof(*us->cr), GFP_KERNEL);
15      if (!us->cr)
16          return -ENOMEM;
17      us->iobuf = usb_alloc_coherent(us->pusb_dev, US_IOBUF_SIZE,
18              GFP_KERNEL, &us->iobuf_dma);
19      if (!us->iobuf) {
20          usb_stor_dbg(us, "I/O buffer allocation failed\n");
21          return -ENOMEM;
22      }
23      return 0;
24  }
```

下面对代码进行简单分析。

- 第 1 行，associate_dev()函数包含两个参数，一个是 struct us_data *us；另一个是 struct usb_interface *intf。这两个参数在整个 USB 驱动中都是唯一的。us 是一个很重要的结构体，后面的很多函数都会用到这个结构体。实际上，associate_dev()函数的目的是为 us 赋初值。这样，在以后的整个 USB 驱动中，只要访问 us 中的信息就可以了。

- 第 3 行，us 的一个成员 pusb_dev，英文意思是 Point of Usb Device，表示指向 USB 设备的指针。interface_to_usbdev 用来把一个 struct interface 结构体的指针转换成一个 struct usb_device 结构体指针。

- 第 4 行，将把 intf 赋给 us 的 pusb_intf。其中，pusb_intf 也表示 point of usb_interface 的意思。

- 第 5 行，将接口个数赋给 us->ifnum。USB 设备有一个配置（Configuration）的概念，也有一个设置的概念（Setting）。这两个概念是不一样的。例如，一部手机可以有一个或者多个配置，当接到电话时可能是振动或者铃声，这就是两种不同的配置。如果确定是铃声这种配置，那么铃声可以进行音量调节，音量调节就算是一种设置。这里的 cur_altsetting 表示当前的 setting，cur_altsetting 是一个 struct usb_host_interface 指针。usb_host_interface 结构体表示设置，已经在前面详细讲过。

- 第 6～12 行是两条调试语句，用于打印更多的描述符信息，包括 device 描述符和 interface 描述符。

- 第 13 行，将 us 赋给设备的私有数据。

- 第 14～22 行，分别调用 kmalloc()和 usb_alloc_coherent()函数分配两块内存，用于 us->cr 和 us->iobuf。

19.4.2 获得设备信息函数 get_device_info()

在整个 usb-storage 模块的代码中，最重要的函数是 usb_stor_control_thread()。该函数用于创建一个线程，并控制主机与 U 盘的信息交互。该函数在 usb_stor_acquire_resources() 函数中调用，参见 usb_stor_probe2 ()函数的第 26 行。在调用该函数之前，有 4 个函数摆在我们面前，它们是 get_device_info()、get_transport()、get_protocol()和 get_pipes()。这 4 个函数是让驱动程序去认识设备，如了解设备的一些信息、设备的传输方式和传输管道等。这些函数只是做一些准备工作，为后面的数据传输做一些铺垫，并没有完成主机控制器和设备的交互功能。下面首先介绍一下 get_device_info()函数（/drivers/usb/storage/usb.c）。

```
01   static int get_device_info(struct us_data *us, const struct usb_device_
     id *id)
02   {
03       struct usb_device *dev = us->pusb_dev;
04       struct usb_interface_descriptor *idesc =
05           &us->pusb_intf->cur_altsetting->desc;
06       struct us_unusual_dev *unusual_dev = find_unusual(id);
07       us->unusual_dev = unusual_dev;
08       us->subclass = (unusual_dev->useProtocol == US_SC_DEVICE) ?
09               idesc->bInterfaceSubClass :
10               unusual_dev->useProtocol;
11       us->protocol = (unusual_dev->useTransport == US_PR_DEVICE) ?
12               idesc->bInterfaceProtocol :
13               unusual_dev->useTransport;
14       us->fflags = USB_US_ORIG_FLAGS(id->driver_info);
15       adjust_quirks(us);
16       if (us->fflags & US_FL_IGNORE_DEVICE) {
17           printk(KERN_INFO USB_STORAGE "device ignored\n");
18           return -ENODEV;
19       }
20       if (dev->speed != USB_SPEED_HIGH)
21           us->fflags &= ~US_FL_GO_SLOW;
22       if (id->idVendor || id->idProduct) {
23           static const char *msgs[3] = {
24               "an unneeded SubClass entry",
25               "an unneeded Protocol entry",
26               "unneeded SubClass and Protocol entries"};
27           struct usb_device_descriptor *ddesc = &dev->descriptor;
28           int msg = -1;
29           if (unusual_dev->useProtocol != US_SC_DEVICE &&
30               us->subclass == idesc->bInterfaceSubClass)
31               msg += 1;
32           if (unusual_dev->useTransport != US_PR_DEVICE &&
33               us->protocol == idesc->bInterfaceProtocol)
34               msg += 2;
35           if (msg >= 0 && !(us->fflags & US_FL_NEED_OVERRIDE))
36               printk(KERN_NOTICE USB_STORAGE "This device"
37                   "(%04x,%04x,%04x S %02x P %02x)"
38                   " has %s in unusual_devs.h (kernel"
39                   " %s)\n"
40                   "   Please send a copy of this message to "
41                   "<linux-usb@vger.kernel.org> and "
42                   "<usb-storage@lists.one-eyed-alien.net>\n",
43                   le16_to_cpu(ddesc->idVendor),
44                   le16_to_cpu(ddesc->idProduct),
```

```
45                    le16_to_cpu(ddesc->bcdDevice),
46                    idesc->bInterfaceSubClass,
47                    idesc->bInterfaceProtocol,
48                    msgs[msg],
49                    utsname()->release);
50      }
51      return 0;
52 }
```

下面对代码进行简单分析。

- 第 4 行，从 us->pusb_dev 中得到 usb_device。us 的成员在上面的函数中已经初始化。
- 第 5、6 行，将 us->pusb_intf->cur_altsetting->desc 赋给 idesc。在 USB 模块中，而只有一个 interface 结构体，一个 interface 就对应一个 interface 描述符。interface 结构体已经在 associate_dev()函数中介绍过。
- 第 9~14 行，找到 USB 设备支持的协议和类。
- 第 17~22 行，如果 USB 设备不能被系统识别，则退出。第 21 行，判断 USB 设备是否高速传输设备，如果不是则设置慢速设备标志。
- 第 28~52 行，根据生产厂商和产品号设置协议、传输类型等参数。

19.4.3 获得传输协议函数 get_transport()

探测函数 usb_stor_probe1()的第 31 行代码是一个 get_transport()函数，这个函数主要获得 USB 设备支持的通信协议，并设置 USB 驱动程序的传输类型。该函数的代码如下（/drivers/usb/storage/usb.c）：

```
01 static int get_transport(struct us_data *us)
02 {
03      switch (us->protocol) {
04      case US_PR_CB:
05          us->transport_name = "Control/Bulk";
06          us->transport = usb_stor_CB_transport;
07          us->transport_reset = usb_stor_CB_reset;
08          us->max_lun = 7;
09          break;
10      case US_PR_CBI:
11          us->transport_name = "Control/Bulk/Interrupt";
12          us->transport = usb_stor_CB_transport;
13          us->transport_reset = usb_stor_CB_reset;
14          us->max_lun = 7;
15          break;
16      case US_PR_BULK:
17          us->transport_name = "Bulk";
18          us->transport = usb_stor_Bulk_transport;
19          us->transport_reset = usb_stor_Bulk_reset;
20          break;
21 }
```

下面对代码进行简单分析。

- 对于 U 盘来说，USB 协议中规定了它属于 Bulk-only 传输方式，即它的 us->protocol 等于 US_PR_BULK。us->protocol 是在 get_device_info()函数中确定的。于是，在整个 switch 语句中执行的只有 16~20 行代码。

- 第 18 和 19 行，将 us 的 transport_name 赋值为"Bulk"，transport 赋值为 usb_stor_Bulk_transport()函数，transport_reset 赋值为 usb_stor_Bulk_reset()函数。这两个函数在数据传输时使用，后面会详细介绍。

19.4.4 获得协议信息函数 get_protocol()

get_protocol()函数用来设置协议传输函数，根据不同的协议，使用不同的传输函数。get_protocol()函数根据 us->subclass 来判断，应该给 us->protocol_name 和 us->proto_handler 赋什么值。对于 U 盘来说，USB 协议规定 us->subclass 为 US_SC_SCSI，因此这里的 switch() 中的两条语句，一个是令 us 的 protocol_name 为 Transparent SCSI；另一个是给 us 的 proto_handler 赋值为 usb_stor_transparent_scsi_command()，这里暂不对这个函数进行说明，当用到时再详细阐述。get_protocol()函数的代码如下（/drivers/usb/storage/usb.c），该函数比较简单，这里不对其进行详细讲解。

```
01   static void get_protocol(struct us_data *us)
02   {
03       switch (us->subclass) {
04       case USB_SC_RBC:
05           us->protocol_name = "Reduced Block Commands (RBC)";
06           us->proto_handler = usb_stor_transparent_scsi_command;
07           break;
08       case USB_SC_8020:
09           us->protocol_name = "8020i";
10           us->proto_handler = usb_stor_pad12_command;
11           us->max_lun = 0;
12           break;
13       case USB_SC_QIC:
14           us->protocol_name = "QIC-157";
15           us->proto_handler = usb_stor_pad12_command;
16           us->max_lun = 0;
17           break;
18       case USB_SC_8070:
19           us->protocol_name = "8070i";
20           us->proto_handler = usb_stor_pad12_command;
21           us->max_lun = 0;
22           break;
23       case USB_SC_SCSI:
24           us->protocol_name = "Transparent SCSI";
25           us->proto_handler = usb_stor_transparent_scsi_command;
26           break;
27       ...
28       }
29   }
```

19.4.5 获得管道信息函数 get_pipes()

get_pipes()函数用来获得传输管道，该函数的使用涉及接口、端点、管道等概念。简单地说，接口代表设备的一种功能。端点是 USB 通信的最基本形式。主机只能通过端点与 USB 设备进行通信，也就是只能通过端点传输数据。get_pipes()函数的代码如下（/drivers/usb/storage/usb.c）：

```c
01  static int get_pipes(struct us_data *us)
02  {
03      struct usb_host_interface *alt = us->pusb_intf->cur_altsetting;
04      struct usb_endpoint_descriptor *ep_in;
05      struct usb_endpoint_descriptor *ep_out;
06      struct usb_endpoint_descriptor *ep_int;
07      int res;
08      res = usb_find_common_endpoints(alt, &ep_in, &ep_out, NULL, NULL);
09      if (res) {
10          usb_stor_dbg(us, "bulk endpoints not found\n");
11          return res;
12      }
13      res = usb_find_int_in_endpoint(alt, &ep_int);
14      if (res && us->protocol == USB_PR_CBI) {
15          usb_stor_dbg(us, "interrupt endpoint not found\n");
16          return res;
17      }
18      us->send_ctrl_pipe = usb_sndctrlpipe(us->pusb_dev, 0);
19      us->recv_ctrl_pipe = usb_rcvctrlpipe(us->pusb_dev, 0);
20      us->send_bulk_pipe = usb_sndbulkpipe(us->pusb_dev,
21          usb_endpoint_num(ep_out));
22      us->recv_bulk_pipe = usb_rcvbulkpipe(us->pusb_dev,
23          usb_endpoint_num(ep_in));
24      if (ep_int) {
25          us->recv_intr_pipe = usb_rcvintpipe(us->pusb_dev,
26              usb_endpoint_num(ep_int));
27          us->ep_bInterval = ep_int->bInterval;
28      }
29      return 0;
30  }
```

下面对代码进行简单分析。

- 第 3 行，从 us->pusb_intf->cur_altsetting 中得到一个指针 altsetting。us->pusb_intf 已经在 associate_dev() 函数中赋过初始值。altsetting 将在这个函数中用到。

- 第 4～6 行，定义几个 struct usb_endpoint_descriptor 结构体指针，这是对应 endpoint 描述符的，端点描述符已经在前面讲解过，如果对此还不熟悉，请翻阅前面的章节。其中，ep_in 表示输入端点，ep_out 表示输出端点，ep_int 表示中断端点，各种端点及其传输方式已经在前面详细讲解过。

- 第 8～17 行，调用 usb_find_common_endpoints() 和 usb_find_int_in_endpoint() 函数获得相应的端点描述符。

谈到端点，U 盘至少有两个 bulk 端点，即所谓的批量传输端点。批量传输端点适用于大批量的数据传输，这对于 U 盘来说非常有用。因为在读写 U 盘文件时，主要是交换 U 盘中的数据，而不是为了读取 U 盘中的各种描述符。读写描述符的目的只是让驱动程序了解设备，让设备能够在驱动程序的控制下更好地工作。

- 第 18 和 19 行，分别创建输入和输出的控制管道。
- 第 20～23 行，分别创建输入和输出的批量传输管道。
- 第 24 行，如果有中断控制端点，则创建中断控制管道。对于 U 盘来说，没有中断控制端点。

现实生活中有很多管道，如输油管道用来传输石油，输气管道用来传输天然气。在

Linux 系统中也引入了管道的概念，管道是一种用来传输数据的虚拟载体。简单地说，在 Linux 中，管道是一个 unsigned int 类型的变量。数据的传输有两个方向，在现实生活中，一条管道不能进行两个方向的传输。例如输油管道，石油只能从一个地区传输到另一个地区，不能在一条管道中进行石油的双向传输。在 Linux 系统中也类似，一条管道只能完成一个方向到另一个方向的数据传输，不能完成双向的数据传输。在 USB 通信的过程中，传输的方向或者是从主机到 USB 设备，或者是从设备到主机，这需要两条管道，一条用于接收数据，另一条用于输出数据。

USB 协议规定了 4 种传输方式，即等时传输、中断传输、控制传输和批量传输。一个设备能够支持哪一种传输方式，由设备本身的设计决定。每一种端点对应不同的管道，在 Linux 中提供了专有的宏来创建管道。需要注意的是，同一种管道，也有方向之分，所以有不同创建管道的宏，这些宏如下（/include/linux/usb.h）：

```
/*创建发送控制管道*/
#define usb_sndctrlpipe(dev, endpoint) \
    ((PIPE_CONTROL << 30) | __create_pipe(dev, endpoint))
/*创建接收控制管道*/
#define usb_rcvctrlpipe(dev, endpoint) \
    ((PIPE_CONTROL << 30) | __create_pipe(dev, endpoint) | USB_DIR_IN)
/*创建发送实时管道*/
#define usb_sndisocpipe(dev, endpoint) \
    ((PIPE_ISOCHRONOUS << 30) | __create_pipe(dev, endpoint))
/*创建接收实时管道*/
#define usb_rcvisocpipe(dev, endpoint) \
    ((PIPE_ISOCHRONOUS << 30) | __create_pipe(dev, endpoint) | USB_DIR_IN)
/*创建发送批量管道*/
#define usb_sndbulkpipe(dev, endpoint) \
    ((PIPE_BULK << 30) | __create_pipe(dev, endpoint))
/*创建接收批量管道*/
#define usb_rcvbulkpipe(dev, endpoint) \
    ((PIPE_BULK << 30) | __create_pipe(dev, endpoint) | USB_DIR_IN)
/*创建发送中断管道*/
#define usb_sndintpipe(dev, endpoint) \
    ((PIPE_INTERRUPT << 30) | __create_pipe(dev, endpoint))
/*创建接收中断管道*/
#define usb_rcvintpipe(dev, endpoint) \
    ((PIPE_INTERRUPT << 30) | __create_pipe(dev, endpoint) | USB_DIR_IN)
```

上面几个宏调用了 __create_pipe() 函数来创建管道，从代码中可以看出，管道只是一个 unsigned int 类型的变量。__create_pipe() 函数通过一个设备号和端点号创建管道，其中 dev->devnum 表示设备号，endpoint 表示端点号。

```
static inline unsigned int __create_pipe(struct usb_device *dev,
        unsigned int endpoint)
{
    return (dev->devnum << 8) | (endpoint << 15);
}
```

管道的第 8～14 位是设备号，第 15～18 位是端点号，第 7 位表示管道的方向，宏 USB_DIR_OUT 表示管道的方向是从主机到设备，宏 USB_DIR_IN 表示管道的方向是从设备到主机，第 30 和 31 位表示管道的类型。

19.5 资源初始化

在 USB 设备驱动程序正常运行前，需要系统分配一些资源，如内存和端口等，本节将介绍资源的初始化过程。

19.5.1 storage_probe()函数的调用过程

对于 storage_probe()函数，前文用了很长的篇幅来分析，因为它是 USB 设备的主要函数之一。首先，系统会分配一个重要的 struct us_data 结构体。如图 19.7 所示，在 storage_probe()函数中，主要调用了 5 个重要的函数，分别是 assocaite_dev()、get_device_info()、get_transport()、get_pipes()和 usb_stor_acquire_resources()。这些函数的唯一目的就是为 us 结构体赋初值，这样 us 结构体就可以带上这些重要的数据，在 USB 核心要使用这些数据时，只需要在 us 中读取即可。当为 us 赋上正确的初始值后，系统会调用 usb_stor_acquire_resources()函数，得到设备需要的动态资源。其实，在 USB 驱动中，usb_stor_acquire_resources()函数是整个事件的主角，完成了很多重要的事情，下面对该函数完成的功能进行详细介绍。

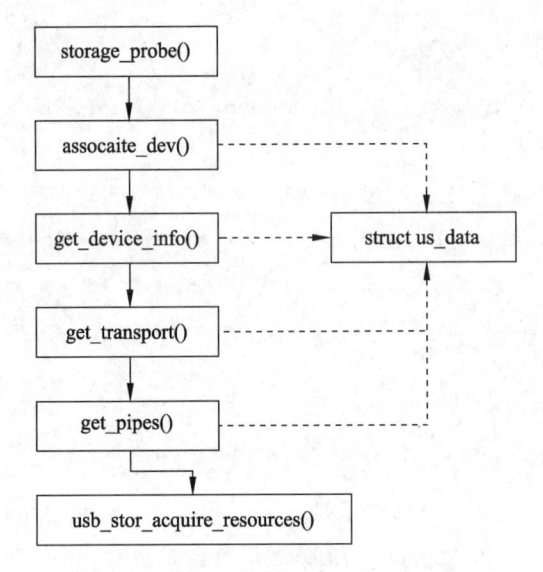

图 19.7 storge_probe()函数的调用过程

19.5.2 资源获取函数 usb_stor_acquire_resources()

在 storage_probe()函数中，最重要的一个函数就是 usb_stor_acquire_resources()。该函数的主要功能是初始化设备，并创建数据传输的控制线程。在这个函数中可以调用 kthread_run()函数创建一个内核线程。在 Linux 驱动程序中，有时找不到驱动执行的流程，这时如果发现了 kthread_run()函数，那么就表示驱动程序另外创建了一个线程，主要的逻辑有可能是在这个新线程中执行。usb_stor_acquire_resources()函数的代码如下（/drivers/usb/

storage/usb.c）：

```
01  static int usb_stor_acquire_resources(struct us_data *us)
02  {
03      int p;
04      struct task_struct *th;
05      us->current_urb = usb_alloc_urb(0, GFP_KERNEL);
06      if (!us->current_urb)
07          return -ENOMEM;
08      if (us->unusual_dev->initFunction) {
09          p = us->unusual_dev->initFunction(us);
10          if (p)
11              return p;
12      }
13      th = kthread_run(usb_stor_control_thread, us, "usb-storage");
14      if (IS_ERR(th)) {
15          dev_warn(&us->pusb_intf->dev,
16                  "Unable to start control thread\n");
17          return PTR_ERR(th);
18      }
19      us->ctl_thread = th;
20      return 0;
21  }
```

下面对代码进行简单分析。

- 第 4 行，定义一个内核线程结构体指针。
- 第 5 行，申请一个 URB 结构体。URB 结构体是 USB 驱动中的重要的概念，将在 19.5.3 小节详细介绍，这里只需知道它与 USB 的数据传输有关即可。
- 第 6、7 行，如果分配 URB 失败，则返回。
- 第 8 行的 us->unusual_dev->initFunction 是一个设备初始化函数。对于一些特殊的设备，需要在使用之前进行一些特殊操作，那么就将这些操作写在这个函数中。如果 us->unusual_dev->initFunction(us)不为空，则执行这个 initFunction()函数，将 us 作为参数传递进去。
- 第 13 行，调用 kthread_run(usb_stor_control_thread, us, "usb-storage")创建一个内核进程，将返回值赋给 th。内核进程创建成功后，会调用 usb_stor_control_thread()函数，将 us 作为它的参数传递进去。kernel_thread()函数调用后，会生成一个子进程，调用它的函数所在的进程被称为父进程。在内核中，子进程和父进程同时执行。所以这里，内核在继续执行 usb_stor_acquire_resources()函数的同时，也在执行 usb_stor_control_thread()函数。在 usb_stor_control_thread()函数执行完成后，子进程就会被销毁。
- 第 19 行，将 th 赋给 us->ctl_thread 并保存下来。

19.5.3　USB 请求块

USB 请求块（USB Request Block，URB）是 USB 主机控制器和设备通信的主要数据结构，主机与设备之间通过 URB 进行数据传输。当主机控制器需要与设备交互时，只需填充一个 URB 结构，然后将其提交给 USB 核心，由 USB 核心负责对其进行处理。在 Linux 中，USB 请求块由 struct urb 结构体来描述，该结构体的定义如下（/include/linux/usb.h）：

```
01  struct urb {
02      struct kref kref;                    /*URB 的引用计数*/
03      int unlinked;                        /*未连接错误码*/
04      void *hcpriv;                        /*主机控制器的私有数据*/
05      atomic_t use_count;                  /*提交给主机控制器的计数*/
06      atomic_t reject;                     /*传输将要失败提示*/
07      struct list_head urb_list;           /*链表头*/
08      struct list_head anchor_list;
09      struct usb_anchor *anchor;
10      struct usb_device *dev;              /*指向 URB 关联的设备*/
11      struct usb_host_endpoint *ep;        /*指向端点描述符*/
12      unsigned int pipe;                   /*对应的管道信息*/
13      unsigned int stream_id;
14      int status;                          /*URB 的状态*/
15      unsigned int transfer_flags;         /*传输标志*/
16      void *transfer_buffer;               /*需要传输的数据长度*/
17      dma_addr_t transfer_dma;             /*DMA 传输地址*/
18      struct scatterlist *sg;
19      int num_mapped_sgs;
20      int num_sgs;
21      u32 transfer_buffer_length;          /*DMA 数据参数的长度*/
22      u32 actual_length;                   /*实际传输的长度*/
23      unsigned char *setup_packet;         /*设置安装包*/
24      dma_addr_t setup_dma;                /*DMA 安装包*/
25      int start_frame;                     /*开始发送的帧*/
26      int number_of_packets;
27      int interval;
28      int error_count;                     /*传输错误计数*/
29      void *context;
30      usb_complete_t complete;             /*控制同步的完成量*/
31      struct usb_iso_packet_descriptor iso_frame_desc[];
32  };
```

下面对代码进行简单分析。

- 第 5 行的 use_count 表示一个计数。在 USB 通信的整个阶段，当 URB 提交给 USB 主机控制器时，其值增加 1，当 URB 从主机控制器返回 USB 驱动程序时，其值减 1。
- 第 7 行的 urb_list，每个端点都会有这个 URB 队列，该队列的成员是由这里的 urb_list 一个个链接起来的。主机控制器每收到一个 URB，就会将它添加到 URB 指定端点的 URB 队列中。这个链表的头对应端点的 struct list_head 结构体成员。
- 第 10 行，定义了一个 struct usb_device *dev 结构体指针。这个指针指向 URB 关联的设备，也就是 URB 需要发送的目标设备。该指针在 URB 提交到 USB 核心之前必须初始化，否则 URB 会找不到目的设备，出现错误。
- 第 12 行的 pipe 表示 URB 需要发送的目标管道。本质上，管道是一个无符号整型，对应设备上的一个端点。根据不同的端点类型，有不同的管道类型。同样，在 URB 提交到 USB 核心之前，pipe 必须初始化。
- 第 14 行的 status 表示 URB 的当前状态。
- 第 15 行，定义一个传输标志 transfer_flags。这个标志决定 USB 核心对 URB 的具体操作，其取值可能为以下宏（/include/linux/usb.h）：

```
#define URB_SHORT_NOT_OK         0x0001       /* report short reads as errors */
#define URB_ISO_ASAP             0x0002       /* iso-only, urb->start_frame
                       * ignored */
#define URB_NO_TRANSFER_DMA_MAP  0x0004       /* urb->transfer_dma valid on
submit */
#define URB_ZERO_PACKET          0x0040       /* Finish bulk OUT with short packet */
#define URB_NO_INTERRUPT         0x0080       /* HINT: no non-error interrupt
* needed */
```

- 第 16 行的 transfer_buffer 指针指向一个缓冲区。缓冲区中的数据可以从设备发送到主机上，或者从主机发送到设备上。该缓存区必须用 kmalloc()函数来分配，否则会出现错误。
- 第 17 行的 transfer_dma 指向以 DMA 方式将数据传输到 USB 设备缓冲区中。
- 第 21 行的 transfer_buffer_length 表示 transfer_buffer 或者 transfer_dma 的长度。
- 第 23 行的 setup_packet 指向控制 URB 的设置数据包的指针。
- 第 25 行，表示开始发送的第一帧。
- 第 26 行，表示发送包的数量。
- 第 28 行，表示发送过程中出现错误的次数。
- 第 30 行，控制同步的完成量。

1. URB传输过程

一个 URB 包含执行 USB 传输需要的所有信息。如图 19.8 为 URB 的传输过程。当要进行数据传输时，需要分配一个 URB 结构体并对其进行初始化，然后将其提交给 USB 核心。USB 核心对 URB 进行解析，将控制信息提交给主机控制器，由主机控制器负责数据到设备的传输。这时，驱动程序只需等待，当数据回传到主机控制器上时，主机控制器会将数据转发给 USB 核心，唤醒等待的驱动程序，由驱动程序完成剩下的工作。

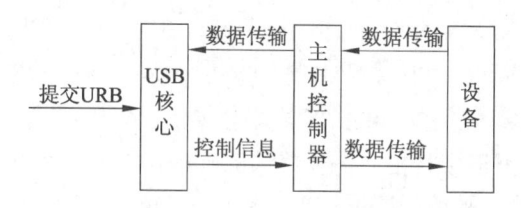

图 19.8 URB 的传输过程

更具体地说，Linux 中的设备驱动程序只要为每一次请求准备一个 urb 结构体，然后把它填充好，就可以调用函数 usb_submit_urb()提交给 USB 核心。然后 USB 核心将 urb 传递给 USB 主机控制器，最终传递给 USB 设备。USB 设备获得 urb 结构体后，会解析这个结构体，并以相反的路线将数据返回给 Linux 内核。

2. 分配URB函数usb_alloc_urb()

usb_alloc_urb()函数用来申请一个 URB 结构，有两个参数。第一个参数是 iso_packets，用来表示等时传输的方式下需要传输多少个包。对于非等时模式来说，这个参数直接赋为 0。另一个参数 mem_flags 是一个 flag 标志，表征申请内存的方式，这标志将最终传递给 kmalloc()函数。usb_alloc_urb()函数的代码如下（/drivers/usb/core/urb.c）：

```
01    struct urb *usb_alloc_urb(int iso_packets, gfp_t mem_flags)
02    {
03        struct urb *urb;
04        urb = kmalloc(sizeof(struct urb) +
05            iso_packets * sizeof(struct usb_iso_packet_descriptor),
06            mem_flags);
07        if (!urb) {
08            printk(KERN_ERR "alloc_urb: kmalloc failed\n");
09            return NULL;
10        }
11        usb_init_urb(urb);
12        return urb;
13    }
```

下面对代码进行简单分析。

- 第 4 和 5 行，调用 kmalloc()函数分配一个 URB 结构体。如果是等时传输，则多分配几个等时传输包的大小。
- 第 8 行，调用 usb_init_urb()函数对 URB 进行初始化。主要是对整个 URB 结构体清零，然后增加 kref 字段的引用计数，最后初始化链表。usb_init_urb()函数的代码如下（/drivers/usb/core/urb.c）：

```
void usb_init_urb(struct urb *urb)
{
    if (urb) {
        memset(urb, 0, sizeof(*urb));
        kref_init(&urb->kref);
        INIT_LIST_HEAD(&urb->urb_list);
        INIT_LIST_HEAD(&urb->anchor_list);
    }
}
```

3. 销毁URB函数usb_free_urb()

当不再使用 URB 时，应该调用 usb_free_urb()函数通知 USB 核心驱动程序已使用完 URB，应该销毁这个 URB。该函数的原型代码如下（/drivers/usb/core/urb.c）：

```
void usb_free_urb(struct urb *urb)
```

usb_free_urb()函数用于接收指向需要释放的 URB 指针。该函数调用之后，URB 结构体将从 USB 核心中清除，驱动程序不能再使用这个 URB 结构。

4. 提交URB函数usb_submit_urb()

USB 驱动程序创建和初始化一个 URB 结构体后，会调用 usb_submit_urb()函数将 URB 提交到 USB 核心，然后发送到 USB 设备上。usb_submit_urb()函数的原型代码如下（/drivers/usb/core/urb.c）：

```
int usb_submit_urb(struct urb *urb, gfp_t mem_flags)
```

其中，第 1 个参数 urb 是即将被发送到 USB 核心的指针，第 2 个参数 mem_flags 类似于 kmalloc()函数分配内存时传递的参数，该参数用于内核分配内存时使用。

5. 取消URB函数usb_submit_urb()

如果不需要执行 URB 中的请求，可以调用 usb_kill_urb()函数取消提交到 USB 核心的

URB。usb_kill_urb()函数的原型代码如下（/drivers/usb/core/urb.c）：

```
void usb_kill_urb(struct urb *urb)
```

usb_kill_urb()函数接收需要被取消的 URB 结构体指针，当设备从系统中意外删除，断开回调函数时会调用 usb_kill_urb()函数取消 URB 请求。

19.6 控制子线程

控制子线程用来完成数据的接收和发送，这个线程会一直运行，直到驱动程序退出。本节将对控制子线程的相关知识进行详细介绍。

19.6.1 控制线程

控制线程 usb_stor_control_thread()是一个守护线程。Linux 与 Windows 不同，它是不区分线程和进程的，因为线程也是用进程实现的。usb_stor_control_thread()函数是整个 USB 模块中最有意思的函数，在该函数中执行一个 for(;;)，这是一个死循环，也就是说该函数可作为某些线程，不停息地运行。该函数的代码如下（/drivers/usb/storage/usb.c）：

```
01    static int usb_stor_control_thread(void * __us)
02    {
03        struct us_data *us = (struct us_data *)__us;
04        struct Scsi_Host *host = us_to_host(us);
05        struct scsi_cmnd *srb;
06        for (;;) {
07            usb_stor_dbg(us, "*** thread sleeping\n");
08            if (wait_for_completion_interruptible(&us->cmnd_ready))
09                break;
10            usb_stor_dbg(us, "*** thread awakened\n");
11            mutex_lock(&(us->dev_mutex));
12            scsi_lock(host);
13            srb = us->srb;
14            if (srb == NULL) {
15                scsi_unlock(host);
16                mutex_unlock(&us->dev_mutex);
17                usb_stor_dbg(us, "-- exiting\n");
18                break;
19            }
20            if (test_bit(US_FLIDX_TIMED_OUT, &us->dflags)) {
21                srb->result = DID_ABORT << 16;
22                goto SkipForAbort;
23            }
24            scsi_unlock(host);
25            if (srb->sc_data_direction == DMA_BIDIRECTIONAL) {
26                usb_stor_dbg(us, "UNKNOWN data direction\n");
27                srb->result = DID_ERROR << 16;
28            }
29            else if (srb->device->id &&
30                    !(us->fflags & US_FL_SCM_MULT_TARG)) {
31                usb_stor_dbg(us, "Bad target number (%d:%llu)\n",
32                        srb->device->id,
33                        srb->device->lun);
34                srb->result = DID_BAD_TARGET << 16;
```

```c
35              }
36              else if (srb->device->lun > us->max_lun) {
37                  usb_stor_dbg(us, "Bad LUN (%d:%llu)\n",
38                          srb->device->id,
39                          srb->device->lun);
40                  srb->result = DID_BAD_TARGET << 16;
41              }
42              else if ((srb->cmnd[0] == INQUIRY) &&
43                      (us->fflags & US_FL_FIX_INQUIRY)) {
44                  unsigned char data_ptr[36] = {
45                      0x00, 0x80, 0x02, 0x02,
46                      0x1F, 0x00, 0x00, 0x00};
47                  usb_stor_dbg(us, "Faking INQUIRY command\n");
48                  fill_inquiry_response(us, data_ptr, 36);
49                  srb->result = SAM_STAT_GOOD;
50              }
51              else {
52                  US_DEBUG(usb_stor_show_command(us, srb));
53                  us->proto_handler(srb, us);
54                  usb_mark_last_busy(us->pusb_dev);
55              }
56              scsi_lock(host);
57              if (srb->result == DID_ABORT << 16) {
58  SkipForAbort:
59                  usb_stor_dbg(us, "scsi command aborted\n");
60                  srb = NULL;
61              }
62              if (test_bit(US_FLIDX_TIMED_OUT, &us->dflags)) {
63                  complete(&(us->notify));
64                  clear_bit(US_FLIDX_ABORTING, &us->dflags);
65                  clear_bit(US_FLIDX_TIMED_OUT, &us->dflags);
66              }
67              us->srb = NULL;
68              scsi_unlock(host);
69              mutex_unlock(&us->dev_mutex);
70              if (srb) {
71                  usb_stor_dbg(us, "scsi cmd done, result=0x%x\n",
72                          srb->result);
73                  srb->scsi_done(srb);
74              }
75          }
76          for (;;) {
77              set_current_state(TASK_INTERRUPTIBLE);
78              if (kthread_should_stop())
79                  break;
80              schedule();
81          }
82          __set_current_state(TASK_RUNNING);
83          return 0;
84  }
```

下面对代码进行简单分析。

- 第 4 行，定义一个 Scsi_Host 指针 host 并为其赋值。us 中包含有一个 Scsi_Host 结构体。
- 第 6～75 行是一个 for 循环，这个循环是一个死循环。
- 第 8 行，调用 wait_for_completion_interruptible() 函数使线程进入睡眠状态，直到其他进程唤醒它。
- 第 12 行调用 scsi_lock 宏将下面的代码保护起来，不允许并发执行。scsi_lock 宏和

scsi_unlock 宏定义为（/drivers/usb/storage/usb.h）：

```
#define scsi_unlock(host)        spin_unlock_irq(host->host_lock)
#define scsi_lock(host)          spin_lock_irq(host->host_lock)
```

这是两个自旋锁，用来保护 scsi_lock 和 scsi_unlock 宏之间的代码。

- 第 36~41 行，srb->device->lun 应该小于或等于 us->max_lun。us->max_lun 调用 usb_stor_Bulk_max_lun()函数向设备请求最大 LUN（Logical Unit Number，逻辑单元数）。srb->device->lun 表示命令要访问哪一个 LUN，这个数不能大于设备的最大 LUN，否则会出错。
- 第 42~50 行，如果命令是一个请求命令，则调用 fill_inquiry_response()函数填充一个请求命令。
- 第 62~66 行，如果超时，则清除相应的标志。
- 第 76~82 行，重新调度控制子线程，如果出错，则线程会自动退出。

19.6.2 扫描延迟工作函数 usb_stor_scan_dwork()

usb_stor_scan_dwork()函数是一个扫描延迟工作函数，该函数的代码如下：

```
01   static void usb_stor_scan_dwork(struct work_struct *work)
02   {
03       struct us_data *us = container_of(work, struct us_data,
04            scan_dwork.work);
05       struct device *dev = &us->pusb_intf->dev;
06       dev_dbg(dev, "starting scan\n");
07       if (us->protocol == USB_PR_BULK &&
08          !(us->fflags & US_FL_SINGLE_LUN) &&
09          !(us->fflags & US_FL_SCM_MULT_TARG)) {
10           mutex_lock(&us->dev_mutex);
11           us->max_lun = usb_stor_Bulk_max_lun(us);
12           if (us->max_lun >= 8)
13               us_to_host(us)->max_lun = us->max_lun+1;
14           mutex_unlock(&us->dev_mutex);
15       }
16       scsi_scan_host(us_to_host(us));
17       dev_dbg(dev, "scan complete\n");
18       usb_autopm_put_interface(us->pusb_intf);
19       clear_bit(US_FLIDX_SCAN_PENDING, &us->dflags);
20   }
```

下面对代码进行简单分析。

- 第 11~15 行，分别对 us->dev_mutex 加锁和解锁。在锁定互斥锁之间，调用 usb_stor_Bulk_max_lun()函数向设备询问支持多少个 LUN 单元。
- 第 16 行，调用 scsi_scan_host()函数，激活 Host 主机控制器，完成 struct Scsi_Host 的注册及使用。

19.6.3 获得 LUN 函数 usb_stor_Bulk_max_lun()

在 usb_stor_scan_dwork()函数代码的第 11 行中调用了一个 usb_stor_Bulk_max_lun()函数，该函数非常重要，是 USB 驱动程序第一次向设备获取信息的函数。只要了解了这个函

数，那么就大概了解了一次 USB 设备通信的过程，如图 19.9 是 usb_stor_Bulk_max_lun()
函数的调用过程。

usb_stor_Bulk_max_lun()函数用来获得设备最大的 LUN。可以将一个 LUN 理解为
Device 中的一个 Drive。例如，有一个多功能读卡器，其同时支持 CF 卡和 SD 卡，那么这
个设备就有两个逻辑单元，表示这个设备可能对应两种驱动。这里的 US_FL_SINGLE_LUN
表示只有一个 LUN，设备支持一个逻辑单元。us 中的成员 max_lun 表示一个设备支持的最
大的 LUN 号，如果一个设备支持 5 个 LUN，那么这 5 个 LUN 的编号就是 0、1、2、3、4，
而 max_lun 就是 4。如果一个设备不用支持多个 LUN，那么它的 max_lun 就是 0。因此这
里 max_lun 就设为了 0。对于 U 盘来说，只有一个 LUN。

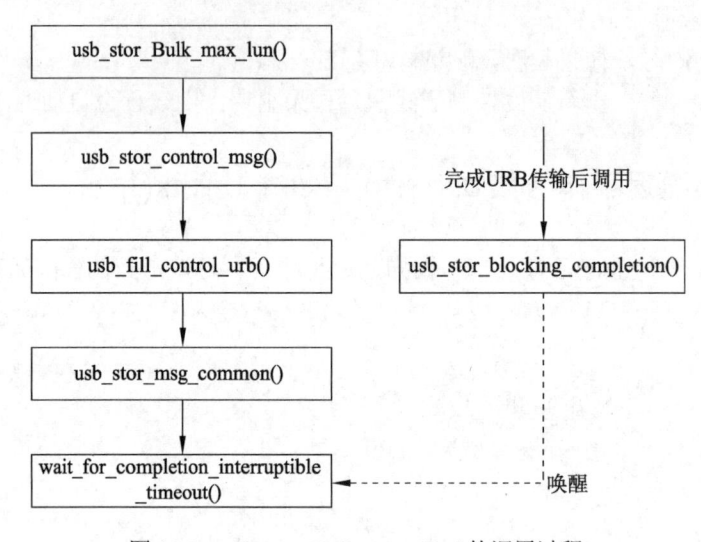

图 19.9 usb_stor_Bulk_max_lun()的调用过程

对于协议使用 Bulk-Only 的设备，USB 协议规定需要向设备发送 GET MAX LUN 命令
来请求有多少个 LUN。对于 U 盘来说，使用 USB 协议中的一个子协议，这个子协议是 usb
mass storage class bulk-only transport spec。如果不是多功能读卡器有多个逻辑单元，那么对
于普通的 U 盘，usb_stor_Bulk_max_lun()函数返回的值肯定是 0。

1. usb_stor_Bulk_max_lun()代码分析

分析了这么多的代码，始终没有完整地了解 USB 驱动程序是怎样向 USB 设备发起 USB
传输的。利用 usb_stor_Bulk_max_lun()函数是了解这个过程的一个好的机会。USB 驱动程
序首先发送一个命令，然后设备根据命令返回一些信息，这里显示的是一个表示 LUN 的
数字。usb_stor_Bulk_max_lun()函数完成的是一次控制传输，其代码如下（/drivers/usb/storage/
transport.c）：

```
01    int usb_stor_Bulk_max_lun(struct us_data *us)
02    {
03        int result;
04        us->iobuf[0] = 0;
05        result = usb_stor_control_msg(us, us->recv_ctrl_pipe,
06                    US_BULK_GET_MAX_LUN,
07                    USB_DIR_IN | USB_TYPE_CLASS |
08                    USB_RECIP_INTERFACE,
```

```
09                    0, us->ifnum, us->iobuf, 1, 10*HZ);
10         usb_stor_dbg(us, "GetMaxLUN command result is %d, data is %d\n",
11                result, us->iobuf[0]);
12         if (result > 0) {
13              if (us->iobuf[0] < 16) {
14                   return us->iobuf[0];
15              } else {
16                   dev_info(&us->pusb_intf->dev,
17                        "Max LUN %d is not valid, using 0 instead",
18                        us->iobuf[0]);
19              }
20         }
21         return 0;
22   }
```

下面对代码进行简单分析。

- 第 4 行的 us->iobuf[0]是一个存放结果的缓冲区，这里将其赋值为 0，表示默认只有 0 个 LUN。
- 第 5 行，调用 usb_stor_control_msg()函数向设备发送一个命令，并获得 LUN 的个数，该函数是主要的控制传输函数，将在后面详细解释。
- 第 10 行，打印出获得的数据。

2．传输控制消息函数usb_stor_control_msg()

USB 协议中规定了 4 种传输方式，其中最简单的就是控制传输。控制传输向 USB 核心提交一个 URB，这个 URB 包含一个控制命令。这里为了得到 LUN，需要发送一个 GETMAX LUN 命令。内核提供了 usb_stor_control_msg()函数用来发送控制命令（或者叫控制请求）。控制命令需要按照规定的格式来发送，这样 USB 设备固件程序才能够理解。控制命令包含希望设备返回信息的请求。

下面结合调用 usb_stor_control_msg()函数传递的参数来讲解该函数。该函数的调用形式如下：

```
result = usb_stor_control_msg(us, us->recv_ctrl_pipe,
         US_BULK_GET_MAX_LUN,
         USB_DIR_IN | USB_TYPE_CLASS |
         USB_RECIP_INTERFACE,
         0, us->ifnum, us->iobuf, 1, 10*HZ);
```

其中，第 1 个参数还是 us，传递这个参数的目的是函数会用到 us 的 cr 成员，该成员的定义如下（/drivers/usb/storage/usb.h）：

```
struct usb_ctrlrequest *cr;    /*控制请求*/
```

cr 是 struct usb_ctrlrequest 结构的指针，USB 协议规定一个控制请求的格式为一个 8 个字节的数据包。struct usb_ctrlrequest 结构体是一个 8 个字节的结构体，其定义如下（/include/uapi/linux/usb/ch9.h）：

```
01   struct usb_ctrlrequest {
02        __u8 bRequestType;
03        __u8 bRequest;
04        __le16 wValue;
05        __le16 wIndex;
06        __le16 wLength;
07   } __attribute__ ((packed));
```

USB 协议规定，所有的 USB 设备都会响应主机的一些请求。这些请求来自 USB 主机控制器，主机控制器通过设备的默认控制管道发出这些请求。默认管道就是 0 号端点所对应的那个管道。

- 第 2 行的 bRequestType 是一个主机发给设备的一个标准的请求命令，请求结果是要求设备为 Host 时返回。
- 第 3 行的 bRequest 指定是哪个请求。每个请求都有一个编号，这里是 GET MAXLUN，其编号是 FEh。
- 第 4 行的 wValue 占 2 个字节，根据不同请求有不同的值，这里必须为 0。
- 第 5 行的 wIndex 占 2 个字节，根据不同请求有不同的值，这里要求被设置为 interface number。
- 第 6 行的 wLength 占 2 个字节，如果接下来有数据传输阶段，则 wLength 的值表示数据传输阶段传输多少个字节。wLength 的值在 GET MAX LUN 请求中被规定为 1，也就是说，返回 1 个字节来存储最大的 LUN。

usb_stor_control_msg()函数的代码如下（/drivers/usb/storage/transport.c）：

```
01    int usb_stor_control_msg(struct us_data *us, unsigned int pipe,
02            u8 request, u8 requesttype, u16 value, u16 index,
03            void *data, u16 size, int timeout)
04    {
05        int status;
06        usb_stor_dbg(us, "rq=%02x rqtype=%02x value=%04x index=%02x
07    len=%u\n", request, requesttype, value, index, size);
08        /*下面几行填充这个设备请求结构*/
09        us->cr->bRequestType = requesttype;
10        us->cr->bRequest = request;
11        us->cr->wValue = cpu_to_le16(value);
12        us->cr->wIndex = cpu_to_le16(index);
13        us->cr->wLength = cpu_to_le16(size);
14        /*填充 URB 结构体和提交 URB 结构到 USB 核心*/
15        usb_fill_control_urb(us->current_urb, us->pusb_dev, pipe,
16                (unsigned char*) us->cr, data, size,
17                usb_stor_blocking_completion, NULL);
18        status = usb_stor_msg_common(us, timeout);
19        if (status == 0)          /*如果没有错误，则返回实际返回的数据的长度*/
20            status = us->current_urb->actual_length;
21        return status;
22    }
```

下面对代码进行简单分析。

- 第 6 行，打印一些调试信息。
- 第 9~13 行，填充 us->cr 结构体。us->cr 结构体是一个 struct usb_ctrlrequest 结构体变量。
- 第 15 行，调用 usb_fill_control_urb()函数填充一个 URB 结构体。
- 第 18 行，调用 usb_stor_msg_common()函数填充一些共同的 URB 成员，并提交 URB 给 USB 核心。
- 第 19 和 20 行，如果提交 URB 没有错误，则返回得到数据的长度，这里是 1 个字节。

3. 填充控制传输URB结构体usb_fill_control_urb()

usb_stor_control_msg()函数代码的第 15 行调用了一个 usb_fill_control_urb()函数，填充一个控制传输使用的 URB 结构体。一个 URB 初始化并创建之后，要根据不同的传输类型进行初始化，然后通过 usb_submit_urb()函数将 URB 提交给 USB 核心。一个 Struct URB 结构对应 4 种传输类型，每种传输类型都不同。每种传输类型对应 URB 中的部分成员，而另外的成员则对应着其他的传输类型。

如果按照面向对象的设计思想，那么应该先定义一个 URB 基类，该基类包含一些共有的成员。然后再定义 4 个派生类，分别代表 4 种不同的传输类型。但是内核代码为了保证效率是用 C 语言开发的，不能很好地支持面向对象的思想。另外，在内核代码中已经有非常多的结构体了，如果每个内核模块都以这样的方式来设计，那么内核的结构会异常复杂。

```
01   static inline void usb_fill_control_urb(struct urb *urb,
02                       struct usb_device *dev,
03                       unsigned int pipe,
04                       unsigned char *setup_packet,
05                       void *transfer_buffer,
06                       int buffer_length,
07                       usb_complete_t complete_fn,
08                       void *context)
09   {
10       urb->dev = dev;
11       urb->pipe = pipe;
12       urb->setup_packet = setup_packet;
13       urb->transfer_buffer = transfer_buffer;
14       urb->transfer_buffer_length = buffer_length;
15       urb->complete = complete_fn;
16       urb->context = context;
17   }
```

下面对代码进行简单分析。

- 第 10 行，urb->dev 赋值为 us->pusb_dev，表示 URB 请求的设备。
- 第 11 行，这个 pipe 被赋值为 us->recv_ctrl_pipe，这是一个接收控制管道，也就是说专门为设备向主机发送数据而设置的管道。
- 第 12 行，urb->setup_packet 被赋值为 us->cr，也就是前面定义的 usb_ctrlrequest 结构体。
- 第 13 行，urb->transfer_buffer 被设置为用于存放数据的缓冲区 us->iobuf，这里存放返回的 LUN。
- 第 14 行的 urb->transfer_buffer_length 表示传输数据的长度，这里被赋值为 1。
- 第 15 行，urb->completet 被赋值为 usb_stor_blocking_completion()函数，在使用这个函数时，再对其进行详细介绍。
- 第 16 行，usb_fill_control_urb()函数的参数被存放在 urb->context 中。

4. 传输控制消息函数usb_stor_msg_common()

usb_fill_control_urb()函数将调用 usb_stor_control_msg()函数发送控制请求。usb_fill_control_urb()函数只填充了 URB 中的几个字段，但是 URB 包含非常多的字段，很多字段有一定的共性。对于这些有共性的字段，使用 usb_stor_msg_common()函数来设置，该函数传递的参数有两个，一个是 us，另一个是 timeout，默认值是 1s。

在 USB 驱动中，无论采用何种传输方式，无论传输多少个字节，都需要调用 usb_stor_msg_common()函数完成一些共同的工作。作为设备驱动程序，只需要提交一个 URB 给 USB 核心就可以了，剩下的事情 USB 核心会处理，当设备返回信息时再通知 USB 驱动程序继续提交 urb，USB 核心准备了一个函数 usb_submit_urb()，该函数可以在 4 种传输方式中使用。将 URB 提交给 USB 核心之前，需要做的只是准备好这个 URB，把 URB 中相关的成员填充好，然后提交给 USB 核心来处理。不同的传输方式填写 URB 的方式也不同，下面具体介绍。usb_stor_msg_common()函数的代码如下（/drivers/usb/storage/transport.c）：

```
01  static int usb_stor_msg_common(struct us_data *us, int timeout)
02  {
03      struct completion urb_done;
04      long timeleft;
05      int status;
06      /*在出错阶段不处理 URB 请求*/
07      if (test_bit(US_FLIDX_ABORTING, &us->dflags))
08          return -EIO;
09      init_completion(&urb_done);
10      /*下面是初始化 URB 的通用字段*/
11      us->current_urb->context = &urb_done;
12      us->current_urb->transfer_flags = 0;
13      if (us->current_urb->transfer_buffer == us->iobuf)
14          us->current_urb->transfer_flags |= URB_NO_TRANSFER_DMA_MAP;
15      us->current_urb->transfer_dma = us->iobuf_dma;
16      /*提交 URB*/
17      status = usb_submit_urb(us->current_urb, GFP_NOIO);
18      if (status) {                    /*发生一些错误，返回*/
19          return status;
20      }
21      set_bit(US_FLIDX_URB_ACTIVE, &us->dflags);
22      if (test_bit(US_FLIDX_ABORTING, &us->dflags)) {
23          /*当还没有取消 urb 时，取消 urb 请求*/
24          if (test_and_clear_bit(US_FLIDX_URB_ACTIVE, &us->dflags)) {
25              usb_stor_dbg(us, "-- cancelling URB\n");
26              usb_unlink_urb(us->current_urb);
27          }
28      }
29      /*等待直到 URB 完成/
30      timeleft = wait_for_completion_interruptible_timeout(
31              &urb_done, timeout ? : MAX_SCHEDULE_TIMEOUT);
32      clear_bit(US_FLIDX_URB_ACTIVE, &us->dflags);
33      if (timeleft <= 0) {
34          usb_stor_dbg(us, "%s -- cancelling URB\n",
35                  timeleft == 0 ? "Timeout" : "Signal");
36          usb_kill_urb(us->current_urb);
37      }
38      return us->current_urb->status;              /*返回 URB 的状态*/
39  }
```

下面对代码进行简单分析。

❑ 第 3~5 行，定义一个局部变量供后面的代码使用。

❑ 第 7 和 8 行，us->dflags 是一个标志变量，表示一些处理的状态。US_FLIDX_ABORTING 表示设备处于放弃状态，显然如果设备处于放弃或者断开状态，那么就没有必要提交 URB 请求了。
- 第 9 行，调用 init_completion()函数初始化一个完成量。
- 第 11~15 行都是设置 us->current_urb 结构，这是当前的 URB 结构体。
- 第 17 行，调用 usb_submit_urb()函数提交 URB 到 USB 核心。这个函数有两个参数，一个是要提交的 URB，一个是内存申请的 flag 标志，这里为 GFP_NOIO。GFP_NOIO 标志的意思就是不能在申请内存时进行 I/O 操作，原因是 usb_submit_urb()提交 URB 之后，会读取磁盘或者 U 盘中的数据。在这种请求下，申请内存的函数不能再一次去读写磁盘，否则会发生读取嵌套。为什么在有些情况下申请内存还需要读取磁盘呢？这是因为虚拟内存引起的，在 Linux 中有一个 swap 分区，所谓的 swap 分区就是用来交互的分区。当内存不够时，需要将内存中的数据写入 swap 分区。在将数据写入 swap 分区的过程中需要读写磁盘，读写磁盘时会再次调用 usb_submit_urb()提交 URB 请求，这样必然会又一次因内存不够而进行磁盘读写，如此反复，直至系统崩溃。因此不允许在 usb_submit_urb()函数提交 URB 时进行 I/O 操作。
- 第 21 行，当提交一个 URB 时，通常在 us->dflags 中新添加一个标志，US_FLIDX_URB_ACTIVE 表示当前的 URB 处于使用状态。在这种状态下，可以取消这个 URB。
- 第 22 行，判断 us->flags，如果设置了 US_FLIDX_ABORTING，表示 URB 被终止，那么就会在第 24 行将 US_FLIDX_URB_ACTIVE 标志清除，并调用 usb_unlink_urb() 函数取消这个 URB，表示 URB 请求提前终止，没必要完成这个请求。
- 第 30 行，调用 wait_for_completion_interruptible_timeout()函数使进程进入等待状态，第 1 个参数 urb_done 是一个完成量，第 2 个参数是超时时间，这里设置为 1s，如果在指定的时间内进程没有被信号唤醒，则自动唤醒。这个等待是允许中断的。在第 9 行中调用 init_completion()函数对 urb_done 完成量进行了初始化。处于等待状态的完成量需要 complete()函数来唤醒。
- 第 32 行，直到 wait_for_completion_interruptible_timeout()函数返回时才执行清除操作。清除 us->dflags 标志的 US_FLIDX_URB_ACTIVE，表示该 URB 已经处理完成，不再是活动状态。
- 第 33 行，timeleft 表示剩余的时间，剩余时间是 1s 减去 URB 请求所用的时间。如果时间小于或等于 0，则表示因为超时或者取消信号终止了 URB 请求。
- 第 38 行，返回当前 URB 的状态。

5．完成处理函数 usb_stor_blocking_completion()

在 usb_stor_msg_common()函数代码的第 30 行中调用了一个 wait_for_completion_interruptible_timeout()函数，使进程进入睡眠状态，那么进程是什么时候被 complete()函数唤醒的呢？前面，在调用 usb_fill_control_urb()函数填充 URB 结构体时设置了一个 urb->complete 函数指针。这条语句是 urb->complete=usb_stor_blocking_completion，这告诉 USB 核心，当 URB 传输完成时，会调用 usb_stor_blocking_completion()函数，在该函数中唤醒等待 urb_done 完成量的进程，该函数的代码如下（/drivers/usb/storage/transport.c）：

```
01  static void usb_stor_blocking_completion(struct urb *urb)
02  {
```

```
03            struct completion *urb_done_ptr = urb->context;
04            complete(urb_done_ptr);
05     }
```

- 第 3 行，从 urb->context 中获得 urb_done 这个完成量。urb->context 在 usb_stor_msg_common()函数的第 11 行执行了 us->current_urb->context = &urb_done，将 urb_done 赋值给 urb->context 成员。
- 第 4 行，调用 complete()函数唤醒等待 complete 这个完成量的进程，那么 usb_stor_msg_common()函数将从第 32 行继续执行。这时一个 URB 传输已经完成，在 URB 中已经返回包含的数据。

至此，一次 USB 通信已经完成。USB 驱动程序在主机和设备之间传输数据的方法与获得 LUN 的方法基本相似，这里就不再赘述了。如果读者对 USB 驱动程序还不是很了解，只需要重新分析控制子线程的函数，就能够有一个清楚的认识了。

19.7 小　　结

USB 驱动程序比较复杂，需要仔细分析。从整体上看，USB 驱动程序分为 USB 主机驱动程序和 USB 设备驱动程序。主机驱动程序可以通过硬件实现也可以通过软件模拟，这部分符合相应的 USB 规范，所以大部分代码都是沿用通用的代码。在 USB 驱动程序中有一个重要概念就是 URB 请求块，一个完整的 URB 请求块的生命周期是创建、初始化、提交和传输完成。本章对这个过程有详细的介绍，如果不理解，读者可以回到前面的内容进行复习。

19.8 习　　题

一、填空题

1. USB 4.0 采用了_____的硬件接口。
2. USB 主机控制器驱动用_____表示。
3. 固件就是写入 EROM 或_____的程序。

二、选择题

1. 在 USB 设备的端点的通信方式中不包含（　　）。
   A. 批量传输　　　B. 延时传输　　　C. 控制传输　　　D. 中断传输
2. 用于创建接收控制管道的宏是（　　）。
   A. usb_sndctrlpipe　　　　　　　　B. usb_sndintpipe
   C. usb_rcvctrlpipe　　　　　　　　D. rcvintpipe
3. 在下列描述符类型中，用于接口电源描述符的是（　　）。
   A. USB_DT_INTERFACE_POWER　　B. USB_DT_OTHER_SPEED_CONFIG

C. USB_DT_ENDPOINT   D. USB_DT_STRING

三、判断题

1. 一个配置有且只有一个接口。   （   ）
2. USB 设备驱动用 urb_driver 表示。   （   ）
3. usb_stor_Bulk_max_lun()函数用来获得设备最大的 LUN。   （   ）